普通高等学校"十二五"规划

机械工程专业概论

主　编　王晓军

副主编　钱俊文　杨庆煊

国防工业出版社

·北京·

内 容 简 介

本书对机械工程所涉及到的知识,特别是机械工程的最新成果进行了阐述,并对新世纪的机械工程发展进行了展望。本书包括机械工程概况、机械工程基础、机械设计及现代设计方法、机械制造工艺技术、先进制造技术及其生产模式、现代机械工程教育等内容。

本书可供机械工程相关专业的高校师生学习使用,也可供相关专业的科研人员参考使用。

图书在版编目(CIP)数据

机械工程专业概论/王晓军主编. —北京:国防工业出版社,
2011.10(2015.7重印)
 普通高等学校"十二五"规划教材
 ISBN 978-7-118-07584-7

Ⅰ.①机… Ⅱ.①王… Ⅲ.①机械工程—高等学校—教材
Ⅳ.①TH

中国版本图书馆 CIP 数据核字(2011)第 192839 号

※

国防工业出版社 出版发行
(北京市海淀区紫竹院南路 23 号 邮政编码 100048)
北京奥鑫印刷厂印刷
新华书店经售
*
开本 787×1092 1/16 印张 17¼ 字数 427 千字
2015 年 7 月第 1 版第 2 次印刷 印数 4001—6000 册 定价 33.00 元

(本书如有印装错误,我社负责调换)

国防书店:(010)88540777 发行邮购:(010)88540776
发行传真:(010)88540755 发行业务:(010)88540717

前　言

　　《机械工程专业概论》是为机械工程学科各专业学生编写的一本专业素质教材,旨在通过对本书的学习,使学生对机械工程的相关知识有一个较为全面的了解,增加对专业学习的积极性。全书共分6章。第1章绪论,介绍了机械工程的服务领域、工作内容、机械工程的发展史、机械工程涵盖的内容、机械工程在国民经济中的作用和地位以及21世纪机械工程的展望。第2章介绍了机械工程基础知识,把机械作为一个系统,从系统出发认识机器,了解机器的用途、功能、性能,机器的组成、机构、形状,制造机器的各类材料以及互换性与公差。第3章机械设计部分介绍了设计的基本方法、基本要求以及一般步骤,根据设计的发展介绍了设计理论与方法,并对现代设计技术有重点地进行了分类介绍。第4章机械制造工艺技术,主要介绍了毛坯制造、零件加工制造及机器装配、机械制造装备、现代制造工艺技术。第5章制造过程的生产管理模式,重点介绍了生产管理模式的演变过程及几种先进制造生产模式。第6章对机械工程人才的需求做了简要的分析,其中主要介绍了中国机械工程的教育与培训,并对面向21世纪的机械工程教育做了展望。

　　本书对机械工程所涉及到的知识、特别是机械工程的最新成果进行了阐述,并对新世纪的机械工程发展进行了展望。还为采用本书作为教材的老师提供了课件,需要者请发送邮件至wxj65881010@163.com索取。

　　本书第1章由广东技术师范学院王敏、张平、罗纪旋编写,第2章由广东技术师范学院王晓军、张玉霞编写,第3章由井冈山大学杨庆煊、刘朝晖编写,第4章由清华大学图书馆钱俊文、广东海洋大学黄思庆编写,第5章由广东技术师范学院天河学院周孟雄编写,第6章由广东技术师范学院黄春英、周莉、陈郁芬编写。王晓军为主编,钱俊文、杨庆煊为副主编。广东技术师范学院植文炳、李伟豪为本书统稿做了大量工作。此外,本书还得到了广东省教育科研"十一五"规划课题(2010tjk109)和广东技术师范学院"3+2"专升本职教师资人才培养综合改革专项的资助,在此一并致谢。徐伟教授担任本书主审,对本书进行了细致审阅并提出了许多宝贵意见,在此表示衷心感谢。我们还要感谢有关院校领导,在本书编写过程中自始至终给予的大力支持和帮助,同时还要感谢国防工业出版社给予的大力支持、指导和帮助。书中吸取、参考并引用了许多专家和学者的研究成果,在此致以谢意。

　　鉴于本书涉及的知识面非常广泛,加之编者水平有限,编写中难免有欠妥之处,恳请读者提出宝贵意见,以求改进。

编　者

目　　录

第1章 绪 论

1.1 社会生产与机械

人类成为"现代人"的标志是制造工具。石器时代的各种石斧、石锤、木质和皮质的简单粗糙的工具是后来出现的机械的先驱。从制造简单工具演进到制造由多个零件、部件组成的现代机械，经历了漫长的过程。

人类发展的历史证明，社会生产创造着人类的社会物质文明，推动了人类社会的发展。据统计，发达国家60%～70%的财富来源于制造业生产的产品，而制造业的主要支柱是机械。

几千年前，人类已创制了用于谷物脱壳和粉碎的臼和磨，用来提水的辘轳，如图1-1所示，装有轮子的车，航行于江河的船及其桨、橹、舵等。所用的动力，从人自身的体力，发展到利用畜力、水力和风力。所用材料从天然的石、木、土、皮革，发展到人造材料。最早的人造材料是陶瓷。制造陶瓷器皿的陶车，已是具有动力、传动和工作3个部分的完整机械。

人类从石器时代进入青铜时代，再进而到铁器时代，用以吹旺炉火的鼓风器的发展起了重要作用。有足够强大的鼓风器，才能使冶金炉获得足够高的炉温，才能从矿石中炼得金属，如图1-2所示。在中国，公元前1000年—公元前900年就已有了冶铸用的鼓风器，逐渐从人力鼓风发展到畜力和水力鼓风。

图 1-1　商代木辘轳　　　　　　　　　图 1-2　铁器时代的鼓风器

15世纪—16世纪以前，机械工程发展缓慢。但在数以千年的实践中，在机械发展方面还是积累了相当多的经验和技术知识，成为后来机械工程发展的重要潜力。17世纪以后，资本主义在英、法和西欧诸国出现，商品生产开始成为社会的中心问题。许多高才艺的机械匠师和有生产观念的知识分子，致力于改进各种产业所需的工作机械和研制新的动力机械蒸汽机。18世纪后期，蒸汽机的应用从采矿业推广到纺织、面粉、冶金等行业；制造机械的主要材料逐渐从木材改用更为坚韧，但难以用手工加工的金属。机械制造工业开始形成，并在几十年中成为一个重要产业。机械工程通过不断扩大的实践，从分散性的、主要依赖匠师们个人才智和手艺的一种技艺，逐渐发展成为一门有理论指导的、系统的和独立的工程技术。机械工程是促成 18 世纪～19 世纪的工业革命以及资本主义机械大生产的主要技术因素。

在当今社会，任何现代生产和工程领域都需要应用机械，例如农业、林业、矿山等需要农业机械、林业机械、矿山机械；冶金和化学工业需要冶金机械、化工机械；纺织和食品加工工业需要纺织机械、食品加工机械；房屋建筑和道路、桥梁、水利等工程需要工程机械；电力工业需要动力机械；交通运输业需要各种车辆、船舶、飞机等；各种商品的计量、包装、储存、装卸需要各种相应的工作机械。日常生活中，也越来越多地应用各种机械了，如汽车、自行车、缝纫机、钟表、照相机、洗衣机、冰箱、空调机、吸尘器等。

各个工程领域的发展也要求机械工程有与之相适应的发展，都需要机械工程提供所必需的机械。某些机械的发明和完善，又促成新的工程技术和新的产业出现和发展，例如大型动力机械的制造成功，促成了电力系统的建立；机车的发明促成了铁路工程和铁路事业的兴起；内燃机、燃气轮机、火箭发动机等的发明和进步以及飞机和航天器的研制成功促成了航空、航天工程和航空、航天事业的兴起；高压设备(包括压缩机、反应器、密封技术等)的发展促成了许多新型合成化学工程的成功。机械工程就是在各方面不断提高需求的压力下获得发展动力，同时又从各个学科和技术的进步中得到改进和创新的能力。

机械为机器和机构的泛称。是将已有的机械能或非机械能转换成便于利用的机械能，或是将机械能变换为某种非机械能或用机械能来做一定工作的装备或器具。前一类机械包括风力机、水轮机、汽轮机、内燃机、电动机、气动马达、液压马达等，统称为动力机械。第二类机械包括发电机、热泵、液压泵、压缩机等，这些机械统称为能量变换机械。第三类机械是利用人、畜或动力机械所提供的机械能以改变工作对象(原料、工件或工作介质)的物理状态、性质、结构、形状、位置等的机械，例如制冷装置、造纸机械、粉碎机械、物料搬运机械等，这类机械统称为工作机械。

各种机械的共同特征是：都是人类制造的实体组合；其组成件之间有确定的相对运动和力的传递；进行机械能的转换或机械能的利用。还有一些装置或器械，其组成件间没有相对运动，也没有机械能的转换和利用，如蒸汽发生器、凝汽器、换热器、反应塔、精馏塔、压力容器等，但由于它们是通过机械加工而制成的产品，也被认为属于机械范畴。

机械是现代社会进行生产和服务的五大要素(即人、资金、能量、材料和机械)之一，并且能量和材料的生产还必须有机械的参与。

机械工程是以有关的自然科学和技术科学为理论基础，结合在生产实践中积累的技术经验，研究和解决在开发、设计、制造、安装、运用和修理各种机械中的全部理论和实际问题的一门应用学科。

1.2 机械工程的概况

1.2.1 机械工程的服务领域

机械工程的服务领域广阔而多面，凡是使用机械、工具以至能源和材料生产的部门，无不需要机械工程的服务。概括说来，现代机械工程有五大服务领域。

(1) 研制和提供能量转换机械，包括将热能、化学能、原子能、电能、流体压力能和天然机械能转换为适合于应用的机械能的各种动力机械以及将机械能转换为所需要的其他能量(电能、热能、流体压力能、势能等)的能量变换机械。

(2) 研制和提供用以生产各种产品的机械，包括应用于第一产业的农、林、牧、渔业机械和矿山机械以及应用于第二产业的各种重工业机械和轻工业机械。

(3) 研制和提供从事各种服务的机械，包括交通运输机械、物料搬运机械、办公机械、医疗器械、通风、采暖和空调设备、除尘、净化、消声等环境保护设备等。

(4) 研制和提供家庭和个人生活中应用的机械，如洗衣机、冰箱、钟表、照相机、运动器械等。

(5) 研制和提供各种机械武器。

1.2.2 机械工程的工作内容

不论服务于哪一领域，机械工程的工作内容基本相同，按其工作性质可分为六个方面。

(1) 建立和发展可以实际地和直接地应用于机械工程的工程理论基础。这方面主要有：研究力和运动的工程力学及流体力学；研究金属和非金属材料的性能及其应用的工程材料学；研究材料在外力作用下的应力、应变等的材料力学；研究热能的产生、传导和转换的燃烧学、传热学和热力学；研究摩擦、磨损和润滑的摩擦学；研究机械中各构件间的相对运动的机构学；研究各类有独立功能的机械元件的工作原理、结构、设计和计算的机械原理及机械零件学；研究金属和非金属的成形及切削加工的金属工艺学与非金属工艺学等。

(2) 研究、设计和发展新的机械产品，不断改进现有机械产品和生产新一代机械产品，以适应当前和将来的需要。这方面包括：调研和预测社会对机械产品新的要求；探索应用机械工程和其他工程技术中出现的新理论、新技术、新材料、新工艺，进行必要的新产品试验、试制、改进、评价、鉴定和定型；分析正在试用的和正式使用的机械存在的缺点、问题和失效情况，并寻求解决措施。

(3) 机械产品的生产包括：生产设施的规划和实现；生产计划的制订和生产调度；编制和贯彻制造工艺；设计和制造工具、模具；确定劳动定额和材料定额；组织加工、装配、试车和包装发送；对产品质量进行有效的控制。

(4) 机械制造企业的经营和管理。机械一般是由许多各有独特的成形、加工过程的精密零件组装而成的复杂的制品，生产批量有单件和小批，也有中批、大批，直至大量生产，销售对象遍及全部产业和个人、家庭，而且销售量在社会经济状况的影响下可能出现很大的波动。

因此，机械制造企业的管理和经营特别复杂和困难。企业的生产管理、规划和经营等的研究也多是始于机械工业。生产工程、工业工程等在成为独立学科之前，都曾是机械工程的分支。

(5) 机械产品的应用。这方面包括选择、订购、验收、安装、调整、操作、维护、修理和改造各产业所使用的机械和成套机械装备，以保证机械产品在长期使用中的可靠性和经济性。

(6) 研究机械产品在制造过程中，尤其是在使用中所产生的环境污染和自然资源过度耗费方面的问题及其处理措施。这是现代机械工程的一项特别重要的任务，而且其重要性与日俱增。

1.3 机械工程发展

1.3.1 机械工程发展简史

1. 古代机械史(ancient history of machinery)

1) 世界古代机械史(ancient history of machinery in the world，—1750 年)

机械始于工具，工具是简单的机械。人类最初制造的工具是石刀、石斧和石锤。现代各种复杂精密机械都是从古代简单的工具逐步发展而来的。古代由于交通不便，文化交流很少，世界上几个基本独立的文化区域，如东亚和南亚、西亚和欧洲的机械发展情况各不相同。如中国古代机械起源早，发展较快，在 13 世纪、14 世纪曾居世界前列，是独立发展的，与其他地区联系不多。公元前 3000 年以前(史前期)，人类已广泛使用石制和骨制的工具。搬运重物的工具有滚子、撬棒和滑橇等，如古埃及建造金字塔时就已使用这类工具。公元前 3500 年后不久，古巴比伦的苏美尔已有了带轮的车，是在橇板下面装上轮子制造而成。史前期的重要工具有弓形钻和制陶器用的转台。弓形钻由隧石钻头、钻杆、窝座和弓弦等组成。往复拉动弓便可使钻杆转动，用来钻孔、扩孔和取火。弓形钻后来又发展成为弓形车床，成为更有效的工具。

埃及第三王朝至第六王朝的早期(约公元前 2686 年—公元前 2181 年)，开始将牛拉的原始木犁和金属镰刀用于农业。铜制工具的制造多用锻打法。约公元前 2500 年，欧亚之间的地区就曾使用两轮和四轮的木质马车。埃及古代墓葬中曾发现公元前 1500 年前后的两轮战车。叙利亚在公元前 1200 年制造了磨谷子用的手磨。

在建筑和装运物料过程中，已使用了杠杆、绳索、滚棒和水平槽等简单工具。滑轮最早出现于公元前 8 世纪，亚述人用作城堡上的放箭机构。绞盘最初用在矿井中提取矿砂和从水井中提水。这时，埃及的水钟、虹吸管、鼓风箱和活塞式卿筒等流体机械也得到初步的发展和应用。

公元前 600 年—公元 400 年(称为古典文化时期)，在古希腊诞生了一些著名的哲学家和科学家，他们的理论对古代机械的发展作出了杰出的贡献。如，学者希罗关于 5 种简单机械(杠杆、尖劈、滑轮、轮与轴、螺纹)推动重物的理论至今仍有意义。这一时期木工工具有了很大改进，除木工常用的成套工具如斧、弓形锯、弓形钻、铲和凿外，还发展了球形钻、能拔铁钉的羊角锤、伐木用的双人锯等。广泛使用的还有长轴车床和脚踏车床，如图 1-3 所示，用来制造家具和车轮辐条。脚踏车床一直延用到中世纪，为近代车床的发展奠定了基础。

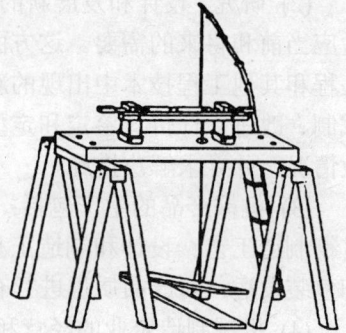

图 1-3　脚踏车床

冲制钱币是这一时期金属加工方面的一大成就，是现代成批生产技术的萌芽。但随着罗马帝国的灭亡，这种技术失传了几百年。

约在公元前 1 世纪，古希腊人在手磨的基础上制成了石轮磨。这是机械和机器方面一个进展。约在同时，古罗马也发展了驴拉磨和类似的石轮磨。

齿轮系在欧洲最早的应用是装在战车的记录行车里程的里程计上。杠杆原理在机械上的应用此时已较普遍，如用在建筑上起吊重物的滑车和复式滑车。马车和战车也有了改进。

流体机械和动力机械方面的发展是：首先扩大了桔槔式提水工具和吊桶式水车的使用范围；新创造的流体机械有涡形轮和诺斯(Norse)水磨。前者靠转动螺纹形杆，将水由低处提到高处，主要用于罗马城市的供水；后者用来磨谷物，靠水流推动方叶轮而转动，其功率不到 367.7W(0.5 马力)。功率较大的有维特鲁维亚(Vitruvia)水磨。水轮靠下冲的水流推动，通过选择适当大小齿轮的齿数就可调整水磨的转速，其功率约为 2206.5W(3 马力)，后来提高到 36.8kW(50 马力)，成为当时功率最大的原动机。

利用活塞和汽缸制成的压力泵和吸水泵，在此时期也有发展。最早出现的是用来灭火的菲罗(Philo)压力泵。后来又有了从井中提水的吸水泵和压力泵以及罗马人用于灭火的双筒柱塞泵。

这时热力机械主要是作为希腊学者和哲学家们的玩物而出现的。公元 1 世纪，希罗的汽转球(又叫风神轮)就是一例。汽转球下部的蒸锅盛水，其上用文管连接着一只空心球。球上有两支方向相反的切向喷口。当锅下烧火、球内的水沸腾变成蒸汽喷出时，如产生的喷气反作用推力足够大，便会推动球体不断转动。汽转球作为第一个把蒸汽压力转化为机械动力的装置而闻名于世。它也许是最早应用喷气反作用原理的装置。

400 年—1000 年的欧洲地区，机械技术的发展因古希腊和罗马的古典文化处于消沉而陷于长期停顿。1000 年—1500 年，随着农业和手工业的发展，意、法、英等国相继兴办大学，发展自然科学和人文科学，培养人才，同时又吸取了当时中国、阿拉伯和波斯帝国的先进科学技术，机械技术开始恢复和发展。西欧开始用煤冶炼生铁，制造了大型铸件。随着水轮机的发展，已有足够的动力来带动用皮革制造的大型风箱，以获得较高的熔化温度，铸造大炮和大钟的作坊逐渐增多，铸件重量渐渐增大。在农业方面创造出装有曲凹面犁板的犁头，以取代罗马时代的尖劈犁头。这个时期还出现了手摇钻，其构造表明曲柄连杆机构的原理已用于机械。加工机械方面出现了大轮盘的车床。12 世纪和 13 世纪后半期，先后出现了装有绳索擒纵机构的原始钟和天平式钟。天平式钟是第一种实际应用的机械式钟，其中装有时针和秒针，表明时钟齿轮系有了进一步的发展，15 世纪在欧洲家庭中已得到较为普遍的应用。

钟表是 1500 年前开始制造的。重要的改进是用螺旋弹簧代替重物以产生动力，此外还加了棘轮机构。机械式钟表创造的成功，不仅为现代文明所必需，也推动了精密零件的制造技术。机械式钟表后来又得到全面改进，如单摆式时钟取代了原来的天平式时钟。1676 年英国为格林尼治天文台制作了摆长不同的两种精密时钟。怀表采用双金属条，解决了平衡轮的温度补偿问题。

在流体机械方面，出现了下冲或上冲式水轮机(水磨)以及风磨和风轮机。水平下冲式水轮机是由早期水磨改进而成的，到 12 世纪、13 世纪已用作采矿、粉碎、冶炼等作业的动力。这种水轮机经过改进后于 14 世纪又发展成为大型上冲式水轮机，用于提升矿石。这一时期西欧在水力利用方面有很大进展，水轮机作坊迅速增加。

1500 年—1750 年，机械技术发展极为迅速。材料方面的进展主要表现在用钢铁，特别是用生铁代替木材制造机器、仪器和工具。同时为了解决采矿中的运输问题，1770 年前后，英国发展了马拉有轨货车。先是用木轨，后又换成铁轨。

这一时期工具机也获得不少成就，制造出水力辗轧机械和几种机床，如齿轮切削机床、螺纹车床、小型脚踏砂轮磨床及研磨光学仪器镜片的抛光机等，如图 1-4 所示为石磨。

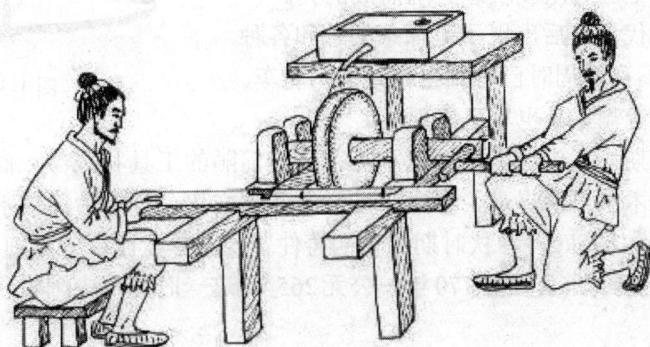

图 1-4 石磨

　　水泵在此时期也有了发展，它主要用于解决当时矿井排水和城市供水问题，包括矿井排水泵、正向旋转泵(1588 年)和离心泵(1689 年)等。这时意大利发明了水压空气压缩机(俗称水风箱)。它可用作熔炼钢铁的鼓风机，以取代旧式的皮老虎。1759 年又出现了大型鼓风机。风力机械如风磨的应用也更广泛，数量增加，仅英国就已有数千台之多，用于磨粉、泵水和锯木。

　　在动力机械方面，1698 年英国的 T.萨弗里制造的矿井蒸汽水泵，被称为"矿工之友"，它开创了用蒸汽做功的先河。1705 年英国的 T.纽科门发明大气式蒸汽机，它虽然很不完善，但却是第一台工作比较可靠的蒸汽机，主要用于提水，功率可达 4413W(6 马力)，这种蒸汽机在 1750 在前已在欧洲推广，后来又传到美国。

　　这一时期，在欧洲诞生了工程科学。许多科学家，如牛顿、伽利略、莱布尼兹、玻意耳和胡克等，为新科学奠定了多方面的理论基础。为了鼓励创造发明，意大利和英国分别在 1474 年和 1561 年建立了专利机构。17 世纪 60 年代建立了科学学会，如英国皇家学会。英国于 1665 年开始出版科学报告会文献。法国约于同时建立了法国科学院。俄、德两国也分别于 1725 年和 1770 年建立了俄国科学院和柏林科学院。这些学术机构冲破了当时教会的禁锢展开自由讨论，交流学术观点和实验结果，因而促进了科学技术以及机械工程的发展。

2) 中国古代机械史(ancient history of machinery in China，—1949 年)

　　中国是世界上机械发展较早的国家之一。中国古代在机械方面有许多发明创造，在动力的利用和机械结构的设计上都有自己的特色。许多专用机械的设计和应用，如指南车、地动仪和被中香炉(1963 年西安沙坡村出土。半球体香炉因受重力作用，不论球壳如何滚转，炉口总是保持水平状态)等，均有独到之处。古代金属冶铸技术发明时间较早，且技术精湛。如商周青铜器朴质雄浑，春秋青铜器纤细精巧，形成了中国古代青铜器的独特风格。已发现的中国最早的青铜器如甘肃东乡马家窑出土的铜刀，距今已有 4800 年左右。

　　春秋以前(公元前 770 年前)在中国大约 40 万年—50 万年前就已出现加工粗糙的刮削器、砍砸器和三棱形尖状器等原始工具。4 万年—5 万年前出现磨制技术，许多石器已比较光滑，刃部也较锋利，并有单刃、双刃、凸刃、凹刃和圆刃之分。28000 年前出现弓箭，这是机械方面最早的一项发明。公元前 8000 年—公元前 2800 年期间出现了陶轮(制陶用转台)。农具大约出现在公元前 6000 年—公元前 5000 年，除石斧石刀外，还有石锄、石铲、石镰、蚌镰、骨镰、骨刀（见图 1-5）和骨耗。石斧和石刀上已有用硬质砂磨削而成的孔。

　　夏代以前和夏代，先后出现了无辐条的轮和各种有辐条的车轮。殷商和西周时已有相当精致的两轮车。独木舟和筏等水上运输工具也早已出现。

图 1-5　骨刀

　　新石器时代晚期，人们已能用石范和泥范铸造简陋的工具和武器。商殷时期，随着手工业生产的发展和技术水平的提高，形成了灿烂的青铜文化。青铜冶铸技术得到高度发展，青铜铸件后母戊鼎重达 875kg，春秋时期的青铜铸件曾侯乙尊盘已十分精细。

　　春秋时期至汉魏时期(公元前 770 年—公元 265 年)这一时期是中国古代机械开始较快发展的时期。

　　春秋时期铁器和生铁冶铸技术开始出现。黑心可锻铸铁、白心可锻铸铁和锻钢的出现加速了由铜器向铁器的过渡。春秋中期以后发明了失蜡铸造法和低熔点合金铸焊技术。战国时

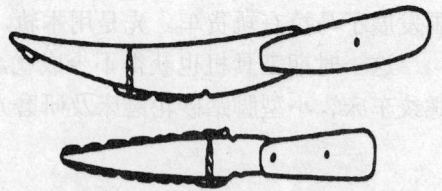

期又有了叠铸和锚链铸造等工艺。西汉中期已炼出灰铸铁，并出现了壁厚 3mm～5mm 的薄壁铸铁件，铸铁热处理技术也有所发展。

春秋时期出现弩，控制射击的臂机已是比较灵巧的机械装置。到汉代，臂机的加工精度和表面质量已达到相当高的水平。汉弩有 1 石至 10 石等八种规格(无 2 石和 9 石)，这些规格的形成表明机械制造标准在汉代已初步确立。弩机上留下了作工、锻工、磨工等的名字。

战国时期流传的《考工记》是现存最早的手工艺专著，其中记有车轮的制造工艺。对弓的弹力、箭的射速和飞行的稳定性等也都做了深入的探索。汉代已有各类舰艇和大量的三四层舱室的楼船。有些舰船已装备了艉舵和高效率的推进工具槽。

陆上交通运输工具不断发展。1980 年出土的秦始皇陵铜车马（见图 1-6）代表了当时铸造技术、金属加工和组装工艺的水平。东汉以后出现了记里鼓车和指南车。记里鼓车有一套减速齿轮系，通过鼓锣的音响分段报知里程。三国马钧所造的指南车除用齿轮传动外，还有自动离合装置，在技术上又胜记里鼓车一筹。自动离合装置的发明，说明传动机构齿轮系已发展到相当的程度。

图 1-6　秦始皇陵铜车马

东汉时已有不同形状和用途的齿轮和齿轮系。有大量棘轮，也有人字齿轮。特别是在天文仪器方面已有比较精密的齿轮系。张衡利用漏壶的等时性制成水运浑象，以漏水为动力通过齿轮系使浑象每天等速旋转一周。公元 132 年张衡创制了世界上第一台地震仪，即候风地动仪。

汉代纺织技术和纺织机械也不断发展，绫机已成为相当复杂的纺织机械。到三国时期，马钧将 50 综(分组提放经线的综片)50 蹑(踏具)和 60 综 60 蹑的绫机都改成 50 综 12 蹑和 60 综 12 蹑，提高了生产效率。马钧还创制了新式提水机具翻车，能连续提水，效率高又十分省力。

汉代的农具铁犁已有犁壁，能起翻土和碎土的作用。汉武帝时赵过既已创制三脚耧，一天能播种一顷地。

两晋至宋元时期(265 年—1368 年)，大型铜铁铸件和大型机械结构陆续出现。五代时铸造的沧州铁狮子重约 40t，宋代木结构水运仪象台高 3 丈 5 尺，宽 2 丈 1 尺。

唐宋时期机械制造已有较高水平。如西安出土的唐代银盒，其内孔与外圆的同轴度误差很小，子母口配合严紧，刀痕细密，说明当时机械加工精度已达到新的水平。

　　在运输工具方面，人力和水力并用，在技术上有进一步发展。南朝齐祖冲之所造日行百里的所谓千里船和南朝梁侯景军中的 160 桨快艇，都是人力推进的快速舰艇。南北朝时期出现了车船。唐代的李皋对车船的改进起了承前启后的作用。

　　水力机械也有新的进展，唐代已有筒车，从人力提水发展为水力提水。南宋末期又创造出先进的水转大纺车。三、五(锭)手摇纺车曾是当时世界上比较先进的人力纺纱机械。元代薛景石所著《梓人遗制》是木工名家总结亲身经验之作，并详细记述了当时通行的纺织机械和车辆，以古代著名的木制机械技术专著而留世。

　　两晋至宋元时期天文和计时仪器发展迅速。北宋苏颂和韩公廉等制成的木构水运仪象台，能用多种形式表现天体时空的运行。它由水力驱动，其中有一套擒纵机构。水运仪象台代表了当时机械制造的高度水平，是当时世界上先进的天文钟。元代的滚柱轴承也属当时世界上先进的机械装置。

　　明清时期(1368 年—1840 年)时明初的造船业已有很大进展。郑和下西洋的船队（见图 1-7）是世界上最大的船队。郑和所乘宝船长约 137m，张 12 帆，舵杆长约 11m，是古代最大的远洋船舶。

图 1-7　郑和下西洋所用的木船

　　当时的机械制造主要仍靠手工操作。大者如千钧锚，是靠人工先锻成四爪，然后依次逐节锻接。小者如制针用的冷拔钢丝，也用手工制成。

　　明代已有活塞风箱。它是宋元木风扇的进一步发展。风箱靠活塞推动和空气压力自动启闭活门，成为金属冶铸的有效的鼓风设备。

　　在明中叶或稍前，木帆船已能逆风行驶，并拥有全风向航行的能力。扬州立帆式风轮是将八扇纵帆等距装置在八角形木架上，围绕一个垂直轴旋转，并能自动调节帆面角度。这是中国古代独具特色的木船风帆的进一步发展和运用。长期以来，中国沿海一带多利用它推动翻车，以提取海水晒制食盐。

　　机械技术的进步促进了学术研究。王徵于 1627 年编译和出版了《远西奇器图说录最》介绍了西方机械工程的概况。来自西方的自鸣钟表和水铣等也在一定范围内得到流传。1634 年—

1637 年宋应星编著和出版了《天工开物》如图 1-8 所示，记录了许多先进的工艺技术和科学创见。它反映出当时的农业和手工业的生产技术水平。记载了不少有关机械制造和产品性能的情况。内容涉及泥型铸釜、失蜡法铸造以及铸钱等铸造技术，还记述了千钧锚和软硬绣花针的制造方法、提花机和其他纺织机械以及车船等各种交通工具的性能和规格等。《天工开物》被称为中国 17 世纪的工艺百科全书。

清乾隆年间宫廷造办处曾制造大更钟，它依靠悬锤的重力驱动，并增添了精确的报更机构，加工精致，富有中国民族特色。明清两朝中国钟表工匠创制了不少新奇的钟表。当时的广州、苏州、南京、扬州等，成为有名的制造钟表的城市。

图 1-8　天工开物

2. 近代机械工程史(modern history of mechanical engineering，1750 年—1900 年)

在 1750 年—1900 年这一近代历史时期内，机械工程在世界范围内出现了飞速的发展，并获得了广泛的应用。1847 年，在英国伯明翰成立了机械工程师学会，机械工程作为工程技术的一个分支得到了正式的承认。后来在世界其他国家也陆续成立了机械工程的行业组织。

在这一历史时期内，世界上发生了引起社会生产巨大变革的工业革命。工业革命首先在英国掀起，后来逐步波及其他各国，前后延续了一个多世纪。工业革命是从出现机器和使用机器开始的。在工业革命中最主要的变革如下。

(1) 用生产能力大和产品质量高的大机器取代手工工具和简陋机械。

(2) 用蒸汽机和内燃机等无生命动力取代人和牲畜的肌肉动力。

(3) 用大型的集中的工厂生产系统取代分散的手工业作坊。在这期间，动力机械、生产机械和机械工程理论都获得了飞跃发展。

机械工程的发展，在工业革命的进程中起着重要的主干作用。如 18 世纪中叶以后，英国纺织机械的出现和使用，使纺纱和织布的生产技术迅速提高。蒸汽机的出现和推广使用，不仅促进了当时煤产量的迅速增长，并且便炼铁炉鼓风机有了机器动力而便铁产量成倍增长，煤和铁的生产发展又推动各行各业的发展。蒸汽机用于交通运输，出现了蒸汽机车、铁道、蒸汽轮船等，又促进了煤、铁工业和其他工业的发展。汽轮机、内燃机和各种机床相继出现。

(1) 纺织机械。18 世纪中叶欧洲纺织机械首先在英国出现。1761 年，皇家学会颁赏奖励纺纱技术的发明。3 年后，纺织工人 J.哈格里夫斯设计一台将 8 个纱锭竖排起来由一个轮子带动的纺纱机，并于 1764 年试制成功。他用几根棒条或夹子代替人的手指来牵引和握持纱线，使纺纱的生产速度提高 8 倍。这台机器仍是用人力转动的，并以他妻子的名字命名为珍妮纺纱机。1771 年出现了水力纺纱机。1779 年，S.克朗普顿在上述两种纺纱机的基础上制造出一台称为"缪尔"(Mule)的纺纱机，用它纺出比手工纺的更结实更精细的纱线，而且速度更快。1785 年，E.卡特赖特发明简单的自动织布机。随着纺纱和织布的生产速度的提高，需要更多的原料，于是，1793 年美国 E.惠特尼发明了轧棉机。轧棉机的发明既促进了英国纺纱工业的继续发展，又推动了美国棉花种植业的扩大。

(2) 动力机械。动力机械包括蒸汽机、内燃机、汽轮机和水轮机等。动力机械技术的突破，促进了各技术领域的突飞猛进。

(3) 蒸汽机。早在 17 世纪就有人做过利用蒸汽提高水位的尝试，例如，英国的 T.萨弗里曾于 1698 年制成一台能从矿井中抽水的蒸汽水泵，被称为"矿工之友"。

第一台有实用意义的蒸汽动力装置是英国的 T.纽科门于 1705 年制成的大气式蒸汽机，又称纽科门蒸汽机，曾在英国的煤矿和金属矿中使用。1712 年的纽科门蒸汽机为 1712 年制成的纽科门蒸汽机，它的蒸汽汽缸和抽水缸是分开的。蒸汽通入汽缸后在内部喷水使它冷凝，造成汽缸内部真空，汽缸外的大气压力推动活塞做功，再通过杠杆、链条等机构带动水泵活塞。

18 世纪中叶，J.瓦特在前人科学研究和实验的基础上，对蒸汽机做了重大的改进，创造出更好更实用的蒸汽机，对在英国发生的工业革命起了关键性的和主导的作用。瓦特于 1764 年开始对蒸汽机的研究和改进。他发现纽科门蒸汽机的汽缸冷却消耗很多蒸汽，在 J.布莱克教授的潜热和比热理论的启发下他找出蒸汽机效率低下的原因。于是，他把蒸汽的冷凝过程安排在与汽缸分开的冷凝器中进行。1765 年他制作了一台试验性的有分离冷凝器的小型蒸汽机，肯定了分离冷凝器的优越性，并于 1769 年取得了标名为"在火力机中减少蒸汽和燃料消耗的新方法"的专利。1781 年瓦特又取得双作用式蒸汽机的专利。1776 年瓦特与 M.博尔顿合作制造的两台蒸汽机开始运转。到 1804 年，英国的棉纺织业已普遍采用蒸汽机作为生产动力。

(4) 内燃机。19 世纪中期，内燃机问世。第一台在工厂中实际使用的内燃机是 1860 年法国勒努瓦制造的无压缩过程的煤气机，其基本结构与当时的蒸汽机相差不多。1862 年，法国 A.E.B.de 罗沙提出四冲程循环的基本原理。1876 年，德国 N.A.奥托制成四冲程往复活塞式单缸卧式煤气机，比勒努瓦的煤气机效率更高，功率更大。1878 年，英国 D.克拉克制成二冲程循环的内燃机。1892 年，德国 R.狄塞尔提出压燃式内燃机原理，为提高内燃机热效率做出了重要贡献。1897 年他制成第一台压缩点火式内燃机(柴油机)，使用液体燃料，按四冲程原理工作，热效率高于当时其他任何内燃机。早期的压燃式内燃机的转速比较低，进入 20 世纪后内燃机的转速大幅度提高。

(5) 汽轮机。随着发电机和电动机的发明，世界开始进入电气时代。中心发电站迅速兴起，大功率的高速汽轮机应运而生。1882 年，瑞典的 C.G.P.de 拉瓦尔制成第一台单级冲动式汽轮机。第一台有实用意义的汽轮机是英国 C.A.帕森斯在 1884 年制成的多级反动式汽轮机，它利用反作用的原理使涡轮旋转，但功率仅为 7.5kW。不久，他又制造出每台为 1000kW 的发电用的汽轮机。1896 年，法国 A.拉托把几个单级冲动式汽轮机串联在一起，形成多级冲动式汽轮机。同年，美国 C.G.柯蒂斯也获得一次汽轮机的发明专利，他把蒸汽的动能分两部分供给两排动叶片，因而转速比拉瓦尔的单级冲击式汽轮机低。汽轮机的进一步发展是把冲击式和反作用式结合起来，改善了汽轮机的性能。

(6) 水轮机。水轮机虽是一种古老的水力机械，但发展成为高效率、大功率的能适合机器大工业生产需要的机器，则是近代的事。18 世纪 50 年代，瑞士人 L.尤勒开始试验反作用水轮机。1827 年，法国工程师 B.富尔内隆成功地试验了能发出 6 马力功率的反作用水轮机。1832 年已能制造 50 马力的水轮机。1838 年 S.B.豪特发明一种向心流动的水轮机。1849 年前后美国 J.B.弗朗西斯设计了混流式水轮机，对水轮机作出了很大的改进。

交通运输工具随着蒸汽机和内燃机的出现和使用，在近代这一历史时期内，交通运输工具也得到了发展。第一辆蒸汽汽车是法国人 N.J.居诺于 1769 年制成的。它只有三个轮子，速度很慢。1803 年，英国 R.特里维西克制成高压蒸汽汽车并驾驶它行进在伦敦的街道上。19 世纪下半叶，汽油机汽车出现。至 19 世纪末，世界上已有成百家作坊式的汽车工厂。

1807 年，美国 R.富尔顿第一次成功地把蒸汽机装在船上，创造出蒸汽轮船。1811 年英国也制成蒸汽轮船。

1829 年，英国 G.斯蒂芬森试制成功的"火箭"号蒸汽机车，速度为 58km/h。斯蒂芬森的重要发明是使废气从烟囱排出，以便在锅炉的燃烧室内形成负压的抽风方法，大大提高了燃烧效率和机车速度。

(7) 热力学理论。蒸汽机的出现促进了热力学理论的发展。1824 年，法国 S.卡诺发表了《对火的动力的看法》，提出了卡诺定理。他指出热量只是在不同的温度之间转移时才能做功，为以后建立的热力学第二定律奠定了基础。1842 年，德国 J.R.von 迈尔提出热功当量的概念，推算出热功当量的数值。1840 年，英国 J.P.焦耳通过实验测定热功当量的数值，由此归纳出热力学第一定律。德国 R.克劳修斯和英国 W.汤姆森(即开尔文)分别于 1850 年和 1851 年先后提出热力学第二定律，与热力学第一定律共同构成了热力学理论的基本体系。热力学理论的建立和发展，为蒸汽机等动力机械的改进和其他新型动力机械的研制和设计提供了理论基础。

(8) 机械原理。1806年，在法国巴黎首先建立了机构学的分支学科。1834年，法国物理学家 A.M.安培把这一学科分支命名为机构运动学。按照他的意见，这一分支是研究机构中发生的运动而不考虑产生这些运动的力。机构运动学诞生后，1841年，英国 R.威利斯提供了各种机构的概要图表，对相对运动的分析作出了贡献。德国 F.勒洛在1875年—1900年期间发表著作《理论运动学》，对机构提出新的看法。他把各种机械构件看作是由两个互相作用的表面接连起来的、具有一定相对运动的对偶，即机构变换原理，为机构运动学的发展做出了有价值的贡献。1885年，英国 R.H.史密斯用图解法获得了联动机构的速度和加速度的分析结果，他的研究成果有很大的实际意义。

(9) 机械制造。机械制造的革新和机床工业的形成，是工业革命后期的非常重要的一个方面。英国大约用了半个世纪的时间完成了机械制造方面的革命，到1861年所有的机械和机器基本上都可以用机器来制造了。在欧洲，加工技术的改进从17世纪就已经开始。18世纪时，车床逐渐由木结构改为金属结构。1750年，法国 A.蒂奥在车床上安装了一个刀架，用丝杠驱动刀架纵向移动，比过去手握车刀前进了一大步。1774年 J.威尔金森制造了一台新的炮筒镗床，可以加工直径达1.83m 的内圆。1775年，他曾为瓦特成功地制造出蒸汽机汽缸。1770年英国 J.拉姆斯登首先用车床制造螺丝。1784年，J.布拉默制成一把具有比较复杂的机构的锁，他还和 H.莫兹利共同改进和制造了几种机床。莫兹利在机械制造方面的主要贡献是于1797年在车床上安装了丝杆、光杆和滑动刀架，能加工精密平面和精密螺丝，使机械制造技术的精度水平大为提高。1836年，J.内史密斯制成刨床，这台刨床已经具备了现代牛头刨床的基本结构。1842年，他还设计制造了单作用和双作用的蒸汽锤，扩大了锻件的尺寸。1830年—1850年间，J.B.惠特沃思利用螺纹微调原理制造的测量装置，使机械产品质量进一步提高，为后来的互换性生产创造了条件。19世纪机械制造方面的重大技术进步是发展了零件的互换性，提高了生产的经济性。1845年，美国制造出转塔车床，用8个刀具装在可旋转塔形支架上，由一人操作轮流完成8种加工工序，1861年又实现了转塔的自动转动。美国为进一步节省劳力，又研制出自动螺钉车床。19世纪下半叶，新的工具材料和新的动力来源也促进了机床的继续发展。1850年的碳素钢刀具只能在约12m/min(40ft/min)以下的切削速度下工作。1868年，R.穆舍特发明含有钨和钒的锰钢(合金工具钢)使切削速度提高到18.3m/min(60ft/min)。1898年，F.W.泰勒等人用含铬的高速钢把切削速度提高到36.6m/min(120ft/min)。切削速度的提高反过来又促进了机床各部分强度、轴承、变速机构的改进。另一方面，19世纪中叶以后，缝纫机工业在美国迅速发展，对磨削加工提出更高的要求。碳化硅和氧化铝新磨料的应用遂引起磨床的改革。

在 19 世纪的大部分年代里，机床的动力来源主要是蒸汽动力，车间顶棚布满纵横交错的轴和传动带。1873 年，电动机成为机床的动力，开始了电力取代蒸汽动力的时代。最初，电动机安装在机床以外的一定距离处，通过带传动。后来把电动机直接安置在机床内部。19 世纪末，已有少数机床使用两台或多台电动机，分别驱动主轴和进给机构等。至此，被称为"机械工业的心脏"的机床工业已初具规模。进入 20 世纪后，迅速发展的汽车工业和后来的飞机工业，又促进了机械制造技术向高精度、大型化、专用化和自动化的方向继续发展。

3. 现代机械工程史(contemporary history of mechanical engineering，1900 年—)

20 世纪以来，世界机械工程的发展远远超过了上个世纪。尤其是第二次世界大战以后，由于科学技术工作从个人活动走向社会化，科学技术的全面发展，特别是电子技术、核技术和航空航天技术与机械技术的结合，大大促进了机械工程的发展。

第二次世界大战前的 40 年，机械工程发展的主要特点是继承 19 世纪延续下来的传统技术，并不断改进、提高和扩大其应用范围。如农业和采矿业的机械化程度有了显著的提高；动力机械功率增大，效率进一步提高，内燃机的应用普及到几乎所有的移动机械。随着工作母机设计水平的提高及新型工具材料和机械式自动化技术的发展，机械制造工艺的水平有了极大的提高。20 世纪初美国人 F.W.泰勒首创的科学管理制度，在一些国家广泛推行，对机械工程的发展起了推动作用。

第二次世界大战以后的 30 年间，机械工程的发展特点是：除原有技术的改进和扩大应用外，与其他科技领域的广泛结合和相互渗透明显加深，形成了机械工程的许多新的分支，机械工程的领域空前扩大，发展速度加快。这个时期，核技术、电子技术、航空航天技术迅速发展。生产和科研工作的系统性、成套性、综合性大大增强。机器的应用几乎遍及所有的生产部门和科研部门，并深入到生活和服务部门。

进入 20 世纪 70 年代以后，机械工程与电工、电子、冶金、化学、物理和激光等技术相结合，创造了许多新工艺、新材料和新产品，使机械产品精密化、高效化和制造过程的自动化等达到了前所未有的水平。从 20 世纪 60 年代开始，计算机逐渐在机械工业的科研、设计、生产及管理中普及应用，过去机械工程中许多不便计算和分析的工作，已能用计算机加以科学计算，为机械工程各学科向更复杂、更精密方向发展创造了条件。

(1) 动力机械。19 世纪末至 20 世纪初，大部分动力机械，如水轮机、汽轮机、柴油机、汽油机等，均已具备了现代产品的基本特征。以后的发展主要是提高效率，增大功率，改善运行控制条件，扩大应用范围。进入 20 世纪 50 年代后，减少环境污染成为一个重要的课题。20 世纪以来发展起来的动力机械新机种有 30 年代末进入实用的燃气轮机和 50 年代发明的旋转活塞式发动机。20 世纪 50 年代起，核反应堆作为新型的蒸汽发生器进入动力机械行列，成为动力工程的一项重大突破。已经采用或正在研究的还有利用其他能源，如风力、太阳能、地热能、海洋能、生物能等的动力装置。

(2) 水轮机。19 世纪下半叶创制的混流式和水斗式水轮机结构简单，效率高，适合于高水头，迅速得到普及。20 世纪以来水轮机品种发展迅速。1920 年，奥地利人 V.卡普兰又研制成适合低水头的轴流转桨式水轮机。第二次世界大战前夕，又研制成功可逆式水泵水轮机和贯流式水轮机。1956 年，斜流式水轮机问世，它的特点是转轮轻，能适应蓄能电站的要求。水轮机主要用于水力发电，单机容量从 20 世纪 40 年代的 120MW 增加到 60 年代的 600MW，1981 年，世界最大的水轮机已超过 700MW。

(3) 汽轮机。20 世纪初汽轮机就已成为主要的火力发电设备，并作为船舶动力装置的主机，代替了部分蒸汽机。此后汽轮机的发展主要结合锅炉的改进，增加功率、提高热效率、降低材料消耗和造价。第二次世界大战后，为提高热效率，大型电站汽轮机一度趋向于采用超临界蒸汽参数，蒸汽压力达 30MPa～35MPa，温度达 593℃～650℃。但因需要昂贵的奥氏体不锈钢制造锅炉。后来选用的蒸汽参数有所下降。汽轮机的单机功率不断增大，1912 年最大为 25MW，1947 年为 100MW，1962 年为 500MW，1972 年瑞士制造的双轴汽轮机组功率达 1300MW，是迄今最大的机组。

(4) 内燃机。20 世纪以来内燃机的应用范围急剧扩大。移动式机械大部分都使用内燃机为动力。为减少内燃机特别是汽车发动机排气的污染，采用了分层供气涡流燃烧室，利用计算机控制燃油空气混合比和点火时间，采用二次空气喷射和废气再循环等技术。同时还在试用较少或没有排气污染的燃气轮机、增压柴油机和飞轮、氢发动机、斯特林发动机等。汽油机进入 20 世纪后的主要发展是扩大气缸容积、提高压缩比、提高转速以增大功率，并注重降低能耗。柴油机在 20 世纪 50 年代以前主要用于船舶、农业机械、施工及矿山机械、大型载货汽车和坦克上。柴油机因能节省燃油，排气污染少，机器使用寿命长，应用范围不断扩大，20 世纪 50 年代后，在部分小轿车上也开始采用柴油机为动力。旋转活塞式发动机是联邦德国工程师 F.汪克尔于 1957 年制成的。这种发动机结构简单，无往复运动，体积小、重量轻、成本低。但在低转速时的气体泄漏量高于往复机，低速动力性能和燃料经济性低于往复机。近年来，由于设计结构、工艺、材料的不断改进，差距正在逐步缩小。

(5) 燃气轮机。20 世纪 30 世纪—40 年代燃气轮机发展迅速。1939 年，瑞士建成世界上第一座以燃气轮机为动力的尖峰负荷电站；1941 年，燃气轮机机车问世；同年，以燃气轮机作为动力的喷气式飞机在英国试飞成功。第二次世界大战以后，燃气轮机除大量用于航空外，还用于备用电站和石油、天然气输送管线。1982 年，世界最大的燃气轮机单机功率达 100MW，效率达 30%。美国正在研究 200MW 级、效率为 40% 的新型机组。20 世纪 50 年代以后，利用燃气轮机与锅炉、汽轮机组成燃气—蒸汽联合循环装置提高热效率的方法获得一定的应用。

(6) 核动力装置。1942 年，美国的 E.费密(原籍意大利)等人建成第一座可控的链式核裂变原子反应堆。1954 年，苏联建成功率为 5000MW 的第一座核电站。至 1983 年底，世界上共建成核电站反应堆 302 座，总装机容量达 19.9 万 MW，最大的核电站反应堆达 1200MW。核反应分为核裂变和核聚变两种。核聚变比核裂变释放的能量大得多，放射性危险较小，所用燃料(超重氢)资源丰富，但人工控制它的能量释放较困难。

(7) 机械制造技术。机械制造技术的发展与产品和材料技术的发展紧密相关。20 世纪以来，促进机械制造技术进步的主要因素是：

① 产品大型化。20 世纪 70 年代，大的工件已重达几百吨。因此，成套地发展了大型毛坯制造、大型零件加工、大型整机装配和运输等所需的技术和装备。

② 产品加工精度提高。20 世纪初，最精密零件尺寸精度为 0.01mm，现代最精密的量块和航天陀螺仪零件的精度要求高达 0.01μm。

③ 机械材料的多样化和加工难度提高。20 世纪初，机械工业的主要材料是一般钢铁。30 年代以后，铝合金的应用增多。第二次世界大战后，球墨铸铁、合金铸铁、耐热钢、耐磨钢、高强钢、镍合金、钛合金、硬质合金的用量不断增加。20 世纪 60 年代以来，工程塑料、复合材料和宝石、玻璃、陶瓷等非金属材料的应用也逐渐增加。材料力学性能如强度、硬度、韧性的提高，使加工难度越来越大，因之出现了一些特殊加工方法。

④ 缩短加工制造周期，提高劳动生产率，减少原材料和能源消耗，提高产品质量，也是促进机械制造技术发展的重要因素。20世纪在这方面的主要进展是加工和检测过程的连续化、自动化、金属切削加工速度的提高，少无切削加工的发展，焊接结构的推广，金属热处理和材料保护等技术的普及。

(8) 铸造。20世纪40年代—50年代之间，高压造型开始应用推广。这是砂型铸造的一大改进，造型比压达0.7MPa～2MPa，可生产高精度铸件。砂型铸件占铸件总量的3/4以上。20世纪80年代初，世界上已有高压造型线约1000条。1971年，日本创造了砂型负压造型法，提高了铸件精度，并且省砂、节能、污染少。熔模铸造、金属型铸造、压力铸造、壳型铸造等的应用都在扩大。1947年制成球墨铸铁，使机械中应用最广的铸铁性能大大改善，并扩大应用到部分齿轮和曲轴，代替锻钢。第二次世界大战以后逐渐普及用电炉冶炼铸钢件钢液，而战前主要是用平炉。特大件采用多炉合浇工艺，有的采用电渣重熔。20世纪50年代发展了真空冶炼和真空除气，提高了铸钢质量。真空浇注首先用于发电设备的大锻件制造，后来扩展到滚动轴承钢，促进了轴承寿命的提高。

(9) 锻压。20世纪30年代出现的钢质零件的冷镦、冷挤技术，使一些标准件的材料利用率提高到80%以上，并大幅度提高了劳动生产率和产品质量。第二次世界大战期间，奥地利制成精密锻轴机，美国将爆炸成形工艺投入使用。20世纪50年代发展了生产大型复杂工件的多向模锻技术。1958年瑞士制成精密冲裁机。20世纪50年代—60年代之间，出现了高速高能锤和辊锻。20世纪60年代以后，精密模锻技术大量用于锥齿轮和叶片等零件的成形。冷锻、温锻和粉末锻造在各国迅速发展，超塑性成形已应用于制造汽车、飞机发动机、汽轮机等复杂精密零件。现代工业发达国家生产的锻件中，模锻件占50%以上。在锻压机械方面，欧美各国曾于19世纪末用1000kN以上自由锻锤锻造大件。20世纪初，结构紧凑、振动小、易操作的锻造水压机取代了大锻锤。到20世纪70年代末，大型自由锻造水压机在$1×10^5$ kN左右。后来，由于钢锭质量的提高和采用了不镦粗、硬壳压实等新工艺，锻件虽然加大，而新造的自由锻造水压机均未向更大的方向发展。为满足大量生产的需要，先后还研制出模锻锤和热模锻压力机。

(10) 焊接。焊接以其连接可靠、施工简便、产品结构轻、改型快等优点而不断扩大应用范围，技术发展迅速。19世纪发明电弧焊，20世纪初发明了薄药皮电弧焊、铝热焊、点焊、气焊。30年代出现埋弧焊和厚药皮电弧焊。1951年，苏联的B.E.巴顿创造的电渣焊工艺，为大截面材料的焊接开辟了新途径。50年代还发明了二氧化碳气体保护电弧焊、摩擦焊、超声波焊、等离子弧焊，60年代出现激光焊技术。1966年美国发展了厚板窄间隙气体保护电弧焊，比埋弧焊效率提高1倍，而且节省焊丝，能耗降低。

(11) 热处理。热处理对改善材料性能有重要意义。1914年德国发明铝合金时效硬化。1935年美国发展了碳氮共渗，1949年出现了真空热处理。1954年又发展了形变热处理。20世纪60年代出现流动粒子加热炉。70年代，激光热处理、软氮化、辉光离子氮化开始用于机械工业。第二次世界大战后热处理技术最突出的发展之一是可控气氛热处理技术的应用和推广。为满足对大件热处理的需要，已研制出多种大型热处理炉。大焊接件多采用现场焊接、现场退火的方式进行处理。

(12) 机械加工设备。随着部分产品的大型化，加工机床也得到相应发展。到20世纪70年代，最大车床加工直径已达6m，最大立车的加工直径是26m，最大镗床镗杆直径355mm，最大龙门铣加工宽度已超过7m，最大滚齿机加工直径为1.5m。大型机床普遍采用数字显示仪表显示加工尺寸。

提高加工效率最直接、最明显的办法是改进机床和刀具及合理组织生产。19 世纪末至 20 世纪初，转塔车床、单轴和多轴自动车床、滚齿机和插齿机等已在部分国家使用。20 世纪初，先后出现仿形机床和组合机床。随着机床刚性的提高，机床的加工范围不断扩大，专业化、自动化程度不断提高，适应了成批大量生产的要求。20 世纪 50 年代，数字控制机床和加工中心问世。70 年代微电子技术应用于机床，使机床的加工灵活性增加，满足了多品种、小批量生产的要求。19 世纪末，F.W.泰勒研究金属切削理论，做了大量的切削实验，并与 M.怀特合作发明了高速钢，使切削速度成倍提高。20 世纪 20 年代—30 年代，美国的 J.F.尼科尔森、D.史密斯和日本的大越淳等，在金属切削原理方面，进行了大量的试验研究，使金属切削和刀具设计逐步科学化。继高速钢之后，刀具材料又不断革新。1923 年德国用粉末冶金法制成硬质合金刀具，又一次提高了切削速度。第二次世界大战后，发展了不重磨硬质合金刀具、超细化硬质合金刀具。后来又出现碳化铁、氮化铁、陶瓷覆层硬质合金，人造金刚石等，都具有优异的切削性能。

提高机械产品的精度等级，主要依靠新的加工方法、新型机床、新工具和先进的测量手段。19 世纪磨床已经使用，碳化硅、氧化铝磨料也已问世。20 世纪初陆续研制出坐标镗床、磨齿机、螺纹磨床等，成为现代精密机床的基础。20 世纪 30 年代—50 年代出现珩磨机、超精磨床、光学坐标镗床、电动比较仪、高精度圆度仪等精密加工和测试设备。60 年代，激光干涉仪的问世，对能达到 $0.01\mu m$ 精度和空间技术的更高要求，加工精度正向 $0.001\mu m$ 这一目标前进。为此，从材料、工艺、设备到环境控制方面入手，创造了一套不同于传统的新工艺，即所谓"纳米工艺"。

(13) 特种加工技术。第二次世界大战以后，由于机械工业使用的难加工材料增加，特种加工应运而生。这些加工方法的共同特点是能量密度高，作用时间短，产生热影响或变形小，能量可控，容易自动化。在模具、动力机叶片、宝石轴承、硬质合金等领域的生产制造方面，如电火花加工、电解加工、激光加工和等离子弧加工等特种加工方法，已逐渐取代了传统的加工方法。

(14) 粉末冶金技术。一种精密的无切削制造方法。1910 年，美国首先用粉末冶金材料生产电灯钨丝，20 世纪 20 年代在德国开始用于生产硬质合金。第二次世界大战期间，德国向意大利和日本传播粉末冶金技术，用于生产炮弹弹带和其他制品，美国在此期间开始生产含油轴承。战后粉末冶金材料种类增多，制件质量提高，应用范围扩大。20 世纪 40 年代末，美国、苏联就已着手研制粉末冶金高速钢，以后许多国家进行了生产。1964 年日本制成铝基粉末冶金烧结零件。1970 年美国制成烧结钛合金。粉末冶金还可以制造金相平衡图上所没有的非平衡材料。粉末冶金材料除铁粉、铜粉外还包括合金钢粉、合金粉、稀土元素粉等。制粉方法有还原、雾化、机械粉碎、电解、化学置换法等。

(15) 自动化。机械工业的自动化生产，是 20 世纪机械工程发展中的一项突出成就。

① 机械式自动化技术。首先在武器、钟表、缝纫机、自行车、汽车和拖拉机等大批量生产的行业中发展起来。1926 年，美国福特汽车公司建造了加工汽车底盘的第一条自动生产线。1939 年苏联建成拖拉机履带加工自动线。第二次世界大战后，自动化进一步获得发展。

② 电子式自动化技术。机械式自动化适用于单一品种的大量生产。电子计算机在机床上的应用为多品种、小批量生产的自动化提供了手段。美国于 1952 年制成数字控制机床，又于 1958 年制成加工中心。1964 年，小型计算机用于数控机床，使系统的灵活性、通用性大大提

高。1966 年又制成由一台计算机控制多台数控机床的群控系统。从此以后，数控机床的发展和普及十分迅速。它具备自动机床、精密机床和万能机床三者的优点，可达到高效率、高精度、高灵活性的良好效果。

机器人是 20 世纪 50 年代后期出现的一种电子式自动化装置。各国已研制出数百种型号的机器人，大量用于机械工厂的物料搬运、焊接、喷漆等。现代正在利用计算机、传感器、变送器和人工智能的成果，研制智能机器人，以便用于装配和维修等复杂作业。

机械工程基础理论为机械技术的发展开辟道路，又在解决机械技术的实际问题中得到充实和提高。

(16) 机构学。第二次世界大战以后，由于机器的负荷提高，速度加快，对机器的精度和可靠性提出了更高的要求，对机械动力学的研究有所加强，研究的内容也日益丰富。20 世纪 50 年代后期，随着电子计算机的发展，以美国的 F.弗罗伊登施泰因为代表建立了以线性代数为基础、用计算机求解机构学问题的方法。20 世纪 60 年代后期，由于数学规划法与计算机的结合，出现了机构的优化设计。针对工业自动化、空间技术、机器人等发展提出的复杂的机构问题，20 世纪 70 年代以来，开展了对开环运动链的空间机构、多自由度空间机构、运动过程中结构变化的机构、组合机构等的研究。

(17) 机械振动。20 世纪以来，随着机器的高速化、大型化，机械振动问题越来越突出。专家们对线性振动、非线性振动和随机振动进行了系统的研究，到 50 年代—60 年代已形成基本的理论体系。针对海洋设备绳缆、油气管线、大型起重机、汽车、船舶、飞机、火箭、汽轮机、锅炉、换热器、容器等遇到的问题，对弦、梁、板、壳等连续体振动的研究都十分活跃。对锅炉、换热器、压力容器、核反应堆中产生的热和流体诱发的振动，也开展了研究。旋转机械由于转速的提高而引起的振动，早已引起人们注意。1907 年已有转子双面平衡机的设计，刚性转子平衡问题也已获得解决。20 世纪 70 年代以来，对挠性转子的平衡和减振、隔振以及振动的利用等课题的研究已成为一门新的学科。

(18) 摩擦、磨损和润滑。关于摩擦，20 世纪初仍沿用 18 世纪建立的分子粘附理论和凹凸理论。40 年代后，两者统一为机械—分子理论。关于磨损，50 年代提出粘着磨损理论和疲劳磨损理论。关于润滑，1886 年英国学者 O.雷诺的流体动压润滑理论，到 20 世纪仍居经典理论地位。40 年代—60 年代，苏联和英国学者建立了弹性流体动压润滑理论，并用电子计算机进行了验证，这是流体动压润滑理论的重要发展，对轴承等技术的提高起了积极作用。20 世纪 60 年代以来，摩擦、磨损和润滑逐渐形成一门统一的学科，称为摩擦学。

(19) 材料力学。进入 20 世纪以来，材料力学产生了许多新的分支：结构力学、板壳力学、弹性力学、塑性力学，疲劳、蠕变和环境强度理论，断裂力学、实验力学等。其中如断裂力学在判断机构结构方面影响很大。断裂力学的初期理论，即能量平衡理论，是 1920 年英国的 A.A.格里菲思提出的。他在研究材料表面缺陷对疲劳的影响时发现，只考虑应力集中不能充分说明问题，遂提出材料存在裂纹的假定，考虑整个系统的能量平衡，引出材料脆性断裂的理论。第二次世界大战后，经美、英等国学者进一步研究，形成断裂力学这一新的学科分支。1956 年断裂力学名称开始使用，到 20 世纪 70 年代材料断裂的判据已发展到断裂韧性 K_e 值，裂纹尖端张开位移 COD 和 J 积分 3 种，现代正进一步向微观与宏观结合的方面发展。

(20) 有限元法。20 世纪 50 年代，美国开始用有限元法进行应力分析，其基本思路是把连续体转化为有限个单元，然后用矩阵分析，在计算机上求解未知量。经过 20 年的推广应用，有限元法已用于解决几乎所有连续介质和场的问题，包括应力、应变、振动、温度场、流场之类的问题。许多过去只凭经验数据类推或靠实验分析验证的复杂工程问题，已能更简便、更精确地用计算方法来解决。

1.3.2 机械工程人物简介

马钧

马钧中国三国时期机械制造家。字德衡，魏国人，生于扶风(今陕西省麟游、乾县一带)，生卒年不详。少年时期生活贫困，刻苦自学。当时纺织用的绫机效率低，数十日方能织布一匹。马钧简化了绫机的机械结构，将50综(综片)50蹑(踏具)和60综60蹑的旧丝绫机改制成12蹑，使生产效率提高4倍～5倍。马钧还创制提水灌溉用的翻车，结构巧妙，轻便灵活，效率很高，是当时先进的生产工具，长期在中国农村广泛应用。他还将百戏塑型加上原动力和传动机械成为"水转百戏"。他试制的轮转式发石机，能射数百步远(一步约合1.45m)。他对诸葛连弩也进行了改进，马钧还曾亲自制成指南车。

徐寿(1818 年—1884 年)

徐寿是中国清末机械制造家，化学家。号雪村，江苏无锡人。1862 年，徐寿在安庆内军械所与华衡芳等共同试制火轮船。同年 8 月制成蒸汽机模型。1864 年军械所迁南京，徐寿等继续试制火轮船。1865 年 3 月制成中国第一艘木质蒸汽机船"黄鹄"号，重 25t，长 55 尺，航速 10 m/h。主机是单汽缸蒸汽机，汽缸长 2 尺，直径 1 尺。1868 年徐寿到上海江南制造总局翻译馆。此后 17 年中他翻译了《汽机发轫》、《化学鉴原》等共 13 种书，达数百卷。1875 年前后他在上海创立格致书院。

沈鸿(1906 年—1998 年)

沈鸿是中国机械工程学家。浙江省海宁人，1906 年 5 月 19 日生。1919 年在上海协泰新布店学徒，当过店员、司账。1931 年在上海开办利用五金厂，任经理。1938 年，为抗日救国，离开上海到延安，任陕甘宁机器厂总工程师。1949 年后，先后担任电机工业部副部长、第一机械工业部副部长、国家机械委员会副主任等职。在延安时，他领导工厂的技术人员，设计和制造了许多具有因地制宜、简易适用特点的机械产品，被授予特等劳动英雄和模范工程师的称号。1958 年—1962 年期间，沈鸿担任 1.2 万吨自由锻造水压机总设计师，领导技术人员采用全焊接结构设计取得成功。后又主持设计制造成功中国第一套火车车轮轮箍轧机、3 万吨模锻水压机和 4200mm 厚钢板轧机等，并主持编写了中国第一部大型《机械工程手册》和《电机工程手册》。沈鸿是一位实践家，通过刻苦自学掌握了理论知识。他长期从事重型机械的研制工作和组织领导工作，为中国机械工业的发展做出了重要贡献。沈鸿积极倡导研究、试验、设计、制造、安装、使用、维修"七事一贯制"的工作方法。他的作品有《沈鸿论机械科技》一书。

沈鸿曾是中国科学院学部委员、中国大百科全书总编辑委员会副主任，曾任中国机械工程学会理事长，曾任第三、四、五届全国人民代表大会代表，第五、六届全国人大常委会委员，全国人民代表大会法律委员会副主任委员。

路甬祥(1942 年至今)

路甬祥是浙江大学教授，博士生导师，中国科学院、中国工程院院士。浙江宁波人，1942 年 4 月生，1964 年浙江大学机械系毕业，后留校任教。在机械工程特别是流体传动与控制、工程教育等领域做出过重要贡献，在国内外发表过 240 多篇重要的科学研究和工程教育论文及两本科学著作，获得 18 项专利，代表性论著有：《电液比例技术》、《比例插装技术的新进展》、《人机一体化系统科学体系和关键技术》、《高等工程教育改革与实践》等。现任中国科学院院长，中国科协副主席，国家自然科学基金委员会委员，国务院学位委员会委员，中国机械工程学会理事，浙江大学流体传动与控制国家重点实验室学术委员会主任，中国继续教育协会副主席等职。

阮雪榆(1933 年至今)

阮雪榆是上海交通大学教授，博士生导师，中国工程院院士。广东中山人，1933 年 1 月 6 日生，1953 年毕业于上海交通大学并留校任教至今。长期从事塑性加工和模具技术的研究，为提高我国模具整体理论和技术水平做出了重大贡献，是我国冷挤压工艺理论的开拓者之一。20 世纪 60 年代在国际上首创冷挤压许用变形程度理论，在国内首先并成功地应用于生产实际。代表性论著有《冷挤压技术》、《冷挤压新工艺》、《冷挤压工艺及模具图册》等。现任上海模具技术研究所所长，国家 CAD 工程研究中心主任，中国模具工业协会副理事长，全国冷锻学会副理事长，全国冷锻学会主任委员，《Research in Engineering Design》副主编等。

瓦特•J (James Watt，1736 年—1819 年)

瓦特是英国发明家、机械师，在蒸汽机的发明中做出过重大贡献。1736 年 1 月 19 日生于英国苏格兰的格里诺克，1819 年 8 月 25 日在希思菲尔德逝世。瓦特的父亲是木工和造船工。瓦特自幼爱好技艺和几何学，少年时即精通木工、金工、锻工和模型制造等技术。1753 年到格拉斯哥和伦敦学习仪器制造。1757 年回到格拉斯哥。1764 年，为格拉斯哥大学修理 T.纽科门蒸汽机模型，开始从事蒸汽机的研究和改进，1785 年被选为英国皇家学会会员，1806 年被授予格拉斯哥大学法学博士，1814 年被选为法兰西科学院外籍院士。

瓦特针对纽科门蒸汽机热效率低、燃料消耗量大的问题进行了研究和改进。他根据他发现的水在沸腾时继续加热水温不再升高的失热现象，在格拉斯哥大学教授 J.布莱克提出的比热和潜热概念的启发下，将汽缸排出的蒸汽引入与汽缸分离的冷凝器内冷却，使汽缸在不必冷却的情况下继续由新通入的蒸汽做功，并采用汽缸套使汽缸保温，提高了热效率。瓦特于 1765 年制成可供实用的单作用式蒸汽机，并于 1769 年 1 月 5 日取得"在火力机中减少蒸汽和燃料消耗的新方法"专利。但由于铸造的缸筒内表面粗糙，活塞与缸筒之间密封差，严重漏气，影响了使用。1774 年瓦特去伯明翰，继续研制蒸汽机。1775 年，J.威尔金森用他制成的炮筒镗床，为瓦特加工缸筒内孔，保证了缸筒与活塞的配合要求，使瓦特蒸汽机于 1776 年投入运行。

　　为进一步改造蒸汽机，瓦特吸取了德国人 J.洛伊波尔德在 1772 年提出的利用进排气阀使汽缸连续往复运动的原理，投入了双作用式蒸汽机的研制工作。他发明的使活塞的往复运动转变为旋转运动的曲柄连杆机构已被 J.皮卡德取得专利，遂又研制行星齿轮机构予以代替，并于 1781 年 10 月取得双作用式蒸汽机的专利权。1784 年，他改进蒸汽机的配气机构，采用带气泵的冷凝器和使活塞平行运动的四连杆机构等。1788 年他又发明了能控制进气阀的开启程度从而控制蒸汽机速度的离心调速器，1790 年又发明了压力表，从而使蒸汽机臻于完善。他将蒸汽机零部件标准化，并投入成批生产。1794 年皮卡德的专利期满，瓦特将行星齿轮机构改为曲柄连杆机构，最后完成了双作用式蒸汽机的发明。瓦特是功率单位"马力"的提出者，国际单位制中的功率单位"瓦特(Watt)"就是以 J.瓦特的姓氏命名的。

惠更斯 • C(Christiaan Huygens，1629 年—1695 年)

　　惠更斯是荷兰物理学家、天文学家、数学家。1629 年 4 月 14 日生于海牙。1645 年—1649 年在荷兰莱顿大学和布雷达大学求学。1663 年被选为英国皇家学会会员。1666 年法国科学院成立，他被接收为会员。同年 5 月他移居法国。1681 年因病回国，1695 年 7 月 8 日在海牙逝世。1656 年—1657 年惠更斯根据伽利略发现的摆的等时性，把单摆引入机械钟，研制成第一个摆钟。他在 1658 年出版的《钟表》中描述了这一发明。1673 年他采用螺线形的平衡摆簧(游丝)代替单摆，设计出便携式钟表，并著有《钟表的摆动》。惠更斯还研究了物体的弹性碰撞和匀速圆周运动中的离心力。他还是光的波动说的倡导者，确立了惠更斯原理，并以此解释了光的反射、折射和双折射定律。1888 年—1950 年荷兰出版了《惠更斯全集》，共 22 卷。

勒洛 • F (Franz Reuleaux，1829 年—1905 年)

　　勒洛是德国机械工程专家，机构运动学的创始人。1829 年生于亚琛近郊的埃施韦勒。勒洛的父亲是技术人员，故他从小就受到技术的教育和熏陶。1856 年—1863 年任苏黎世工业学校教授，以后执教于柏林工业大学，自 1868 年起担任该大学的领导。1875 年—1900 年期间，他所著的《理论运动学》对机械元件的运动过程进行了系统的分析，成为机械工程方面的名著。1876 年勒洛作为德国的代表参加在美国费城举办的国际博览会，对当时德国产品的价低而质次勇敢地进行了批评，对提高德国制品的质量起了有力的作用。

泰勒 • F • W (Frederick Winslow Taylor，1856 年—1915 年)

　　泰勒是美国工程师、科学管理学者、发明家。1856年3月20日生于美国宾夕法尼亚州费城，卒于1915年3月21日，1872年考入美国哈佛大学读书。1875年在费城液压工厂学习木模工和机械加工。1878年转到米德瓦尔钢铁公司参加机械制造车间和全厂实际技术科学管理工作，1881年开始在该厂进行"时间研究"。1883年获得史蒂文斯理工学院的机械工程学学位。1906年当选为美国机械工程学会(ASME)会长，同年获美国宾夕法尼亚大学名誉科学博士学位。泰勒研究和推广了工业企业的科学管理，并于1911年发表了《科学管理原理》一书。他首创

的工业企业科学管理，受到当时欧美科学技术界和工商界的重视，他本人被美国实业界誉为"科学管理之父"(见泰勒制)。他同时在大学里兼职讲授科学管理课，并参加这方面的社会活动。泰勒获40余项科学技术专利，如他为美国伯利恒钢铁公司发明了高速钢技术和铸铁运送技术，研究金属切削原理，并进行了大量的金属切削实验等。他发表的主要著作还有《带传动》(1894)、《计件工资制》(1895)、《车间管理》(1903)、《金属切削工艺》(1906)等。

希罗(Hero of Alexandria，公元 1 世纪)

希罗是亚历山大的发明家、几何学者。生卒年和生平不详。从他的著作推断，约生活在公元 1 世纪，曾在亚历山大讲授数学、物理学等课程。他的名字常因希罗公式和汽转球而为人们所提及。希罗对机械工程的重要贡献反映在他的著作中。他的《力学》一书所叙述的 5 种简单机械(绞车、杠杆、滑轮组、尖劈、螺纹)的原理和应用至今仍有意义。书中还研究了重心问题，叙述了运输重物用的撬车、起重装置和切削螺纹用的工具。他的《气动力学》叙述了空气和水的压力，用水力、风力和热空气推动的机械、玩具和魔术等，其中包括著名的汽转球(见古代机械史)、水力风琴、推动庙门启闭的热空气机等。《丈量术》一书描述了一种由水准仪和定直角的经纬仪构成的测量仪和一种用在水平路面上缓行的车轮所驱动的测距装置——里程仪。希罗在数学和物理学方面的主要著作有《测量学》和《光学》。

1.4 机械工业的地位

物质财富是人类社会生存和发展的基础，制造是人类创造物质财富最基本、最重要的手段，尤其在中国这样一个工业化过程尚未完成的发展中大国里，制造业更是社会物质财富的主要来源。

国民经济产业结构中通常有三大产业：第一产业为农业；第二产业为工业；第三产业为服务业。在工业中，又分制造业、建筑业、采掘业以及电力、煤气、水的生产供应业。目前，我国工业在国民经济中所占比例为52%，其中的制造业产值约占工业总产值的45%，制造业是我国创造物质财富的最大产业。

在工业经济时代，一个国家的制造业增长一般高于国内生产总值(GDP)的增长。例如，美国 1913 年—1950 年，GDP 增长率为 2.84%，而制造业增长率为 3.39%，制造业的贡献率为23.8%；1950 年—1980 年美国 GDP 增长率为 3.42%，制造业增长为 4.78%，其贡献率为36.5%。再如，我国在 1952 年—1980 年，制造业净产值平均增长率为 11.5%，比同期的国民收入增长率高 5.5%；1985 年—1995 年增长率为 13.5%，而同期的 GDP 增长率为 9.9%。我国制造业净产值占国民收入的比例，1952 年为 9.10%，1990 年为 45.67%；制造业增加值占 GDP 的比例，1985 年为 31.7%，1995 年达 35.2%。2001 年，我国制造业直接创造国民生产总值的 1/3，占整个工业生产的 4/5，为国家财政提供 1/3 以上的收入，对出口总额的贡献率达 90%。

有人将制造业称之为工业经济年代一个国家经济增长的"发动机"。制造业一方面创造价值，生产物质财富和新的知识；另一方面为国民经济各部门包括国防和科学技术的进步和发展提供各种先进的手段和装备。

机械工业是制造业的主体和重要组成部分。今天，它已经发展成为一个规模庞大、包罗万象的行业。

机械工业是国民经济的基础工业，机械是现代社会进行生产和服务的五大要素(人、资金、能量、材料和机械)之一，几乎所有的现代产业和工程领域都需要应用机械装备，机械工业与运输业、国防工业、能源工业、材料工业、农业、林业和食品工业等领域都有密切关系。机械工业为生产和服务部门提供各种技术装备，直接关系到劳动生产率及国民经济的现代化程度，所以它是国民经济的重要基础，在国民经济各部门中起主导作用。

研究、设计和发展新的机械装备及仪器，以适应当前和将来的社会需要，是机械工业的主要任务。各个产业和工程领域要求机械及其系统性能优良，以便提高能源、材料、劳动和设备的利用率，减少对环境的污染，提高安全性、可靠性和寿命，要求机械及其系统与电子技术相结合，提高自动化程度，提高生产线柔性，以便适应多品种、小批量、常变化的新生产方式。

下面将从几个方面进一步说明机械制造业在国民经济中的地位和作用。

1. 机械制造业是国民经济的"装备部"

机械制造业是国民经济持续发展的基础，担负着为各行业提供装备的重要任务。各行各业离不开装备，装备是人类进行生产实践、科学实验和军事战争的基本工具，装备水平决定各产业部门的技术水平、生产水平、产品质量、生产效率以及国家武装力量水平。人类社会进步离不开装备的进步。装备是科学技术、教育事业和国防现代化的重要物质支撑。装备还是科学技术成果的结晶，是促进传统产业改造升级的根本手段。没有强大的机械制造业，就没有强大的国家和国防，因此机械制造业是国民经济持续发展的基础。

2. 机械制造业是工业的主要组成部分

机械制造业的固定资产、生产产值和职工人数等均占我国工业比重的 1/4 强。机械制造业除提供生产装备外，还是消费产品的主要生产部门，如轿车、摩托车、家电产品等是社会主要消费产品，它直接影响着人们的生活水平和质量，并占国民经济产值的相当比例。

3. 机械制造业是国家高技术产业的基础和载体，是高科技发展的重要平台

20 世纪兴起的核技术、空间技术、信息技术、生物学技术等高新技术无一不是通过制造业的发展而产生并转化为规模生产力的。其直接结果是导致诸如集成电路、电子计算机、移动通讯设备、国际互联网、智能机器人、科学仪器、生物反应器、医疗仪器、核电站、飞机、人造卫星、航天飞机等产品的问世，并由此形成了机械制造业中的高新技术产业，使人类社会的生活方式、生产方式、企业与社会的组织结构与经营管理模式，乃至人们思维方式都产生了深刻变化。正是机械制造业成为所有高新技术得以发展的载体和规模生产力转化的基础和桥梁。

4. 机械制造业是正在工业化国家的国民经济战略性产业

拥有先进的技术装备才能促进知识经济的发展，才能完成工业和社会的信息化。世界工业发达国家都是通过发展机械制造业而走向富强的。只有发展机械制造业，才能有力地支持其他行业的发展。

5. 机械制造业是国家安全的重要保障，是国防实力的重要保证

机械制造业的发展还可保证就业率的稳定，缓解就业压力，也起着保障社会稳定的政治作用。

综上所述，机械制造业特别是装备制造业是国家的战略性产业，是衡量国家国际竞争力的重要标志，在经济全球化进程中也是决定国家在国际分工地位的关键。在现存的不平等、不合理的世界秩序中，我们不能寄幻想于他人，若没有强大的制造业去持续不断地武装包括

国防工业在内的各个行业，提升其装备和生产运行水平，就不可能实现新型工业化和可靠的现代化。

1.5 我国机械制造业现状

中国机械制造业主要是 1949 年后发展起来的。新中国建立后，我国经济取得的巨大成就也是和制造业的进步分不开的。经过几十年的奋斗，我国制造业已经构建了具有相当规模和水平的制造体系，当今中国已成为举世瞩目的制造大国，其显著标志体现在以下几个方面。

1. 机械工业生产能力居世界第 5 位

我国机械制造业总体生产规模不断加大，机械制造是有 100 多个行业、857 万个企业(大型企业占 1%)及 6 万多种产品的门类齐全的工业体系。2000 年机电产品出口额占全国出口总额的 42.3%，达 1053.13 亿美元；比 1995 年增长 1 倍，比 1985 年增长 50 倍。连续 6 年保持我国第一大类出口商品地位，机械工业生产能力是解放前的 2600 倍，居世界第 5 位，机床拥有量居世界第 1 位，汽车产量居世界第 4 位。

2. 提供重大装备的能力不断提高

重大装备的制造能力是体现制造大国的重要标志。我国在提供重大装备方面取得了突破性的进展。主要体现在下面几个方面：

(1) 生产大型火电、水电、核电成套设备，如 $3×10^5$kW、$6×10^5$kW 亚临界火电机组、$5.5×10^5$ kW 混流式水电机组、转轮直径 8m 混流式水电机组、$3×10^5$kW 秦山核电站成套设备。

(2) 生产高压大功率输变电设备，如 500kV 交流输变电成套设备。

(3) 生产大型冶金、矿山设备，如年产 $1×10^7$t～$2×10^7$t 级不同开采工艺的露天矿采掘和年产 $5×10^6$t 级井下矿采掘成套设备，重载准高速列车装备，港口装卸成套设备，$3.5×10^4$t 级和 $1.2×10^4$t 级线吃水运煤船，宝钢三期工程 250t 氧气转炉、冷热连轧机和板坯连铸机，6000m 电驱动沙漠石油钻机，$3×10^5$t 油轮，$1.2×10^4$t 级自由锻造水压机等。

(4) 生产大型乙烯、化肥、煤化工成套设备，如年产 $5×10^5$t 腈纶大型化工成套设备，$5.2×10^5$ t 尿素成套装备。

(5) 生产石油开采成套设备，重型机械设备，正负电子对撞机，井下机器人，激光照排设备，先进程控交换机，曙光、银河、神舟、联想巨型计算机等，不胜枚举。

3. 具有特色的制造业聚集地逐渐形成

珠江三角洲、长江三角洲已成为全球重要的家用电器、电子及通讯设备制造聚集地。东北重大成套设备制造聚集地、川陕国防装备制造聚集地等制造中心正稳步地为国民经济和国防建设发挥着不可短缺的作用。其他各具特色的各类制造基地也正在形成。

4. 中国制造业正在成为全球制造和供应基地

仅以机床为例，由于经济高速增长，近年我国机床产值、进口和消费高速增长，连续几年成为世界机床消费和进口第一大国，机床产值世界第 4，机床出口量世界第 12。

近几年，我国自主开发了大型、五轴联动数控机床以及精密及超精密数控机床和一些成套生产线，并形成一批中档数控机床产业化基地。中档数控机床的产量比重由 2000 年的 24.8% 增至 2004 年的 43.5%，提升了 74%，同时高档数控机床也取得可喜进展(见表 1-1)。

表 1-1　各技术档次数控机床占年产量比例

按技术水平归类	2000 年	2002 年	2004 年
高档	0.2%	0.5%	1.5%
中档（普及型）	24.8%	39.5%	43.5%
低档（经济型）	75%	60%	55%

以上事实表明，我国机械工业在国民经济发展中占重要的地位，并且也取得了极大的成就和快速的发展。许多经济学家预测，中国将成为继英国、美国和日本后的又一个"世界工厂"。

我国制造业的巨大进步为世人所瞩目。然而，应清醒地认识到，我国制造业和世界工业发达国家相比差距很大。

我国是制造业大国，但远不是制造业强国。虽然名列世界第 4 位，但总体规模仅相当于美国的 1/5，日本的 1/4，产品技术附加值远不敌日本、欧美等。

制造业人均劳动率低于发达国家，仅为美国的 1/23，日本的 1/25，德国的 1/18。

制造技术主要依靠国外引进，全社会固定资产设备投资 2/3 依靠进口。例如，2004 年数控机床进口数量同比增长 30%，而进口消费额增长达 52%，进口数控机床占国内消费额比例已高达 73%，国产数控机床占国内市场消费额仅 27%(见表 1-2)。反映国内市场对技术和附加值高的高效、精密和高性能大型、重型数控机床仍然需要依靠进口解决。

表 1-2　2004 年进口数控机床的数量和金额占市场消费的比例

按技术水平归类	市场消费量比例			市场消费金额比例		
	国产	进口	总额	国产	进口	总额
高档	1%	25%	26%	2.5%	55%	57.5%
中档（普及型）	24%	20%	44%	21%	18%	39%
低档（经济型）	30%		30%	3.5%		3.5%

低档产品低效生产过剩，市场竞争力差，装备制造业的设备利用率低，工艺设备老化、陈旧，产品开发能力弱，周期长(一般 18 个月)。

管理体制落后，在制造中人的能动性和积极性未能充分发挥。我国企业的管理仍处在经验管理之中，仍未形成稳定、科学、有效的管理体系。

此外，我国的企业质量观念普遍淡薄，基础研究不足。长期以来，制造企业与制造科技错位严重，存在着重产品、轻基础，重设备、轻工艺的倾向，造成了基础研究薄弱、工艺陈旧落后的困难局面。我国独立拥有知识产权的制造技术与世界工业发达国家比，尚存在 15 年~20 年的差距。从这个意义上说，我国已经是一个"制造大国"，但不是"制造强国"，制造技术的落后严重制约了国家整体经济实力和科技水平的提高。

要确立我国机械工业在国际上的地位，使国内生产和服务各部门达到高技术水平，必须加强机械工程科学的研究。提高机械工程科学整体的科学水平，机械工业才有坚实基础，才能培养出具有坚实理论基础、掌握先进研究与设计手段的机械工程技术人才。

1.6 21 世纪的机械工程

21 世纪是高新科学技术的世纪，高新科学技术及其产业将成为全球的经济核心。据联合国科教文组织及世界科学界的共识，高新科技领域可以概括为以下 10 个方面：信息科学技术(包括微电子、光电子科学技术)、生物科学技术(包括生命科学技术)、新能源科学技术(包括核能科学技术)、新材料科学技术(包括纳米科学技术)、环境科学技术(包括地球科学技术)、航空航天科学技术(包括空间和军事科学技术)、海洋科学技术、先进制造科学技术(包括微机械电子系统科学技术)、管理科学技术(包括软科学技术)、认知科学技术(包括人脑和智能系统科学技术)。

未来 10 年～15 年，随着空间探索与开发的进展和对宇宙认识的积累，人类对月球、火星的探测，大型空间航天基地和空间太阳能发电站的建立以及各种新型卫星的开发和应用，将成为人类重要的研究方向。专家预测 2020 年前后，人类将发明可节省大量燃料的离子发动机，采用纳米材料的航天器发射费用可从目前的 1×10^4 美元/磅降低到 200 美元/磅，并可制造出成本只有 6×10^4 美元、大小如一辆小汽车的航天器等；具有更高安全性和舒适性、载客 1000 人、900km/h、续航能力 1.1×10^4 km 的被称为 "飞行翅膀" 的大型客机将问世，军用飞机将获得更好的隐身和机动性能；高速轮轨机车、基于新技术(如磁浮技术等)的新型机车将为方便出行开辟新天地；汽车将向清洁能源、轻型化方向发展；新型的、运算更快、更具智能化的量子、神经、生物计算概念机也将与人们见面；随着 MEMS 技术的发展，各种微飞行器、微机器、微型医用机器人等将不再是科幻作品；仿人智能行走机器人将作为家用电器进入家庭；大量的工业装备与科技手段将有重大的更新和发展。

人们预测，21 世纪中叶以前，科学技术的中心是信息科学技术；从 21 世纪 30 年代开始，将逐渐转移到生物科学技术；而到 21 世纪中叶后，将以认知科学技术为中心，把信息科学技术、生物科学技术和系统科学技术结合起来，形成认知科学技术群。

针对 21 世纪新的挑战，美国麻省理工学院 "敏捷性论坛"、"制造先驱者" 两个部门，和 "实施敏捷制造的技术" 项目组共同主持了 "下一代制造" 研究项目，为 21 世纪的美国制造业勾画蓝图。"下一代制造" 研究认为，21 世纪制造业的竞争环境的主要特点如下。

(1) 由于因特网的迅速普及，信息无处不在，无孔不入。获取和应用各种有效信息的能力就成为一个企业的重要竞争优势。

(2) 信息技术和通信技术的发展使知识和技术更新加速，产品生命周期越来越短，加上生产力的提高，企业的规模将不断缩小，劳动力需求也会减少。

(3) 推广或获得新技术的途径更加容易，依靠新技术保持竞争优势越来越困难。

(4) 市场全球化、生产过程全球化、生产设施和知识劳动力的全球化，进一步加深了竞争的激烈性，带来深层次竞争的威胁。

(5) 发展中国家教育和生活水平的提高，劳动力市场的全球化使制造业正在向发展中国家转移。

(6) 人类面临环境、生态和资源的危机，必须实行可持续发展策略，开发绿色产品，推行绿色制造。

(7) 顾客的要求将从单个产品转向问题的解决方案。顾客将越来越多地参与产品的开发。这将迫使企业提高为不同顾客提供不同产品和服务的能力。

这就要求 21 世纪的机械制造企业必须具备下列属性：顾客响应度、工厂和设备的响应度、人力资源响应度、全球市场响应度、组织响应度和快速响应的企业运作实践和文化。

顾客响应度就是指站在顾客的角度来考虑，提供产品和服务的集成，以解决顾客在产品生命周期内对功能、费用和时间的全面要求。

工厂和设备的响应度是指建立和应用可重构的、可变规模的、有经济效益的制造过程、设备和工厂，使其迅速适应特殊生产的需要。

人力资源响应度是指企业劳动力是知识化员工，他们有能力在变化的工作环境中主动地独立做出各种决策。

全球市场响应度是指企业能预测和响应不断变化的全球市场，并且按照需要进行运作。

组织响应度是指企业将把小组作为一种核心竞争能力。通过小组化的柔性组织获得知识和能力来开发、生产和支持它的产品和服务。

快速响应的运作实践和文化，是指企业将不断发展核心竞争能力、组织结构、企业文化和业务实践的优势。

21 世纪的制造业将发生以下改变。

(1) 从以技术为中心向以人为中心转变，从强调专业化分工向模糊分工和一专多能转变，使全体劳动者的聪明才智和创造性得到充分发挥。

(2) 从金字塔的多层次生产管理结构向扁平的网络结构转变，减少层次和中间环节，加速信息的传递；从按功能划分的固定组织形式向动态的、自主管理的团队组织形式转变。

(3) 从传统的顺序工作方式向并行工作方式转变，缩短工作周期，提高工作效率；强调产品和过程的集成，体现快速响应市场的竞争策略。

(4) 保证在整个产品生命周期内让顾客感到全面满意；提倡和实施清洁制造和绿色制造，保护环境。

现代机械设备及制造技术的发展趋向如图 1-9 所示。

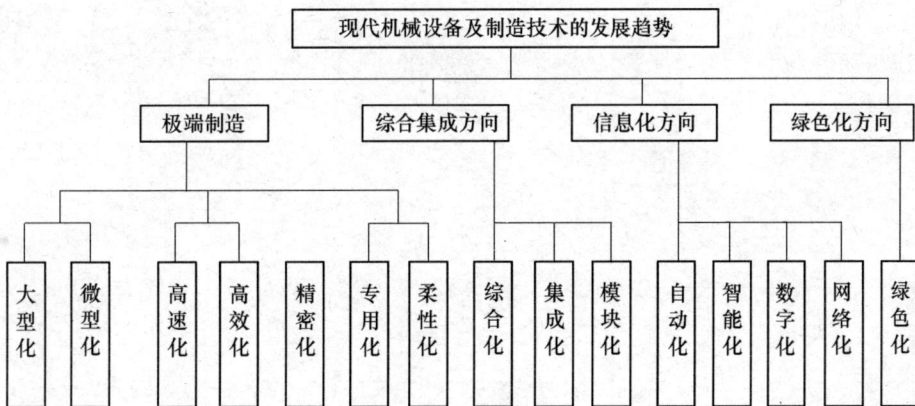

图 1-9　现代机械设备及制造技术的发展趋向

为了改变我国制造业相对落后的现状，迎接 21 世纪的发展机遇和挑战，中国制造业应吸收、消化国外新的制造理念，结合中国实际，寻求中国制造企业的发展道路，特别是应该重视以下四个方面。

(1) 创新体系和知识供应链的建立。过去我国制造业的发展主要依靠技术引进，缺乏产品和技术的自主开发能力。技术引进并不能保证可持续发展，更无法取得世界领先地位。技术创新体系和知识供应链的建立将有助于从根本上改变这一状况。

(2) 创新和变革企业管理。传统企业管理是时间管理、成本管理和质量管理，21 世纪的企业管理将是创新管理、知识管理和变革管理。

(3) 发展应用跨企业的系统集成方法和技术。因特网的普及实现了空间的扩展和时间的压缩，如何利用全球资源快速响应市场需求成为热点，并促使新的生产模式和企业组织形态的出现。

(4) 重视新材料、新工艺和新设备的开发应用。产品更新换代的加速、高技术产业的发展、非金属材料和复合材料的广泛应用，使快速原型制造、激光加工、超高速和超精密加工、微细加工等先进工艺和设备占有越来越重要的地位。没有这些工艺技术和装备，就没有 21 世纪中国制造业的立足之地。

第2章 机械工程基础

2.1 机械系统及其功能与组成

2.1.1 机械系统

所谓系统，是指具有特定功能的、相互间具有一定联系的许多要素构成的一个整体，即由两个或两个以上的要素组成的具有一定结构和特定功能的整体都是系统。系统本身可分成若干个子系统，子系统里有时还可以分出更小的小系统；反过来，系统本身还可以作为更大系统的一个子系统。例如，传统全自动机械照相机本身可以看作是由机械、光学、电能及其控制系统组成的一个系统；若把它的机械系统再细分，又可分为相机壳体、光学镜头支承架、胶卷支承架以及进退胶卷的传动机构等不同的机械子系统；当把该照相机固定到卫星上，让它随着卫星一起去拍摄卫星所经之处时，则该照相机又是卫星系统中的一个子系统了。

任何机械产品都是由若干个零部件及装置组成的一个特定系统。机械系统可能是一台机器，如机床、纺织机、收割机等，系统中包含有能量的转换、运动形式的转换等；也可能是一台设备，如化工容器、反应塔、变压器等，系统中主要包含有能量、物料形态与性质的转变；还可能是一台仪器，如应变仪、流量仪、振动试验台等，主要包含了信息与信号的变换。

机械系统不论在工业、农业、国防，还是人们的日常生活中都无所不在。

图2-1所示为国产歼10战斗机，它也属于一种机械系统。由此可以知道机械系统应用的广泛性。

图2-1　国产歼10战斗机

2.1.2 机器的功能与性能

机器是具有一定用途、功能的机械设备或机电一体化设备。它实际上就是一个机械系统。机械工业向国民经济各部门提供各种机器，涉及机械、冶金、航空航天、船舶、汽车、石油化工、电子、日用消费品等各行各业，品种繁多，门类复杂。为了在今后的学习中顺利地掌握机器设计、制造的知识和技能，作为机械入门知识，首先要求从总体上剖析和认识各种机器的组成，明确被认识机器的用途、功能、性能，并从机器结构功能分类和机器制造、装配的角度，剖析机器功能、性能与结构的关系。

1. 机器的功能

任何一种产品的出现总是以社会需要为前提。无需要就无市场，产品也就丧失了存在的价值，所谓需要，即是功能的需要。所谓功能，是某种产品使用中表现出来的具体功用，它首先是以功能这个概念体现出来。1947 年美国工程师 L.D.麦尔斯(Miles)在他的《价值工程》一书中首先明确地指出"顾客购买的不是产品本身，而是产品所具有的功能"，说明了功能是产品的核心和本质。这句话在美国技术界经过了足足 30 多年才被人们完全理解和接受。尽管如此，在 20 世纪 60 年代，欧美各国先后开展的设计学研究中，仍把功能这一概念明确地作为设计学的一个基本概念，人们开始意识到，设计的最主要工作并不只是选用某种机械或设计某种结构，更重要的是要进行功能原理的构思。

功能是系统必须实现的任务，每个系统都有自己的功能，如运输工具的功能是运货或运客，电动机的功能是能量转换等。机器功能的分类如图 2-2 所示。

在图 2-2 所示的各功能中，基本功能必须保证，且在设计中不能改变，附加功能可随技术条件或结构方式的改变而取舍或改变，而非必要功能可能是设计者主观加上去的，因此可有可无。由于机器的功能总是以成本为代价的，所以设计时应对机器需要哪些必要功能，去掉哪些非必要功能作出明确的决定。下面举例来说明。

如图 2-3 所示为一种全自动洗衣机的基本结构图。该设备起动之后，就能自动完成从洗涤到甩干的全部工作，因此其功能可以归纳为以下 4 条：洗涤功能、漂洗功能、脱水功能和自动程序控制功能。

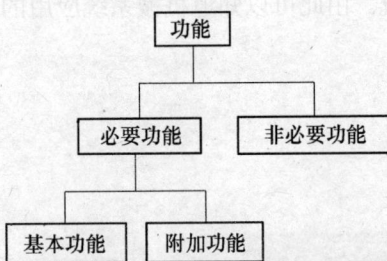

图 2-2　机器功能的分类

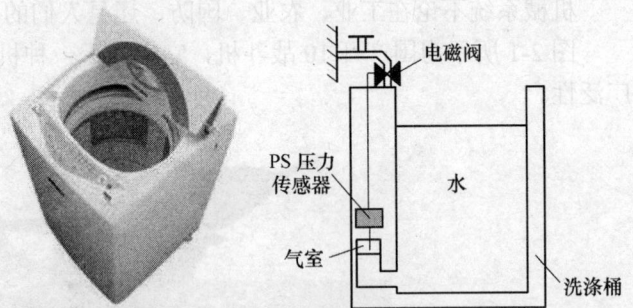

图 2-3　全自动洗衣机的基本结构图

很显然，只要以上任何一条功能不存在，就不能成为全自动洗衣机了，因此这些功能属于基本功能。

另外，还有所谓附加功能。例如，设计全自动洗衣机时考虑增加对洗涤用水加热的功能，以提高洗涤效果，这样的功能应该称为附加功能。一般来讲，附加功能不会影响产品的正常使用，但可以改善该产品的性能。

2. 机器的规格与性能

同样用途、同样基本功能的机器，还是存在很多差别的。简单归纳起来主要集中在规格与性能的差异上面。而规格与性能也是机器的功能之一。

产品的规格反映了该产品适合的工作能力与范围。例如，同样是载货的汽车，重型车、中型车、轻型车、微型车之间差别很大。重型车可一次运载 10t、20t 或更重的货物，而微型车最大载重一般不超过 1t。因此，不同规格的汽车从汽车的体积、质量、结构和价格上都不会相同。用户购买机器设备时，必须首先明确该设备的规格和工作能力范围，如果选择的规格超过了使用需要，出现"大马拉小车"的问题，必然会增加购置成本和使用成本；而选择的规格小于使用范围，则有些工作不能在这台设备上完成，这也会给用户带来损失。因此，了解机器，不要忽视它们在规格上的差异。

产品的性能，粗略地说它反映了产品的工作能力与工作质量方面的差异，经常用一系列技术指标将其表现出来。因此设备的规格其实也是工作能力的一种，机器工作时可以提供的功率、力、速度、尺寸范围都反映了机器设备的工作能力。力、速度愈大，一般机器设备的工作效率也愈高。以汽车为例，除载重外，汽车的动力性(最高车速、最大爬坡度等)也是汽车工作能力的表现。工作质量的内容应视不同机械设备的要求而有不同。例如，反映汽车工作质量的有平顺性(乘坐舒适)、操纵稳定性(便于操纵而不感到紧张疲劳)、制动性(制动有效、不易跑偏以保证安全)、经济性(油耗少)等，而对于机床来说，加工零件的尺寸精确度及加工表面粗糙度则是反映机床工作质量的重要指标。任何产品的生产按规定都有一定的质量标准(国际标准、国家标准、企业标准)，并有配套的统一的检验方法。产品出厂时，必须通过该产品的质量标准。

机器除了具有上述的功能以外，还应具有可靠性、安全性、经济性、造型、环境保护性等各种功能。各种机器实现其功能的性能要求大体可归纳为：①运动要求，如速度、加速度、转速、调速范围、行程、运动轨迹以及运动的精确性等；②动力要求，包括传递的功率、转矩、力、压力等；③可靠性和寿命要求，包括机械和零部件执行功能的可靠性、零部件的耐磨性和使用寿命等；④安全性要求，包括强度、刚度、热力学性能、摩擦学特性、振动稳定性、系统工作的安全性及操作人员的安全性等；⑤体积和质量要求，如尺寸、质量、功率质量比等；⑥经济性要求，包括设计和制造的经济性、使用和维修的经济性等；⑦环境保护要求，如噪声、振动、防尘、防毒、"三废"(废气、废水和废渣)的排放；⑧产品造型要求，如外观、色彩、装饰、形体及比例、人—机—环境的协调性和宜人性等；⑨其他要求，不同机械还可有一些特殊要求，如精密机械要求能长期保持其精度并有良好的防振性；经常搬运的机械要求安装、拆卸、运输方便；户外型机械要求良好的防护性、耐蚀性和密封性；食品和药品加工机械要求不污染被加工产品等。

有人也许认为一台机器设备的功能愈多，给人们的使用带来的好处也愈多。但由于产品的功能又与技术、经济等因素密切相关，功能越多则产品越复杂、设计越困难，价格费用就越大，产品成本也就越高。而产品功能的减少又可能造成没有市场，因此在确定产品功能时，应保证基本功能，满足使用功能，剔除多余功能，增加新颖及外观功能，而各种功能的最终取舍应按价值工程原理进行技术可行性分析来定夺。

2.1.3 机器的组成

机器的种类是多种多样的，其结构也不尽相同。但任何一种机器，从功能的角度来看都可以分为以下几个部分，如图 2-4 所示。

1. 动力系统

动力系统包括动力机及其配套装置，是整个机器工作的动力源。按能量转换性质的不同，动力机可分为一次动力机和二次动力机。

```
┌──────────┐    ┌──────────┐    ┌──────────────┐
│  动力系统  │───▶│  传动系统  │───▶│  功能执行系统  │
└──────────┘    └──────────┘    └──────────────┘
     │               │                  │
     │          ┌──────────────┐        │
     └─────────▶│  操作和控制系统  │◀───────┘
                └──────────────┘
```

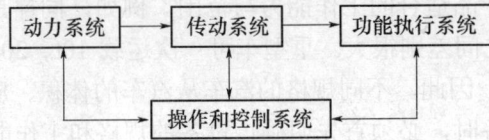

图 2-4　机器的组成

一次动力机是把自然界的能源(一次能源)直接转变为机械能的机械,如内燃机、汽轮机、燃气轮机等,其中内燃机广泛用于各种车辆、船舶、农业机械、工程机械等移动作业机械,汽轮机、燃气轮机多用于大功率高速驱动的机械。以一次动力机为动力源的机器比较多,例如,汽车、飞机、轮船、潜艇等,都是以一次动力机为动力源的。

二次动力机是把二次能源(电能)或由电能产生的液压能、气压能转变为机械能的机械,如电动机、液压马达、气动马达等。它不在各类机械中都有广泛应用,其中尤以电动机应用更为普遍。例如,各种类型的机床、洗衣机、电风扇、水泵、油泵等,都是以二次动力机作为机器的动力源的。由于经济上的原因,动力机输出的运动通常为转动,而且转速较高。

选择动力机时,应全面考虑现场的能源条件,按照执行机构的动作要求、工作载荷等实际情况,来选择动力机的类型和型号。

2. 传动系统

传动系统是把动力机的动力和运动传递给功能执行系统的中间装置,是连接动力系统和功能执行系统的桥梁。每个功能执行系统中执行构件与动力机之间有一个传动联系,有时执行机构与执行构件之间也有传动联系。组成传动联系的一系列传动件称为传动链。所有传动链以及它们之间的相互联系组成传动系统。机械的种类繁多,用途也各种各样,因此各种机械的传动系统千变万化,但它们通常由下列几个部分组成:变速装置、起停和换向装置、制动装置及安全保护装置等。

传动系统有下列主要功能:

(1) 减速或增速。把动力机的速度降低或增高,以适应执行系统工作的需要。

(2) 变速。当用动力机进行变速不经济、不可能或不能满足要求时,通过传动系统实行变速(有级或无级),以满足执行系统多种速度的要求。

(3) 改变运动规律或形式。把动力机输出的均匀连续旋转运动转变为按某种规律变化的旋转或非旋转、连续或间歇的运动,或改变运动方向,以满足执行系统的运动要求。动力机的运动输出形式一般是转动,而执行机构的运动形式是根据实际工作要求来确定的。因此,它的运动形式是多种多样的,有可能是转动,也有可能是移动,还有可能是摆动等,这就需要通过传动系统来转换运动的形式。

(4) 传递动力。把动力机输出的动力传递给执行系统,供给执行系统完成预定任务所需的功率、转矩或力。传动系统在满足执行系统上述要求的同时,应能适应动力机的机械特性。如果动力机的工作性能完全符合执行系统工作的要求,传动系统也可省略,可将动力机与执行系统直接连接。

3. 功能执行系统

功能执行系统由执行构件和与其相连的执行机构组成,是直接完成机器本身所具有功能的部分,常出现在机械系统的末端,直接与作业对象接触,如搅拌机的叶轮、洗衣机的波轮、割草机夹固刀片的夹持器、车床的刀架等。通过它们完成机器预定的功能,因此是直接影响机器工作质量的重要部分。例如，为了提高洗衣机洗净衣服的效果，对作为执行构件的波轮，不同的厂家开发了"棒式波轮"、"碟形波轮"、"凸形波轮"、"偏心波轮"等多种形式。机器人的执行机构是抓取机构，为了能可靠抓起不同形状的物体，抓取机构有各种结构形式。

执行机构的作用是传递和变换运动与动力，即把传动系统传递过来的运动与动力进行必要的转换，以满足执行部件的要求。执行机构变换运动。就其变换形式来说，常见的有将转动变换为移动或摆动，或反之。就变换的节拍来看，则可分为将连续运动变换为不同形式的连续运动或间歇运动。

功能执行系统是在执行构件和执行机构协调工作下完成任务的。虽然工作任务多种多样，但功能执行系统的功能归纳起来有以下几种：夹持、搬运、输送、分度与转位、检测、施力。根据机械系统工作要求，往往一个功能执行系统需要具备多种功能要求。

功能执行系统通常处在机械系统的末端，直接与作业对象接触，其输出也是机械系统的主要输出。因此，功能执行系统工作性能的好坏，直接影响整个系统的性能，除能满足强度、刚度、寿命等要求外，还应充分注意其运动精度和动力学特性等要求。

4. 操作和控制系统

操作和控制系统是使动力系统、传动系统、功能执行系统彼此协调运行，并准确可靠地完成整机功能的装置。它的功能是控制或操作上述各子系统的起动、离合、制动、变速、换向或各部件间运动的先后次序、运动轨迹及行程。此外，还有控制换刀、测量、冷却与润滑的供应与停止工作等一系列动作。

传统的控制系统通常由接触器、继电器、按钮开关、行程开关、电磁铁等电器组成。而随着计算机技术、微电子技术的发展，现代机械正朝着自动化、精密化、智能化的方向发展，计算机控制的机电产品从生产机械(如数控机床)到家用电器越来越普遍。因此控制系统在整台机器设备中的作用显得日益重要，在整机成本中的份额也越来越大，例如，图 2-3 所示全自动洗衣机中的程序控制器，早期的方案多用机械定时器作为该控制器的基本结构，而现在的洗衣机更多采用计算机(微处理器)作为控制的核心。另外，一些机器还具有其他一些系统，如支承系统，润滑、冷却与密封系统等。

根据上述方法，可以对家里的或熟悉的小机械、小电器产品进行分析，了解它们的性能和组成。同时也应知道机械产品的设计是根据产品功能要求来决定对各子系统的取舍，因此并不是机械系统中的所有子系统都必须存在于任何产品中。例如，工程中有些机械没有传动机构，而是由原动机直接驱动执行机构，水力发电机组、电风扇、鼓风机以及一些用直流电动机驱动的机械，都没有传动机构。随着电动机调速技术的发展，无传动机构的机械有增加的趋势。

2.2　机器的结构

2.2.1　机器的功能与结构的关系

机器设备的用途、功能与性能的实现是靠机器的结构来保证的。机器经常要完成多项功能，实现这些功能与结构可能会出现比较复杂的关系。例如，图 2-3 所示的全自动洗衣机的构造在一定程度上反映了这一情况。可以看出，洗涤功能是通过以下结构实现的：被洗衣物浸泡于放有洗衣粉的不锈钢洗涤桶中，洗涤桶表面做成有孔、凹凸的表面，这时保持不转动。

电动机通过一对带轮和传动带，驱动波轮轴，使波轮在大约 180r/min 的低速下不断地正转和反转，带动被洗的衣物和水流不断翻滚转动，从而达到洗涤的目的。漂洗功能与前者的不同仅在于完成洗涤工作后，打开水阀，放掉混有洗衣粉的脏水，重新注入清水，漂洗动作与洗涤动作基本一样。而脱水功能则要求在衣物漂洗完成并排空桶内的水之后，让波轮和洗涤桶一起以高于 1000r/min 的高速旋转，利用离心力的作用甩掉衣物中大部分残留的水分。由此可见，在实施从洗涤到脱水的自动洗衣过程中，要求波轮轴实现从低速到高速的转换。为了实现这些功能，在波轮轴上增加了减速器和离合器等机构。而在整个洗衣过程中还要求按照规定的程序，打开或关闭进水阀或出水阀，控制进水高度，接通或断开电动机或离合器。为了完成上述自动程序控制功能，自动洗衣机必须配备符合需要的自动程序控制器。

1. 机器的表达

在分析机器的组成时，常常需要用特定的符号、线条等图形语言来表明机器内部的构成及机构运动的传递情况，这样的图形称为机器的表达，简称机器简图或机构简图。在绘制机器简图时，不必严格地按比例确定机器中各组成部分或传动机构的相对位置尺寸，只需将机器各部分的构成情况及运动的传递关系表示清楚即可。

2. 工程中常用机构的基本类型

机器的功能主要由机械的运动来实现，而机械的运动又需要具体的机械结构来完成。机械结构由各种机构组成。以下机构的基本型是最基本的、最常用的机构形式。

1) 全转动副四杆机构的基本型

全转动副四杆机构的基本型为曲柄摇杆机构，可演化为双曲柄机构、双摇杆机构。图 2-5(a) 所示为曲柄摇杆机构的机构简图。其中，构件 1 为曲柄，它可以绕转动副中心 A 做整周运动。而构件 3 则只能在一定的角度范围内做往复摆动，故为摇杆。曲柄摇杆机构的运动特点是能够将原动件的等速转动变为从动件的不等速往复摆动。反之可将原动件的往复摆动变为从动件的整周运动。

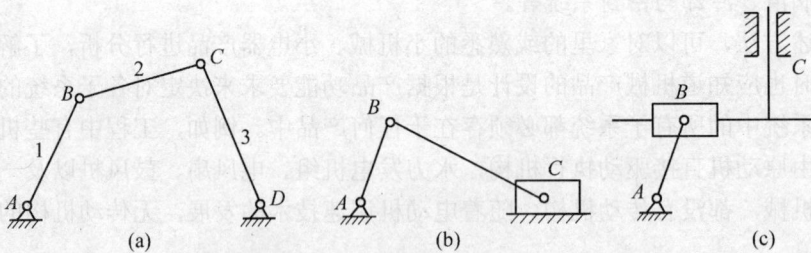

图 2-5　四杆机构的基本型

(a) 曲柄摇杆机构；(b) 曲柄滑块机构；(c) 正弦机构。

2) 含有一个移动副四杆机构的基本型

含有一个移动副四杆机构的基本型为曲柄滑块机构，可演化为转动导杆机构、移动导杆机构、曲柄摇块机构、摆动导杆机构。图 2-5(b) 为曲柄滑块机构的机构简图。

3) 含有两个移动副四杆机构的基本型

含有两个移动副四杆机构的基本型为正弦机构，可演化为正切机构、双转块机构、双滑块机构。图 2-5(c) 为正弦机构的机构简图。

4) 圆柱齿轮传动机构的基本型

圆柱齿轮传动机构的基本型为外啮合直齿圆柱齿轮传动机构，可演化为斜齿圆柱齿轮传动机构、人字齿圆柱齿轮传动机构，可用渐开线齿形，也可用摆线齿形和圆弧齿形，还可以演化为行星齿轮传动。圆柱齿轮传动机构的基本型如图 2-6(a)所示。

5) 锥齿轮传动机构的基本型

锥齿轮传动机构的基本型为外啮合直齿锥齿轮传动机构，可演化为斜齿锥齿轮传动机构和曲齿锥齿轮传动机构。其基本型如图 2-6(b)所示。

6) 蜗杆传动机构的基本型

蜗杆传动机构的基本型为阿基米德圆柱蜗杆传动机构，可演化为延伸渐开线圆柱蜗杆传动机构、渐开线圆柱蜗杆传动机构。其基本型如图 2-6(c)所示。

7) 内啮合行星齿轮传动机构的基本型

内啮合行星齿轮传动机构的基本型是指渐开线圆柱齿轮少齿差行星传动机构，可演化为摆线针轮传动机构、谐波传动机构、内平动齿轮传动机构、活齿传动机构。其基本型如图 2-6(d)所示。

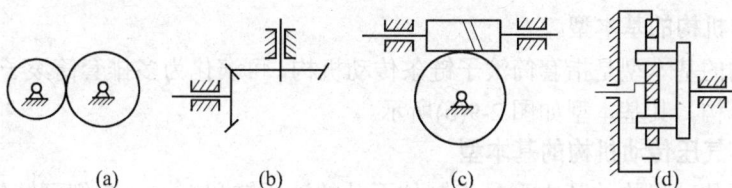

图 2-6　齿轮机构的基本型

(a) 圆柱齿轮传动机构；(b) 锥齿轮传动机构；(c) 蜗杆传动机构；(d) 内啮合行星齿轮传动机构。

8) 直动从动件平面凸轮机构的基本型

对心尖底从动件平面凸轮机构，可演化为直动对心滚子从动件平面凸轮机构、直动对心平底从动件平面凸轮机构、直动偏置从动件平面凸轮机构。其基本型如图 2-7(a)所示。

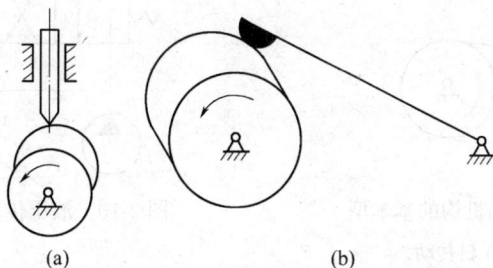

图 2-7　平面凸轮机构的基本型

(a) 直动从动件平面凸轮机构；(b) 摆动从动件平面凸轮机构。

9) 摆动从动件平面凸轮机构的基本型

摆动从动件平面凸轮机构的基本型是指摆动尖底从动件平面凸轮机构，可演化为摆动滚子从动件平面凸轮机构、摆动平底从动件平面凸轮机构。其基本型如图 2-7(b)所示。

10) 直动从动件圆柱凸轮机构的基本型

直动从动件圆柱凸轮机构的基本型主要指直动滚子从动件圆柱凸轮机构。其基本型如图 2-8(a)所示。

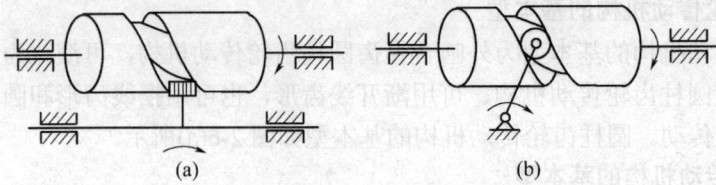

图 2-8　圆柱凸轮机构的基本型

(a) 直动从动件圆柱凸轮机构；(b) 摆动从动件圆柱凸轮机构。

11) 摆动从动件圆柱凸轮机构的基本型

摆动从动件圆柱凸轮机构的基本型主要指摆动滚子从动件圆柱凸轮机构。其基本型如图 2-8(b)所示。

12) 带传动机构的基本型

带传动机构的基本型是指平带传动机构，可演化为 V 带传动机构、圆带传动机构、活络 V 带传动机构、同步齿形带传动机构。其基本型如图 2-9(a)所示。

13) 链传动机构的基本型

链传动机构的基本型是指套筒滚子链条传动机构，可演化为多排套筒滚子链条传动机构、齿形链条传动机构。其基本型如图 2-9(b)所示。

14) 液压、气压传动机构的基本型

液压、气压传动机构的基本型是指缸体不动的液压缸和汽缸，它们可转化为摆动缸。液压传动机构的基本型如图 2-10 所示。

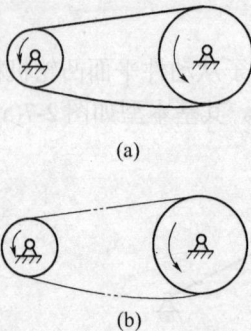

图 2-9　带、链传动机构的基本型

(a) 带传动；(b) 链传动。

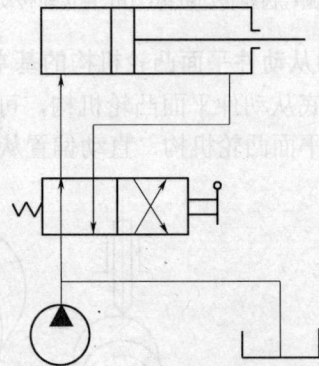

图 2-10　液压传动机构的基本型

15) 螺旋传动机构的基本型

螺旋传动机构的基本型是指三角形螺旋传动机构，可演化为梯形螺旋传动机构、矩形螺旋传动机构、滚珠丝杠传动机构。其基本型如图 2-11 所示。

16) 电磁传动机构的基本型

电磁传动机构的基本型如图 2-12 所示。电磁传动机构的基本型广泛应用在开关电路中。

17) 间歇运动机构的基本型

间歇运动机构的基本型有外棘轮机构、外槽轮机构。图 2-13(a)为外棘轮机构的基本型，图 2-13(b)为外槽轮机构的基本型。

图 2-11 螺旋传动机构的基本型   图 2-12 电磁传动机构的基本型

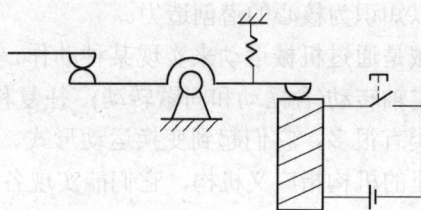

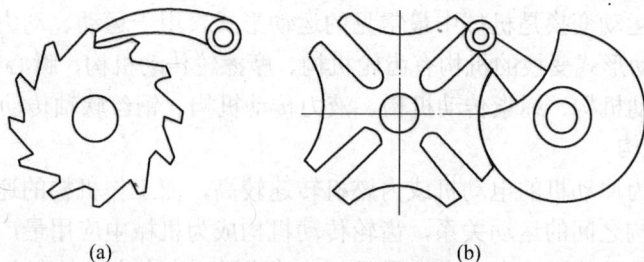

(a)   (b)

图 2-13 间歇运动机构的基本型

(a) 外棘轮机构；(b) 外槽轮机构。

3. 机构的组合

单一的机构经常不能满足不同的工作需要。把一些基本机构通过适当的方式连接起来，从而组成一个机构系统，称之为机构的组合。在机构的组合系统中，各基本机构都保持原来的结构和运动特性，都有自己的独立性。在机械运动系统中，机构的组合系统应用很多。图 2-14 所示为机构组合的应用实例。

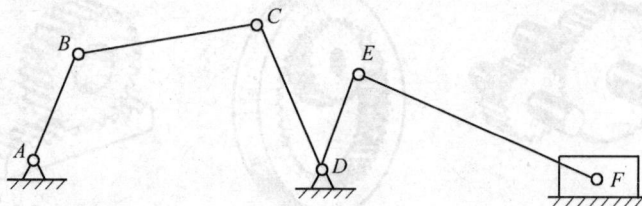

图 2-14 机构的组合系统

图 2-14 中，铰链四杆机构 *ABCD* 与曲柄滑块机构 *DEF* 串联在一起，前者的输出构件 *CD* 杆与后者的输入构件 *DE* 杆连接在一起，二者均保持自己的特性。不同机构串联的机械运动系统应用非常广泛。由于机构组合系统中的各机构均保持其原来的特性，机构的分析和设计方法仍然适合机构组合系统中的各个机构。

2.2.2 机械运动形态与变换

机械的主要特征就是要有运动的变换和传递，没有运动的装置不是机械。可见机械的本质离不开机械运动。尽管机械中的传动机构、工作执行机构的种类根多，但其运动形式却是有限的。因此，了解基本的运动形式及其实现方法将为机械创新设计提供良好的基础，有助于增强以知识为核心的潜创造力。

　　机械是通过机械运动来实现某种动作，从而达到预定目的的。而组成机械运动的运动形态只有定轴转动(含摆动和间歇转动)、往复移动及平面运动3种。实现这3种基本运动形态的机构种类有很多，它们起到变换运动形式、变换运动速度、传递运动、合成及分解运动的作用。这里的机构指广义机构，它们能实现各种不同的运动形态。

　　因机械中的原动机大多是电动机或内燃机，它们的输出均是定轴转动，故以定轴转动为基本运动形式的变换最为常用。

1. 连续转动到连续转动的运动变换与实现机构

　　转动到转动的运动变换是机械中最常见的运动形式，用于运动、动力的传递和速度的变换。能实现这种运动形式变换的机构有齿轮机构、摩擦轮传动机构、瞬心线机构、连杆机构、带传动机构、链传动机构、绳索传动机构、液力传动机构、钢丝软轴传动机构等。

1) 齿轮传动机构

　　由于机械中作为原动机的电动机或内燃机转速较高，而工作机构的速度一般较低，为协调原动机和执行机构之间的运动关系，齿轮传动机构成为机械中应用最广泛的传动机构，用于运动、速度的变换并传递动力。它常用于各种减速器、汽车变速箱和各种机床中。

　　齿轮传动是两齿轮轮齿之间直接接触的啮合传动。它可以传递平行轴和交叉轴之间的运动和动力。齿轮传动是应用广泛的一种机械传动形式。它与其他传动形式(如带传动、链传动)相比，具有如下优点：能保证瞬时传动比恒定不变；传动效率高；允许的载荷大；结构紧凑；工作可靠且使用寿命长。

　　齿轮传动的主要缺点是：对齿轮的制造和安装精度要求较高，因此成本高；当两轴之间距离较大时，不宜采用齿轮传动。齿轮传动机构的类型很多，如圆柱齿轮传动机构、锥齿轮传动机构等，其形式如图2-15和图2-16(a)、(b)、(c)所示。

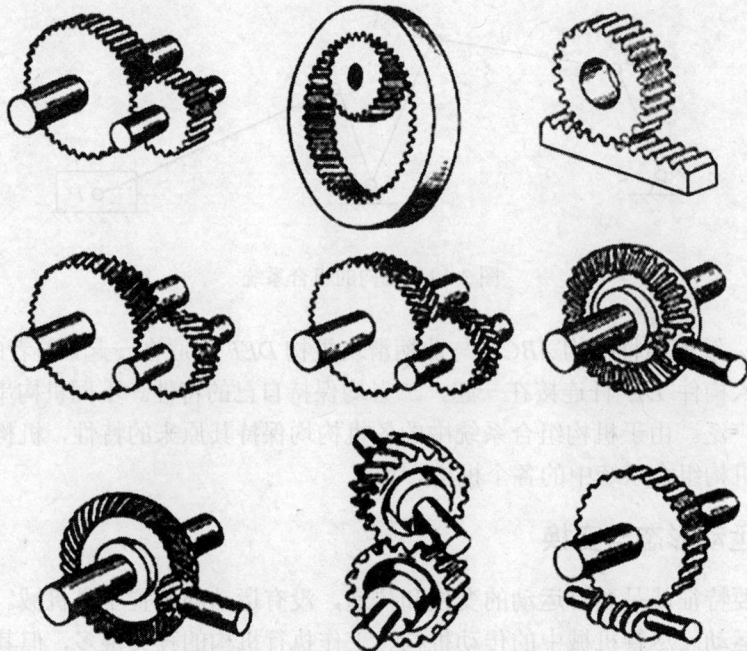

图 2-15　典型的齿轮传动机构示意图

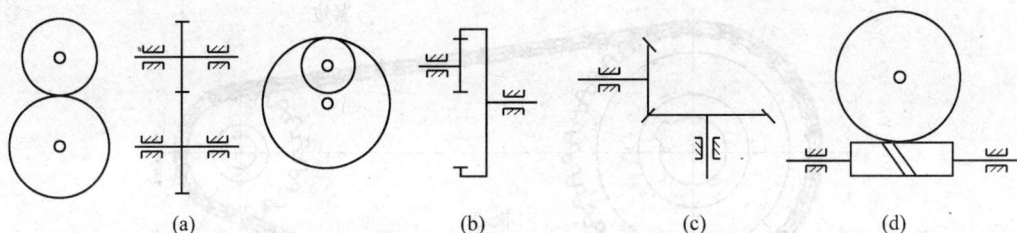

图 2-16　齿轮传动机构和蜗杆传动机构

(a) 外啮合圆柱齿轮机构；(b) 内啮合圆柱齿轮机构；(c) 锥齿轮机构；(d) 蜗杆传动机构。

2) 蜗杆传动机构

蜗杆传动机构主要由蜗杆和蜗轮组成。蜗杆传动机构是用来传递两空间相错 90°轴之间的运动和动力的，在传动过程中，通常蜗杆是主动的，蜗轮是被动的。就工作原理来讲，蜗杆传动是通过蜗杆和蜗轮轮齿的直接接触进行的啮合传动。其优点是可以获得较大的降速比，且结构紧凑、传动平稳、噪声小，但是它的传动效率低，在工作时需要良好的滑润。其基本型如图 2-16(d)所示。

3) 带传动机构

带传动机构如图 2-17(a)所示。带传动分为平带传动、圆带传动、V 带传动、同步齿形带传动等多种形式。其中平带传动和圆带传动可交叉安装，实现反向传动，如图 2-17(c)所示。图 2-17(b)中传动带下方的小轮为张紧轮。

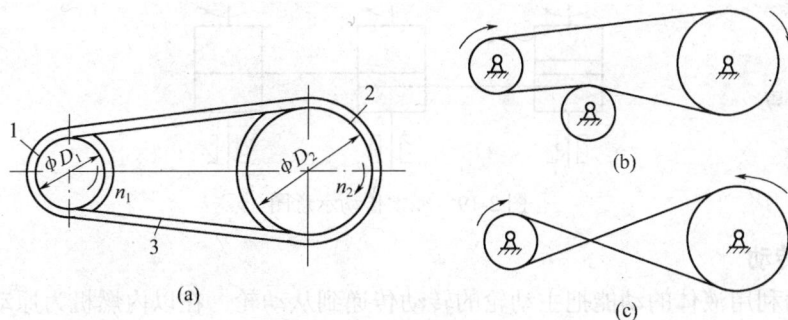

图 2-17　带传动机构简图

(a) 带传动机构；(b) 含有张紧轮的带传动；(c) 交叉安装的带传动。

1—主动轮；2—从动轮；3—传动带。

带传动的优点：结构简单，成本低廉；由于传动带具有良好的弹性，所以能缓和冲击，减轻振动；由于是摩擦传动，过载时传动带在带轮上打滑，因而又可以防止机器损坏。带传动适用于主动轴和从动轴间中心距较大的传动。但带传动不能保证准确的传动比，并且摩擦损失大，传动效率较低，外廓尺寸也较大。

4) 链传动机构

如图 2-18 所示，链传动机构由主动链轮、从动链轮和链条组成，在传动过程中通过链条的链节与链轮上的轮齿相啮合来传递两平行轴间的运动和动力，因此链传动是一种依靠中间挠性件(链条)的啮合运动。由于链传动是啮合传动，所以它可以保证传动过程中的平均传动比不变。但链传动的瞬时传动比是变化的，因此在链传动中存在冲击、振动和噪声。

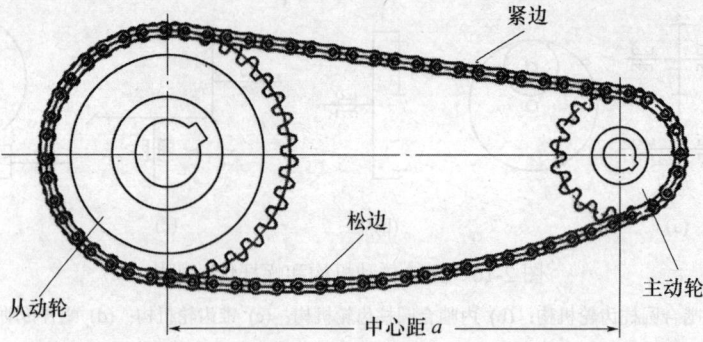

图 2-18　链传动

与带传动相比，链传动的平均传动比不变，而且由于是啮合传动，所需的张力小，故作用在传动轴上的力较小，可在低速下传递较大的载荷，能在油污尘埃等恶劣环境中工作。但链传动的传动平稳性较差，无过载保护作用，安装精度要求较高。根据链传动的特点可知，链传动适用于要求平均传动比不变和传动轴中心距较大的场合。它广泛应用于交通机械、矿山机械、石油机械、农业机械、机床以及轻工机械中。摩托车、自行车的链传动是人们最熟悉的。

5) 绳索传动机构

除具有带传动的功能外，绳索传动机构还具有独特的作用：由于一轮缠绕，另一轮退绕，所以两轮中间可有多个中间轮。但不能传递较大的载荷。图 2-19 为绳索传动示意图。

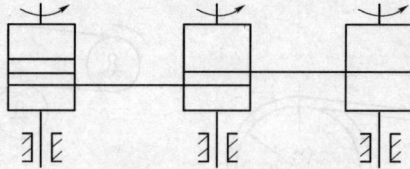

图 2-19　绳索传动示意图

6) 液力传动

液力传动利用液体的动能把主动轮的转动传递到从动轮。在以内燃机为原动机的车辆中常使用液力传动装置。图 2-20(a)所示的液力耦合器中，壳体 3 内充满油液，主动轮 1 的转动带动油液随之转动，从而驱动从动轮 2 转动。

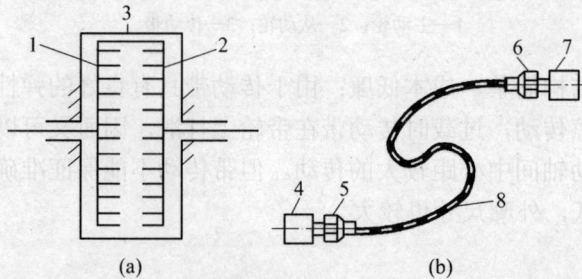

图 2-20　液力耦合器与钢丝软轴传动机构示意图

(a) 液力耦合器；(b) 钢丝软轴传动机构。

1—主动轮；2—从动轮；3—壳体；4—动力源；5，6—接头；7—被驱动装置；8—软轴。

7) 钢丝软轴传动机构

钢丝软轴的内部由钢丝分多层缠绕而成。由于用软轴相连接，主、从动件的位置具有随意性。如图 2-20(b)所示为钢丝软轴传动机构。

8) 瞬心线机构

瞬心线机构种类很多，这里仅列举两种瞬心线机构。图 2-21(a)为椭圆形瞬心线机构。图 2-21(b)为四叶卵形瞬心线机构。瞬心线机构可以实现连续的、周期性的变速转动输出。

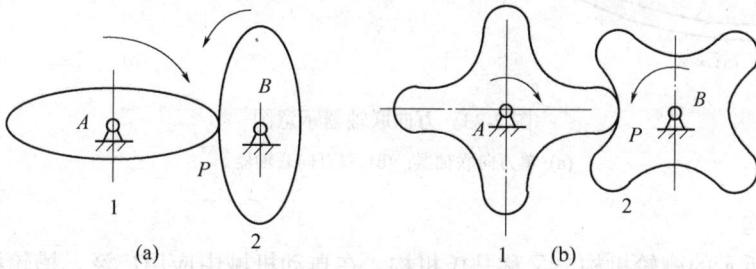

图 2-21　瞬心线机构

(a) 椭圆形瞬心线机构；(b) 四叶卵形瞬心线机构。

9) 连杆机构

能实现转动到转动运动变换的连杆机构有双曲柄机构、平行四边形机构、转动导杆机构及双转块机构等。图 2-22(a)为双曲柄机构，其传动比为变量。图 2-22(b)为平行四边形机构，可实现等速输出。图 2-22(c)为转动导杆机构，图 2-22(d)为双转块机构。双曲柄机构、转动导杆机构都有运动急回特征，在要求有周期性快、慢动作的机械中有广泛应用。

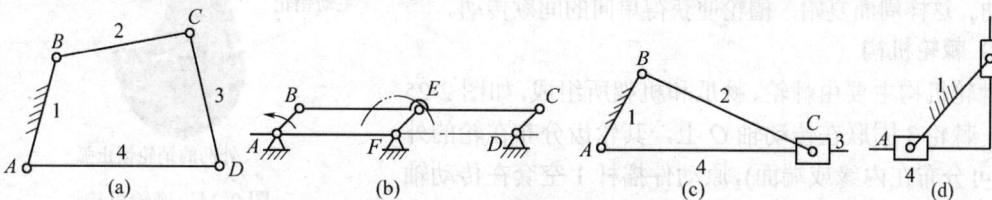

图 2-22　实现连续转动的连杆机构

(a) 双曲柄机构；(b) 平行四边形机构；(c) 转动导杆机构；(d) 双转块机构。

10) 万向联轴器

万向联轴器实际上是一种空间连杆机构，可分为单万向联轴器和双万向联轴器。单万向联轴器提供变速转动。双万向联轴器提供等速转动。万向联轴器广泛应用在不同轴线的传动机构中。图 2-23(a)为单万向联轴器，图 2-23(b)为双万向联轴器。

2. 连续转动到间歇运动的变换与实现机构

在生产中，某些机构常需要时动时停的间歇运动。如刨床中的进给运动，自动机床中的进给送料、刀架转位、成品输送等运动都是间歇性的。因此，就需将电动机输出的连续转动转换成间歇运动。完成这种运动的机构很多，常见的转换机构有棘轮机构、槽轮机构、不完全齿轮机构、分度凸轮机构等。下面介绍两种主要的间歇运动机构。

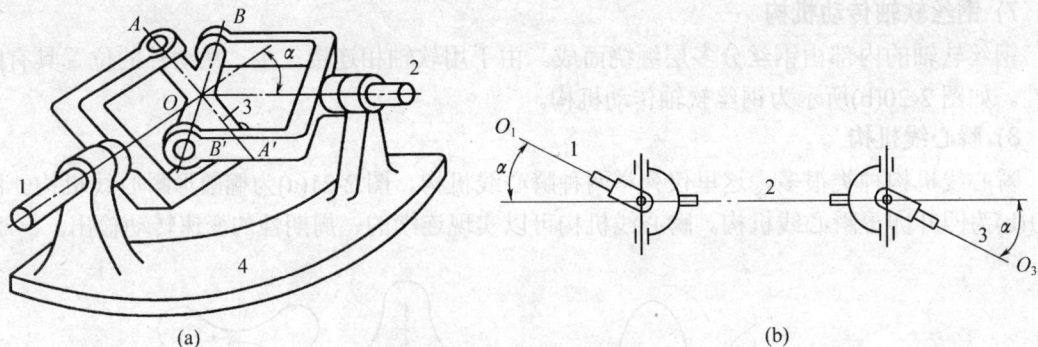

图 2-23　万向联轴器示意图

(a) 单万向联轴器；(b) 双万向联轴器。

1) 槽轮机构

如图 2-24 所示的槽轮机构，又称马氏机构，在自动机械中应用广泛。槽轮机构由装有圆柱拨销的拨盘和具有径向槽的槽轮以及机架组成。拨盘是主动件，做匀速转动。槽轮是从动件，时而转动时而静止，做间歇运动。当拨盘上的圆柱拨销进入槽轮的开口槽中时，拨盘上的定位圆盘外凸圆弧面与槽轮的内凹圆弧面开始脱离接触，拨盘通过圆柱销驱使槽轮转动。当拨盘和槽轮各自转过一定的角度后，圆柱销与槽轮的开口槽分开，而拨盘继续转动。这时槽轮的内凹圆弧面被拨盘上的定位外凸圆弧面卡住，故槽轮静止不动。当拨盘再继续回转一定的角度，圆柱销即进入槽轮的另一个开口槽中，再次驱使槽轮转动。这样周而复始，槽轮便获得单向的间歇传动。

2) 棘轮机构

棘轮机构主要由棘轮、棘爪和机架所组成，如图 2-25 所示。棘轮 3 固联在传动轴 O 上，其轮齿分布在轮的外缘(也可分布在内缘或端面)，原动件摇杆 1 空套在传动轴 O 上。当摇杆 1 逆时针方向摆动时(棘爪 4 扒开)，与它不相连的驱动棘爪 5 便借助弹簧或自重的作用插入棘轮的齿槽内，使棘轮随着转过一定的角度。当摇杆 1 顺时针方向摆动时，驱动棘爪 4 与棘爪 5 插入棘轮的齿槽，阻止棘轮顺时针方向转动，故棘轮静止不动。当原动件连续地往复摆动时，棘轮做单向的间歇运动。棘轮机构的优点是结构简单、制造方便、运动可靠、转角可调；缺点是工作时有较大的冲击和噪声，运动精度较差，适用于速度较低和载荷不大的场合。

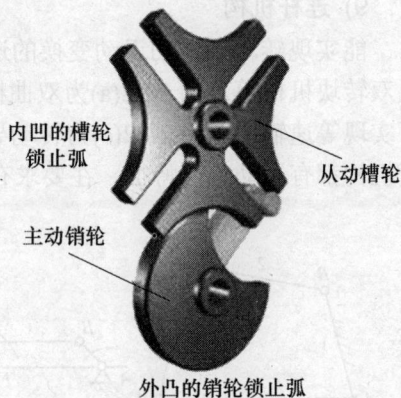

图 2-24　槽轮机构

棘轮机构应用广泛。例如，如图 2-26 所示为起重设备中的棘轮制动器，在提升重物时，与棘轮连接在一起的卷筒逆时针转动，绕在卷筒上的钢丝绳把重物 P 向上提起。此时固定在机架上的棘爪在棘轮的齿背上滑过。当需要该重物停在某一位置时，在重力作用下，棘轮顺时针方向转动，此时棘爪将及时插入棘轮的相应齿槽中，实现了制动并防止重物下落。

3. 连续转动到往复摆动的运动变换与实现机构

机器的工作机构部分是往复摆动的例子也是比较多的。实现连续转动到往复摆动的运动变换机构主要有曲柄摇杆机构、曲柄摇块机构、摆动导杆机构、摆动从动件凸轮机构等。

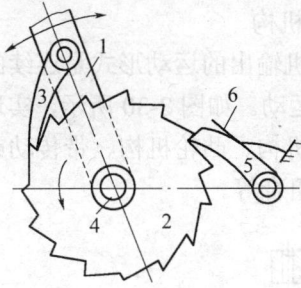

图 2-25 棘轮机构

1—摇杆；2—棘轮；3—驱动棘；

4—传动轴；5—制动棘爪；6—簧片。

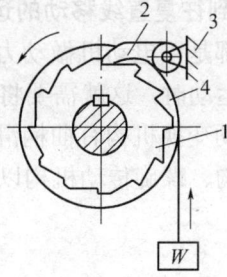

图 2-26 起重设备中的棘轮制动器

1—棘轮；2—棘爪；3—机架；4—卷筒。

图 2-27 为其简图，对其进行结构设计后，可得到多种执行机构。特别是图 2-28 所示颚式破碎机是一个曲柄摇杆机构，运动由电动机(图中未画出)传给带轮 5，带动与带轮固联在一起的偏心轴 2 绕回转中心 A 旋转，偏心轴 2 带动动颚 3 运动。由于在动颚 3 与机架 1 之间装有肘板 4，从而使动颚做复杂的摆动，不断挫挤矿石，完成碎矿工作。

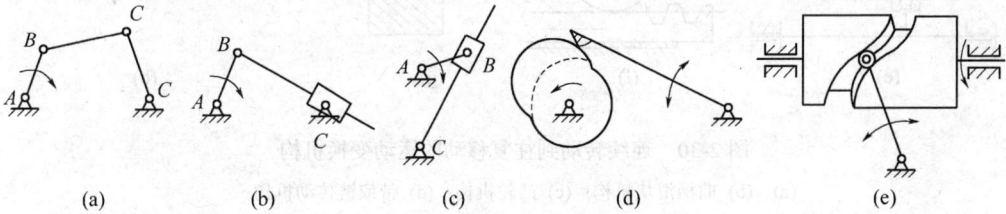

图 2-27 转动到摆动变换的机构示意图

(a) 曲柄摇杆机构；(b) 曲柄摇块机构；(c) 摆动导杆机构；(d) 摆动从动件凸轮机构；(e) 摆动从动件圆柱凸轮机构。

颚式破碎机是一个由机架 1、主动件偏心轴 2、从动件动颚 3 和肘板 4 组成的曲柄摇杆机构(见图 2-28)，当曲柄 2 为主动件时，曲柄 2 转一周，可使摇杆 3 往复摇动一次，即将原动机输出的连续转动变成了工作机的往复摆动。颚式破碎机简图如图 2-29 所示。

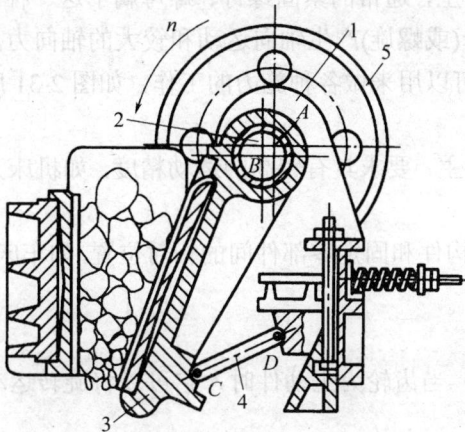

图 2-28 颚式破碎机

1—机架；2—偏心轴；3—动颚；4—肘板；5—带轮。

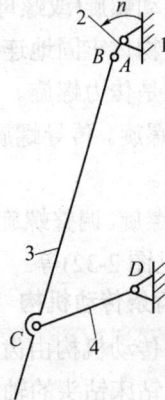

图 2-29 颚式破碎机简图

1—机架；2—曲柄；3—摇杆；4—摆杆。

4. 连续转动到往复直线移动的运动变换与实现机构

有很多机器都是以电动机做动力源的，而电动机输出的运动形式是连续的转动，当执行机构要求做直线运动时，这就需要将转动变成直线运动。如图 2-30 所示，实现连续转动到往复直线移动的运动变换机构有曲柄滑块机构、正弦机构、凸轮机构、带传动或链传动机构、齿轮齿条传动机构、螺旋传动机构以及一些机构的组合等。

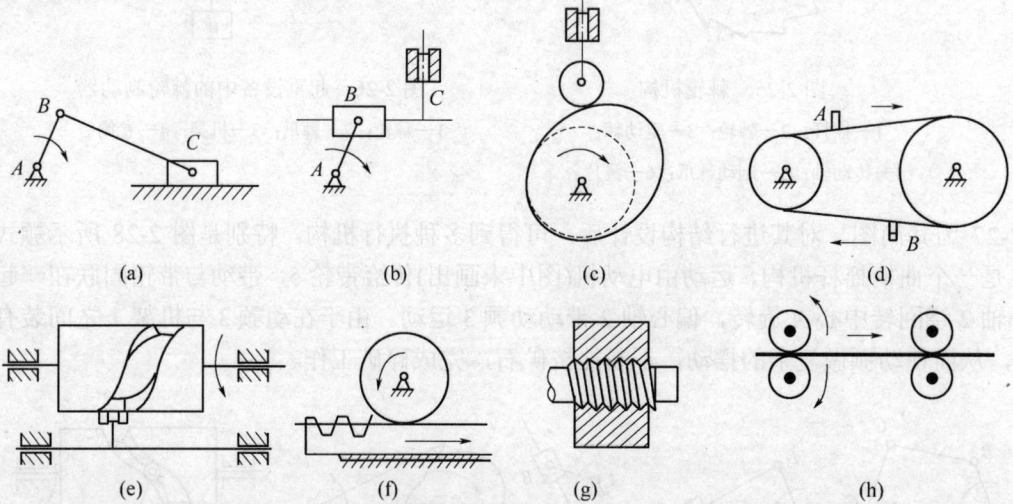

图 2-30　连续转动到往复移动的运动变换机构

(a)、(b) 曲柄滑块机构；(c) 凸轮机构；(d) 带或链传动机构；

(e) 正弦机构；(f) 齿轮齿条传动机构；(g) 螺旋传动机构；(h) 组合机构。

1) 螺旋传动机构

如图 2-30(g)所示螺旋传动由螺杆(也称丝杆或螺旋)和螺母组成，螺杆置于螺母中。当转动螺杆时，螺杆上的螺旋沿着螺母的螺旋槽运动，从而将旋转运动变换为直线移动，同时传递运动及动力。螺旋传动按其用途可分为 3 类。

(1) 传力螺旋。传力螺旋以传递动力为主，通常的紧固螺钉、螺母属于这一种。它要求用较小的转矩转动螺旋(或螺母)，从而使螺母(或螺旋)产生轴向运动和较大的轴向力，这个轴向力可以把两个物体牢固地连接在一起，也可以用来做各种施力的工作，如图 2-31 所示的千斤顶和压力机都是传力螺旋。

(2) 传导螺旋。传导螺旋以传递运动为主，要求具有较高的运动精度，如机床刀架或工作台的进给机构。

(3) 调整螺旋。调整螺旋用以调整移动构件和固定零部件间的相对位置，如车床尾座螺旋、螺旋测微器(见图 2-32)等。

2) 齿轮齿条传动机构

齿轮齿条传动机构由齿轮与齿条组成，当齿轮为主动件时，它可以将旋转运动变为直线运动，如台式钻床钻头的轴向进给机构。

3) 凸轮机构

凸轮机构由凸轮、从动件和支持整个机构的机架 3 个主要部分组成。一般凸轮做匀速回

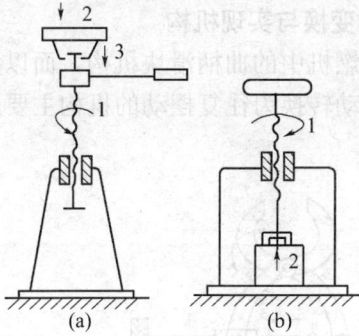

图 2-31　传力螺旋

(a) 千斤顶；(b) 压力机。

1—转矩；2—抗力；3—位移方向。

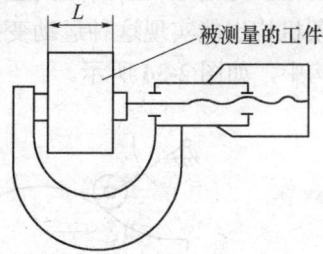

图 2-32　螺旋测微器

转运动，通过它特定的形状轮廓与从动件相接触，使从动件实现某种预定规律的运动。图 2-33 所示为自动上料凸轮机构。当具有凹槽的凸轮 1 转动时，通过槽中滚子 3 使从动件 2 往复运动，凸轮转一圈，从动件推送一个工件 4 到工作位置。

4) 曲柄滑块机构

曲柄滑块机构由曲柄、连杆、滑块以及机架组成。当曲柄为主动件做匀速转动时，可通过连杆，使滑块做往复的直线运动。由于曲柄滑块机构结构简单、制造方便、滑块行程准确，因此，它在生产中得到广泛的应用。如图 2-34 所示的搓丝机曲柄滑块机构就是这种机构应用的实例之一。

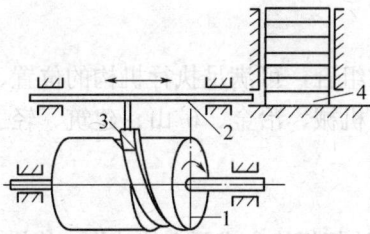

图 2-33　自动上料凸轮机构

1—凸轮；2—从动件；3—滚子；4—工件。

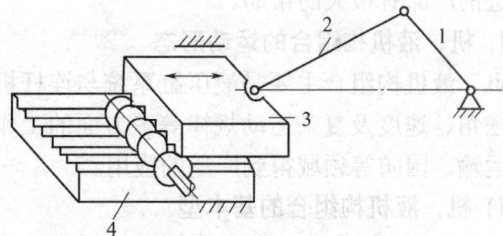

图 2-34　搓丝机曲柄滑块机构

1—曲柄；2—连杆；3—滑块(活动搓丝板)；4—固定搓丝板。

5. 直线移动转换为直线移动的运动变换与实现机构

直线移动转换为直线移动的机构大多采用液压机构，用在送料、夹紧等装置中。各类液压阀芯、电磁阀芯机构也采用了直线移动到直线移动的运动变换，斜面机构、具有两个移动副的连杆机构、移动凸轮机构、直线电动机等有时也可以应用于此。最常用的直线运动变换机构如图 2-35 所示。

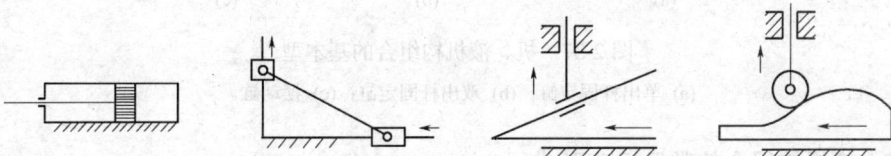

图 2-35　直线移动转换为直线移动的变换机构

6. 直线移动转换为定轴转动或往复摆动的运动变换与实现机构

直线移动转换为定轴转动的最典型机构就是内燃机中的曲柄滑块机构。而以齿条为主动件的齿轮齿条机构也能实现这种运动变换。直线移动转换为往复摆动的机构主要用在开关机构或微调机构中，如图 2-36 所示。

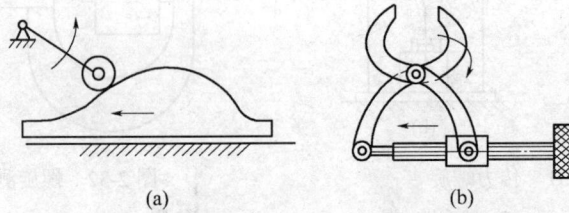

图 2-36　直线到摆线的运动变换机构

(a) 摆臂移动凸轮机构；(b) 直线螺旋到摆动的转换机构。

能实现各种运动变换的机构种类很多，本节只介绍了一些常见的机构，一些新机构往往是在一些基本机构的基础上进行了演化与变异，进而完成机械创新的目标。

2.2.3　机、电、液机构组合的运动与控制

随着科学技术的飞速发展，机械的构成也发生了很大的变化。现代机械已不再是纯机械系统，集机、电、液一体化的产品越来越普及，机、光、电、液、传感器与微机控制的智能化机械显示出强大的生命力。因此，简要了解有关机、电、液机构组合的运动形态对设计更加先进的产品有很大的帮助。

1. 机、液机构组合的运动形态

机、液机构组合主要是液压缸系统与连杆机构系统的组合，可满足执行机构的位置、行程、摆角、速度及复杂运动规律等多方面的工作要求，在机械、冶金、矿山、建筑、轻工、交通运输、国防等领域得到广泛的应用。

1) 机、液机构组合的基本型

机、液机构组合中，液压缸一般是主动件，并驱动各种连杆机构完成预定的动作。其基本型有图 2-37(a)所示的单出杆固定缸、图 2-37(b)所示双出杆固定缸以及图 2-37(c)所示的摆动缸 3 种。单出杆固定缸提供绝对移动，常用在夹紧、定位与送料装置中，双出杆固定缸常用在机床工作台的往复移动装置中，摆动缸在工程机械、交通运输机械等许多领域中都有广泛的应用。

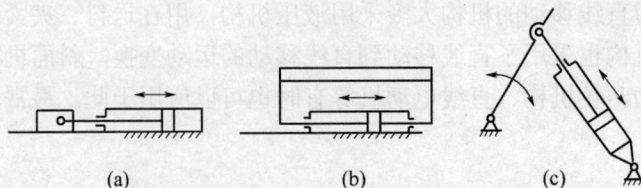

图 2-37　机、液机构组合的基本型

(a) 单出杆固定缸；(b) 双出杆固定缸；(c) 摆动缸。

2) 机、液机构组合的常见运动形式

由于液压传动可以容易地实现顺序动作、换向动作、速度调节、压力调节与压力保持等

多种复杂的工作，而且容易实现自动控制，所以机、液一体化的机械正在迅速发展。

(1) 固定液压缸式机构。单出杆固定缸可直接应用于夹紧、送料、进给等工作，实现移动到移动的运动变换，也可和连杆机构组合，实现移动到摆动的运动变换。

单出杆固定缸和连杆机构组合的应用实例很多。一般情况下，单出杆固定缸驱动连杆机的移动构件。图 2-38 液压机工作原理图。图 2-39 所示的液压挖掘机有 3 个液压缸共同完成铲斗的挖掘动作，控制 3 个液压缸的不同位置，可完成不同的挖掘任务。

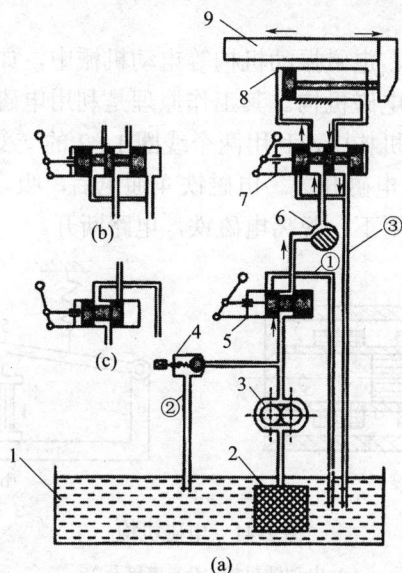

图 2-38　机床工作台液压系统原理图

1—油箱；2—过滤器；3—液压泵；4—溢流阀；5—换向阀；6—节流阀；7—换向阀；8—液压缸。

(2) 摆动液压缸式机构。摆动液压缸式机构与连杆机构的组合中，活塞相对于缸体的移换为从动构件的摆动和缸体本身的摆动。控制活塞的相对移动速度和液压缸中的压力，可达到控制机械运动和动力的目的。图 2-40(a)中，机器人的摆动缸驱动手臂绕 A 点做旋转运动，控制手臂的俯仰。图 2-40(b)所示飞机起落架中，摆动缸驱动连杆机构 $ABCD$ 中的 AB 杆，实现起落架的收起和放下的工作要求。有些机械中，可设置多个摆动缸驱动多个摆臂，复杂的运动。

3) 机、液机构的控制系统

机、液机构中，通常是液压元件为动力元件和控制元件，其控制方法有手动、机动和微机控制。

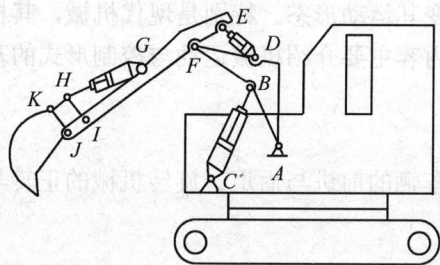

图 2-39　三缸液压挖掘机示意图

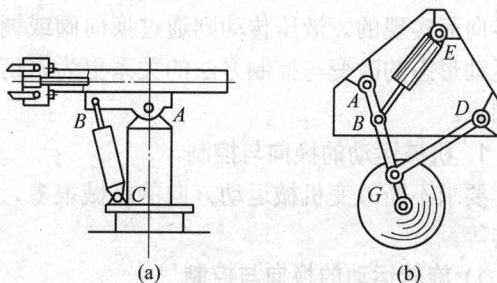

图 2-40　摆动液压缸式机构示意图

(a) 机器人手臂；(b) 飞机起落架。

(1) 手动控制。手动控制主要指利用换向阀和流量阀的手工操作，实现机械位置与速度的控制。

(2) 机动控制。机械的往复运动使用机动控制换向阀更为方便，而用手工控制流量阀来达到调速的目的，可提高工作效率。

(3) 微机控制。由于液压阀芯的动作可由电磁力来完成，以通电与断电的方式控制阀芯的动作，给实施微机控制提供了很大的方便。不同阀的顺序动作可用延时软件或硬件来实现。

2. 电磁机构

电磁机构可用于开关机构、电磁振动机构等电动机械中，如电动按摩器、电动理发器、电动剃须刀中，都广泛应用了电磁机构。其工作原理是利用电磁效应产生的磁力来完成机械运动。图 2-41(a)所示的电动锤机构中，利用两个线圈 1、2 的交变磁化，使锤头 3 产生往复直线运动。图 2-41(b)所示机构为电磁开关。电磁铁 4 通电后，吸合杆 5 接通电路开关 6。断电后，吸合杆 5 在返位弹簧 7 作用下，脱离电磁铁，电路断开。

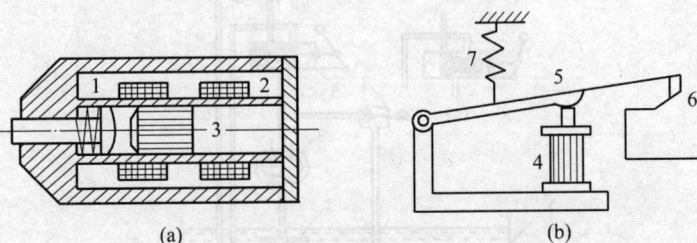

图 2-41　电磁机构

(a) 电动锤机构；(b) 电磁开关。

1、2—线圈；3—锤头；4—电磁铁；5—吸合杆；6—电路开关；7—返位弹簧。

反电磁机构利用机械运动的切割磁力线作用产生电信号，对电信号进行处理后可判断机械振动位移大小和频率。反电磁机构多用于磁电式位移或速度传感器中。

电磁机构的运动形态变换为电→磁→机械运动。

2.2.4　机械运动与控制

机械的运动形态由机械的组成形式和机械的控制方式所决定。如鼓风机之类的机械仅需单向转动，并有调速要求。车床主轴的转动不但有调速要求，还有正、反转的要求，其转向的改变是靠改变电动机的转向来实现的。而牛头刨床、压力机等的换向不是靠电动机，而是靠机械组成的特性来实现的。还有的机械运动位置是通过限位开关和各类传感器来控制电动机转向而实现的。液压传动则通过换向阀或调速阀改变其运动形态。特别是现代机械，其机械运动形态的改变与控制方法的关系更为密切。本节内容主要介绍机械运动与控制形式的基本知识。

1. 机械运动的换向与控制

要求不断改变机械运动方向的机械很多，如各种车辆的前进与后退、旋转机械的正转与反转等。

1) 旋转运动的换向与控制

旋转运动的换向是工程中常见的运动变换，很多机器都有正转、反转或正向转过某一角度再反向转过某一角度的要求。旋转运动的换向方式主要有如下几种。

(1) 改变电动机转向。改变电动机的转向使机械换向是一种最常用的简单易行的换向方法。

(2) 限位开关换向。限位开关换向是最常用的控制换向方法。限位开关的种类很多，有机械式开关、光电式开关、磁开关等。对于液压传动，通过限位开关控制电磁换向阀线圈的通电与断电，改变液流的方向而达到旋转液压缸换向的目的。利用机动换向阀也可达到换向的目的。

(3) 介轮换向。在齿轮传动中常采用介轮换向，汽车的前进与倒退运动就是利用变速箱中的介轮来实现的。图 2-42 是采用介轮换向示意图。图 2-42(a)中，齿轮啮合路线是齿轮 1、2、3、4，有两个介轮参与啮合，轮 1、轮 4 同向运动。图 2-42(b)中，啮合路线是齿轮 1、3、4，有一个介轮参与啮合，轮 1、轮 4 反向运转。

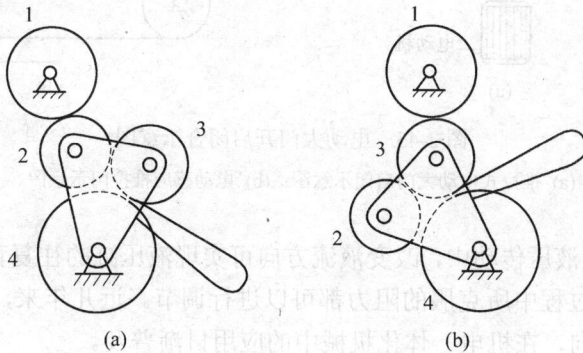

图 2-42　介轮换向示意图

(4) 棘轮换向。利用改变棘爪的方向带动轮换向在牛头刨床的进给系统中有广泛的应用，图 2-43 为棘轮换向示意图。图 2-43(a)中，棘爪带动棘轮逆时针方向旋转。图 2-43(b)中棘爪带动棘轮顺时针方向旋转。

(5) 摩擦轮换向。图 2-44 中，控制摩擦轮 A、B 在轴上的滑动位置，利用摩擦轮 A 与 C、B 与 C 的交替接触，实现 C 轮的正反转，完成螺旋 D 的往复移动。该机构广泛应用在摩擦压力机上。

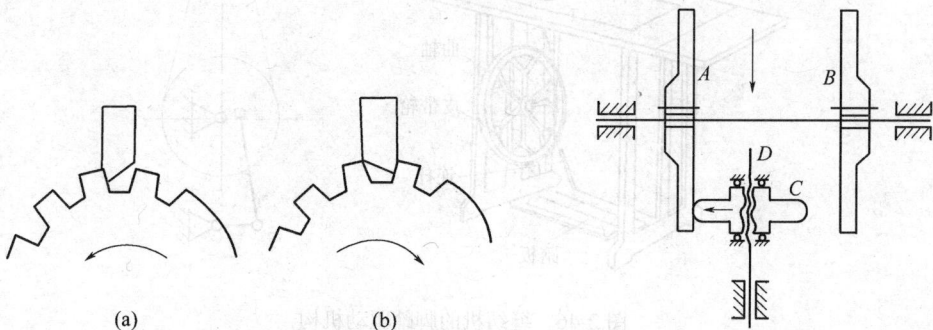

图 2-43　棘轮换向示意图

(a) 逆时针方向旋转；(b) 顺时针方向旋转。

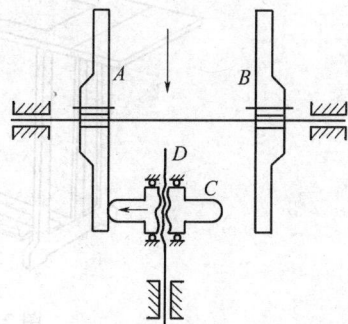

图 2-44　摩擦轮换向

2) 直线移动的换向与控制

要求往复直线移动的机械种类很多，内燃机、压缩机的活塞运动，刨床、插床的刀具运动，推拉电动大门的启闭运动，机床工作台的运动等均需要往复的直线移动。直线移动的换向方法主要有以下几种。

(1) 改变电动机转向来实现往复的直线移动。利用直线电动机可直接完成直线运动,其换向控制方法同转动电动机。图 2-45(a)为推拉式电动大门开启闭合示意图。电动机正反转,经齿轮驱动固定在大门上的齿条,使大门往复移动。图 2-45(b)为电动感应推拉门示意图,两扇门固定在带的上下两侧,利用电动机的正反转和上下传动带的反向运动完成门的开启与关闭动作。

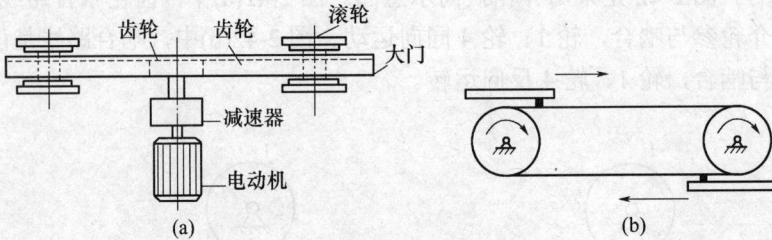

图 2-45　电动大门开启闭合示意图

(a) 推拉式电动大门启闭示意图;(b) 电动感应推拉门示意图。

(2) 液压换向。在液压传动中,改变液流方向可实现液压缸的往复直线运动。其移动的距离、移动速度、移动过程中所克服的阻力都可以进行调节。近几年来,利用定时软件控制电动机的运转时间和方向,在机电一体化机械中的应用日渐普及。

(3) 自动换向机构。自动进行往复直线移动的换向机构种类主要有曲柄滑块机构、正弦机构、双滑块机构、直动凸轮机构以及一些特殊设计的机构等,这些机构的特点是主动件连续转动,从动件做往复的直线移动。图 2-46 所示为缝纫机的脚踏驱动机构,曲柄转过一周,缝针滑块往复移动一次。

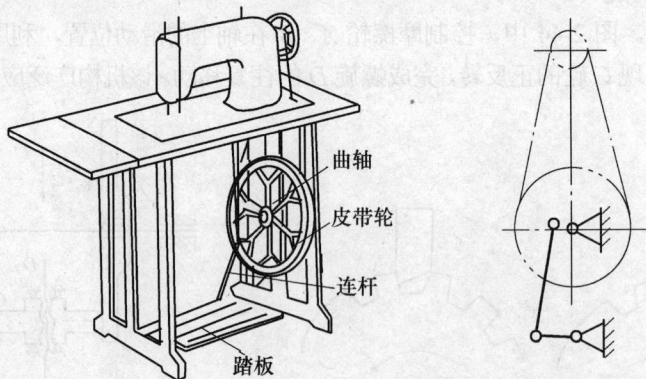

图 2-46　缝纫机的脚踏驱动机构

2. 机械运动的调速与控制

在一般情况下,机械中的工作机转速不等于原动机转速,所以很多机械中都需要协调原动机和工作机之间速度的装置。用于降低速度增大转矩的装置,称为减速器。在特殊场合,也有用来增速的装置,称为增速器。需要不断变换速度的装置称为变速器。根据传动比和工作条件的不同,常用的减速方式有许多种,以下介绍几种最基本的减速、变速方式。

　　(1) 调速电动机。改变电动机的工作速度，使电动机能在低速大转矩的条件下工作，是最理想的调速方式，目前发展很快。

　　(2) 齿轮减速器。齿轮减速器的特点是传动效率高、使用寿命长、工作可靠性好，维护简便、制造成本低，因而得到广泛应用。其产品已标准化、系列化，设计时可直接选用。

　　(3) 其他减速装置。各类带传动、链传动、摩擦传动都可起到减速作用。带传动、链传动多用在传动比不大、中心距较大的场合。

　　(4) 变速器。变速器可分为有级变速器和无级变速器。有级变速器主要是通过控制不同齿轮的啮合来实现的。目前的无级变速器大都通过摩擦传动来实现，因此不能传递过大的功率（≤20kW）。此外还有链式无级变速器、连杆式脉动无级变速器等多种其他形式的变速器。

3. 机械运动的离合与控制

　　机械中，有时需要在不停止原动机运转的状态下，暂时中止执行机构的工作。因此，离合器在机械中得到广泛的应用。离合器的种类也有很多，但常用的离合器主要有手动离合器和电磁离合器。常用离合器示意图如图 2-47 所示，图 2-47(a) 为两端面有牙的压嵌式离合器，移动它的右半部，可实现运动的分离或接合。图 2-47(b) 为多片式摩擦离合器，移动其右半部的滑环，可使摩擦片压紧或脱开，从而实现运动的分离或接合。图 2-47(c) 为电磁离合器，空套在轴上的左半部的线圈通电后，可吸住右半部上的衔铁，实现运动的接合，反之则脱开。

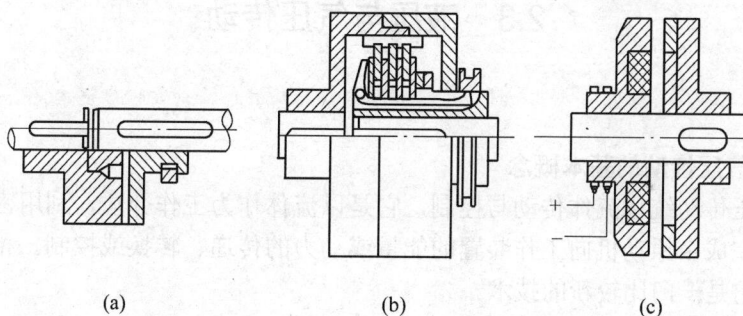

(a)　　　　　　　　　　(b)　　　　　　　　　　(c)

图 2-47　离合器示意图

(a) 压嵌式离合器；(b) 多片式摩擦离合器；(c) 电磁离合器。

4. 机械运动的制动与控制

　　为缩短机械的停车时间，许多机械中都有制动器。制动器的种类有机械式制动器、电磁式制动器、液压制动器、液力制动器、气动制动器等多种类型。机械式制动器中，还可分为摩擦式、楔块式、杠杆式、棘轮式等多种。图 2-48 是制动器的几种形式。

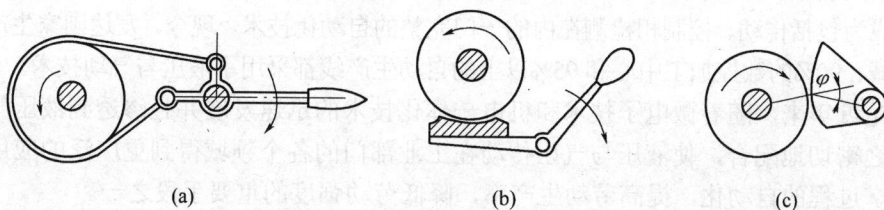

(a)　　　　　　　　　　(b)　　　　　　　　　　(c)

图 2-48　最简单的制动器示意图

(a) 杠杆带式制动器；(b) 闸瓦式制动器；(c) 凸轮楔块式制动器。

工程中，经常使用电磁式或气动控制的制动器，如图 2-49 所示为两种不同的电磁制动器。

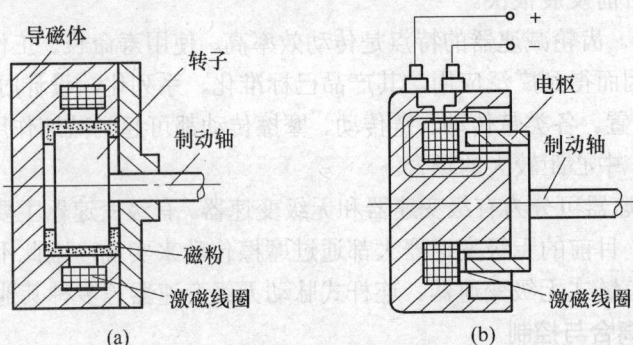

图 2-49　两种电磁制动器示意图

(a) 电磁粉末制动器；(b) 电磁涡流制动器。

制动器可用于制动、防止逆转，其控制方式根据在机械中的作用不同有很大差别。为防止控制系统失灵造成的破坏作用，一般机械中都有采取手动或脚踏的紧急制动装置，机械的运动形式与其控制方式有关。

2.3　液压与气压传动

2.3.1　概述

1. 液压与气压传动的基本概念

液压与气压传动统称流体传动与控制，它是以流体作为工作介质，利用密封工作容积内流体的压力来完成由原动机向工作装置的能量或动力的传递、转换或控制。相对于古老的机械传动来说，它是一门比较新的技术。

2. 液压与气压传动技术的应用及进展

早在 17 世纪末，帕斯卡就提出静压传递原理，但直到 1795 年，英国才制造出世界上第一台水压机。近代液压传动是随着 19 世纪石油工业的蓬勃发展而起步的，液压传动系统最早的成功实践是应用在舰艇上的炮塔转位器，其后才应用在机床等其他场合。第二次世界大战期间，由于军事上的需求、使液压与气动技术迅速发展。战后，液压与气动技术很快转入民用工业，在机床、工程机械、冶金、矿山、塑料、农林、汽车、船舶等行业得到大幅度的应用和发展。而液压与气压传动在工业上的真正推广使用，则是在 20 世纪 50 年代～60 年代，随着原子能技术、空间技术和计算机技术(微电子技术)等的飞速发展，再次将液压与气动技术推向前进，使之发展成为包括传动、控制相检测在内的一门完整的自动化技术。现今，发达国家生产的 95% 的工程机械、90%的数控加工中心和 95%以上的自动生产线都采用了液压与气动技术。

特别是近年来，随着微电子技术和机电一体化技术的迅速发展并且渗透到液压气动技术之中，与之密切地配合，使液压与气压传动在工业部门的各个领域得到更广泛的应用，已成为实现生产过程的自动化，提高劳动生产率，降低劳动强度的重要手段之一。

随着液压与气动机械自动化程度的不断提高，液压元件应用数量急剧增加，元件小型化、系统集成化是必然的发展趋势；特别是近 10 年来，液压与气动技术和传感技术、微电子技术密切结合，创造出很多高可靠性、低成本的节能元件，使其在高压、大功率、低噪音、长寿命、高度集成化等方面取得重大进展。无疑，液压与气动元件及其系统的计算机辅助设计(CAD)、计算机辅助试验(CAT)和计算机实时控制是当前液压与气动技术的发展方向。

3. 液压与气压传动的主要优缺点

1) 液压传动的主要优点

(1) 与其他一些传动方式相比，在同等功率下，液压装置体积小，质量轻，结构紧凑。在同等体积下，液压装置能产生更大的动力。

(2) 液压装置工作比较平稳，由于质量轻，惯性小，反应快，易于实现快速启动、制动，适用于频繁换向。

(3) 液压装置能在大范围内实现无级调速(调速范围可达 2000)，并且可以在运行过程中进行调速。

(4) 液压传动易于实现自动化，对液体压力、流量或流动方向易于进行调节和控制。当将液压控制与电器控制、电子控制相结合时，整个传动装置能实现很复杂的顺序动作，也能很方便地实现远程控制和过载保护。

(5) 由于液压元件大多已实现了标准化、系列化和通用化，液压系统的设计、制造和使用都比较方便。

(6) 液压介质有良好的润滑性和防锈性，有利于延长液压元件的使用寿命。

(7) 液压传动装置便于实现运动转换。液压元件和附件的排列及布置，可根据需要灵活掌握。

(8) 功率损失所产生的热量可随着液压油被带走，即使长期运转，系统也不会过热，这是其他传动装置无法办到的。

2) 液压传动的主要缺点

(1) 在工作过程中常有较多的能量损失(摩擦损失和泄漏损失等)长距离传动时更是如此，总效率较低。

(2) 对油温变化比较敏感，其性能受温度影响较大。

(3) 为了减少泄漏，液压元件在制造的精度上要求较高，对密封的要求也较高，因此，它的造价较高。

(4) 工作介质必须保持清洁、干净，否则会影响液压元件的寿命，甚至导致整个系统失效。

(5) 出现故障时不易找出原因。

(6) 液压油及油气的泄漏会污染周围环境。

3) 气压传动的主要优点

(1) 空气可以从大气中直接获得，同时用过的空气也可以直接排到大气中，工作介质的获取、处理很方便，不会对环境造成污染。

(2) 工作环境适应性好。无论在易燃、易爆、多尘、辐射、强磁、振动、冲击等恶劣环境中，气压系统皆能安全、可靠地工作。对要求高净化、无污染的场合，如食品加工、印刷、精密检测等，更具有独特的适应能力。

(3) 空气的黏度很小，在管路中的压力损失很小，因此，压缩空气便于集中供应(如空气站)和远距离输送。

(4) 气动控制比液压控制动作迅速、反应快，利用气压信号可以很方便地实现系统的自动控制。

(5) 气动元件结构简单，易于加工，使用寿命长，适于标准化、系列化和通用化。

(6) 管道不会堵塞，系统维护简单，也不存在介质变质、补充及更换等问题。

(7) 使用安全，便于实现过载保护。

4) 气压传动的主要缺点

(1) 由于空气可压缩性较大，如果靠调节空气流量来进行速度控制，运动速度的稳定性较差。

(2) 目前气动系统的压力不高，故总的输出力不会很大。

(3) 气动装置中的信号传递速度慢于电子及光速(仅限于声速范围内)，不能适用于对信号传递速度要求十分高的复杂系统中，同时实现生产过程的远距离控制也比较困难。

(4) 传动效率较低，排气噪音较大。

总的来说，液压和气压传动的优点是主要的。它们的缺点，将会随着科学技术的发展而不断地得到克服和改善。例如，将液压与气压传动、电力传动、机械传动等合理地联合使用，构成气液、电液、机液、电气液、机电液等联合传动，以进一步发挥各自的优点，相互补充，弥补各自的不足之处。

2.3.2 液压与气压传动的工作原理

液压系统以液压油作为工作介质，而气压传动则是以空气作为工作介质，两种工作介质的不同之处在于液体几乎不可压缩，气体则具有较大的可压缩性。两者的基本工作原理，元件的工作机理及系统回路的构成等方面是相似的。下面介绍它们的工作原理。

图 2-50 所示为液压千斤顶示意图。当向上提手柄 1 时，使小液压缸 2 内的活塞上移，其下腔容积增大而产生真空，此时单向阀 3 处于关闭状态，油箱 5 里的液压油在大气压的作用下，顶开吸油单向阀 4，进入小液压缸 2 的下腔并充满整个容积。当手柄向下压时，小液压缸 2 的下腔被压缩，压力迅速增大，此时吸油单向阀 4 处于关闭状态，压油单向阀 3 被顶开，液压油进入大液压缸 7 的下腔。如此不断地上下扳动手柄 1，则小液压缸 2 不断地从油箱 5 内吸油，向大液压缸 7 内注油。当油液的压力升高到能克服作用在大活塞上的负载(重物)8 所需的压力值时，重物就会随着手柄 2 的按下而上升，手柄 1 不动，大活塞连同重物 8 就会原地自锁不动。如果打开截止阀 6，大液压缸 7 下腔的油直通油箱，在重力的作用下，重物 8 连同大活塞一起就会下移，迅速回复到原始位置。

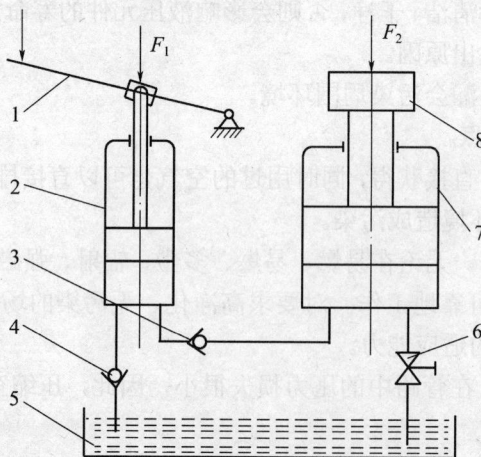

图 2-50 液压千斤顶示意图

1—手柄；2—小液压缸；3—单向阀(压油)；4—单向阀(吸油)；

5—油箱；6—截止阀(放油螺塞)；7—大液压缸；8—负载(重物)。

如果将图 2-50 中的油箱去掉，下面的两根管子直通大气，则图 2-50 就成了气动系统原理图，此时，工作介质就成了大气。因为气体有压缩性，不像液压系统那样一按手柄，重物就会立即相应上移，而是要多次地上下扳动手柄，使大小汽缸下腔的气压逐渐升高，直到气体的压力达到使重物上升所需要的压力值时，重物才会上升。在重物上升的过程中，由于气体可压缩性较大的缘故，气压值不像液压值那样稳定，常常会发生波动。

由液压千斤顶的工作原理得知，小液压缸 2 与单向阀 3、4 一起，完成吸油、排油，将杠杆的机械能，转换成油液的压力能输出，小液压缸就相当于手动液压泵。大液压缸 7 将油液的压力能转化成机械能输出，抬起重物，对外做功，称为举升液压缸。在这里，大、小液压缸及单向阀、截止阀和油箱组成了最简单的液压传动系统，实现了力和运动的转化与传递。

2.3.3 液压传动系统的组成

工程中实际应用的液压传动系统是各式各样的，为了更好地了解液压传动系统的组成，下面以某车床刀架液压传动系统为例子以说明。

在车削工件过程中，要求刀架慢速进刀，确保被加工零件的质量要求，切削完成后，要求刀架快速返回，以缩短辅助时间，提高劳动生产率。

参看图 2-51 所示的车床刀架液压系统图。在切削时，电磁铁通电，换向阀 6 处于，图 2-51(a)位置，液压泵 3 从油箱 1 内吸油，通过过滤器 2 过滤，自泵体打出，通过换向阀 6，进入液压缸 9 的左腔(大腔，无活塞杆)，推动活塞 10 右移，从而带动刀架 11 慢速进给。此时，液压缸右腔(小腔，有活塞杆)的油，经过节流阀 8 和换向阀 6 流回油箱，见图 2-51(a)。完成切削后，电磁铁断电，换向阀 6 的阀芯在弹簧力的作用下复位，处于图 2-51(b)所示位置，此时，液压泵 3 打出的油，通过换向阀 6 和单向阀 7，进入液压缸 9 的右腔(小腔，有活塞杆)，由于小腔的面积小，单位时间内进入同样多的液压油，活塞移动的速度就快，从而推动活塞 10 向左移动，带动刀架 11 快速返回，完成一个循环。液压缸 9 大腔的油经过换向阀 6 直接回油箱，见图 2-51(b)。

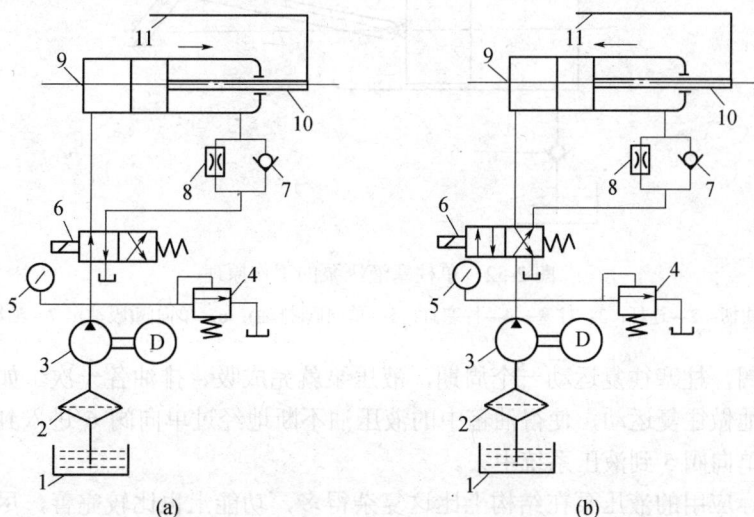

图 2-51 车床刀架液压系统图

1—油箱；2—过滤器；3—液压泵(带电机)；4—溢流阀；5—压力表；

6—电磁换向阀；7—单向阀；8—节流阀；9—液压缸；10—活塞；11—刀架(工作台)。

在刀架进给过程中，如果改变节流阀 8 的通流面积，可以改变活塞 10 的移动速度，也即改变了刀架的进给速度。此时进入液压缸大腔的流量减少，多余的流量经过溢流阀 4 回到油箱。

在刀具切削加工的过程中，存在着负载阻力，只有当活塞的推力大于负载阻力时，才能完成切削工作。溢流阀除了起调节流量的作用外，主要用来调定液压系统的工作压力，满足液压缸活塞所需要的压力，此外，它还起到过载保护的作用，当负载突然增大时，液压系统的压力不会随之增大，液压泵的出口压力始终是溢流阀调定的压力，从而保证液压泵和电机不会过载损坏。

从上面的例子可以看出，液压系统主要有以下 5 个部分组成。

1. 动力元件

动力元件的作用是完成机械能至液压能的转换，最常见的形式就是液压泵，它给液压系统提供压力油。

液压泵作为液压系统的动力元件，将原动机(电机或柴油机等)输入的机械能转化为液体的压力能输出。液压泵性能的好坏直接影响到液压系统工作的稳定性和可靠性，是液压传动系统的一个重要组成部分。

图 2-52 所示的是单柱塞泵，它由曲柄 1、连杆 2、柱塞 3、柱塞缸 4 等零件组成，柱塞与柱塞缸之间构成密闭的容腔。当曲柄 1 在原动机的驱动下旋转时，通过连杆 2 的带动，使柱塞 3 在柱塞缸内做直线往复运动。柱塞向右运动时，密闭容腔逐渐增大，形成真空，这时油箱 7 中的油液在大气压的作用下，顶开单向阀 6 进入密闭容腔内。这一过程就是液压泵的吸油。当柱塞向左运动时，密闭容腔逐渐减小，其内的油液受压，压力逐渐升高，顶开单向阀 5 向系统提供具有一定压力的油液。这一过程叫做液压泵的排油。

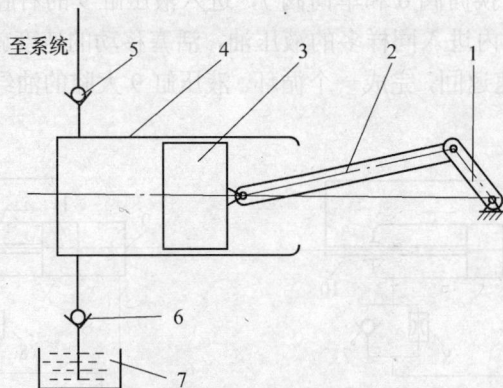

图 2-52 单柱塞液压泵的工作原理

1—曲柄；2—连杆；3—柱塞；4—柱塞缸；5—单向阀(排油)；6—单向阀(吸油)；7—油箱。

曲柄转一圈，柱塞往复运动一个周期，液压泵就完成吸、排油各一次。如果曲柄连续旋转，柱塞不断地做往复运动，使得油箱中的液压油不断地经过单向阀 6 进入到泵腔，而后被泵出、又经过单向阀 5 到液压系统中去。

工程中实际应用的液压泵在结构上比这复杂得多，功能上也比较完善，尽管如此，我们仍可以通过这个最简单的例子，归纳出液压泵工作的两个必要条件：

(1) 必须有一个容积可以变化的工作容腔。

(2) 必须有一个与密封工作容腔变化相协调的配油机构。容腔变大时吸油，变小时排油，吸油口和压油口不能相通。

常用的液压泵有齿轮泵、叶片泵和柱塞泵。设计液压传动系统时，应根据所要求的工作情况，合理地选择液压泵，见表 2-1。在一般轻载、小功率的机械设备中，可用齿轮泵或双作用式叶片泵，在负载大、功率大的机械设备中，可选用柱塞泵，精度较高的机械设备(如磨床)，应选用螺杆泵或双作用式叶片泵，负载较大并且有快速或慢速行程的机械设备(如组合机床)，可选用限压式变量叶片泵。齿轮泵的抗污染能力最好，叶片泵的噪音最小，柱塞泵的功率最大。

表 2-1　液压传动系统常用液压泵的性能比较

性能	外啮合齿轮泵	双作用叶片泵	限压式变量叶片泵	径向柱塞泵	轴向柱塞泵	螺杆泵
输出压力	低压、中高压	中压、中高压	中压、中高压	高压	高压	低压
流量调节	不能	不能	能	能	能	不能
效率	低	较高	较高	高	高	较高
输出流量脉动	很大	很小	一般	一般	一般	最小
自吸特性	好	较差	较差	差	差	好
对油污染敏感性	不敏感	较敏感	较敏感	很敏感	很敏感	不敏感
噪音	大	小	较大	大	大	最小

图 2-53 所示为液压泵的图形符号。

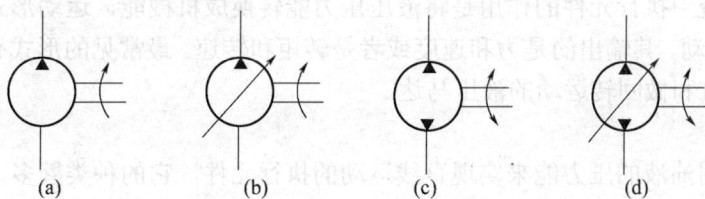

图 2-53　液压泵的图形符号

(a) 单向定量液压泵；(b) 单向变量液压泵；(c) 双向定量液压泵；(d) 双向定变液压泵。

图 2-54 所示为常用的液压泵的工作原理图。

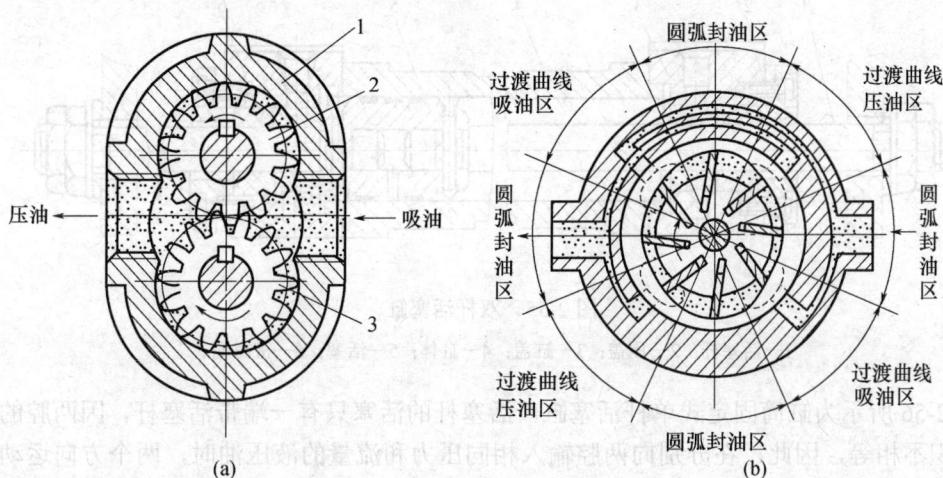

(a)　　　　　　　　(b)

斜盘　柱塞　转子　分油盘　杠杆　调压螺钉

活门

顶杆

出油口

油滤

入油口

回油口　活塞杆　随动活塞　阻尼孔

(c)

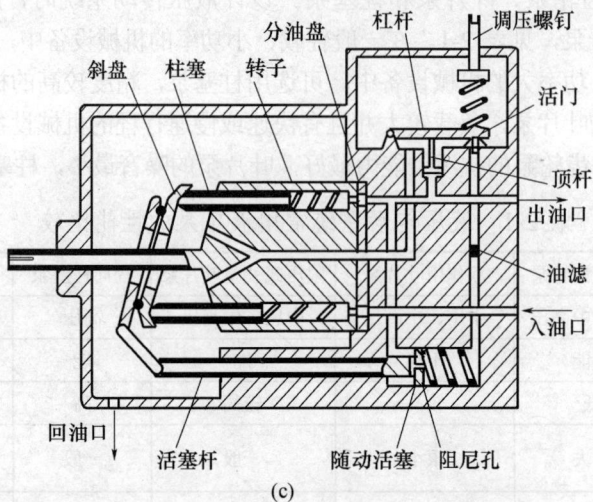

图 2-54　常用的液压泵的工作原理图

(a) 齿轮泵；(b) 双作用式叶片泵；(c) 轴向柱塞泵。

2. 执行元件

液压传动系统中执行元件的作用是将液压压力能转换成机械能，运动形式有直线往复运动或旋转(摆动)运动。其输出的是力和速度或者是转矩和转速。最常见的形式有做直线往复运动或摆动的液压缸和做回转运动的液压马达。

1) 液压缸

液压缸是利用油液的压力能来实现直线运动的执行元件，它的种类繁多，通常根据其结构特点，分为活塞式、柱塞式和伸缩式等。

图 2-55 所示为缸筒固定式双杆活塞缸，油的进出口位于缸筒两端，因两端活塞杆的直径相等，所以左右两腔的面积相等。当分别向两腔输入相同的压力和流量的液压油时，两个方向的力和速度是相等的。

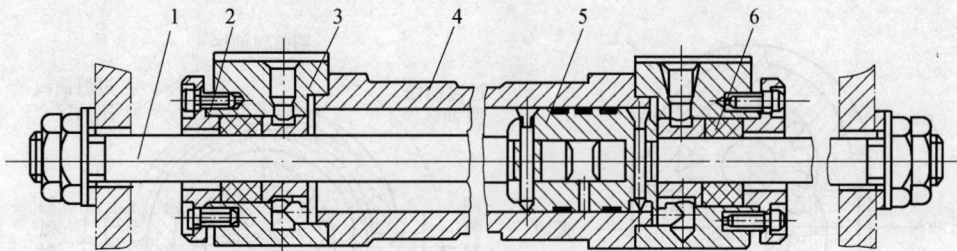

图 2-55　双杆活塞缸

1—活塞杆；2—压盖；3—缸盖；4—缸体；5—活塞；6—密封圈。

图 2-56 所示为缸筒固定式单杆活塞缸，活塞杆的活塞只有一端带活塞杆，因两腔的有效工作面积不相等，因此，在分别向两腔输入相同压力和流量的液压油时，两个方向运动的力和速度是不相等的。

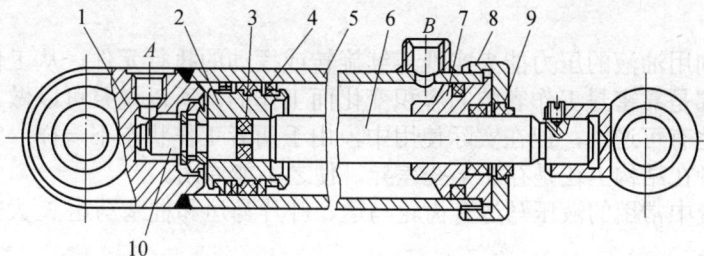

图 2-56　单杆活塞缸

1—缸底；2—活塞；3—O 形密封圈；4—Y 形密封圈；5—缸体；

6—活塞杆；7—导向套；8—缸盖；9—防尘圈；10—缓冲柱塞。

　　活塞式液压缸的活塞与缸筒内孔有配合要求，加工精度要求较高，特别是行程较长时，加工就非常困难。采用柱塞式液压缸就可以避免这个问题。图 2-57 所示为柱塞式液压缸，因柱塞式液压缸的柱塞与缸筒内孔没有配合要求，缸筒内孔不需要精加工，只是柱塞与缸盖上的导向套有配合要求，所以特别适合于行程较长的场合使用。为了减轻柱塞的质量，减少柱塞的弯曲变形，常将柱塞做成空心的，以提高柱塞的刚性。该柱塞缸只能单方向运动，反向退回时，则需靠外力，如弹簧力或重力等，若要求往复运动时，也可用两个柱塞缸分别完成两个方向的运动。

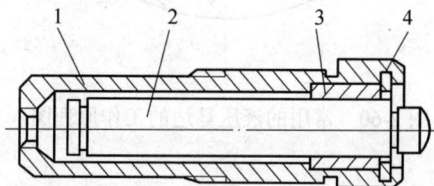

图 2-57　柱塞式液压缸

1—缸体；2—柱塞；3—导向套；4—弹簧卡圈。

　　伸缩式液压缸由两个或多个活塞套装而成，前一级活塞缸的活塞杆是后一级活塞缸的缸筒，结构与拉杆天线类似，伸出时可以获得很长的工作行程，缩回时可以保持很短的结构尺寸。

　　伸缩式液压缸有单作用和双作用两种形式。图 2-58 所示为双作用伸缩式液压缸，它的伸出和缩回都是靠液压油的压力，而单作用式的回程，要靠外力(如重力等)来完成。

　　图 2-59 所示为各种形式液压缸的外形图。

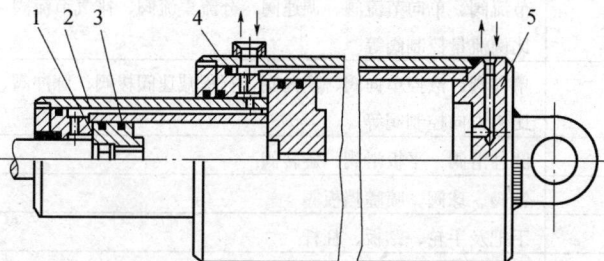

图 2-58　双作用伸缩式液压缸

1—活塞；2—套筒；3—O 形密封圈；4—缸体；5—缸盖。

图 2-59　液压缸外形图

2) 液压马达

液压马达是利用油液的压力能来实现连续旋转或摆动的执行元件。从工作原理上讲，液压泵和液压马达都是靠密封工作容腔的容积变化而工作的，所以说泵可以做马达用，反之也一样，即泵和马达有可逆性，但在实际使用中，由于两者工作状态不一样，为了更好地发挥各自的性能，两者在结构上还是存在某些差异，使之不能通用。

液压传动系统中常用的液压马达有齿轮马达、叶片马达和柱塞马达 3 大类。他们的工作原理图见图 2-60。

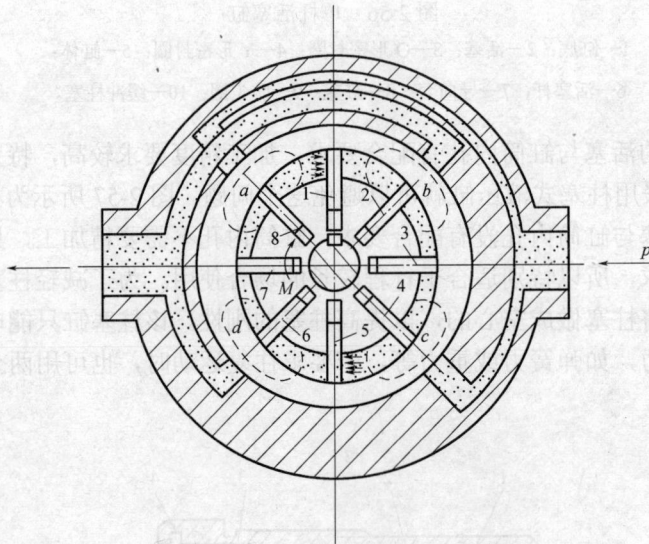

图 2-60　常用的液压马达的工作原理图

3. 控制元件

控制元件的作用是控制液体的流向、流量和压力，如溢流阀、节流阀、单向阀和换向阀等统称液压阀。

液压阀在液压系统中被用来控制液流的压力、流量和方向，保证执行元件按照负载的需求进行工作。

液压阀的品种繁多，表 2-2 对液压阀进行了大致分类。

表 2-2　液压阀的分类

分类方法	种类	具体名称或含义
按功能分类	压力控制阀	溢流阀、顺序阀、卸荷阀、平衡阀、减压阀、比例压力控制阀、缓冲阀、限压切断阀、压力继电器等
	流量控制阀	节流阀、单向节流阀、调速阀、分流集流阀、排气节流阀、比例流量控制阀等
	方向控制阀	单向阀、液控单向阀、换向阀、行程减速阀梭阀、脉冲阀、比例方向控制阀等
按结构分类	滑阀	圆柱滑阀、平板滑阀、旋转阀
	座阀	锥阀、球阀、喷嘴挡板阀
按操作方法分类	手动阀	手把及手轮、踏板、杠杆
	机动阀	挡块及碰块、弹簧、液压、气动
	电动阀	电磁铁控制、伺服电机和步进电机控制

压力控制阀中溢流阀的结构及图形符号见图 2-61。

流量控制阀中节流阀的结构及图形符号见图 2-62。

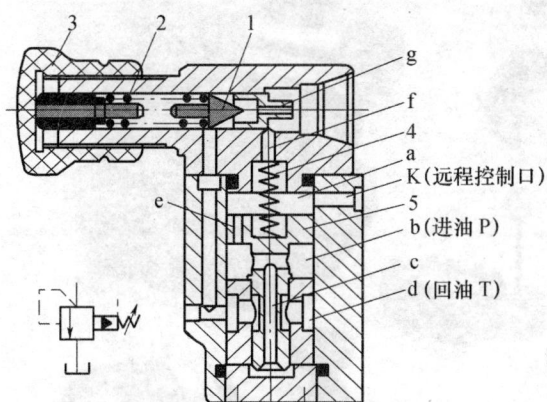

图 2-61　先导式溢流阀

1—锥阀芯；2—调压弹簧；3—调压螺帽；

4—主阀弹簧；5—主阀芯。

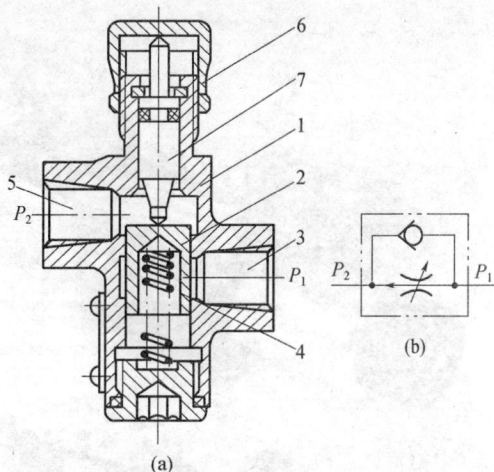

图 2-62　节流阀

1—阀体；2—阀芯；3、5—油口；

4—弹簧；6—螺母；7—顶杆。

方向控制阀中单向阀和换向阀的结构及图形符号见图 2-63 和图 2-64。

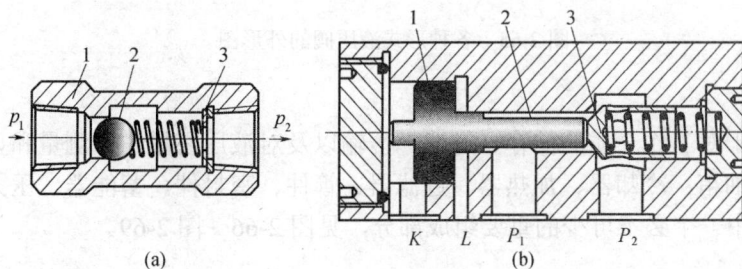

图 2-63　单向阀

(a) 普通单向阀；(b) 液控单向阀。

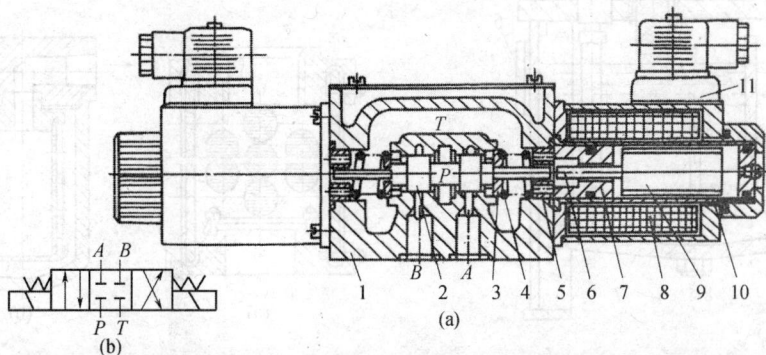

图 2-64　电液换向阀

(a) 结构图；(b) 图形符号。

1—阀体；2—阀芯；3—定位套；4—对中弹簧；5—挡圈；

6—推杆；7—环；8—线圈；9—铁芯；10—导套；11—插头组件。

各种形式的液压阀见图 2-65。

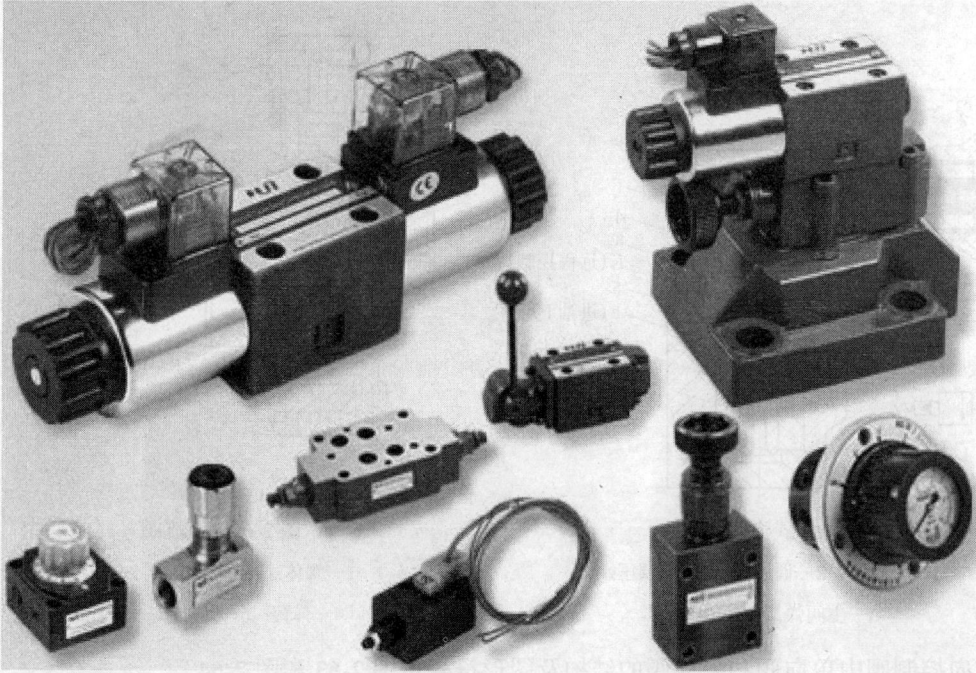

图 2-65　各种形式液压阀的外形图

4. 辅助元件

辅助元件用于对工作介质的储存、过滤、传输以及对液压参量进行测量和显示等，也称为液压附件，如油箱、冷却器、加热器、过滤器、管件、密封件、蓄能器、压力表装置等，是液压传动系统中一个必不可少的重要组成部分，见图 2-66～图 2-69。

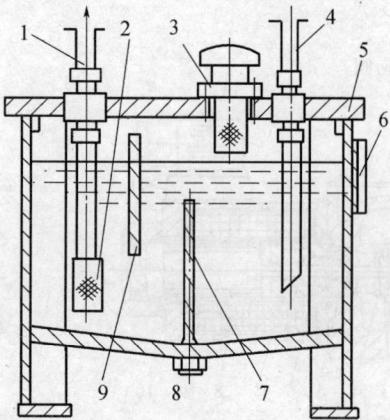

图 2-66　油箱

1—吸油管；2—网式过滤器；3—空气过滤器；4—回油管；
5—箱盖；6—油面指示器；7、9—隔板；8—放油塞。

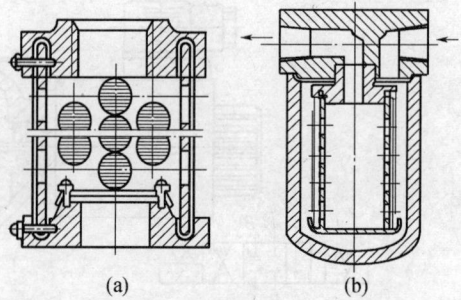

(a)　　　　(b)

图 2-67　表面型过滤器

(a) 网式过滤器；(b) 线隙式过滤器。

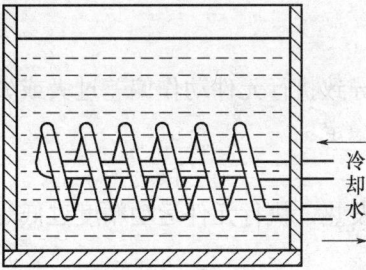

图 2-68　蛇形管冷却器　　　　　　　　　图 2-69　加热器

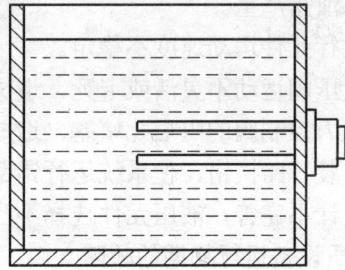

密封件在液压传动装置中起着非常重要的作用。液压传动是以液体为传动介质，依靠密封容积变化来传递力和速度的，而密封装置则用来防止液压系统油液的泄漏以及外界灰尘和异物的侵入，保持系统建立必要的压力。起密封作用的元件，称为密封件，密封装置的性能直接影响液压系统的工作性能和效率，是衡量液压系统性能的一个重要指标。

密封件的材料常用合成橡胶(如丁腈橡胶、聚氨酯橡胶、氟橡胶、硅橡胶、丁基橡胶等)及合成树脂(如聚四氟乙烯、聚酰胺、尼龙、聚甲醛等)。

5. 工作介质

工作介质即液压介质，存在于上述四种元件之中，起着转换、传递、控制能量的重要作用。同时还起着润滑和冷却的作用，其力学性质对液压系统的影响很大。

对于液压介质，目前国内外常采用综合分类的方法，将其分为两大类，即矿油型液压油和抗燃型液压液，见表 2-3。

表 2-3　液压介质分类

液压介质	矿油型液压油	普通液压油	
		抗磨液压油	
		低温液压油	
		低油抗磨液压油	
		液压导轨两用油	
		专用液压油	
	抗燃型液压液	含水型	水包油乳化液
			油包乳化液
			高水基液压液
		合成型	磷酸酯液压液
			脂肪酸脂液压液

2.3.4　液压传动系统的主要故障形式

现代液压设备，由于液压系统的故障而停工，将会造成巨大的经济损失。液压系统的故障，在液压设备不同的运行阶段，有着不同的特征。

1. 液压设备调试阶段的故障

这一阶段的故障率较高，其特征是设计、制造、安装等质量问题交织在一起，除机械、电气出现问题外，液压传动系统经常发生的故障有：

(1) 外泄露严重。

(2) 执行元件运动速度不稳定。

(3) 液压阀运动不灵活或卡死，造成控制失灵，导致执行元件动作偏差过大或失误。

(4) 压力控制阀的阻尼孔堵塞，造成系统压力不稳定。

(5) 安装管路接错，使系统运行错乱。

(6) 设计不完善，液压元件选择不当，造成系统发热，执行元件运动精度过低等故障。

2. 液压设备运行初期的故障

液压设备经过调试阶段后，使进入正常的生产运行阶段。此时，液压系统的故障特征是：

(1) 接头因振动而松脱。

(2) 密封件质量差，由于振动而松动或装配不当而损伤，造成泄漏。

(3) 管道或液压元件内的毛刺、型砂、碎屑等污物在油流的冲击下脱落，堵塞阻尼孔和滤油器，造成压力和速度的不稳定。

(4) 由于外载大和散热条件差，使油液温度过高，引起泄漏，使系统压力、速度产生较大波动。

3. 液压设备运行中期的故障

液压设备运行到中期，故障率最低，这个阶段，液压系统运行状态最佳，但特别要注意控制油液的污染。

4. 液压设备运行后期的故障

液压设备运行到后期，液压元件因工作频率和负载的差异，易损件开始超量磨损，泄漏增加，效率降低，这一阶段故障率最高。针对这一情况，要对液压系统和元件进行全面的检查，对已失效的元件要进行及时的修理和更换，以防止液压设备因液压系统的故障而停机，影响正常生产。

5. 突发性故障

突发性故障的特征就是突发性，它没有事先的征兆，故障发生的区域和产生的原因较为明显，如发生碰撞、元件弹簧突然折断、管道破裂、异物堵塞流道等。突发性故障往往与液压元件安装不当，维护不良有关。有时由于操作错误也会发生破坏性故障。

6. 液压传动系统故障的影响

液压系统出现故障，除了直接影响液压设备的正常工作，造成停产、经济损失巨大外，还会对环境造成一定的污染。主要表现在两个方面：一个是泄漏造成的污染，一个是噪音造成的污染。

1) 泄漏造成的污染

液压系统由于密封件的失灵造成的液压油的泄漏以及突发性的管道破裂，都会给环境造成污染，当高压油喷射时，还可能造成人员伤害。当泄漏的液压油未经过处理就随工厂的废水排出厂外后，还会对周围的水系和土壤造成污染，引起一系列的矛盾。

2) 噪音造成的污染

声波是一种波动现象，具有频率和振幅两个特征量。声音是由各种频率的纯音组成的。当频率和振幅的分布有规律时，听起来令人愉快悦耳。噪音则是由许多杂乱的声波混合起来的，听起来令人烦躁和不愉快，过大的噪音会给人带来不适的感觉，在精神上和健康上产生不良的影响。

噪音的物理量度通常是用声压及声压级来表示。正常人耳刚刚能听到的声压(称为听阈声压)是 2×10^{-5} Pa，它只有一个大气压的 $1/5 \times 10^9$，普通房间的声压是 0.1Pa，喧哗声压是 0.8Pa 左右，当声压达到 20Pa 时，人耳感觉疼痛，称为痛阈声压。

规定以听阈声压 P_0 为参考声压，将任一声压与之比值的常用对数的 20 倍来表示声压的

大小，称为声压级，用分贝(dB)来表示，即

$$L_p = 20 \lg \frac{P}{P_0}$$

式中，P 为声压；P_0 为参考声压，其值为 2×10^{-5} Pa。

一些噪音声源环境的声压与声压级见表 2-4。

表 2-4　一些噪音声源环境的声压与声压级

噪音声源环境	声压/Pa	声压级/dB	噪音声源环境	声压/Pa	声压级/dB
喷气式飞机喷口附近	630	150	繁华街道	0.063	70
喷气式飞机附近	200	140	普通谈话	0.02	60
铆钉机附近	63	130	微电视机附近	0.0063	50
大型球磨机附近	20	120	安静房间	0.002	40
鼓风机风口	6.3	110	轻声耳语	0.00063	30
织布机附近	2	100	树叶沙沙声	0.0002	20
地铁	0.63	90	农村静夜	0.000063	10
公共汽车内	0.2	80	听阈	0.00002	0

2.3.5　气压传动系统简介

气压传动在各行各业中的应用是很广泛的。为了更好地了解气压传动系统的组成，下面以公共汽车、无轨电车的开关门装置气压传动系统为例给以说明。

图 2-70 是公共汽车和无轨电车的开关门装置气压传动原理图。该气动系统是由气源 1、手控二位三通换向阀 2、电磁控制二位三通换向阀 3、节流阀 4 以及差动汽缸 5 组成，差动汽缸通过铰链与车门 6 连接。图 2-70 所示阀位为关门状态。当汽车靠站，车门需要打开时，按动开门按钮，电磁阀 3 带电，将换至左位，气源的压缩空气经手控换向阀 2、电磁控制换向阀 3 和节流阀 4，进入差动汽缸 5 的左右两腔，由于左右两侧的面积不同，形成的力差，使活塞向左移动，带动连杆将门打开。

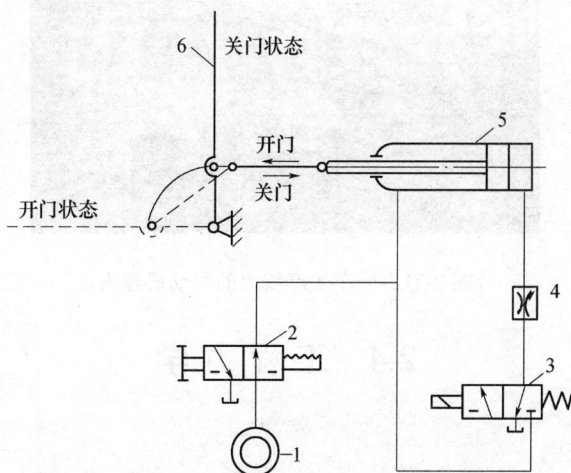

图 2-70　汽车电车开关门气压传动装置

1—气源；2—手控二位三通换向阀；3—电磁控制二位三通换向阀；4—节流阀；5—差动汽缸；6—门。

图 2-70 所示关门时，只要再次按动按钮，电磁阀 3 断电，在弹簧力的作用下，电磁阀复位(图 2-70 所示位置)，此时气源的压缩空气只进入汽缸的左腔，推动活塞右移，活塞杆收回，车门关闭。汽缸大腔内的空气经节流阀 4 和电磁阀 3 直接排入大气。节流阀 4 的作用是改变关门的速度，压缩空气可由空压机或高压气罐提供。当手控二位三通换向阀 2 换向时，此时差动汽缸 5 的左右两腔与大气联通，门处于自由状态，用手推到什么位置，它就保持在什么位置。通常汽车在检修的时候，才处于这种状态。

从上面的例子可以看出，气压传动系统也是主要由以下 5 个部分组成。

1) 动力元件

动力元件的作用是完成机械能至气压能的转换，最常见的形式就是气源装置，它给气压系统提供压缩空气。

2) 执行元件

执行元件的作用是将气体压力能转换成机械能，最常见的形式是各种汽缸和气动马达。

3) 控制元件

控制元件的作用是控制流体的流向、流量和压力，如溢流阀、节流阀、单向阀和换向阀等。

4) 辅助元件

气压传动的辅助元件除了像液压传动一样，用于对工作介质的储存、过滤、传输以及对压力参量进行测量和显示，也称为气动附件，如储气罐、冷却器、油水分离器、干燥器、过滤器、管件、密封件、蓄能器和消音器等。除此之外，气压传动系统中常常还装有一些完成逻辑功能的逻辑元件。

5) 工作介质

工作介质即压缩空气，起传递动力和能量的作用。

由上述组成部分来看，气压传动系统与液压传动系统有许多相似的地方，在此不再赘述。

图 2-71 是气动系统控制的机器人用于轿车生产线上。

图 2-71　轿车生产线上的气动机器人

2.4　工程力学

2.4.1　工程静力学

静力学是研究作用于物体上的力系平衡规律的科学，主要包括以下内容：物体受力分析方法；力的等效与简化；力系的平衡条件等内容。所谓力系是指作用于物体上的一群力。

平衡是指物体相对于惯性参考系(如地面)处于静止或匀速直线运动的状态。例如，在地面上静止的建筑物，做匀速直线运动的火车等都处于平衡状态。

1) 刚体的概念

所谓刚体是指物体在力的作用下，其内部任意两点间的距离始终保持不变。简单地说，刚体是在力的作用下不变形的物体，是一个理想化的模型。实际上物体在受到力的作用时，会产生不同程度的变形。实际物体能否简化为刚体，取决于所研究问题的性质。对于受力作用后产生微小变形的物体，若要研究其运动变化规律或平衡规律时，就可以忽略其变形，把它视为刚体。

2) 力的概念

力是物体间的相互作用。物体间力的作用形式是多种多样的，按力的作用性质大致可以分为两类，一类是通过场起作用的，如重力、万有引力、电磁力等；另一类是由物体间的接触而产生的，如物体间的压力、摩擦力等。按力的作用方式可以分为集中力和分布力，如图 2-72 所示。

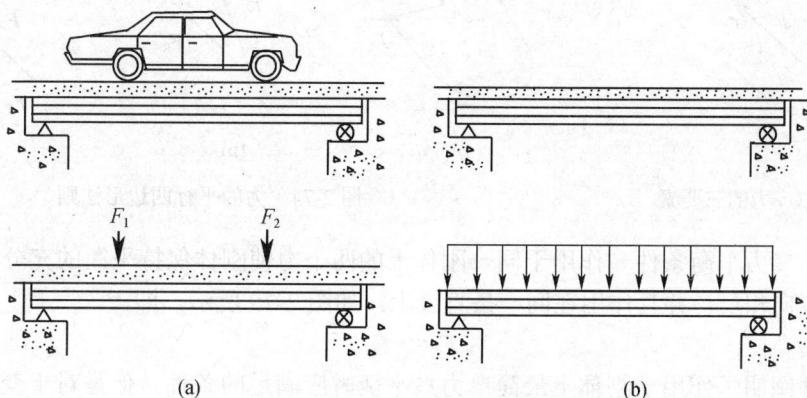

图 2-72 集中力与分布力

(a) 集中力；(b) 分布力。

物体在力的作用下，将会发生运动效应和变形效应。一方面是其运动状态会发生变化，如汽车在高速公路上行驶，保持运动状态，而放在桌面上的杯子则因受力平衡而保持静止状态。另一方面，物体本身其内部各点间的相对距离也要发生改变，导致物体外观形状和尺寸的改变而发生变形，例如，橡皮泥用手指一按，就会出现明显的一个凹痕，而水杯放到桌面上时就不会有如此明显的变形，但桌面受力后肯定会发生微小的变形。当物体本身的变形很小时，变形对物体的运动和平衡规律的分析结果的影响可以忽略不计时，所研究的物体就可以理想化地抽象为刚体模型来处理。

3) 力的三要素

力对物体的作用效应取决于力的大小、方向和作用点。由于力具有大小和方向，为一个矢量，因此应满足矢量运算法则，如图 2-73 所示，常用一个带箭头的直线段表示力，线段的长度 AB 按一定比例绘出，表示力的大小；线段的方位及箭头的指向表示力的方向；通常用线段的始端表示力的作用点。在国际单位制中，力的单位是牛(N)或千牛(kN)。

如果物体在力系的作用下保持平衡状态，则该力系称为平衡力系。如果作用于物体上的一个力系可用另一个力系代替，而不改变物体的运动状态，则这两个力系互为等效力系。如果一个力与一个力系等效，则这个力称为该力系的合力。

4) 静力学公理

公理 1　力的平行四边形法则　作用于物体上同一点的两个力，可以合成作用于该点的一个合力，合力的大小和方向由这两个力构成的平行四边形的对角线确定，如图 2-74(a)所示，即合力等于原来两个力的矢量和。

$$F_R= F_1 +F_2$$

用作图的方法来求合力时，可由任意一点起，顺次画出矢量 F_1、F_2，连接起点与终点得到力的三角形，如图 2-74(b)、(c)所示，则第三边 F_R 即为合力矢量，合力的作用点仍在汇交点。这一求合力的方法称为力的三角形法则。

力的平行四边形表明了最简单力系的简化规律，是研究力系简化的重要理论依据。

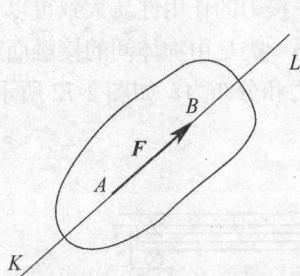

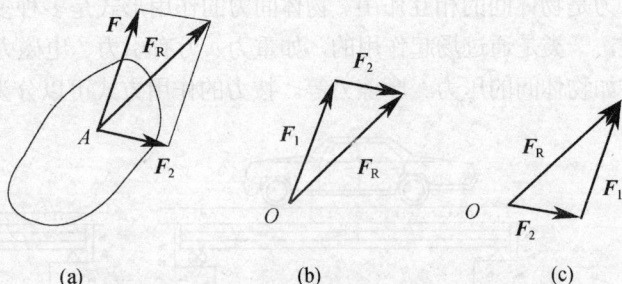

图 2-73　力的三要素　　　　　　　　图 2-74　力的平行四边形法则

公理 2　二力平衡条件　作用于同一刚体上的两个力使刚体保持平衡的充分条件是二力大小相等、方向相反，并且作用在同一条直线上，如图 2-75 所示，即

$$F_1=-F_2$$

这个公理阐明了作用于刚体上最简单力系平衡时应满足的条件。但是对于变形体该公理是不适用的。如图 2-76 所示，在一重量忽略不计的刚性杆上加一对大小相等，作用于同一直线的方向相反的拉力 F_1、F_2 或者压力 F_3、F_4，则该刚性杆将保持平衡，而在同样的作用力条件下，若将刚性杆换成绳索后，在拉力作用下可以平衡，在压力作用下则不能保持平衡。

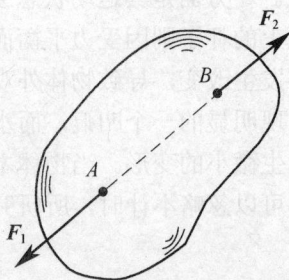

图 2-75　二力平衡条件　　　　　　　图 2-76　二力作用平衡刚性杆件

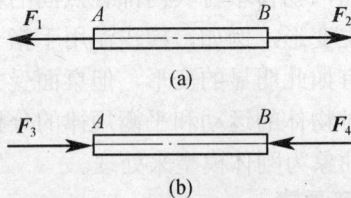

仅受两个力作用且处于平衡状态的杆件或构件称为二力构件或二力杆件，它所受的两个力必定沿作用点的连线上，且等值、反向。

公理 3　加减平衡力系公理　在作用于刚体上的任何一个已知力系的基础上再加上或减去任意一个平衡力系，不改变原来力系对刚体的作用。

也就是说，原力系与通过添加或减去任意一平衡力系形成的新力系是等效的，公理 3 是研究力系等效变换和力系简化的理论依据。

推论 1　力的可传性　作用在刚体上的力可沿力的作用线移动到此刚体内的任意一点，而不改变该力对刚体的效应。

该推论可由图 2-77 简单说明，设力 F 作用于刚体上的点 A，B 为力作用线上任一点。根据加减平衡力系公理，在 B 点加一对等值、反向、共线的力 F_1 和 F_2，即 $F_1=-F_2$，这样并未改变力 F 对刚体的作用。而力 F 与 F_1 也组成一对平衡力系，由公理 3 可去掉这两个力。这样只剩下作用于 B 点的力 F_2，也就相当于把 F 由 A 点移到了 B 点。

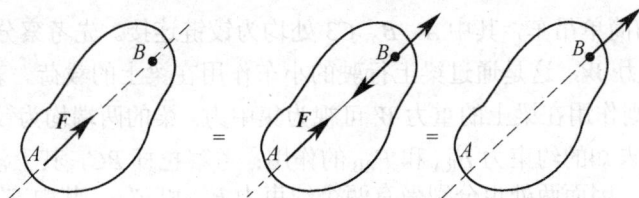

图 2-77　力的可传性

推论 2　三力平衡汇交力系　刚体受三个力作用而处于平衡，其中两个力的作用线相交于一点，则此三力必在同一平面内，且汇交于同一点。

三力平衡必须是有前提的，即其中两力必须相交，三力相交是三力平衡的必要条件，如图 2-78 所示。

公理 4　作用和反作用定律　两物体间相互作用的力，即作用力与反作用力总是大小相等，方向相反，沿同一条直线，分别作用在两个物体上。

作用与反作用定律概括了物体间的相互作用关系，无论是处于平衡状态还是运动状态，都普遍适用。作用力和反作用力总是成对出现的，而且二者互为作用力和反作用力。图 2-79 所示 T_A 和 T'_A，T_B 和 T'_B 分别是一对作用力和反作用力。

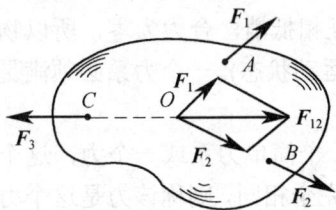

图 2-78　三力平衡汇交

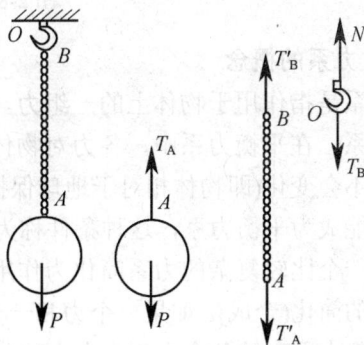

图 2-79　作用力与反作用力

5) 受力分析和受力图

在解决力学问题时，首先要选定需要进行研究的物体，即确定研究对象；然后进行受力分析，即分析物体受到哪些力(包括主动力和约束反力)的作用以及这些力的方向和位置。

为了表达清晰和计算方便，要把已确定的研究对象的约束全部解除，并把它从周围物体中分离出来，单独地画出其简图，这种被解除了约束而单独取出的物体就被称为分离体；然后把它受到的所有主动力和约束反力全部画在该分离体上，这种图就称为分离体的受力图，受力图形象地表达了研究对象的受力情况。

恰当地选取研究对象，正确地画出其受力图，是解决力学问题重要而又关键的步骤。它直接关系到以后分析和计算的正确与否，是静力学的第三项基本功。为了画好受力图，建议按下述的步骤进行：

(1) 确定研究对象，解除其约束，将其取出，单独画出其分离体简图。

(2) 在分离体上按已知条件画上全部主动力，并标出各力的字母符号。

(3) 在分离体上按约束类型画上全部约束反力，并按上述约定标注各力的字母符号。

图 2-80 所示的简单吊车，其中 A、B、$C3$ 处均为铰链连接。先考察分离体梁 AB，其上作用有吊装物体的重力 W，这是通过梁上行驶的小车作用在梁上的载荷。若行驶小车的两个轮子中间距离很小，则作用在梁上的重力 W 可视为集中力。梁的两端均为铰链约束，因而在 AB 两处各有一个方向未知的约束力 F_{RA} 和 F_{RB} 的作用；考察拉杆 BC，其上没有载荷作用，B、C 两处也为铰链约束，因而两处也分别受有两个约束力 F'_{RC} 和 F'_{RB}，其中 F'_{RB} 与作用在 AB 梁上的 B 点约束力 F_{RB} 互为作用力与反作用力。

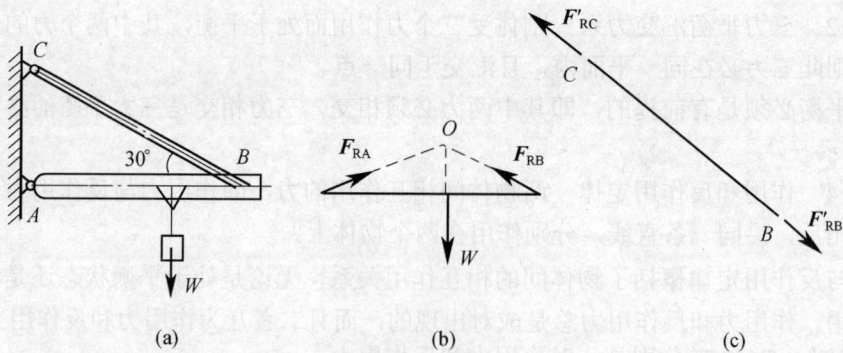

图 2-80 简单吊车的受力分析

6) 力系的概念

力系是指作用于物体上的一组力。若物体在某力系作用下处于平衡状态，则称该力系为平衡力系。在平衡力系中，各力对物体的作用效应恰好互相抵消，合力为零，所以物体的运动状态不会变化(即物体相对于地球保持静止或匀速直线运动状态)。一个力系必须满足一定的条件才能成为平衡力系，这种条件称为力系的平衡条件。

把一个比较复杂的力系简化为作用效应完全相同的一个简单力系或一个力，这个过程称为力系的简化(合成)。如果一个力和一个力系的作用效应完全相同，则称该力是这个力系的合力，而将力系中的各个力称为合力的分力。

按力系中各个力的作用线的分布情况，可将力系分为：

平面力系——各力的作用线均处在同一平面内；

空间力系——各力的作用线不在同一平面内。

在平面力系和空间力系中又可将力系分为：

平面(空间)汇交力系——各力的作用线均汇交于一点；

平面(空间)平行力系——各力的作用线互相平行；

平面(空间)任意力系(一般力系) ——各力的作用线任意分布；

平面(空间)力偶系——力系中全部是力偶。

2.4.2　力矩

力的运动效应可分为移动和转动两种效应，力的移动效应取决于力的投影，力的转动效应则要用力矩和力偶矩来度量。

一、力对点之矩

在平面问题中，研究的是"力对点之矩"。这个点是指物体的转动中心 O 点，或称为力矩中心(简称矩心)。矩心 O 点到力 F 作用线的垂直距离 L 称为力臂，力对点之矩的完整符号是 $M_O(F)$，即

$$M_O(F) = \pm F \times L$$

式中，正负号用来表示力矩的转向，通常规定,逆时针转向的力矩取正号，顺时针转向的力矩取负号。所以在平面问题中，力对点之矩是一个代数量，有大小和方向，如图 2-81 所示。而在空间问题中，力对点之矩却是一个矢量，情况比较复杂。

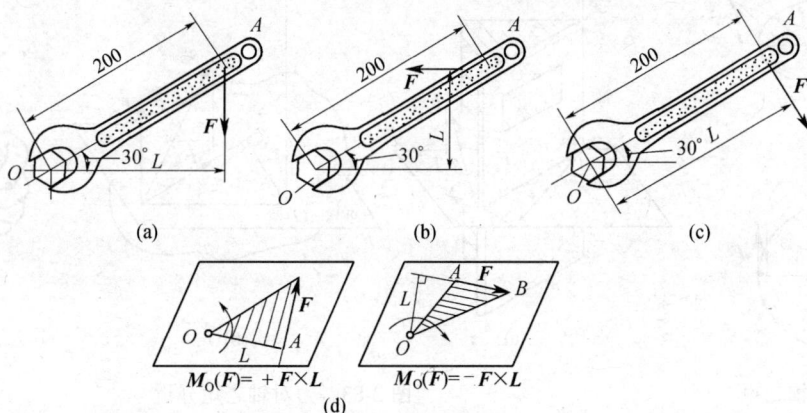

图 2-81　力对点之矩

力矩的单位取决于力和力臂的单位，通常用 N·m 或 kN·m。

当力的作用线通过矩心时，因为力臂为零，所以力矩为零。这时，力对物体不产生转动效应。

二、力矩的计算

力矩的计算是静力学的第二项基本功，下面两种方法务求熟练掌握，达到迅速正确。

(1) 直接法：对于力臂容易求出的，可直接按定义式 $M_O(F) = \pm F \times L$ 进行计算。

(2) 分解法:对于力臂不易求出的，可将一个力 F 正交分解为两个分力 F_1 和 F_2，然后分别求 F_1 和 F_2 的力矩，最后再求代数和，即

$$M_O(F) = M_O(F_1) + M_O(F_2)$$

上式说明，合力对任一点之矩等于各分力对同一点之矩的代数和，称为合力矩定理(证明略)。

三、力对轴之矩

在生活和生产实际中，常常可以见到一些绕轴转动的物体，例如，门窗、齿轮、车轮等，

在对这类构件进行受力分析和计算时，需要用到力对轴之矩的概念。

上面已经建立了力对点之矩的概念，力对点之矩实际上是力对通过矩心且垂直于力矩作用面的轴之矩。如图 2-82 所示，作用于轮子上的力 F 对轮心 O 点之矩，就是力 F 对通过轮心 O 且垂直于轮子的 z 轴之矩，即

$$M_O(F) = M_z(F) = \pm F \times r$$

可见，在力与转轴垂直的特殊情况下，力对轴之矩与力对点之矩是一致的。那么在力与转轴不垂直的一般情况下，如何计算力对轴之矩呢？下面以推门为例进行讨论。

如图 2-83 所示，设推门的力为 F 且与转轴 z 不垂直。现将力 F 正交分解为两个分力 F_z 和 F_{xy}，其中 F_z 与转轴 z 平行，F_{xy} 在垂直于转轴的平面 xOy 上(分力 F_{xy} 的大小就等于力 F 在 xOy 面上的投影 F_{xy})。由实践可知，平行于转轴 z 的分力 F_z 不会使门转动(即力对轴之矩为零)，只有垂直于转轴 z 的分力 F_{xy} 才能使门绕 z 轴转动。若转轴 z 与平面 xOy 的交点为 O，则力 F_{xy} 对 z 轴之矩可用它对 O 点之矩来计算，即

$$M_z(F) = M_z(F_{xy}) = M_O(F_{xy}) = \pm F_{xy} \times L$$

式中，L 为矩心 O 点到力 F_{xy} 的作用线的垂直距离。

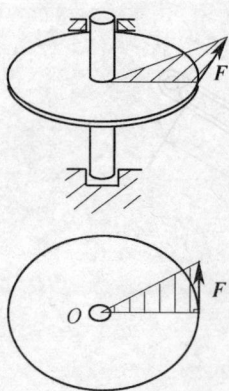

图 2-82 力对轴之矩

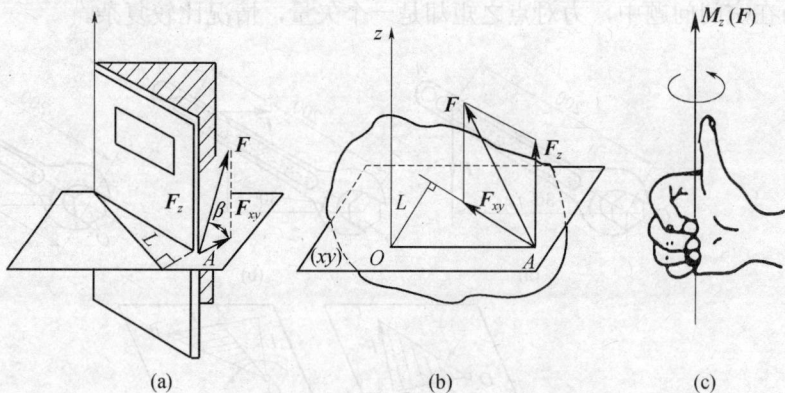

图 2-83 力对轴之矩分析

综上所述，可得如下结论，力对轴之矩是力使物体绕该轴转动效应的度量，它是代数量，其大小等于此力在垂直于该轴的平面上的投影对轴与平面的交点之矩；其正负号用来表示力对轴之矩的转向。通常可按右手螺旋法则确定力对轴之矩的转向用右手弯曲的四指表示力矩的转向，伸直的大拇指若与坐标轴的正向相同时，取正号，反之取负号，如图 2-83(c)所示。

在计算力对轴之矩时应当注意，当力线与轴线平行时，力对轴之矩为零；当力线与轴线相交时，力对轴之矩也为零。

合力矩定理在此同样适用：合力对任一轴之矩等于各分力对同一轴之矩的代数和。

2.4.3 力偶

一、力偶的概念

在生活和生产实际中，常常可以见到一些物体受到大小相等、方向相反、作用线平行而不重合的两个力的作用。例如，汽车司机用双手转动方向盘，工人用双手转动丝锥攻丝，人们用两个手指转动水龙头，转动螺口瓶盖，转动机械式钟表的旋钮等，如图 2-84 所示。

经过观察和分析可知，这样的一对反向平行力不满足二力平衡条件，因而不能平衡，它

能使物体转动而不能使物体移动。在力学上把等值、反向、力线平行不共线的两个力称为力偶，记为$(F，F')$。力偶中两力之间的垂直距离 L 称为力偶臂，两个力所在的平面称为力偶作用面，如图 2-84 所示。

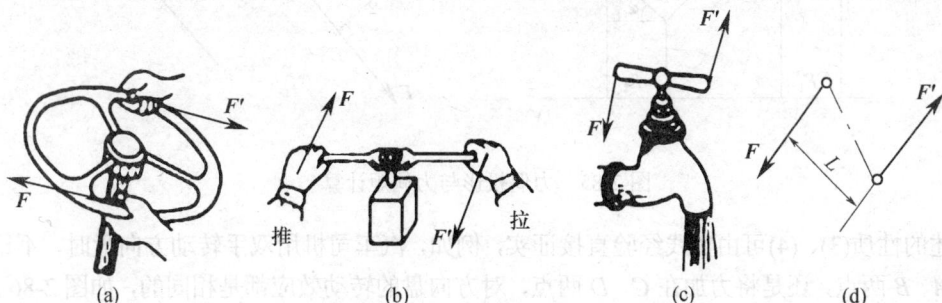

图 2-84 力偶实例

由生活和生产的实际经验可知，力 F 的数值越大，或力偶臂 L 的数值越大，力偶使物体转动的效应就越强；反之就越弱。因此，用乘积 $F \cdot L$ 作为度量力偶对物体转动效应的物理量，称为力偶矩，并用 M 表示，即

$$M(F，F')=M=\pm F \times L$$

式中的正负号用来表示力偶的转向。通常规定：逆时针转向的力偶矩取正号，顺时针转向的力偶矩取负号。可见力偶矩也是代数量。

注意，在平面问题中，力偶矩是代数量，但在空间问题中，力偶矩是矢量，情况比较复杂。力偶矩的单位与力矩的单位相同，通常用 N·m 或 kN·m。

二、力偶的性质

(1) 力偶无合力。由于力偶的两个力等值、反向、不共线，所以不能合成为一个力，即力偶无合力(但不能说合力为零)，因此它不能使物体移动。力偶是最简单的非平衡力系，它对物体只有单纯的转动效应。力偶是一种不能代替和简化的特殊力系，因此力偶与力是组成力系的两个并列的基本物理量。如前所述，对于刚体而言，力的三要素是力的大小、力的方向、力的作用线(简述为力值、力向、力线)。因此，力偶也有三要素，即力偶矩的大小，力偶的转向，力偶的作用面方位，可简述为偶值、偶向、偶面。

(2) 力偶中的两个力，对力偶作用面上任一点的力矩之代数和恒等于力偶矩。

如图 2-85 所示，已知力偶$(F，F')$的力偶矩为 $M=F \times L$。在其力偶作用面上任取一点 O 作为矩心，已知 O 点到力 F' 的垂直距离为 x，显然这个力偶$(F，F')$对 O 点的力偶矩为

$$M_O(F，F')= M_O(F)+ M_O(F')=F \times (x+L)-F' \times x$$
$$= F \times L = M$$

这个性质表明，力偶矩的大小和转向与矩心的位置是无关的；但力矩与矩心的位置是有关的。这是力偶矩与力矩的一个重要区别。

(3) 力偶可在其作用面上任意移动和转动(力偶可移转)，对刚体的作用效应不变。这个性质表明，力偶对物体的转动效应与它在作用面上的位置是无关的。

(4) 保持力偶矩的大小及转向不变，可同时改变两力的大小及力偶臂的长短(即力偶可改装)，对刚体的作用效应不变。

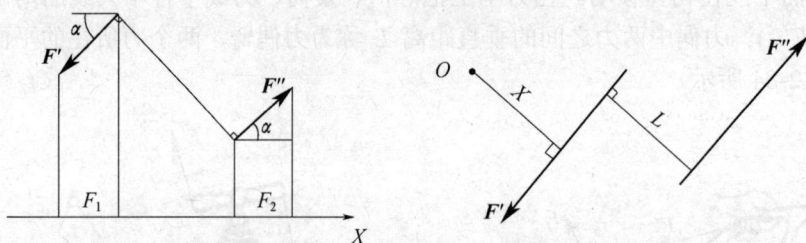

图 2-85　力偶投影与力偶矩计算

上述的性质(3)、(4)可由实践经验直接证实，例如，汽车司机用双手转动方向盘时，不论是将力加在 A、B 两点，还是将力加在 C、D 两点，对方向盘的转动效应都是相同的，如图 2-86 所示。

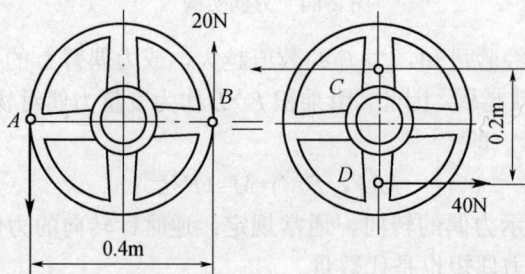

图 2-86　力偶的移动与改装

综上所述，可得如下结论，在同一平面上的两个力偶，只要它们的偶值相等、偶向相同，则两个力偶就等效。力偶的等效性可用图 2-87 形象地表示出来。

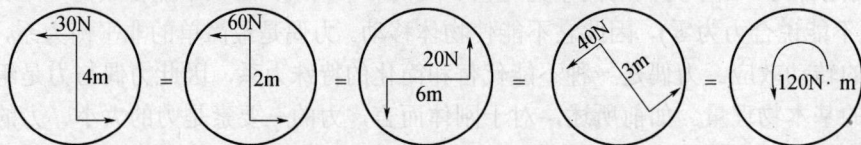

图 2-87　力偶的等效性

(5) 力偶面可平行移动，对刚体的作用效应不变(即力偶可平移)。如图 2-88 所示，不论力偶作用在 A 轮上或在 B 轮上；不论轴上的转盘安装得高一些(实线位置)或低一些(双点画线位置)，只要 A、B 两轮及转盘在两个位置保持互相平行，则 A、B 两轮及转盘上的力偶对轴的转动效应都是相同的。

三、平面力偶系的合成与平衡

作用在同一平面上的若干个力偶，称为平面力偶系。由于力偶是组成力系的独立的基本物理量，因此同一平面上的若干个力偶可以直接相加减，平面力偶系合成绝不会是一个力，必定还是力偶，称为合力偶 M，其合力偶矩为 M

$$M = m_1 + m_2 + m_3 + \cdots + m_n = \sum m$$

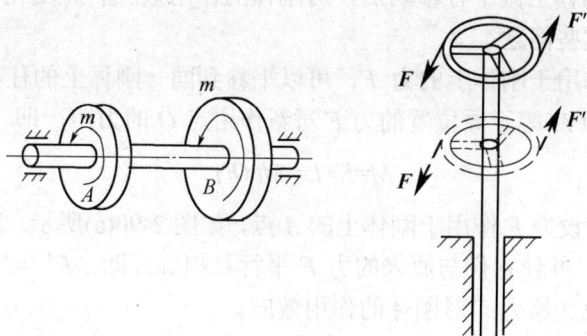

图 2-88　力偶面的平移

在上式中，若合力偶矩为零，即 $\sum m=0$，则表明各力偶的转动效应互相抵消，物体处于转动平衡状态(物体或静止不动或匀速转动)。因此，平面力偶系平衡的必要和充分条件是力偶系中各力偶矩的代数和为零，即

$$\sum m=0$$

称之为平面力偶系的平衡方程。

2.4.4　力的滑移与平移

一、力的滑移

力的滑移(力的可传性原理)——作用于刚体上某点的力，可沿其作用线滑移到该刚体上的任一点，而不改变此力对该刚体的作用效应。

在实践中，人们有这样的体会，以同样大小的水平力在车后的 A 点推车与在车前的 B 点拉车，效果是一样的，如图 2-89 所示。

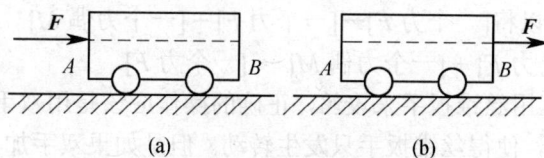

图 2-89　推车与拉车

由力的滑移性可见，对刚体而言，在"力的三要素"中不强调力的作用点，因而可改为力的大小、力的方向、力的作用线(简称为力值、力向、力线)。

应当注意，力的可传性原理不适用于变形体，如图 2-89(a)所示，一根可变形直杆在承受一对平衡力 F_1、F_2 时，直杆可发生压缩变形；如果把 A 点的力 F_2 滑移到 B 点，而把 B 点的力 F_1 滑移到 A 点，如图 2-89(b)所示，直杆将发生拉伸变形。

另外，力在滑移时，只能在同一刚体内进行，切不可把力由这个刚体滑移到另一个刚体上。

二、力的平移

由力的滑移性可见，力在刚体上沿其作用线滑移时，不会改变此力对该刚体的作用效应。

现在的问题是，力在刚体上做平行移动后，对刚体的作用效应有无变化，是如何变化的。力的平移定理可以回答这些问题。

力的平移定理 作用于刚体上的力 F，可以平移到同一刚体上的任一点 O，但必须附加一个力偶 M，其力偶矩 M 等于原位置的力 F 对新作用点 O 的力矩，即

$$M=F \times L = M_O(F)$$

关于定理的说明：设力 F 作用于刚体上的 A 点，如图 2-90(a)所示。现在新作用点 O 加上一对平衡力 F' 和 F''，并使它们与原来的力 F 平行且相等，即，$F'=F''=F$，如图 2-90(b)所示。显然，这样并不改变原力 F 对刚体的作用效应。

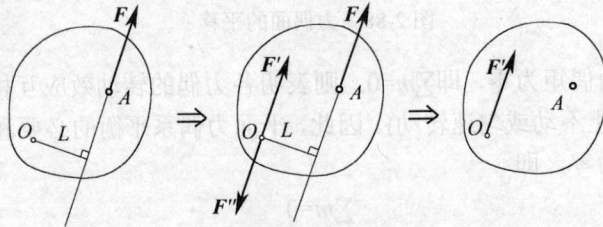

图 2-90　力的平移定理

由于力 F 和力 F'' 等值、反向、不共线，可将它们组成一个力偶(F, F'')，称为附加力偶，其力偶矩 $M=F \times L$。为了简便，用一个带箭头的弧线 M 来表示它，如图 2-90(c)所示。这样，就相当于将力 F 由 A 点平移到了任一点 O，但同时附加了一个力偶 M。

另一方面，原位置的力 F 对新作用点 O 的力矩也是 $M_O(F)=F \times L$，所以 $M=M_O(F)=F \times L$，即附加力偶的力偶矩 M 等于原位置的力 F 对新作用点 O 的力矩。

力的平移定理把力对物体产生移动和转动两种效应的实质揭示清楚，它也是力系合成的依据。

运用力的平移定理可以将[一个力F]→[一个力 F] + [一个力偶 M]

反之，也可以将[一个力 F] + [一个力偶 M] → [一个力 F]

如图 2-91 所示，钳工用丝锥扳手来攻丝，正确的操作应该是用双手同时动作且加力相等而反向，以产生一个力偶，使得丝锥扳手只发生转动。但是如果双手加力不均匀或单手加力，将单手所加的力 F 平移到丝锥扳手的转动轴心 O，但同时附加一个力偶 M。这样，丝锥扳手既受力的作用又受力偶的作用，这个附加力偶对丝锥扳手是有转动效果，但是这个平移到转动轴心 O 的力却会使丝锥偏斜，甚至会使丝锥折断，因此是有害的。

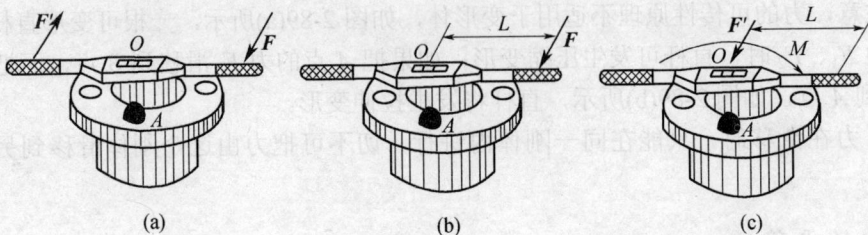

图 2-91　丝锥攻丝

又如图 2-92 所示，转轴上的齿轮受到圆周力的作用，为了清楚地显示力的作用效果，将此力平移到轴心 O 点，同时附加一个力偶 M。于是可以看出，力会使转轴发生弯曲变形，而附加力偶对转轴是有转动效果的。

再如图 2-93 所示，厂房的立柱受偏心载荷 F 的作用，将此力平移到立柱的轴线上，同时附加一个力偶 T，于是可以清楚地看出，力 F 会使立柱产生压缩变形，而附加力偶 T 会使立柱产生弯曲变形。

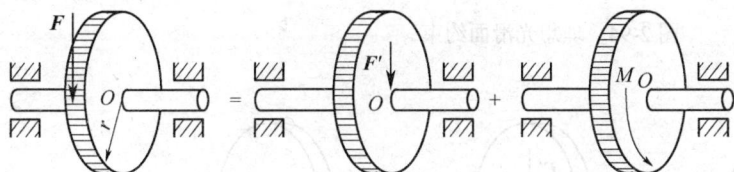

图 2-92　转轴受力分析　　　　　图 2-93　立柱受力分析

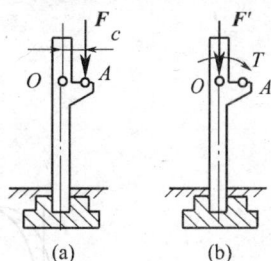

2.4.5　约束和约束反力

可以在空间做任意运动的物体称为自由体，例如，飞机、火箭、人造卫星、宇宙飞船等。而诸如在高速公路行驶的汽车，机械中轴在轴承中回转，其运动则受到其他物体的制约，称为受约束体。而把对其他物体的运动起制约作用的物体称为约束。

既然约束阻碍物体沿某些方向运动，当物体沿着约束所能阻碍的运动方向有运动趋势时，约束对它就有改变运动状态的作用，这种约束作用于被约束物体上的力，称为约束反力，简称反力。反力的方向总是与约束所能阻碍的物体的运动方向相反。约束反力的作用点就是物体上与作为约束的物体相接触的点。约束反力的大小一般都是未知的，在静力学中，约束反力与物体所受的其他已知力组成平衡关系，可由力系的平衡条件求出。约束力以外的其他力称为主动力，如重力、水压力、风压力、电磁力和弹簧力等。物体所受的主动力一般都是已知的。

约束又可以分为刚性约束和柔性约束两大类。刚性约束主要有光滑面约束、光滑圆柱铰链、球形铰链、各种轴承等。柔性约束主要有缆索、工业带、链条等，这类约束的特点是其所产生的约束力只能沿柔索方向，并且只能是拉力不能是压力。

1) 理想光滑面约束

当物体与约束间的接触面是光滑且无摩擦时，约束物体只能限制被约束物体沿两者接触面公法线方向的运动，而不能限制沿接触面切线方向的运动，因此，光滑面约束的约束力只能沿着接触面的公法线方向，并指向被约束物体。图 2-94 所示的分别为光滑面对刚体球的约束和齿轮传动机构中的轮齿约束。

2) 光滑圆柱铰链约束

圆柱铰链是工程结构和机器中经常用来连接构件一种结构形式，它的构造是将两个构件或零件打上同样大小的孔，并用圆柱销穿入圆孔将两个构件连接起来，这类约束称为铰链，包括固定铰链和活动铰链。如图 2-95(a) 所示，约束与被约束物体通过销钉连成一体，这些连接方式的特点是被约束体只能绕销钉轴线转动，而不能有移动。图 2-95(b) 为工程上所用约束符号。

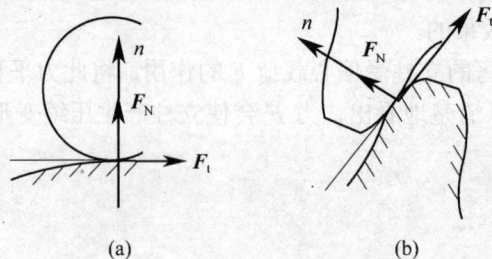

图 2-94　理想光滑面约束

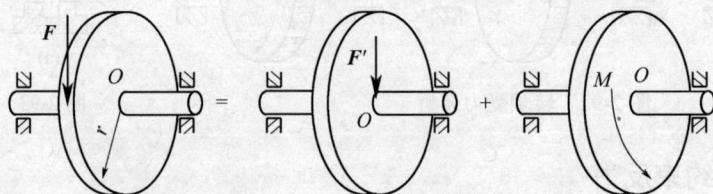

图 2-95　光滑圆柱铰链约束

3) 球形铰链约束

简称球铰，与一般铰链相似也有固定球铰与活动球铰之分，两个构件通过球壳和圆球连接在一起，图 2-96(a)所示为固定球铰的示意图，它使被约束件的球心不能有任何位移，但构件可以绕球心在空间转动。因此，光滑球铰提供一个过球心，大小方向均未知的三维空间约束力。通常用 3 个分矢量表示，如图 2-96(b)所示。

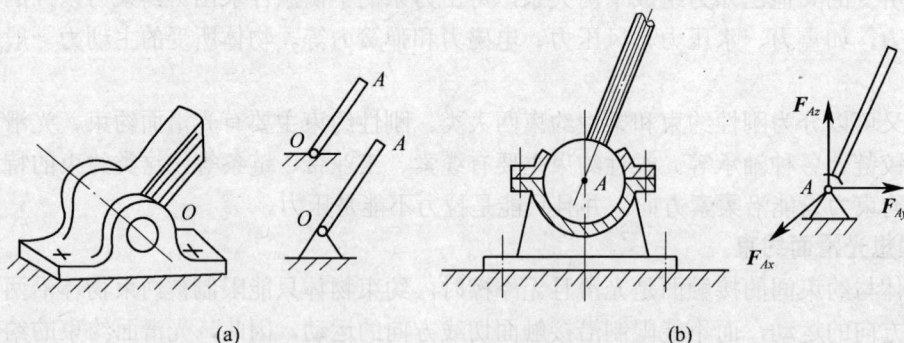

图 2-96　球形铰链约束

4) 柔索约束

理想化的柔索约束柔软且不可伸长，阻碍物体沿着柔索伸长的方向运动，因而只能承受拉力的作用。如图 2-97 所示，用绳索吊一物体，则绳索对物体的约束反力是拉力且作用于接触点，方向背离物体。链条或带传动，也只能承受拉力，对轮子的约束反力沿轮缘的切线方向，两边都产生拉力，如图 2-98 所示。

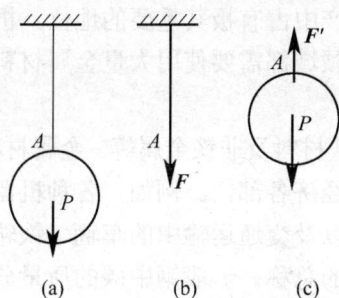

图 2-97　绳索吊物受力　　　　　　　　　　图 2-98　带传动受力

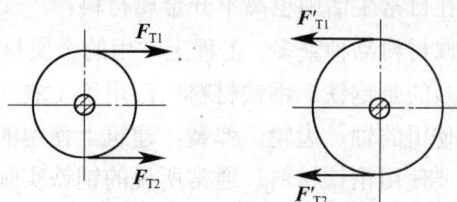

2.5　工程材料

2.5.1　概述

材料是为人类制造有用器件的物质。工程材料是在各工程领域中使用的材料。工程材料的种类繁多，有许多不同的分类方法。

按化学成分、结合键的特点，可将工程材料分为金属材料、非金属材料和复合材料 3 大类。金属材料可分为钢铁材料和非铁金属。钢铁材料是铁基金属合金，包括碳素钢、合金钢、铸铁等。其余金属材料都属于非铁金属，包括轻金属及其合金、重金属及其合金等。而非金属材料可分为无机非金属材料和有机高分子材料，有机高分子材料包括塑料、橡胶、合成纤维等。由这些材料合成的材料称为复合材料。工程材料的分类举例见表 2-5。

表 2-5　工程材料的分类举例

工程材料	金属材料	钢铁材料	碳素钢、合金钢、铸铁等
		非铁金属	铝、铜、锌及其合金等
	非金属材料	无机非金属材料	水泥、陶瓷、玻璃等
		有机高分子材料	合成高分子(塑料、合成纤维、合成橡胶等)
			天然高分子(木材、纸、纤维、皮革等)
	复合材料		金属基复合材料、塑料基复合材料、橡胶基复合材料、陶瓷基复合材料等

按照用途工程材料可分为两大类，即结构材料和功能材料。结构材料通常指工程上对硬度、强度、塑性、耐磨性等力学性能有一定要求的材料，主要包括金属材料、陶瓷材料、高分子材料、复合材料等。功能材料是指具有光、电、磁、热、声等功能和效应的材料，包括半导体材料、磁性材料、光学材料、电介质材料、超导体材料、非晶和微晶材料、形状记忆合金等。

按材料的应用领域还可分为信息材料、能源材料、建筑材料、生物材料、航空材料等多种类别。

2.5.2　金属材料

金属材料是人们最为熟悉的一种材料，金属元素占地球上所有元素的 3/4。金属材料不仅历史悠久,而且推陈出新、不断发展,并在现代工农业生产中占有极其重要的地位。机械制造、交通运输、建筑、航天航空、国防与科学技术等各个领域都需要使用大量金属材料,而且人们在日常生活中也离不开金属材料。

金属材料品种繁多,工程上常用的金属材料主要有钢铁材料及非铁金属等。金属材料中。使用最多的是钢铁。钢铁材料广泛用于工农业生产及国民经济各部门。例如,各种机器设备上大量使用的轴、齿轮、弹簧,建筑上使用的钢筋、钢板以及交通运输中的车辆、铁轨、船舶等都要使用钢铁材料。通常所说的钢铁实际上是钢与铁的总称。一般钢中碳的质量分数为0.025%～2.11%,生铁碳的质量分数较高,为2.11%～6.67%。

合金是在一种金属中加入另外的元素所形成的。例如,为了提高钢的性能,还要在钢中加入合金元素,如硅、锰、铬、镍、钨、铝、钒等。它们各有各的作用,有的提高强度,有的提高耐磨性,有的提高耐蚀性能,把它们加入钢中就形成了合金钢。

合金钢种类很多,可按照它们的性能与用途进行分类。合金钢可分为合金结构钢、合金工具钢、不锈钢、耐热钢、超高强度钢等种类。

非铁金属包括铝、铜、钛、镁、锌、铅及其合金等,虽然它们的产量及使用量不如钢铁材料多,但由于它们具有某些独特的性能和优点,从而使其成为当代工业技术中不可缺少的材料。

由于金属材料的历史悠久,因而在材料的制备、加工、使用及研究方面已经形成了一套完整的系统,拥有了一整套成熟完整的生产技术和巨大的生产能力。金属材料经受了在长期使用过程中各种环境的考验,具有稳定可靠的质量以及其他任何材料不能完全替代的优越性能。

金属材料的另一个突出优点是高的性能价格比。在所有的材料中,除了水泥和木材外钢铁是最便宜的材料,它的使用可谓量大而广,经济实用。

为了适应科学技术的高速发展,人们还在不断推陈出新,进一步发展新型的、高性能的金属材料,例如,超高强度钢、高温合金、形状记忆合金、高性能磁性材料、储氢合金等。

常用金属材料有碳素钢、合金钢、铸铁和非铁金属及其合金几种。

1. 碳素钢

碳素钢是指碳的质量分数小于2.11%和含有少量硅、锰、硫、磷等杂质元素的铁碳合金,简称碳钢。其中锰、硅是有益元素,对钢有一定强化作用,硫、磷是有害元素,分别增加钢的热脆性和冷脆性,应严格控制。碳钢的价格低廉,工艺性能良好,在机械制造中应用广泛。常用碳钢的牌号、应用及说明见表2-6。

表2-6　碳钢的牌号、应用及说明

名　称	牌号举例	应 用 举 例	说　明
碳素结构钢	Q215	承受载荷不大的金属结构件,如薄板、铆钉、垫圈、地脚螺栓及焊接件等金属结构件、钢板、钢筋、型钢、螺母、连杆、拉杆等	碳素钢的牌号由代表钢材屈服点的字母Q、屈服点值、质量等级符号,脱氧方法4个部分组成。其中质量等级共分4级,分别以A、B、C、D表示
	Q235	Q235C、D可用做重要的焊接件	

(续)

名 称	牌号举例	应 用 举 例	说 明
优质碳素结构钢	15	强度低，塑性好，一般用于制造受力不大的冲压件，如螺栓、螺母、垫圈等；经过渗碳处理或碳氮共渗处理可用于制造表面要求耐磨、耐腐蚀的机械零件，如凸轮、滑块等	牌号的两位数字表示平均含碳量的万分数，45钢即表示平均碳的质量分数为0.45%；含锰量较高的钢，需加注化学元素符号"Mn"
	45	综合力学性能和可加工性均较好，用于强度要求较高的重要零件，如曲轴、传动轴、齿轮、连杆等	
碳素工具钢	T8 T8A	有足够的韧性和较高的硬度，用于制造能承受振动的工具，如钻中等硬度的岩石的钻头、简单凿子、冲头等	用"T"后附以平均含碳量的千分数表示，如T7～T13，碳的平均质量分数为0.7%～1.3%
铸造碳钢	ZG200-400	有良好的塑性、韧性和焊接性能，用于受力不大、要求韧性好的各种机械零件，如机座、变速箱壳等	"ZG"代表铸钢，其后面第一组数字为屈服强度(MPa)、第二组数字为抗拉强度(MPa)。ZG200-400表示屈服强度为200MPa，抗拉强度为400MPa的铸造碳钢

2. 合金钢

为了改善和提高钢的性能，在碳钢的基础上加入其他合金元素的钢称为合金钢。常用的合金元素有硅、锰、铬、镍、钨、钼、钒、稀土元素等。合金钢还具有如耐低温、耐腐蚀、高磁性、高耐磨性等良好的特殊性能，它在力学性能、工艺性能要求高、形状复杂的大截面零件或有特殊性能要求的零件方面，得到了广泛应用。常用合金钢的牌号、性能及用途见表2-7。

表 2-7 合金钢的牌号、性能及用途

种类	牌号举例	性能及用途
低合金高强度结构钢	Q295,Q345,Q390	强度较高，塑性良好，具有焊接性和耐蚀性，用于建造桥梁、车辆、船舶、锅炉、高压容器、电视塔等
渗碳钢	20CrMnTi,20Mn2V,20Mn2TiB	芯部的强度较高，用于制造重要的或承受重载荷的大型渗碳零件
调质钢	40Cr,40Mn2,30CrMo,40CrMnSi	具有良好的综合力学性能(高的强度和足够的韧性)，用于制造一些复杂的重要机器零件
弹簧钢	65Mn,60Si2CrVA	淬透性较好，热处理后组织可得到强化，用于制造承受重载荷的弹簧
滚动轴承钢	GCr9,GCrlSSiMn,GC9MnMoV	用于制造滚动轴承的滚珠、套圈等

3. 铸铁

碳的质量分数大于2.11%的铁碳合金称为铸铁。铸铁含有的碳和杂质较多，其力学性能比钢差，不能锻造，但铸铁具有优良的铸造性、减振性、耐磨性等特点，加之价格低廉，生产设备和工艺简单，因此是机械制造中应用最多的金属材料。资料表明，铸铁件占机器总质量的 45%~90%。常用铸铁的牌号、应用及说明见表 2-8。

表 2-8 铸铁的牌号、应用及说明

名　称	牌号举例	应　用　举　例	说　　明
灰铸铁	HT150	用于制造端盖、泵体、轴承座、阀壳、管子及管路附件、手轮，一般机床的底座、床身、滑座、工作台等	"HT"为灰铁两字汉语拼音的第一个字母，后面的一组数字表示试样的抗拉强度，如 HT200 表示灰铸铁的抗拉强度为 200MPa
	HT200	承受较大载荷和较重要的零件，如汽缸、齿轮、底座、飞轮、床身等	
球墨铸铁	QT400-16 QT450-10 QT500-7 QT800-2	广泛用于机械制造业中磨损和受冲击的零件，如曲轴(一般用 QT500-7)、齿轮(一般用 QT450-10)、汽缸套、活塞环、摩擦片、中低压阀门、千斤顶座、轴承座	"QT"是球墨铸铁的代号，它后面的数字表示抗拉强度和断后伸长率，如 QT500-7 即表示球墨铸铁的抗拉强度为 500MPa，断后伸长率为 7%
可锻铸铁	KTH300-06 KTH330-08 KTH450-06	用于受冲击、振动等的零件，如汽车零件、机床附件(如扳手)、各种管接头、低压阀门、农具等	"KTH"、"KTZ"分别是黑心和珠光体可锻铸铁的代号，它们后面的数字分别代表抗拉强度和断后伸长率

4. 非铁金属及其合金

非铁金属的种类繁多，虽然其产量和使用不及钢铁材料，但是由于它具有某些特殊性能，故已成为现代工业中不可缺少的材料。常用非铁金属及其合金的牌号、应用及说明见表 2-9。

表 2-9 常用非铁金属及其合金的牌号、应用及说明

名　称	牌号举例	应　用　举　例	说　　明
纯铜	T1	电线、导电螺钉以及各种管道	纯铜分为 T1~T44 种，如 T1(一号铜)铜的质量分数为 99.95%，T4 为 99.5%
普通黄铜	H62	散热器、垫圈、弹簧、各种网、螺钉及其他零件等	"H"表示黄铜，后面数字表示铜的质量分数，如 62 表示铜的质量分数 60.5%~63.5%
纯铝	1070A 1060 1050A	电缆、电器零件、装饰件以及日常生活用品等	铝的质量分数 98%~99.7%
铸铝合金	ZL102	耐磨性中上等，用于制造负荷不大的薄壁零件	"Z"表示铸，"L"表示铝，后面数字表示序号

2.5.3 高分子材料

高分子材料既包括日常所见的塑料、橡胶和纤维(它们被称为 3 大合成材料)，也包括经常用到的涂料和粘合剂以及日常较少见到的功能高分子材料，如用于水净化的离子交换树脂、人造器官等。

高分子材料是以一类称为高分子的化合物(或称树脂)为主要原料，加入各种填料或助剂而

制成的有机材料。高分子材料也称聚合物或高聚物。高分子是由成千上万个原子通过共价键连接而成的相对分子质量很大(通常几万,甚至几百万)的一类分子。它们可以是天然的,如蛋白质、纤维素,称天然高分子材料;也可以是人工合成的,如聚乙烯、有机玻璃,称合成高分子材料。组成高分子的原子排列不是杂乱无章的,而是有一定规律。通常由少数原子组成一定的结构单元,再由这些结构单元重复连接形成高分子。

高分子材料通常是由一种或几种带有活性官能团的小分子化合物经过一定的反应而得到。例如,有机玻璃是由甲基丙烯酸甲酯上的双键打开而生成高分子,蛋白质是由各种氨基酸上的氨基和羧基脱水而得到。

以下介绍几种常用的高分子材料。

1. 塑料

塑料是以合成树脂为主要成分,加入适量的添加剂后形成的一种能加热熔化,冷却后保持一定形状的材料。合成树脂是由低分子化合物经聚合反应所获得的高分子化合物,例如,聚乙烯、聚氯乙烯、酚醛树脂等。塑料的性能主要取决于树脂。绝大多数塑料是以所用的树脂名称来命名的。

加入添加剂的目的是弥补塑料的某些性能的不足。添加剂有填料、增强材料、增塑剂、固化剂、润滑剂、着色剂、稳定剂、阻燃剂等。

塑料是产量最大的高分子材料,其品种繁多,用途广泛,仅就体积而言,全世界的塑料产量已超过钢铁。

塑料按使用性能可分为通用塑料、工程塑料和耐热塑料 3 类。通用塑料的价格低,产量高,约占塑料总产量的 3/4 以上,如聚乙烯、聚氯乙烯等;工程塑料是作为制造工程结构件的塑料,其强度大、刚度高、韧性好,如聚酚胺、聚甲醛、聚碳酸酯等,通用塑料改性后,也可作为工程塑料使用;耐热塑料工作温度高于 150℃～200℃,但成本高。典型的耐热塑料有聚四氟乙烯、有机硅树脂、芳香尼龙、环氧树脂等。

按塑料受热后的性能,可分为热塑性塑料和热固性塑料。热塑性塑料加热时可熔化,并可多次反复加热使用。热固性塑料经一次成形后,受热不变形,不软化,不能回收利用,只能塑压一次。常用的塑料及其性能见表 2-10。

表 2-10　常用的塑料及其性能

塑料名称	代号	性 能 特 点	大 致 用 途
聚乙烯	PE	低压 PE 有良好的耐磨性,耐蚀性,绝缘性,无毒	一般机械构件、化工管道、电缆电线包皮、茶杯、奶瓶、食品袋、保鲜膜、农用薄膜、塑料绳等
聚氯乙烯	PVC	力学性能较好且有良好的耐蚀性	耐蚀构件、一般绝缘件、薄膜、泡沫塑料
聚丙烯	PP	力学性能优于 PE,且有良好的耐热性	医疗器械、一般机械零件、高频绝缘件
聚苯乙烯	PS	耐蚀性、高频绝缘性好,耐冲击及耐热性差,易燃、性脆、无色、透明	高频绝缘件、耐蚀件及日用装饰品、食品盒,泡沫 PS 可做隔音、包装等材料
ABS 塑料	ABS	具有良好的综合性能,冲击强度和低温强度高、表面硬度和耐磨性好	一般构件、减摩和耐磨件、齿轮、叶轮、一般化工装置、管道、容器等
聚酰胺	PA	即尼龙,力学性能很好	轴套、齿轮、导轨贴面、密封圈等
聚甲醛	POM	高密度和高结晶性,性能优于尼龙	轴承、齿轮、凸轮及仪表外壳、表盘等

(续)

塑料名称	代号	性　能　特　点	大　致　用　途
聚碳酸酯	PC	抗扭、抗弯，冲击强度高，有良好的耐热、耐寒性，耐疲劳性不及 PA 和 POM	耐磨、受力、受冲击的机械和仪表零件，透光性好，可做飞机驾驶室防护玻璃等
聚四氟乙烯	F-4	化学稳定性极好，亦称塑料王，加工成形性差，流动性差，可采用粉末烧结法成形	耐蚀件、耐磨件、密封件、高温绝缘件
酚醛塑料	PF	热固性塑料，强度、刚度大，变形小，耐热注、耐蚀性好，电性能好．	一般构件、水润滑轴承、绝缘件、耐蚀衬里等，用于制作复合材料
环氧树脂	EP	热固性塑料，强度高，韧性好，化学稳定性、绝缘性、耐寒性和耐热性好	塑料模具、精密模具、仪表构件、金属涂覆、包封、修补，用于制作复合材料

1) 产量最大的塑料——聚乙烯(PE)

聚乙烯由低分子乙烯聚合而成。乙烯可由石油裂解得到。聚乙烯的产量在塑料中占首位。它相对密度小，耐低温，电绝缘性能好，耐腐蚀。但强度、刚度、表面硬度低，耐热性低，易老化。聚乙烯具有广泛的用途，常用于制作齿轮、轴承、管道及电线包皮等。

2) 最耐疲劳的塑料——聚甲醛

聚甲醛(POM)是一种由简单的小分子化合物甲醛合成的高分子材料，是第一种真正能够代替铜、铝等金属做结构材料的高分子材料。聚甲醛与尼龙、聚碳酸酯、聚苯醚和热塑性聚酯统称 5 大工程塑料。聚甲醛的突出特性是耐疲劳，即可在比较高的动态载荷作用下长期使用。

聚甲醛广泛用于汽车、机床、化工、电气仪表、农机等行业，特别适合做轴承、齿轮材料。

3) 打不碎的玻璃——有机玻璃

有机玻璃的化学名称是聚甲基丙烯酸甲酯。有机玻璃是目前最好的透明材料，透光率达92%以上，而无机玻璃却不到 15%；它相对密度小，仅为玻璃的一半；力学性能好，拉伸强度为 60MPa～70MPa，比普通玻璃高 7 倍～18 倍，被子弹击穿后不产生碎片，因而可做防弹玻璃；成形加工性好，能用吹塑、注射、挤压等加热成形，还可进行切削加工、粘结等；有机玻璃最大的缺点是耐磨性差，表面硬度低，容易擦伤，也不耐某些有机溶剂，不耐热、容易燃烧、不耐老化、容易降解。

有机玻璃可制作飞机的座舱、舷窗，电视和雷达的屏幕，汽车风窗玻璃，仪器和设备的防护罩，仪表外壳，光学镜片等。在生物医学上，可制造透明的人造角膜。

4) 最耐腐蚀的材料——聚四氟乙烯(PTFE)

聚四氟乙烯(TFE 或 PTFE)简称 F-4，是含氟塑料的一种，俗称"塑料王"。聚四氟乙烯摩擦因数极低，只有 0.04，是现有固体中最低的，所以其自润滑性和防粘性好；化学稳定性好，几乎不受任何化学药品的腐蚀，它的化学稳定性超过了玻璃、陶瓷、不锈钢等；介电性能优良。其缺点是强度低，冷流性大，刚性差，加工性不好，只能冷压烧结成形。聚四氟乙烯在国防、科研和工业中占有重要地位。目前已广泛用于防腐材料、摩擦密封材料及许多特殊场合。

5) 密度最小的材料——泡沫塑料

泡沫塑料是大量气体微孔分散在固体塑料中形成的一类高分子材料，几乎所有的塑料都可以制成泡沫塑料。

　　泡沫塑料质量轻，具有良好的隔热、吸音、减振等特性，因而用途极广。用于家庭用品的泡沫塑料仅是其用途的一小部分，更多的泡沫塑料用做船舶、车辆、建筑、冷藏等领域的隔热、吸音材料，暖气管道的隔热层，易碎、贵重物品、精密仪器仪表的防震包装材料。

2．橡胶

　　汽车轮胎、飞机轮胎都是橡胶制造的，很难想象，没有橡胶，汽车怎能奔驰，飞机怎能上天和落地。而橡胶就是高分子材料的一种。橡胶的最大特点是高弹性，就是在较小的外力作用下，橡胶材料会产生很大的形变(拉伸时会产生几倍的伸长量)，而外力去除后，它又立即恢复原状，即形变是可逆的。"橡胶的高弹性"为橡胶类材料所独有，是区别于其他材料的最显著特点。

1) 橡胶的组成

　　把未经硫化的天然胶与合成胶称为生胶，硫化后的胶称为橡胶。橡胶中常加入各种添加剂，主要有以下几种：

　　(1) 硫化剂：硫化剂能使生胶分子互相交联为网状结构。天然橡胶中常加硫磺。

　　(2) 促进剂：常选用有机化合物作为促进剂，目的是缩短硫化时间。

　　(3) 软化剂：常选用硬脂酸、精制蜡、凡士林作为软化剂，以增加橡胶的塑性。

2) 橡胶的性能及用途

　　除了大量制造轮胎外，橡胶还广泛用于其他领域，其制品种类繁多，常见的如胶管、胶鞋、电缆包皮、胶辊、各种密封、减振材料(如垫片、垫圈)，胶皮手套等。高弹性是橡胶的最大特点，它的弹性模量只有 $1MN/m^2$。橡胶还有储能、耐磨、隔音、绝缘等性能。橡胶广泛用于制造密封件、减振件、轮胎、电线等。

3) 常用橡胶材料

　　(1) 天然橡胶：天然橡胶是橡胶树上流出的胶乳加工而成，其综合性能好，尤其是有高强的绝缘性能和防振性能，典型制品如轮胎等。

　　(2) 合成橡胶：其种类很多，主要有丁苯橡胶、顺丁橡胶、异戊橡胶、氯丁橡胶、丁基橡胶、乙丙橡胶和丁腈橡胶等 7 大品种。产量最大的是丁苯橡胶，占橡胶总产量的 60%～70%。

　　(3) 特殊橡胶：特殊橡胶指具有特殊性能的橡胶。如硅橡胶的耐热绝缘性好，聚硫橡胶的耐油、耐碱性好，聚氨酯橡胶的高强耐磨性好等。

　　丁苯橡胶、氯丁橡胶和氟橡胶的性能与用途见表 2-11 所列。

表 2-11　丁苯橡胶、氯丁橡胶和氟橡胶的性能与用途

名称	代号	使用温度/°C	扯断伸长率/(%)	拉伸强度/MPa	耐磨性	回弹性	耐油性	耐老化	耐浓碱性	用　途
丁苯橡胶	SBR	-50～140	500～600	15～20	好	中	差	好	好	轮胎、胶管、胶板，通用制品
氯丁橡胶	CR	-35～130	800～1000	25～27	中	中	好	好	好	电线电缆包皮、胶管、胶带，矿用橡胶制品等
氟橡胶	FPM	-5～300	100～500	20～22	中	中	好	好	中	耐化学腐蚀制品、高级密封件、高真空橡胶件

3. 化学纤维

一般认为凡能保持长度比本身直径大 100 倍的均匀条状或丝状的高分子材料均称纤维。纤维有天然纤维和化学纤维之分。化学纤维又可分为人造纤维和合成纤维。

1) 人造纤维

人造纤维是用自然界的纤维加工制成的，如叫"人造丝"、"人造棉"的粘胶纤维和硝化纤维以及醋酸纤维等。

2) 合成纤维

合成纤维是以石油、煤、天然气为原料制成的，产量最多的有 6 大品种，即涤纶、尼龙、腈纶、维纶、丙纶和氯纶。

目前，产量最大的纤维是聚酯纤维(涤纶)，这是以聚对苯二甲酸乙二醇酯为原料制造的材料，其最大特点是不易皱折、耐磨、吸湿小。除了少数工业应用外，涤纶大量用于制造外衣。涤纶与棉花混纺的织物就是大家熟知的"的确良"，"毛涤"则是羊毛和涤纶的混纺织物。

另一种重要的合成纤维是脂纶(聚丙烯腈纤维)，它与尼龙、涤纶一起称为 3 大合成纤维。脂纶性能似羊毛，经常与羊毛、棉或其他化学纤维混纺，用于制作衣料、毛毯、地毯等。此外，科学家们还发明了许多性能各异、用途不同的合成纤维。

2.5.4 陶瓷材料

1. 陶瓷的分类

陶瓷是一种古老的材料。一般人们对于陶瓷的概念，除了日用陶瓷外就是精美的陶瓷工艺品，如唐代的唐三彩及明如镜、薄如纸的薄胎瓷等。

传统的陶瓷一般是指陶器、瓷器及建筑用瓷。然而现代材料科学却赋予陶瓷的概念以崭新的意义，是指所有的无机非金属材料，主要成分是 SiO_2、Al_2O_3、Fe_2O_3、TiO_2、CaO、MgO、K_2O、Na_2O、PbO 等。陶瓷与金属材料、高分子材料构成 3 大固体材料。

陶瓷大致上可分为以下几种。

(1) 传统陶瓷。传统陶瓷也称普通陶瓷，主要成分是粘土，可分为日用陶瓷、建筑陶瓷、绝缘陶瓷等。

(2) 特种陶瓷。特种陶瓷主要指具有独特的物理化学性能的陶瓷，如压电陶瓷、磁性陶瓷、光电陶瓷等。

(3) 工程陶瓷。工程陶瓷可分为两种，一种是纯氧化物陶瓷，如 Al_2O_3、MgO 等；另一种是非金属氧化物陶瓷，如金属的碳化物陶瓷等。

(4) 金属陶瓷。金属陶瓷具有陶瓷和金属的综合性能，如硬质合金等。

2. 陶瓷的性能

(1) 力学性能：①模量较大，刚性较好；②塑性差，冲击韧性值低，是脆性材料；③抗压强度比抗拉强度高得多；④硬度高，一般硬度值在莫氏硬度 7 以上。陶瓷与其他几种材料的应力—应变曲线如图 2-99 所示。

(2) 热性能：①熔点高，高温强度很好；②在高温下不易氧化，抗熔融金属的侵蚀性也好；③和金属相比，陶瓷的抗热振性较差，不耐温度的急剧变化。

(3) 其他性能：①陶瓷的导电能力在很大的范围内变化，大部分陶瓷可做绝缘材料；②利用陶瓷的光学特性，可做激光材料(如固体激光器的工作物质就是用红宝石或含铁的玻璃做的)、光色材料、光学纤维、荧光物质和透光材料等；③有的陶瓷在人体内无特殊反应，可制作某些人体器官，称为生物陶瓷。

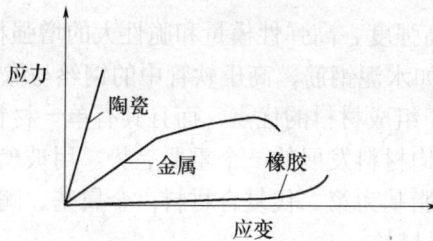

图 2-99 几种材料的应力—应变曲线

3. 陶瓷的用途

陶瓷能适应现代工业的许多特殊要求。其典型的用途有内燃机的火花塞、高温轴承、热电偶套管、钠灯的灯管、远距离输电用的耐高压陶瓷绝缘子、水泵中的防漏水封环等。原子能反应堆中也要用到多种陶瓷材料。

陶瓷材料与其他材料相比,具有耐高温、抗氧化、耐腐蚀、耐磨耗等优异性能,而且它可用做具有各种特殊功能的功能材料,如压电陶瓷、铁电陶瓷、半导体陶瓷及生物陶瓷等,特别是随着空间技术、电子信息技术、生物工程、高效热机等技术的发展,陶瓷材料正显示出独特的作用。

4. 陶瓷应用举例

制造发动机的陶瓷包括氮化硅或碳化硅陶瓷。它们可用来制造在 1200℃～1400℃下工作的高温燃气涡轮发动机的叶片。美国用热压氮化硅做成的发动机转子成功地在 5000r/min 的转速下运转了很长时间。1991 年我国也研制成功了陶瓷发动机汽车,该汽车从上海到北京试开了一个往返。试验情况表明,这种发动机不必用水冷却,并能大量节约燃料。

刀具是用来切削加工金属零件的,因而要求它具有高的硬度及耐磨性。为了提高刀具的切削性能,20 世纪以来,刀具材料经过了高速钢和硬质合金两次发展历程,目前正是陶瓷刀具大发展的阶段。新型陶瓷以其高强度、耐磨削的特点,已成为制造切削刀具的理想材料。陶瓷刀具可用来切削那些一般刀具难以切削、硬度高的材料,如淬火钢及白口铸铁等。

制造陶瓷切削刀具的材料主要有氮化硅、氮化硼及碳化铁等。以这类材料制作的刀具没有切削液也可工作,比起硬质合金刀具具有切削速度高、寿命长等优点。目前,陶瓷材料可制成车刀、钻头、丝锥和滚刀,还可用在合金刀具的表面涂覆陶瓷薄膜的办法来提高车刀的切削速度和使用寿命。

所谓有"知觉"的陶瓷,是因为这种陶瓷对于环境中的气体、温度、湿度等具有感觉,如同人的皮肤及五官一样。这种陶瓷是半导体陶瓷,包括热敏陶瓷、气敏陶瓷、湿敏陶瓷等。

半导体陶瓷主要用于制造陶瓷敏感器件及传感器件。陶瓷传感器大部分是由半导体陶瓷创造的。例如,人们将陶瓷传感器安装在汽车的排气管中,它可测试废气中的氧浓度,然后通过计算机自动控制空气与汽油的比例,使发动机处于最佳工作状态,可节约汽油 20%以上。

2.5.5 复合材料

1. 复合材料的概念

(1) 复合材料是由两种或两种以上性质不同的材料组合起来的一种多相固体材料。20 世纪 50 年代诞生了玻璃钢,60 年代诞生了性能优异的碳、硼增强纤维材料,使复合材料的基体从树脂发展到金属和陶瓷。

(2) 复合材料一般是由高强度、高弹性模量和脆性大的增强材料和低强度、低弹性模量、韧性好的基体材料所组成。如水泥钢筋、高压软管中的钢丝与橡胶等。

(3) 复合材料不仅保留了组成材料的优点，而且具有单一材料所没有的优异性能。

复合材料已成为当前结构材料发展的一个重要趋势。用玻璃纤维增强树脂基，称为第一代复合材料；碳纤维增强树脂基为第二代复合材料；金属基、陶瓷基及碳基等复合材料则是目前正在发展的第三代复合材料。

2. 复合材料的性能特点

(1) 比强度和比模量高。比强度是指强度/体积质量；比模量是指弹性模量/体积质量。由碳纤维和环氧树脂组成的复合材料，比强度是钢的 7 倍，比模量是钢的 3 倍。

(2) 抗疲劳性好。这是由于复合材料的基体和增强纤维能有效地阻止疲劳裂纹的扩展。

(3) 减摩耐磨和自润滑性好。例如，用金属塑料复合材料可用做轴承(国外称为 DU 轴承)，石棉和塑料复合可用做摩擦片。

(4) 高温性能好。良好的化学稳定性、隔热性、耐烧蚀性以及特殊的电、光、磁等性能。

3. 复合材料的分类

复合材料的种类很多，其分类方法主要有 3 种：

(1) 按性能分类，可分为功能复合材料和结构复合材料。

(2) 按基体分类，可分为金属基和非金属基。

(3) 按增强剂的种类和形状分类，可分为颗粒、层状及纤维增强等复合材料。

如果从复合材料的结构特点来分类，大致可分为：纤维增强复合材料，如玻璃钢；层叠复合材料，如铝与塑料薄膜；颗粒复合材料，如电木粉；骨架复合材料，如蜂窝夹层结构等。其中，比较重要的是纤维增强复合材料。主要金属基复合材料的典型应用对象见表 2-12。

表 2-12　主要金属基复合材料的典型实用对象

增 强 体	基 体	主 要 应 用
硼纤维	铝、铁合金，金属化合物	航天器构件、导弹构件、发动机风扇及压气机叶片
碳纤维(含石墨纤维)	铝、镁合金，铜、铅	卫星天线、支架、波导管、空间站构件、直升飞机构件、电刷、集成电路基板、蓄电池极板、核装置隔板
碳化硅纤维	铝、铁合金，金属化合物	飞机导弹构件，轻、重武器支架，传动轴，发动机叶片及其他耐热件
碳化硅晶须，颗粒	铝、镁、铁合金，金属化合物	发动机活塞、型材、齿轮、连杆、飞机蒙皮、发动机叶片、火箭发动机壳体、耐磨件、耐热件
氧化铝纤维	铝、镁合金	汽车发动机连杆、活塞销、型材
氧化铝短纤维	铝、镁合金	汽车发动机活塞、型材
钨链	高温合金	发动机涡轮叶片
自增强型定向凝固共晶高温合金		发动机涡轮叶片

2.6 零件的互换性与公差

机器是由零件装配而成的。大规模生产要求零件具有互换性，以便在装配时不需要选择和附加加工，就能达到预期的技术要求。为了实现零件的互换性，必须保证零件的尺寸、几何形状和相对位置以及表面粗糙度的一致性。就零件尺寸而言，它不可能做得绝对精确，但必须使尺寸介于两个允许的极限尺寸之间，这两个极限尺寸之差称为公差。因此互换性要求建立标准化的公差与配合制度。我国的极限与配合采用 GB/T 1800～GB/T 1803 标准，一般公差采用 GB/T 1804 标准，采用国际公差制，它既能适应于我国生产发展的需要，也有利于国际间的技术交流和经济协作。

2.6.1 互换性与公差的概念

1. 互换性的概念

互换性指同一规格的一批零件、部件，按规定的几何、物理和力学性能参数进行加工、制造，在装配成机器或更换损坏的零件时，不需任何选择和附加修配，装配后就能达到规定的功能要求的一种性能。显然，互换性有两个方面的基本要求。

(1) 装配互换。尺寸等几何参数的互换。

(2) 功能互换。代换后满足使用性能要求。

在这里，几何参数是指零件的尺寸、几何形状、相互位置、表面粗糙度等。

2. 互换性的条件

公差是实现互换性的保证。公差指允许实际参数的变动量。规定公差的原则是使用要求的前提下，尽可能考虑生产过程的经济性。

2.6.2 尺寸、公差配合方面的基本术语

1. 孔和轴的定义

(1) 孔——由单一尺寸所确定的圆柱形内表面，也包括非圆柱形内表面，具有内表面属性，形成包容状态，该部分以内没有材料。

(2) 轴——由单一尺寸所确定的圆柱形外表面，也包括非圆柱形外表面，具有外表面属性，形成被包容状态，该部分以外没有材料。

2. 有关尺寸的术语和定义

(1) 基本尺寸。零件设计时，根据性能和工艺要求，通过必要的计算和实验确定的尺寸。如图 2-100 所示，销轴直径 $\phi 20\text{mm}$，长度 40mm。

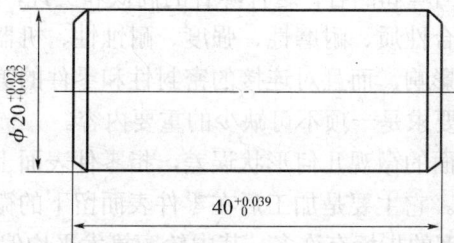

图 2-100 销轴

(2) 实际尺寸。实际测量获得的尺寸。

(3) 极限尺寸。允许零件实际尺寸变化的两个极限值。两个极限值中，大的一个称最大极限尺寸，小的一个称最小极限尺寸。

(4) 尺寸偏差(简称偏差)。某一尺寸(实际尺寸、极限尺寸等)减去基本尺寸所得的代数差。

最大极限尺寸-基本尺寸=上偏差

最小极限尺寸-基本尺寸=下偏差

3. 有关公差的术语和定义

(1) 尺寸公差(简称公差)。允许尺寸的变动量。尺寸公差=最大极限尺寸-最小极限尺寸。

(2) 零线。在极限与配合图解中，表示基本尺寸的一条直线，以其为基准确定偏差和公差。

(3) 公差带。由代表上偏差和下偏差或最大极尺寸和最小极限尺寸的两条直线所限定的一个区，如图 2-101 所示。孔和轴的上偏差分别以 ES 和 es 表示；孔和轴的下偏差分别以 EI 和 ei 表示。

(4) 精度。尺寸公差的大小，表明零件对这个尺寸准确程度的要求。通常把零件尺寸的准确程度为精度。国家标准规定标准公差等级分为 20 级，分别用 IT01，IT0，IT1，IT2，…，IT18 表示，IT01 级精度最高，公差最小，IT18 级精度最低，公差最大。其中 IT01～IT12 级用于配合尺寸，IT13～IT18 级用于非配合尺寸。对一定的基本尺寸而言，公差等级越高，公差数值越小，尺寸精度越高。同一公差等级，基本尺寸越大，对应的公差数值越大。

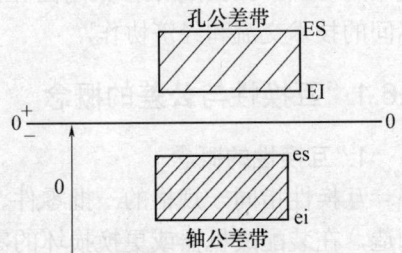

图 2-101　公差带示意图

2.6.3　形状和位置公差

机械零件的形状和位置精度在很大程度上影响着该零件的质量和互换性，因而它也影响整个机械产品的质量。为了保证机械产品的零件的互换性及质量，就应该在零件图样上给出形状和位置公差(简称形位公差)，规定零件加工时产生的形状和位置误差(简称形位误差)的允许变动范围，并按零件图样上给出的形位公差来检测形位误差。

我国已发布一系列关于形状和位置公差的国家标准。

2.6.4　表面粗糙度

无论是机械加工的零件表面，还是用铸造、锻压等方法获得的零件表面，总会存在着微观几何形状误差(轮廓微观不平度)，即使是经过精细加工，看来很光亮的表面，经过放大还是可以看出表面仍具有一定的凸峰和凹谷，这种峰谷的高低和尖钝，反映零件表面的粗糙程度。表面粗糙度不仅对零件的配合性质、耐磨性、强度、耐蚀性、机器的工作精度、机器装配后的可靠性和寿命有着重要的影响，而且对连接的密封性和零件的美观等也有很大的影响。因此，对表面粗糙度提出合理要求是一项不可缺少的重要内容。

表面粗糙度是指零件表面的微观几何形状误差，指零件表面上所具有的较小间距的峰谷所组成的微观几何形状特征。它主要是加工后在零件表面留下的微细凸凹不平的刀痕。按国家标准规定，评定表面粗糙度的指标有许多，其中轮廓算术平均偏差 Ra 应用最广。Ra 越小，粗糙度值越小。

在零件图样上标注表面粗糙度代号时，代号的尖端指向可见轮廓线、尺寸线、尺寸界线或它们的延长线上，并且必须从零件外指向零件表面。图 2-102 和图 2-103 分别表示表面粗糙度代号在不同位置上的标注方法和在图样上标注的示例。零件所有的表面域某些表面具有相同要求的表面粗糙度时，代号标注在图样的右上角。

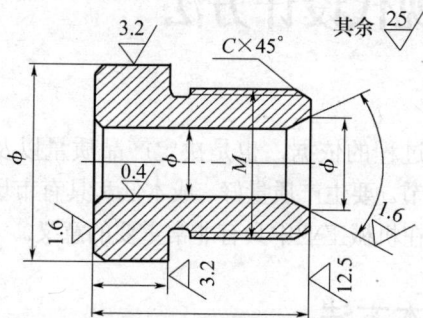

图 2-102　表面粗糙度代号标注示例

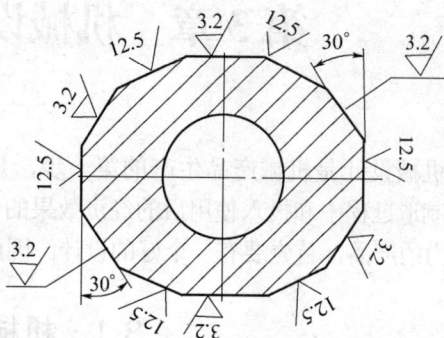

图 2-103　各倾斜表面粗糙度代号的注法

第3章 机械设计及现代设计方法

机械设计是机械产品生产的第一步，是整个制造过程的依据，也是决定产品质量以及产品在制造过程中和投入使用后的经济效果的一个重要环节。要生产质量好、成本低和具有市场竞争能力的产品，首先要有一个好的设计。因此机械设计在机械工业中具有非常重要的意义。

3.1 机械设计基本方法

3.1.1 概述

设计是人们根据预定目标来产生满足要求的信息的一种活动。信息的表达形式有图形、文字、数据、符号等。技术是人类改造世界所采用的手段，是人的因素(知识、能力)与物化因素(工具、设备)的统一。设计技术是指从事设计活动所形成的作业程序、方法和技能以及所用的工具和设备。根据设计技术的特征，可以将机械设计技术的发展分为5个阶段。

(1) 直觉设计(远古—1500年)。自人类开始制造工具，就有了设计活动。在古代，设计技术和制造技术体现在同一工匠个体上。他们或是从自然现象得到启示，或是凭借长期劳动所获得的直观感觉来设计和制作产品。

(2) 经验设计(1501年—1849年)。工匠开始利用力学原理组成各种装置时，简单工具逐渐向传统机械发展。18世纪中期发生第一次产业革命，使机械技术出现了设计与制造的分工。19世纪初，机械学从力学中独立出来。19世纪后期，机械工程学逐渐成为一门独立学科。机械学是机械工程学的理论基础。由于当时的机械制造尚未形成一个学科体系，所以机械学可作为机械工程学的简称。当时的设计技术主要体现在机械学所研究的基本机构和基础零件之中。设计主要是靠设计者个人的才能和经验，其局限性和随意性很大。

(3) 半经验设计(1850年—1949年)。1851年第一届世界博览会后，出现了大量复杂的机械产品。19世纪中期发生第二次产业革命，使设计技术在理论和实践上都有明显提高。德国出版《理论运动学》，并且人们对设计的认识第一次从特性上升到个性。20世纪初出现的图纸设计法，使成本大大降低。20世纪初标准化开始有组织地活动，提高了设计的效率和质量。人们通过对关键零、部件的试验和对各种专业产品设计质量的研究，减少了设计的盲目性。但是该阶段还未将设计本身作为一门学科来研究，设计还存在较大的经验性和局限性。

(4) 半自动设计(1950年—1989年)。该阶段显著特点是对设计工具的革新和对设计方法的深入研究。20世纪50年代电子计算机用于科学计算，60年代出现了计算机自动绘图，1970年美国推出CAD系统，1971年日本出版了《设计工程学丛书》，1977年德国出版了《设计学》，这表明人们对设计的认识再次从特性上升到共性。20世纪80年代，计算机实现了信息处理自动化、设计者主要从事决策工作，且往往需要群体合作来完成设计。该阶段逐渐形成了机械设计工程学。

(5) 自动化设计(1990年以来)。20世纪90年代，形成了建立在决策自动化基础上的计算机集成制造系统(CIMS)。决策自动化本质上是对知识处理和使用的自动化。在该阶段，设计过程中的大量的一般性决策及信息处理可以由计算机完成，设计者可以仅作关键性决策。采用虚拟现实技术设计的波音777飞机，就是世界上第一架无图纸、无样机升空的飞机。

3.1.2　机械设计的基本要求

机械设计首先要保证的是产品的功能及其可靠性，并保证产品具有良好的工艺性，它主要包括机器及零部件的设计，这两部分并不截然分开，但相互之间存在一些差异。

1. 设计机器应满足的基本要求

1) 功能性要求

人们是为了生产和生活上的需要才设计和制造各式各样机器的，因此机器必须具有预定的使用功能。这主要靠正确选择机器的工作原理，正确设计或选用原动机、传动机构和执行机构以及合理配置辅助系统来保证。

2) 可靠性要求

机器在预定工作期限内必须具有一定的可靠性。机器的可靠性用可靠度 R 来衡量。机器的可靠度 R 是指机器在规定的工作期限内和规定的工作条件下，无故障地完成规定功能的概率。而机器在规定期限和条件下不能完成规定功能的概率则称为不可靠度，或称为破坏概率，用 F 表示。显然，可靠度与破坏概率间应满足

$$R=1-F \tag{3-1}$$

提高机器可靠度的关键是提高其组成零部件的可靠度。此外从机器设计的角度出发，确定适当的可靠性水平、力求结构简单、减少零件数目、尽可能选用标准件高可靠度零件、合理设计机器中的组件和部件以及选取较大安全系数等，对提高机器可靠度也是十分有效的。

3) 经济性要求

机器的经济性体现在设计、制造和使用的全过程中，包括设计制造经济性和使用经济性。设计制造经济性表现为机器的成本低；使用经济性表现为高生产率、高效率、较低的能源与材料消耗以及低的管理和维护费用等。设计机器时应最大限度地考虑其经济性。

提高设计制造经济性的主要途径有：尽量采用先进的现代设计理论和方法，力求参数最优化以及应用 CAD 技术，加快设计进度，降低设计成本；合理地组织设计和制造过程；最大限度地采用标准化、系列化及通用化的零部件；合理地选用材料，努力改善零件的结构工艺性，尽可能采用新材料、新结构、新工艺和新技术，使其用料少、质量轻、加工费用少；尽力注意机器的造型设计，扩大销售量。

提高机器使用经济性的主要途径有：提高机械化、自动化水平；选用高效率的传动系统和支承装置；注意采用适当的防护、润滑和密封装置等。以提高生产率，降低能源消耗和延长机器使用寿命等。

4) 劳动保护要求

设计机器时应对劳动保护要求给予极大的重视，一般可从以下两方面着手。

(1) 注意操作者的操作安全，减轻操作时的劳动强度。具体措施有：对外露的运动件加防护罩；设置保险、报警装置，以消除和避免不正确操作等引起的危害；操纵应简便省力、简单而重复的劳动要利用机械本身的机构来完成。

(2) 改善操作者及机器的环境。具体措施有：降低机器工作时的振动与噪声；防止有毒、有害介质渗漏；治理废水、废气和废液；美化机器的外形及外部色彩。总之，所设计的机器应符合劳动保护法规的要求。

5) 其他特殊要求

对不同的机器，还有一些为该机器所特有的要求。例如，对仪器机械有保持清洁、不能污染产品的要求；对机床有长期保持精度的要求；对飞机有质量小、飞行阻力小等的要求。设计机器时，不仅要满足前述共同的基本要求，同时还应满足其特殊要求。

2. 设计机械零件的基本要求

机器是由零件组成的。因此，设计的机器是否满足基本要求，零件的质量是关键，为此还应对机械零件提出以下基本要求。

1) 强度、刚度及寿命要求

强度是衡量零件抵抗破坏的能力。零件强度不足，将导致过大的塑性变形甚至断裂破坏，使机器停止工作甚至发生严重事故。采用高强度材料；增大零件截面尺寸及合理设计截面形状；采用热处理及化学处理方法；提高运动零件的制造精度；合理配置机器中各零件的相互位置等，均有利于提高零件的强度。

刚度是衡量零件抵抗弹性变形的能力。零件刚度不足，将导致过大弹性变形，引起载荷集中，影响机器工作性能，甚至造成事故。例如，机床主轴、导轨等，若刚度不足、变形过大，将严重影响所加工零件的精度。零件的刚度分整体变形刚度和表面接触刚度两种，增大零件的截面尺寸、增大截面惯性矩、缩短支承跨距或采用多支点结构等措施，有利于提高零件的整体刚度；增大贴合面及采用精细加工等措施，将有利于提高零件的接触刚度。一般地说，满足刚度要求的零件，也满足其强度要求。

寿命是指零件正常工作的期限。材料的疲劳、腐蚀以及相对运动零件接触表面的磨损，是影响零件寿命的主要因素，此外还有高温下的蠕变等。提高零件抗疲劳破坏能力的主要措施有减小应力集中、保证零件有足够大小的尺寸及提高零件表面质量等。提高零件耐腐蚀性能的主要措施有选用耐腐蚀材料和采取各种防腐蚀的表面保护措施。

2) 结构工艺性要求

零件应具有良好的结构工艺性。这就是说，在一定的生产条件下，零件应能方便而经济地生产出来，并便于装配成机器。为此应从零件的毛坯制造、机械加工及装配等几处生产环节综合考虑，对零件的结构设计予以足够重视。

3) 可靠性要求

零件可靠度的定义和机器可靠度的定义是相同的，而机器的可靠度主要是由其组成零件的可靠度来保证的。提高零件的可靠性，应从工作条件(载荷、环境温度等)和零件性能两个方面综合考虑，使其随机变化尽可能小。同时，加强使用中的维护与监测，也可提高零件的可靠性。

4) 经济性要求

零件的经济性，主要决定于零件的材料和加工成本。因此，提高零件的经济性主要从零件的材料选择和结构工艺性设计两个方面加以考虑。如采用廉价材料以代替贵重材料，采用轻型结构和少余量、无余量毛坯，简化零件结构和改善零件结构工艺性以及尽可能采用标准化的零部件等。

5) 质量小的要求

尽可能减小质量对绝大多数机械零件都是必要的。减小质量首先可以节约材料，另一方面对运动零件可减小其惯性，从而改善机器动力性能。对运输机械，减小零件质量就可减小机械本身的质量，从而可减小动载量。要达到零件质量小的目的，应从多方面采取设计措施。

3.1.3　机械设计方法和一般步骤

1. 机械设计方法

机械的设计方法，可从不同的角度做出不同的分类。目前较为流行的分类方法是把过去长期采用的设计方法称为常规的(或传统的)设计方法,近几十年发展起来的设计方法称为现代设计方法。本节主要阐明常规设计方法，至于现代设计方法在3.3节中介绍。机械的常规设计方法可概括地划分以下3种。

1) 理论设计

根据长期研究与实践总结出来的设计理论和实验数据所进行的设计，称为理论设计。理论设计的计算过程分为设计计算和校核计算两部分。前者是指按照已知的运动要求，载荷情况及零部件的材料特性等，运用一定的理论公式设计零部件尺寸和形状的计算过程。设计计算多用于能通过简单的力学模型进行设计的零部件。如，转轴的强度、刚度计算等。后者是指先根据类比法、实验法等其他方法初步定出零部件的尺寸和形状；再用理论公式进行精确校核的计算过程，它多用于结构复杂，应力分布较复杂，但又能用现有的应力分析方法(以强度为设计准则时)或变形分析方法(以刚度为设计准则时)进行计算的场合。理论设计可得到精确而可靠的结果，重要的零部件大都选择这种方法。

2) 经验设计

根据对某些零部件已有的设计与使用实践而归纳出来的经验关系式，或根据设计者本人的工作经验用类比的办法所进行的设计叫做经验设计。对一些次要的零部件或者对于一些理论上不够成熟或虽有理论但没有必要用繁复、高级的理论设计的零部件。这对那些使用要求变动不大而结构形状已典型化的零件是很有效的设计方法。例如，箱体、机架、传动零件的各结构要素等。

3) 模型实验设计

把初步设计的零部件或机器，做成小模型或小尺寸样机，经过实验的手段对其各方面的特性进行检验，根据实验结果对设计进行逐步的修改，从而达到完善。这样的设计过程叫做模型实验设计。对于一些尺寸巨大而结构又很复杂的重要零件，尤其是一些重型整体机械零件，为了提高设计的可靠性，则可采用模型实验设计的方法。这个设计方法费时、昂贵，因此只用于特别重要的设计中。例如，新型、重型设备及飞机的机身，新型舰船的船体等。

2. 机械设计的一般步骤

机械设计是一个创造性的工作过程，同时也是一个尽可能多地利用已有的成功经验的工作。要很好地把继承和创新结合起来，才能设计出高质量的产品。产品的设计，要求对产品的工作原理、功能、结构、零部件设计，甚至加工制造和装配方法都确定下来。因此，不同的设计者可能有不同的设计方法和设计步骤。根据人们长期的设计经验，将机械设计分为5大步骤：动向预测、方案设计、技术设计、施工设计、试生产。

1) 动向预测

在根据实际的需要提出所要设计的新产品后，动向预测只是一个计划和预备阶段，此时所要设计的产品仅是一个模糊的概念。在这阶段中，应对所设计的产品做全面的调查研究和分析。

一个机械产品的发展过程和任何有生命的个体一样，假使希望所生产的产品能够不断地推广、不断地更新，则在产品发展过程中，考虑发展哪种产品，何时投产等问题，必须慎重考虑、周密策划、严格执行，使其能在万无一失的情况下投入市场，并在上市后仍能不断地吸取购买者的，作为将来改善产品的参考。即在产品生产前，必须对产品的功能、规格、用途、销售市场及竞争者产品的特性做系统的调查和分析。从市场的观点来看，产品必须具备比它的材料及加工成本更高的交换价值，否则它将无法在市场上立足。因此在设计前，必须进行情报调研和动向预测。在进行非完全新型产品的设计时，调研和预测一般选择一些名牌同类产品作为调研对象，调研项目包括产品功能、市场销售、顾客购买动机等方面。经过产品调研后，明确了本设计产品的优点和不足，然后清点外购件和原材料，收集各零部件的工时定额，材料消耗定额等，计算出各零部件的目前成本，并初步摸清产品的实际成本。预测改进后的产品投入市场后的竞争能力，做出决策并写出技术建议。根据技术建议的分析来确定合理地制定产品文件的技术论证和技术经济论证，最后签发设计任务书。在设计任务书中，要说明设计对象的用途和特点，从而规定生产率、可靠性和寿命、重量、外廓尺寸、驱动能量、成本等指标。

2) 方案设计

本阶段对设计的成败起关键的作用。在这阶段中也充分地表现出设计工作有多个方案的特点。根据设计任务书提出的对所设计机器的工作要求，首先对能满足工作要求的多种设计原理方案加以分析比较。由于任何工作原理都必须通过一定的运动形式来实现，所以这一步骤也是确定设计所需运动的方案。确定设计原理方案时，可把设计对象当作完整的系统，并将它分成具有各种分功能的机构及零件为子系统和元素，进行系统分析，最后选择最优方案。

在这一阶段，要按选择最优方案所需的技术——经济论证来制定产品总体和主要部件方案，同时要确定关于工作原理、可靠性和强度的问题范围，这些问题必须加以研究，有些要得到实验验证。要对不致太大影响技术任务书中所规定的设计对象的主要指标的那些结构要素做近似计算。如果现在有接近于设计对象的实际样机，就可以不经过计算而拟定各个结构要素。但在方案设计中，为了进行与选择最优设计方案有关的技术--经济计算，必须充分精确地估计对最终结果有影响的参数。

在确定设计原理方案时，还必须体现机械工业的技术发展政策。根据机械的实际工作情况，尽量采用微电子技术和新型材料，设计机电液一体化产品。

3) 技术设计

在技术设计中，要拟定设计对象的总体和部件，具体确定零件的结构。对所设计的机械产品提出的要求是制造和维护经济、操纵方便而安全、可靠性高、使用寿命长。为了能达到这些要求，零件应满足一些准则，其中最重要的准则是强度、刚度、抗振性、耐磨性、耐热性、工艺性等的准则。标准化对所设计产品的制造成本和运行经济有很大意义。实现标准化，可使机械产品的成本有所降低，设计周期有所缩短，可靠性则有所提高。

设计人员按照绘制的初步设计总图，简单计算或估算机械的各主要零件的受力、强度、形状、尺寸和重量等，如发现原来所选的结构不可行或不实际，则要调整或修改结构，还要考虑有没有发生过热、过度磨损和过早发生疲劳破坏的危险部位，若有则需要采取措施解决。

在这阶段，设想中的产品初步成形，设计人员通过初步设计总图的绘制，会发现各部分的形状、尺寸和比例等有许多矛盾，当需要加强或改进某一方面，可能会削弱或恶化另一方面，必须权衡取舍，在各方面保持平衡以达到最佳综合效果。这时，设计人员的经验起着重要作用。

在修改初步设计总图的过程中，还需对初步设计进行技术—经济分析。一般原则是先对结构复杂，质量大、尺寸大、材料贵、性能差、技术水平低以及批量大、工艺复杂、原材料消耗高、成品率低的零件进行分析，并据此修改设计以期得到技术—经济指标高的初步设计总图。

初步设计总图经过反复修改满意后，按比例绘制，凡可能发生干扰碰撞之处要特别注意，必须有足够的各方向视图和剖面，以暴露各方面可能发生的矛盾等。初步设计总图完成后，初估它的制造成本(供审查和报价)，进行初步评审。

从初步设计总图到技术设计装配图，需注意：①尽量采用标准件，通用件或过去已经设计制造的零部件，以节省生产费用；②确定毛坯材料以及毛坯由外厂供应还是本厂生产；③改进加工和安装工艺，例如，采用成组加工工艺和平行装配操作等以降低制造成本，在设计中使采用先进工艺成为可能；④按照造型设计原则改进结构；⑤考虑安全设计要求；⑥进行技术—经济分析。最后，综合上述的工作，调整零件尺寸比例后，画出技术设计总装图，对于高速运动机械，还需进行系统的动力学验算，内容包括整个结构的固有频率和振型，确定结构承受的外载荷，计算在动载荷作用下的动应力，并采取措施避免共振、减少动应力等。

按照初步评审意见进行修改得到的技术设计总装配图，画出每一零件的结构。由于此时零件的尺寸已知，便可较准确地计算出零件承受的载荷，再用零件设计专用程序，计算出零件受载后的应力分布状况，找出其危险点，进行结构改进以降低危险点的峰值应力或对零件的某几个主要尺寸做优化设计。再考虑选用材料、加工和装配要求，确定零件的尺寸，求出零件的危险点在工作载荷下的应力响应，计算疲劳强度和寿命，按寿命要求再修改零件设计。完成润滑设计和电气设计(驱动和控制)等，最后画出技术设计总装配图，进行第二次评审。

第二次评审仍应请各方面专家和使用人员代表合同审核，在此时改变设计，其代价将是高的，但是若有必要改变之处则一定要改。避免重新绘图的最好方法，是在设计过程中与使用人员、制造工艺人员和其他有关专家多商量，某些重要的和批量生产的机械，有时要制造一个模型。第二次评审通过后，正式画出技术设计总体装配图和部件图(分装配图)。

4) 施工设计

根据技术设计总体装配图进行零部件设计。给出零件图，无遗漏地定出零件上的每一个尺寸，定出公差配合，凡是有标准的地方在绘图时都必须符合国家标准。再按实际的零件尺寸画出施工设计总体装配图。接着，开始校对图样。首先校对零件图的尺寸，检查每张图的尺寸有无遗漏或矛盾，尺寸标注有无错误，每张图与它左邻右舍的图有无矛盾，对照总图检查发生干涉或碰撞的可能性等。再对图样进行工艺性审核，要有熟练的工艺人员将每张图都看过，检查每一个零件是否便于制造，易于安装，对难于加工、甚至无法加工之处加以修改。一部机器的零件、尺寸、配合等都有标准，设计人员虽然也熟悉标准，但最好要有专人进行标准审核。此外，还需对图样进行润滑审核，研究润滑方法和润滑剂品种等。最后，编出零件清单及说明书等各种技术文件。

5) 试生产

根据施工设计的图样和各种技术文件试制样机，对样机进行功能试验，并对各项费用进行成本核算，向前反馈，改进设计。对样机进行审批手续，再进行小批量试生产，改进后正式投入小批量生产。

小批量生产的产品投放市场后，如用户对产品的试售率和再售率都很高，表明产品受用户欢迎，可以批准大批量投产。如试售率低，再售率高，表明用户对产品不了解，应加强广告宣传，然后再大批量投产，如试售率高，再售率低，或两者都低，表明产品质量不行，应修改设计，提高质量，降低成本。

当产品可以批量生产时，还要研究适合批量生产的工艺并按照此工艺进行批量试生产。批量试生产中，可能发现在工艺性审核中考虑欠周到之处，使批量生产时出现困难，难以稳定地保证质量以及消耗大、成本高等，而且不能单是通过改进加工工艺来解决问题，这就需要对设计做某些相应的修改，以提高机械设计的工艺性，然后才可以开始正式的批量或大量生产。当大批产品投入使用后，还要从用户收集使用和维护的信息，如有必要则对设计作改进修改。

3.2　机械设计理论与方法的发展趋向

许多科技工作者为了提高产品的设计质量，进行了大量的研究工作，深入研究了各种设计方法，获得了许多有重大应用价值的成果，并在诸多产品的设计中发挥了良好的作用。如果在这个基础上，将宏观研究与微观研究很好地结合起来，设计理论与方法的研究将会有更大的突破。

就目前国内外的研究状况来看，产品的设计理论与方法正在向如图3-1所示的几个主导方向发展。这些设计方法各有其特点和适用范围。综合设计理论与方法通常是以单一设计理论方法为基础的，所以对单一设计方法研究工作的深化是搞好综合设计方法的基础。

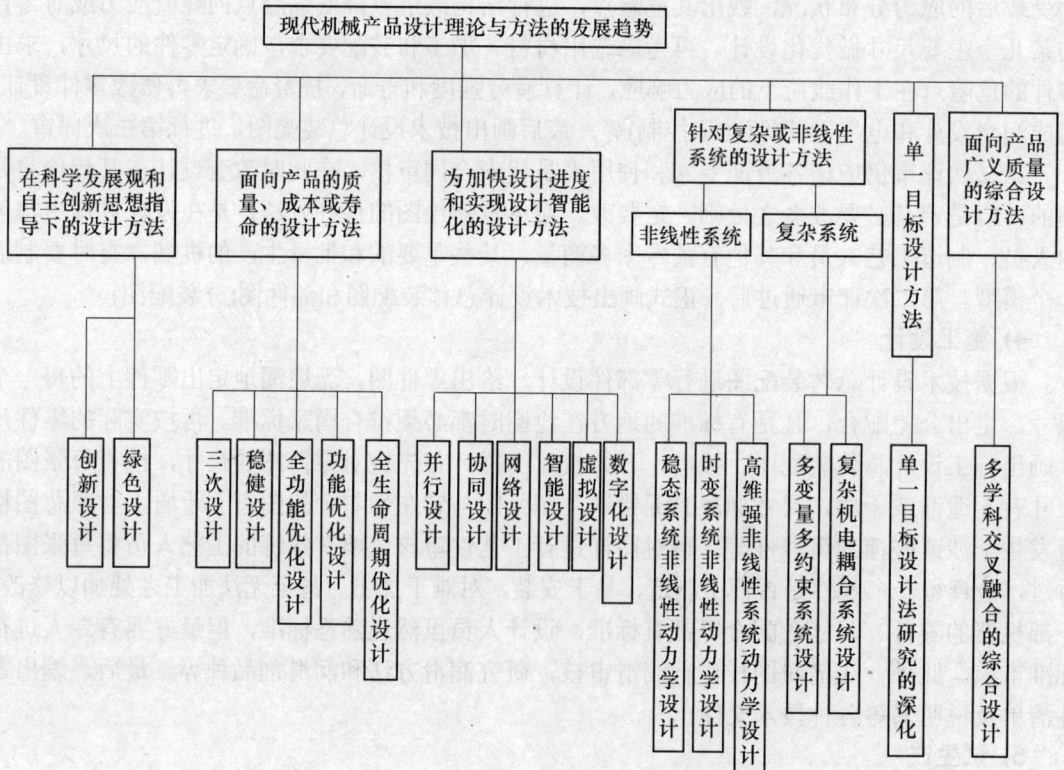

图 3-1　现代机械设计理论与方法的发展趋向

3.3　现代设计技术

由于现代设计技术是一门新兴的科学，迄今为止国内外文献对此尚无普遍公认的严格定义，也没有明确的边界。现代设计技术与其他科学技术一样，都有其产生、发展的客观要求与实际背景，是生产斗争、社会斗争和科学研究发展到一定程度的必然产物，也是自然科学方法论和科学哲理发展到一定阶段的必然产物。当今科技有一个非常明显的发展趋势，这就是科学技术的重心正在由材料(物质)和能量转向信息，它意味着电子信息科学技术的崛起和信息技术时代的到来。信息技术的渗透影响着产品和制造业的变革，也影响着设计技术的变革与发展，并为设计技术的发展提供了条件，同时对设计技术也提出了要求。现代设计技术与其他科学技术一样，其内涵与外延是变化的、动态的。

鉴于上述分析与基本认识，可以这样给现代设计技术下个定义：以满足应市产品的质量、性能、时间、成本/价格综合效益最优为目的，以计算机辅助设计技术为手段，以知识为依托，以多种科学方法及技术为手段，研究、改进、创造产品活动过程所用到的技术群体的总称。现代设计技术是由现代设计方法学、计算机辅助设计技术、可信性设计技术、试验设计技术等多学科交叉融合的产物。现代设计是传统设计技术的继承、延伸和发展，是吸收了传统设计技术中的思想、观点、方法的精华而发展起来的。

工业发达国家和先进企业成功的大量事例表明，现代设计技术的推广应用所取得的技术、经济和社会效益，集中体现在大大提高产品的质量，缩短设计周期，降低成本，并且有节约资源、保护生态，创造人类持续发展的和谐环境。

归纳起来，现代设计技术具有如下特点：

(1) 设计范畴扩展化。传统的设计只限于产品设计，而现代设计则将产品设计向前扩展到产品规划，甚至用户需求分析；向后扩展到工艺设计，使产品规划、产品设计、工艺设计形成一个有机的整体。另外，设计范畴的扩展还体现在面向"X"的设计技术，即在设计中同时考虑制造、维修、价格、包装发运、回收、质量等因素。

(2) 设计手段计算机化。传统的手工设计正在被计算机辅助设计所代替。计算机在设计中的应用已从早期的辅助分析计算和辅助绘图，发展到现在的优化设计、并行设计、三维建模、设计过程管理、设计制造一体化、仿真和虚拟制造等。

(3) 设计过程并行化。并行设计技术是目前最热门的技术之一。与产品有关的各种过程交叉进行，可以减少各种修改工作量，有利于加速设计进程，提高设计质量。同时各家协同工作，有利于得到整体最优解。

(4) 设计过程智能化。在传统的设计过程中，一切创造性的设计都需要设计人员来完成，在现代设计中，却可以借助人工智能和专家系统技术，由计算机完成一部分原来必须进行的创造性工作。

(5) 设计手段拟实化。在传统的设计过程中，产品和零件的外观形状只有在制造后才能看到，由于三维造型技术、仿真和虚拟制造技术以及快速原型制造技术的出现，使得人们在零件被制造之前就可以看到它的形状甚至摸到它，可以大大改进设计的效果。

(6) 分析手段精确化。传统设计中，靠加大安全系数来提高产品的可靠性。但提高安全系数并不总能提高可靠性。现代设计则利用有限元等功能强大的分析工具，准确模拟系统的真实工作情况，得到符合实际情况的最优解。现代设计还运用概率论和统计学方法进行产品的可靠性设计。

(7) 多种手段综合应用。现代设计利用高速计算机，可以将各种不同目的的设计方法、设计手段综合起来，以求得系统的整体最优解。

(8) 强调设计的逻辑性和系统性。传统的设计采用经验法和类比法，现代设计则强调设计的逻辑性和系统性。

(9) 进行动态多变量的优化。由于手段的限制，传统设计过程一般只能进行静态分析，而现代设计法却可考虑负载率等随机变量，进行动态多变量最优化设计。

(10) 强调产品的环保性。随着人们对环境问题越来越重视，要求能设计出所谓的绿色产品，即要求产品运行过程中的各种污染尽可能少，对人体的危害减至最低限度。

(11) 强调产品的宜人性。现代设计除强调产品的内在质量外，还特别强调产品的外观质量，如美观性、时代性和艺术性，使产品造型具有一定的艺术感染力，使使用者有新颖、心情舒畅、愉快、兴奋等感觉，满足使用者的审美要求。

(12) 强调用户参与。用户是产品最终消费者，仅仅靠市场调研的结果并不能完全反映用户的需求。所以现代设计强调用户参与设计过程，这样设计出的产品才能准确无误地反映用户的要求，获得用户的最大满意度。

(13) 强调设计阶段的质量控制。现代质量控制理论认为：产品的质量首先是设计出来的，其次才是制造出来的。所以应特别重视设计阶段的质量控制活动，以免设计出来的产品在质量上先天不足。

(14) 设计和制造一体化。传统的设计与制造过程是分离的。现代设计则强调设计和制造过程的一体化和并行化，强调从设计信息到制造信息的顺畅传递和快速反馈，甚至要求设计和制造采用统一的数据模型。

(15) 强调产品全生命周期最优化。现代设计强调从市场调研、用户要求，到产品规划、产品设计、工艺设计、制造过程、质量控制、成本核算、销售价格、包装运输、售后服务、维修保养、报废处理、回收再利用等产品全生命周期的综合最优化。

现代设计方法内容广泛，分支科学繁多，鉴于本篇不是专门研究设计程序、规律、思维与方法本身详细内容，而是面向21世纪科技发展的趋势，着眼于了解一些行之有效的现代设计方法，为此，选编了以下几部分内容以简介之。

3.3.1 优化设计

1. 概述

在现代工程设计中，设计方案往往不是唯一的，从多个可行方案中寻找"尽可能好"的或"最优化"方案的过程，称为"优化"设计。传统的设计过程是构思方案→评价→再构思→再评价的过程，这也是一种寻优化过程。但由于受到诸多客观条件的限制，这种设计过程只能得到较好的可行解，无法得到设计的最佳解。为了得到最佳解，国外从20世纪70年代，国内从20世纪80年代初开始，利用计算机辅助寻优，出现了最优化设计这一高新技术。

优化设计是以数学规划为理论基础，以计算机为工具，在充分考虑多种约束的前提下，寻求满足某项预定目标的最佳设计方案。

工程设计上的最优值或最佳值是指在满足多种设计目标和约束条件下所获得的最令人满意、最适宜的值。优化设计技术是优化设计全过程中各种方法、技术的总称。它主要包含两部分内容：优化设计问题的建模技术和优化设计问题的求解技术。如何将一个实际的设计问题抽象成一个优化设计问题，并建立起符合实际设计要求的优化设计数学模型，这就是建模技术中要解决的问题。建立实际问题的优化数学模型，不仅需要熟悉、掌握优化设计方法的基本理论、设计问题抽象和数学模型处理的基本技能，更重要的是要具有该设计领域的丰富设计经验。

在实际设计问题经抽象处理后建立起相应的优化设计数学模型，接下来的任务是求解数学模型。求解的方法很多，早期的方法有：试算法、表格法、图解法和一元函数极值理论等。由于这些方法的求解能力太弱，几乎不能求解实际的优化设计问题。20世纪80年代以来，计算机技术的迅猛发展，一大批的数学规划方法(优化设计方法)借助于计算机得以实现，解决了许多实际的优化设计问题。

2. 优化设计的数学模型

优化设计方法是一种规格化的设计方法，它首先要求将设计问题按优化设计所规定的格式建立数学模型，选择合适的优化方法，然后再通过计算机的计算，自动获得最优设计方案。

工程设计问题的优化，可以表达为优选一组参数，使其设计指标达到最佳值，且须满足一系列对参数选择的限制条件。这样的问题在数学上可以表述为：在以等式或不等式表示的约束条件下求多变量函数的极小值或极大值问题。下面介绍优化设计中常用的几个基本术语。

1) 设计变量

在工程设计中，区别不同的设计方案，通常是以一组取值不同的参数来表示。这些参数可以是表示构件形状、大小、位置等的几何量，也可以是表示构件质量、速度、加速度、力、力矩等的物理量。在构成一项设计方案的全部参数中，可能有一部分参数根据实际情况预先确定了数值，它们在优化设计过程中始终保持不变，这样的参数称为给定参数。另一部分参数则是需要优选的参数，它们的数值在优化设计过程中是变化的，这类参数称为设计变量。它们相当于数学上的自变量。

一个优化设计问题如果有 n 个设计变量，而每个设计变量用 x_i $(i=1, 2, \cdots, n)$表示，则可以把 n 个设计变量按一定的次序排列起来组成一个矩阵的转置 $X=[x_1, x_2, \cdots, x_n]^T$。把 X 定义为 n 维欧氏空间的一个向量，设计变量 $x_1, x_2, \cdots, x_n$ 为向量 X 的 n 个分量。在优化设计中把这个 n 维欧氏实空间称为设计空间，用 R^n 表示，它是以设计变量 $x_1, x_2, \cdots, x_n$ 为坐标轴的 n 维空间。设计空间包含了该项设计所有可能的设计方案，且每个设计方案就对应着设计空间一个设计向量或者说一个设计点 X。

设计变量通常是有取值范围的，即

$$a_i \leqslant x_i \leqslant b_i \, (i=1, 2, \cdots, n)$$

式中 a_i、b_i——设计变量 x_i 的下界约束值和上界约束值。

2) 目标函数

每一个设计问题，都有一个或多个设计中所追求的目标，它们可以用设计变量的函数来加以描述，如 $f(x)$，在优化设计中称它们为目标函数，当给定一组变量值时，就可计算出相应的目标函数值。因此，在优化设计中，就是用目标函数值的大小来衡量设计方案的优劣的。优化设计的目的就是要求所选择的设计变量使目标函数值达到最佳值。最佳值可能是极大值，也可能是极小值，由于求目标函数 $f(x)$ 的极大化等价于求目标函数 $-f(x)$ 的极小化，因此，为算法和程序的统一，通常最优化就是指极小化，即 $f(x) \rightarrow \min$。

在工程设计问题中，设计所追求的目标可能是各式各样的。当目标函数只包含一项设计指标极小化时，称它为单目标设计问题。当目标函数包含多项设计指标极小化时，这就是所谓的多目标设计问题。单目标优化设计问题，由于指标单一，易于衡量设计方案的优劣，求解过程比较简单明确。而多目标问题则比较复杂，多个指标往往构成矛盾，很难或者不可能同时达到极小值。

在优化设计中正确建立目标函数是很重要的一步工作，它不仅直接影响到优化设计的质量，而且对整个优化计算的繁简难易也会有一定的影响。

3) 设计约束

优化设计不仅要使所选择方案的设计指标达到最佳值，同时还必须满足一些附加的条件。这些附加的设计条件都是对设计变量取值的限制，在优化设计中叫做设计约束。它的表现形式有两种，一种是不等式约束，即

$$g_u(x) \leqslant 0 \qquad u=1, 2, \cdots, m \tag{3-2}$$

或

$$g_u(x) \geqslant 0 \qquad u=1, 2, \cdots, m \tag{3-3}$$

另一种是等式约束，即

$$h_v(x) = 0 \qquad v=1, 2, \cdots, p < n \tag{3-4}$$

$g_u(x)$ 和 $h_u(x)$ 分别为设计变量的函数，统称为约束函数；m 和 p 分别表示不等式约束和等式约束的个数，而且等式约束的个数 p 必须小于设计变量的个数 n。因为从理论上讲，存在一个等式约束就可以用它消去一个设计变量，这样便可降低优化设计问题的维数。

若优化数学模型中的函数均为设计变量的线性函数，则称为线性规划问题。若问题函数中包含非线性函数时，则称为非线性规划问题。多数工程优化设计问题的数学模型属于有约束的非线性规划问题。

4) 约束优化设计问题的最优解

优化设计就是求解 n 个设计变量在满足约束条件下目标函数达到最小值，即

$$\min f(x) = f(x^*) \qquad X=[x_1, x_2, \cdots, x_n]^T \in R \tag{3-5}$$

$$\begin{cases} g_u(x) \leqslant 0 \qquad u=1, 2, \cdots, m \\ h_v(x) = 0 \qquad v=1, 2, \cdots, p < n \end{cases}$$

x^* 为最优点，称 $f(x^*)$ 为最优值。最优点 x^* 和最优值 $f(x^*)$ 即构成了一个约束最优解。

3. 最优化求解方法

多数最优化求解方法的基本思想都是有迭代算法而来，无约束最优化方法的主要步骤为：

(1) 选定初始点 x_0，计算目标函数初始值 $f(x_0)$。

(2) 选取一个能使目标函数值下降的方向，沿该方向取一下降点 x_1，能使目标函数值下降，$f(x_1) < f(x_0)$。

(3) 当不存在下降方向，或虽存在点 x_1 与 x_0 点已足够靠近，则认为找到了一个最优解，结束求解过程，否则，$x_0 \leqslant x_1$，转步骤(2)继续。

工程设计中的优化方法有多种类型，有不同的分类方法。若按设计变量数量的不同，可将优化设计分为单变量(一维) 优化和多变量优化；若按约束条件的不同，可分为无约束优化

和有约束优化；若按目标函数数量的不同，又有单目标优化和多目标优化；按求解方法的特点，可将优化方法分为准则法和数学规划法两大类。所谓准则法，就是根据力学或其他原则，构造达到最优的准则，如满应力准则、优化准则等；然后，根据这些准则寻求最优解。数学规划法是从解极值问题的数学原理出发，运用数学规划的方法来求解最优解。数学规划法又可以按设计问题优化求解的特点，分为线性规划、非线性规划、动态规划、整数规划、0-1规划等几大类。

3.3.2　可靠性设计

1. 可靠性的概念及其发展

可靠性(Reliability)是产品的一个重要的性能特征。人们总希望自己所用的产品能够有效可靠地工作。因为任何故障和失效都可能给使用者带来经济损失，甚至会造成灾难性的后果。

可靠性最早只是一个抽象的定性的评价指标，如很可靠、比较可靠、不大可靠、根本不可靠等。通常情况下，产品的可靠性可定义为：产品在规定条件下和规定时间区间内，完成规定功能的能力。这其中的三个规定具有某种数值的概念。一个数值是"规定的时间"，它具有一定寿命的数值概念。不能认为寿命越长越好，而是要有一个最经济有效的使用寿命。当然，这个规定的时间指的是产品出厂后的一段时间，这一段时间可以叫做产品的"保险期"。因为产品的可靠性水平经过一个较长的稳定使用或储存阶段后，便会随时间的延长而降低，时间越长，故障失效越多。一个数值是"规定的条件"，包括环境条件、储存条件以及受力条件等。另一个数值是"规定功能"，它说的是保持功能参数在一定界限值之内的能力，不能任意扩大界限值的范围。产品的可靠性与产品的设计、制造、使用以及维护等环节密切相关。从本质上讲，产品的可靠性水平是在设计阶段奠定的，它取决于所设计的产品结构、选用的材料、安全保护措施以及维修适应性等因素；制造阶段是保证产品可靠性指标的实现；而运行使用是对产品可靠性的检验；产品的维护是对其可靠性的保持和恢复。

产品丧失规定的功能称为故障，对不可修复或不予修复的产品而言，它称为失效。为保持或恢复产品能完成规定功能的能力而采取的技术管理措施称为维修。可以维修的产品在规定条件下，并按规定的程序和手段实施维修时，保持或恢复到能完成规定功能的能力，称为产品的维修性。把可以维修的产品在某时所具有，或能维持规定功能的能力称为可用性。产品完成规定功能包括：①性能不超过规定范围的性能可靠性；②结构不断裂破损的结构可靠性。这两方面的可靠性称为狭义可靠性。把狭义可靠性、可用性和保险期综合起来考虑时的可靠性则称为广义可靠性。

当所考虑的产品是由部件或子系统组成的系统时，不能期望它的组成部件或子系统都是够寿命的。因为影响各组成部件或子系统的因素是复杂的。因此，现在多是用概率和统计的学方法来对可靠性的数值指标进行描述的。

可靠性问题最早是由美国军用航空部门提出的。第二次世界大战期间美国空军由于飞行故障事故而损失的飞机达21000架，比被击落的飞机多1.5倍，这个事实引起美国军方对可靠性问题的高度重视。

到了20世纪50年代，由于军事、宇航及电子工业的迅速发展，在产品的复杂程度及功能水平提高的同时，也导致了故障率的急剧增加。为此，产品和系统可靠性问题也引起了一些发达国家的高度重视，他们集中了大量的人力、物力和财力对产品的可靠性进行了系统的理论研究和大量的实验验证，取得了显著的成就，使电子产品的平均使用失效率达到了

1×10^{-12} 1/h～1×10^{-10} 1/h 水平。

随着电子产品可靠性的提高，机械产品的可靠性问题日趋突出。20世纪60年代末，人们对机械零件失效机理和失效规律等问题进行了探讨，建立了以强度—应力为基础的机械产品可靠性计算模型。机械产品计算模型的建立，为机械产品的强度、刚度等问题的可靠性设计提供了理论基础，标志着机械产品可靠性设计进入了实用阶段。目前，机械产品的可靠性趋向成熟，许多机械标准件以及机械产品的设计都相继引入了可靠性指标。

2. 可靠性设计的理论基础和可靠性指标

可靠性设计的基础理论是概率统计学。在产品的运行过程中，总有可能发生各种各样的偶然事件(故障)。这种偶然事件的内在规律很难找到，甚至是捉摸不定。但是偶然事件也不是完全没有规律的，如果从统计学的角度去观察，偶然事件也有其某种必然的规律。概率论就是一门研究偶然事件中必然规律的学科，这种规律一般反映在随机变量与随机变量发生的可能性(概率)之间的关系上。用来描述这种关系的数学模型有很多，如正态分布模型、指数分布模型和威布尔模型等。其中最典型的为正态分布模型

$$f(t)= \frac{1}{\sigma\sqrt{2\pi}}e^{-\frac{1}{2}\left(\frac{1-\mu}{\sigma}\right)^2} \tag{3-6}$$

式中，f 为随机变量；μ 为平均值；σ 为标准差(或方差)。

平均值和标准差是正态分布的主要参数。平均值 μ 决定正态分布的中心倾向或集中趋势，即正态分布曲线的位置；而标准差 σ 决定正态分布曲线的形状，表征分布的离散程度，如图3-2所示。

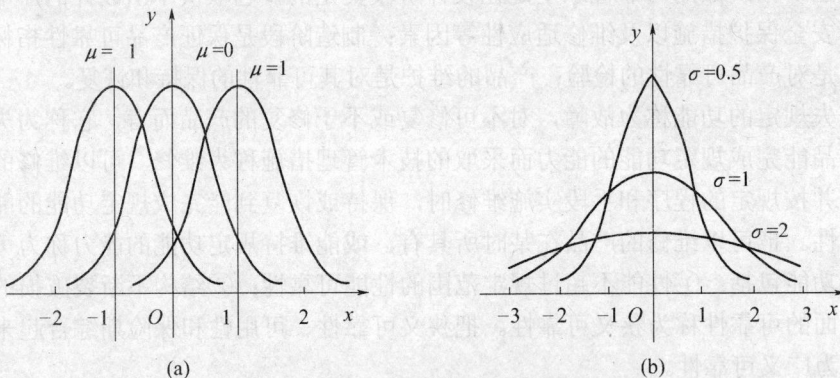

图 3-2　平均值 μ 和标准差 σ 对正态分布曲线的影响

(a) 对位置的影响；(b) 对形状的影响。

上述数字模型称为随机变量 t 的概率密度函数，它表示随机变量 t 发生概率的密集程度的变化规律。随机变量在某点以前发生的概率可按下式计算

$$F(t)= \int_{-\infty}^{t} f(t)dt \tag{3-7}$$

$F(t)$ 称为随机变量 t 的分布函数，或称积累分布函数。对于时间型随机变量而言，它反映了故障发生可能的大小，它的值是在(0, 1)之间的某个数。数值越小，表示故障发生的可能性就越小。

可靠性主要研究内容有可靠性理论基础和可靠性应用技术。可靠性理论基础包括概率统计理论、失效物理、可靠性设计技术、可靠性环境技术、可靠性数据处理技术、可靠性基础实验及人在操作过程中的可靠性等。可靠性应用技术包括使用要求调查、现场数据收集和分析、失效分析、零部件机器和系统的可靠性设计与预测、软件可靠性、可靠性评价和验证、包装运输保管和使用的可靠性规范、可靠性标准等。

可靠性的数值标准常用以下的指标(或称特征值): 可靠度、失效率或故障率和平均寿命等。

1) 可靠度(Reliability)

可靠度的定义是: 零件(系统)在规定的运行条件下、在规定的工作时间内,能正常工作的概率。由此可见,可靠度包含以下5个要素。

(1) 对象。对象包括系统、部件等,可以非常复杂,也可以比较简单。

(2) 规定的运行条件。运行条件指对象所处的环境条件和维护条件,产品的运行条件不同是无法比较它们之间的可靠度的。因此,同一产品的运行条件不同,设计依据也不同。

(3) 规定的工作时间。一般指对象的工作期限,可以用各种方式表示,如汽车以公里数来表示,滚动轴承以小时数来表示等。可靠性设计对于某些产品往往只要求它在一定的工作时间内达到规定的可靠度就行了,而不是用高成本去追求更长的寿命或更高的可靠度,因为这样会造成更大的浪费。所以可靠性设计中人们往往更追求"产品总体寿命的均衡",即希望在达到规定的工作时间后所有零件的寿命均告结束。

(4) 正常工作。正常工作是指产品能达到人们对它要求的运行效能,否则产品就失效了。有时,产品虽能工作,但不一定能达到要求的运行效能;而有时,产品虽某个零件出现问题,但仍能正常工作,能达到所要求的运行效能。

(5) 概率。概率就是可能性,它表现为(0,1)区间的某个数值。根据互补定理,产品从开始起动运行至时间 t 时不出现失效(故障)的概率,即为可靠度。

2) 失效率(Failure Rate)

大量研究表明,机电产品零件的典型失效率曲线(即失效或故障模式)如图3-3所示。

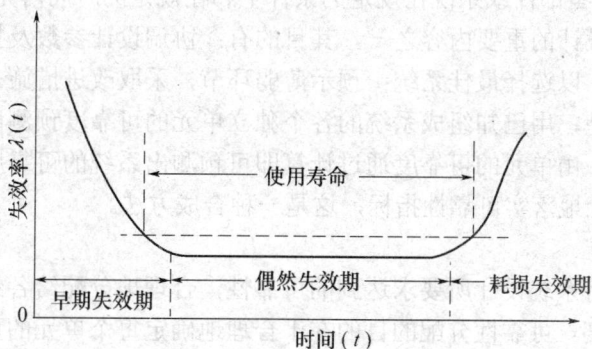

图 3-3　典型的失效率曲线

典型失效率曲线可以划分为3个区域,即早期失效区域、正常工作区域和失效区域。

早期失效区域最初的失效率较高,此后迅速下降。为了消除早期失效,在产品交付使用前,应在较为苛刻的条件下试运行一段时间,以便发现故障并将其排除。

正常工作区域出现的失效具有随机性,失效率变化不太大,有的微微下降或上升。在此期间失效率较低。

功能失效区域的失效率迅速上升。一般情况下，零件表现为耗损、疲劳或老化所致的失效。预测这一时间意义非常重大。

失效率曲线的三个区域反映了产品零件的三种失效率或故障模式。它们均具有一定的概率分布特性。了解它们的特性对研究产品的可靠性有很大帮助。

3) 平均寿命(Mean Life)

平均寿命有两种情况：对于可修复的产品，是指相邻两工作时间的平均值 MTBF(Mean Time Between Failure)，称为平均失效间隔时间，即平均无故障工作时间；对于不可修复的产品，是指从开始使用到发生故障前工作时间的平均值(Mean Time To Failure)，称为平均失效前时间。

3. 机械可靠性设计

机械可靠性设计是在满足产品功能、成本等要求的前提下，使产品可靠运行的设计过程。它是将概率统计理论、失效物理和机械学等相互结合起来的综合性工程技术。机械可靠性设计的主要特征是将常规设计变量，如材料强度、疲劳寿命、载荷、几何尺寸及应力等所具有的多值现象都看成是服从某种分布的随机变量，根据机械产品的可靠性指标要求，用概率统计方法设计出零部件的主要参数和结构尺寸。可靠性作为产品质量的主要指标之一，是随产品所使用时间的延续而在不断变化的，因此可靠性设计的任务就是确定产品质量指标的变化规律，并在其基础上确定如何以最少的费用来保证产品应有的工作寿命和可靠度，建立最优的设计方案，实现所要求的产品可靠性水平。

机械可靠性设计是从已知的目标可靠度出发，设计零部件和整机系统的有关参数及结构尺寸。它包括确定产品的可靠度、失效率(故障率)、平均无故障的工作时间(平均寿命)等。在上述指标确定的前提下，进行系统的可靠性设计，根据指标的要求，进行零件的可靠性设计，确定零件的尺寸、材料和其他技术要求等。其设计内容包括以下两点。

1) 可靠性预测

可靠性预测是一种预报方法，即从所得到的失效数据预报一个零部件或系统实际可能达到的可靠度，预报这些零部件或系统在规定的条件下和在规定的时间内完成规定功能的概率。可靠性预测是可靠性设计的重要内容之一。其目的有：协调设计参数及指标，提高产品的可靠性；对比设计方案，以选择最佳系统；预示薄弱环节，采取改进措施。可靠性预测，是指根据系统的可靠性模型，用已知组成系统的各个独立单元的可靠度预测出系统的可靠度。根据系统的可靠性模型，由单元的可靠度通过计算即可预测出系统的可靠度。它可以按单元→子系统→系统自下而上地落实可靠性指标，这是一种合成方法。

2) 可靠性分配

可靠性分配就是将系统设计所要求达到的可靠性，合理地分配给各组成单元，从而求出各单元应具有的可靠度。可靠性分配的目的在于合理地确定每个单元的可靠性指标，并将它作为元件设计和选用的重要依据，比可靠性预测要复杂。可以说，它是按系统→子系统→单元自上而下地落实可靠性指标，这是一种分解方法。

常用的可靠性分配方法有：

(1) 等分配法。等分配法是将系统中的所有单元分配以相同的可靠度，是一种最简单的分配方法。

(2) 按相对失效率分配。该方法的基本出发点是使每个单元的允许失效率正比于预计失效率。其分配步骤为：①根据统计数据或现场使用经验得到各单元的预计失效率；②由单元预计失效率计算每一单元分配权系数；③按给定的系统可靠度指标及各单元的权系数，即可计算出各单元的允许失效率。相对失效率分配法考虑了各单元原有失效率水平，比等分配法相对较为合理。

此外，还有按单元的复杂程度及重要度分配方法、拉格朗日乘数法分配方法等。不管采用何种可靠性分配方法，均应遵循以下的分配原则：①单元越成熟，所能达到的可靠度水平越高，所分配的可靠度可以相应增大；②单元在系统中的重要性越高，所分配的可靠度也越高；③对具有相同重要性和相同工作周期的单元，所分配的可靠度应相同；④应综合考虑各单元结构的复杂程度、可维修性、工作环境、技术成熟程度、生产成本等因素，合理分配各单元的可靠度指标。

3) 可靠性试验

可靠性试验是为了定量评价产品的可靠性指标而进行的各种试验的总称。通过试验可以获得受试产品的可靠性指标，如平均寿命、可靠度、失效概率等，验证产品是否达到设计要求。通过对试验样品的失效分析，可以揭示产品的薄弱环节及其原因，制定相应措施，达到提高可靠性的目的。因此，可靠性试验是研究产品可靠性的基本手段，也是预测产品可靠性的基础。常用的可靠性试验有如下几种。

(1) 环境可靠性试验。它是在额定的应力状态下以及试验温度、湿度、冲击、振动、含变量、腐蚀介质等环境条件对产品可靠性的影响下，确定产品可靠性指标。这种试验常用于一些作业条件十分苛刻的机械产品，如采挖机械、矿山机械、粮食加工机械、运输机械等。

(2) 寿命试验。它是可靠性试验中最常见的一种。通常是在实验室条件下，模拟实际使用工况，确定产品的平均寿命，测定应力—寿命曲线等特征值。寿命试验不但可以用来推断、估计机械产品在实际使用条件下的寿命指标，而且还可以考核产品及结构的可靠性、制造工艺水平，分析失效机理。对机械产品而言，寿命试验是最主要的试验，是获得产品可靠的主要来源，也是可靠性设计的一项基础工作。

(3) 现场可靠性试验。一般可靠性试验都是在实验室条件下进行的。为了尽量使实验条件与实际使用状态相同，也常常在现场条件下对产品进行可靠性验证。验证产品的寿命数据时应尽量创造最恶劣使用条件来考验所有零部件和组成机构的工作能力。例如，批量投产前的汽车样机，要在专门挑选的道路，甚至在特意修筑的恶劣道路上进行试验。通过试验可以发现产品的薄弱环节以及产品在实际使用条件下的工作能力。由于产品的使用寿命一般很长，若通过现场试验获取产品可靠性的全部信息，往往要花费很长时间，甚至不可能。因此，现场试验一般只能得到有限时间内的可靠性指标。

3.3.3　创新设计技术

创新是设计的本质。没有创新就没有丰富多彩的世界。随着科学技术突飞猛进的发展，大量科技成果转化为生产力，产品更新的周期大大缩短，产品的市场竞争也日益激烈。在这种形势下，创新设计是产品适应新的市场形势的最好途径，创新产品能满足甚至创造出新的需求，因而必然有较强的市场竞争力。

产品创新是为企业利益服务的。除技术上的创新外，当然还可以有管理上的创新，销售上的创新，售后服务上的创新等。我们主要讨论技术上的创新。

在制造业中，一般把产品的技术创新分为如下两种。

第一种是无重要新技术，但在形式上翻新，因而能获得相应竞争能力的创新。例如，按用户定单生产不同颜色的自行车，虽然在生产管理上有所创新，也形成了新的竞争能力，但自行车的性能并无重要变化，其中也没有融入多少新的技术。

第二种是含有(开发了)重要新技术，使产品竞争力有重要提高，或形成新竞争力的制高点的创新。例如，电动汽车，如果谁能设计和制造出远远超出现在的长寿命电池，就是新竞争力制高点，那么这种创新将不仅具有世界意义，而且是具有历史意义的。

1. 创新与设计思维

创造性思维具有两种形式：直觉思维与逻辑思维。

直觉思维是一种在下意识状态下，对事物内在复杂关系突发式的领悟过程，具有创造感忽然降临的色彩。

在市场竞争十分激烈的情况下，企业必须根据市场上出现的需求，快速地创造开发全新的产品去占领市场，单凭天赋灵感的创造方式显然不能满足要求。人们必须根据所提的创造目标，进行逻辑推理式的思维，把目标展开、分解，寻求各层分目标的解，然后找最终整体解，用主动的可按部就班的工作方式向目标逼近，这就是逻辑推理型创造思方式。

实际上，大量的创造过程是这两种思维方式交叉和综合的结果。人们首先对自己提出个创造目标，这个目标本身也可能就是一个创造灵感，但是为了实现这个目标，必须一步步地进行分析推理。在此过程中会出现一些技术难题，人们就不得不进行反复的试验，经历一次又一次的失败，最后找到解决问题的办法。

在对创造性思维机理认识的基础上，人们自然会产生第二个问题，即能否人为地去催化这一进程？回答是肯定的。创造学为此建立起促发创造思维的一些法则，作为外部因素的有如下几点。

(1) 激发创造激情。科技史中，凡作出重大创造发明的人，都是充满创造激情的人。因为只有在激情的支配下，人脑的智力活动才能被高度激发，形成突发灵感。

(2) 增强信息获取方式。创造建立在大量知识和信息的基础上，尤其是处于现在科学技术高度发达的时代，有关新技术的信息显得特别重要。人们可以用最便捷的手段捕捉大量的信息，这无疑为创造发明提供了极好的条件。在随之而来的创造发明的竞争中，信息的快速获取将成为成败的关键因素。

(3) 促进知识融合、学科交流。科学技术发展到今天，学科界限越来越模糊，创造发明往往是多学科知识融合的结果。一个发明人大脑中储存的知识不足以构成所求的解，很多创造灵感是在学科交流中产生。因此，创造各种条件让不同学科的人频繁交流，也是促进科技创新的重要手段。

了解创造思维内在的特点，在创造过程中主动加以运用，是促进创造思维的重要内部因素。在技术性的创新设计中，常用的有如下几种思维形式：

(1) 分析与综合思维。分析与综合是一个逻辑性很强的思维过程。面对所提出的创造对象、任务或设想，首先需要进行分析，要对问题的提法有清晰而明确的描述，然后去伪存真，由表及里，把本质和非本质的问题加以区别。

综合是分析的反向过程。在求得各子问题的解之后，必须通过建立连接，构成总体，实现最终需要的总体功能。

分析与综合是最基本的创造思维过程，由它们构成一个创造过程的思维框架。

(2) 收敛与发散式思维。创造意味着寻求一个解。我们可以先确定一个原始解，它可以个完全满足所提要求的理想系统，然后以它为目标，寻求一切想得出或可能的，通向这个目标的途径，对每一条通向目标的途径进行论证，最后找到一条最好的途径，它使目标成为可实现的解，并且与理想解的差异是最能够被接受的。由于条条思维途径都指向一个收敛目标，即原始提出的理想系统，所以这种创造思维称为收敛式思维。这种思维方式的关键是人们能否提出一个理想目标，它常常受到认识的限制，而通向目标的途径，又常常受到技术创造的限制，创造正是在这两点上的突破。

我们也有可能已经掌握了一个原始解，以其为出发点，去寻找更多更好的解。这些新解不一定是原始解的变异，它很可能是在保证系统功能前提下的一种新的原理和系统。

这种创造思维称为发散式思维，由原始解出发辐射出多根思维射线，其终点常常是一些创新解。

将创新原点抽象化，然后用收敛或发散的思维模式求解，是一种十分有效的创造思维法则。

(3) 对应与联想式思维。科技史上很多发明创造都是对应联想的产物。人们看到鸟在天上飞，联想到人也装上翅膀飞；看到鱼在水中游，联想到人也能在水中游。为此不断地创造。发明了飞机和轮船。直到今天，对应联想法则依然是创造思维的重要法则。对应是指作为类比的对象，它距离人们常规的思维范畴越远，越容易激发新思路，实现创新与发明。联想把类比对象的某些特征引导到现实的创造任务中。

(4) 离散与组合式思维。很多事物将其分解意味着创新；也有很多事物，彼此组合意味着创新。在科技发明创造中充满这类实例：眼镜片与镜架分离，成为隐形眼镜；电话听筒与主机分离，成为子母式电话机。但是相反，电视与电话组合，成为可视电话。所以分解与组合是对立统一的思维，很多场合，分解是为了组合，而为了形成最佳组合，首先应将对象分解。有人预言，未来的机械将是由大量的、专业化程度极高的功能模块组成。

(5) 换元与移植式思维。客观事物都有内在的运动规律，有很多规律表现的因素不同，但规律相同，数学很好地反映了这一点。数学物理方程并没有针对特定的物理量，但却在振动、热传导、液体动力学不同领域得到应用。方程中的 X、Y、Z 可以用不同的物理元代入，解决不同的问题。这种思维方法转移到创造学中，成为换元法则。

移植是某一领域内的一种方法或研究成果在另一领域内的应用。它常促使一门新的学科、领域或学说的创立。例如，把物理学研究手段用于化学，产生了物理化学；将力学研究手段用于生命体，产生生物力学等。技术方面移植的实例也很多，特别是为军事、宇航、核能等领域开发的许多技术，移植到民用技术领域后产生了很多创新成果。

(6) 正向、迂回与反向思维。正向、迂回与反向思维是常用的思维方式。正向、直线前进的思维方式在科学演绎中运用很多，每证实一步就再往前进一步，直到关系成立。在工程技术中，这也是主要的、基本的思维方式。

逆向的、求异的思维是创造性人才必备的素质。对现有的解进行分析，对其每一部分提出疑问，想一下"能否不是这样"，会解脱思维定势的束缚，引发出好的想法。

迂回思维则反映了创造者的灵活性，用侧面代替正面，用间接代替直接，用阶段前进代替一步到位等。近几年产生的快速原型制造技术，就是用平面生成立体的迂回创新思维的产物。

2. 创新工作方法

通过组织学手段可以帮助创新思维的展开，为此人们创造出很多工作方法。

(1) 智暴法。智暴法是一种让智力像山洪一样暴发的方法。基本思想是组织一些来自不同领域值思想活跃的人，向他们提出会议的主题，鼓励大家提出无偏见的主意，规定每一个人只能补充别人的思想，不许否定或批评对方，努力构成新思想的联合。参与智暴法活动的人的来源应尽量广泛。从智暴法活动中得到的往往是原始的主意，进一步需要结合专业人员分析提出的主意，建立切实可行的方案。

(2) 635法。635法是由智暴法进一步发展而成的。在宣布了活动主题后，要求参加者每次写下3个解并做提纲式的注释，然后传给邻座，后者读后再提出3个进一步解做补充。这个活动常有6人参加，因此每个参加者的建议都将经过5个人的补充或组合发展，故称为635法。与智暴法相比，在635法中，一个有内容的主意将会得到系统的补充或开发，而消除了活动领导人的影响。缺点是不够自由活泼，对积极思维有一定影响。

(3) 陈列法。陈列法的前提条件和小组构成与智暴法相同，但参与者把自己的主意用简图加以适当的文字描述，像美术画廊式陈列出每一个人的结果，让参与者交流讨论，形成新的想法，由参加者作进一步发展，最后进行审视、排队和补充完善，选出有成功希望的初始解或原始主意。这种方法能防止不着边际的讨论，而且特别适合结构设计的创新。

(4) 哥顿法。歌顿法是一个用抽象类比思维方式开发创造活动的方法。会议主持人在始时并不宣布所要讨论的具体内容，而是把问题抽象化，提交与会者讨论。例如，要研究开罐头的工具，可把问题抽象化为"打开东西有什么办法"。采用这种方式能引导与会者无约束地进行思考，提出各种方案，最后由主持人亮出所要解决的具体问题，从所提方案中评选适用的解。

(5) 输入输出法。这是一种以逻辑推理为主的创造技法。当所需创造开发的问题描述清楚后，输入、输出和制约条件也就相应而定。为求得问题的解，人们可以提出各种设想。在今天，已有很多解的手册或库可供查阅，它们提供了很多物理、化学、生物等现象间的联系或转换关系。借助这些解库或直觉思维所建立的第一批设想通过可行性评价作出筛选，对方案作引申设想，建立第二轮方案。如此重复评价与设想，直到最终解的获得。

3. 人的创造力

在对创造性哲理分析中，提出的第三个问题就是创造能力，它是否只属于少数天才。安徒生和泰勒在总结创造者的智力结构模式和个人特点时，列举了在科学技术领域内进行创造活动所必需的能力和心理特点：勤奋、热情、勇气；独创性、勤奋(机智)；韧性、毅力、专心致志；诚实、沉着、正直；搜集整理资料的能力；迅速吸收知识的能力；协作的能力、实现和实验能力；弄清事实和规律的渴望；适应新事物的能力；从整体上对事物联合和综合能力；迅速吸收知识的能力；发现问题的能力；克服旧思想习惯的能力；独立性、怀疑精神；创见等。

归纳起来，创造型人才具有的5个方面特征，见表3-1。

创新是一个广义的概念。它可以是爱因斯坦发现相对论，也可以是家电市场上的一个新产品，也可以是一项技术革新。人的创造能力是完全可以培育的。科学的、有意识的创新教育十分重要。人们可以在各种层次上发挥自己的创造力，因为创造造就了人类文明的发展，也是当今产品市场竞争的焦点。

表 3-1　创造型人才的 5 个方面特征

创造型人才	描　　述
精神素质	一个富于创新的人必须充满创造的激情，为创造而废寝忘食几乎成为古今中外一切作出发明创造人物的共同写照
怀疑精神	不为眼前的现象所迷惑，不为人的结论所束缚，勇于提出不同的看法，大胆设想，冲破传统
强烈的求知欲望和很强的学习能力	凡富于创造的人都是发奋学习的人，也是具有很强学习能力的人。只有这样，才能积累创造所需的丰富知识
勇于实践	创造是一个艰苦的过程，需要在实践中经历反复的实验与失败，需要具有解决实际问题的能力
群体能力	在科学高度发展的今天，大多数创造活动都是群体活动。具有群体工作艺术，将是创造能力的重要组成部分

3.3.4　系统动态设计

1. 系统动态设计技术内涵

机械设计可以分为静态设计和动态设计。

(1) 静态设计。静态设计认为结构是相对不动的，它承受的载荷和周围介质的状态参数(如压力、流速、电磁场)等也是不变的，只对其静态性能进行分析、评价和设计。

(2) 动态设计。动态设计是相对静态设计而言，与静态设计的本质区别在于：变"不动"为"运动"，变"不变"为"变化"，是对结构的动态特性，如固有频率、振型、动力和运动稳定性等进行分析、评价与设计，谋求结构系统在工作过程中受到各种预期可能载荷及环境作用时，仍能保持良好的动态性能与工作状态。

在机械工业领域，系统动态设计的技术内涵主要体现在：建立可靠的数学模型，借助电子计算机技术，采用先进的科学计算方法，以实验数据为依托，全面分析研究机械结构系统可能的各种载荷与周围介质作用下，力与运动、结构变形、内部应力以及稳定性之间的关系，据此调整结构参数，确保机械结构系统在实际工作运行中具备优良的动态性能、足够的稳定裕度、良好的工作状态。

系统动态设计技术是机械产品现代设计的最重要的内容之一，是结构设计的核心与关键，是提高产品动态性能(如振动、噪声、舒适性、稳定性等)和工作性能(如生产效率等)以及运行可靠性和寿命的根本保障。

系统动态设计的主要任务就是解决产品的动态性能问题。然而，由于动态设计要考虑机械设备系统在实际工作状态下承受的各种复杂可变载荷和环境因素的作用，设计出的机械结构不仅要经济合理地完成指定的功能，而且其动态性能和动强度均要满足规定的要求，其使用寿命要达到规定的期限。显然，动态设计要比静态设计复杂和困难得多。

随着科学技术的发展，人们对客观世界的认识不断深化，振动理论、结构疲劳理论、材料疲劳理论、断裂理论、计算机技术、数据库技术和试验及测试技术等共性基础技术的进步，尤其是有限元和试验模态分析技术与计算机结合并日趋完善，为机械结构系统的动态设计奠定了坚实的基础。目前，一些先进工业国家在产品设计中已普遍采用动态设计技术，在设计阶段已能对产品结构的动力学性能和使用寿命进行预估，给出可靠性指标，研制了先进的动态分析与设计软件，积累了丰富的经验，建立了数据库，制定了动态设计准则和判据，从而使产品设计建立在先进动态设计技术的基础上，并与 CAD 技术相结合，大大缩短设计周期，降低成本，提高质量和加速产品更新换代。

2. 系统动态设计方法

目前系统动态设计主要有：传递函数分析法、模态分析法和模态综合法。

1) 传递函数分析法

动态系统微分方程的一般形式为

$$a_n \frac{\mathrm{d}^n y(t)}{\mathrm{d}t^n} + a_{n-1} \frac{\mathrm{d}^{n-1} y(t)}{\mathrm{d}t^{n-1}} + \cdots + a_1 \frac{\mathrm{d}y(t)}{\mathrm{d}t} + a_0 y(t)$$

$$= b_m \frac{\mathrm{d}^m x(t)}{\mathrm{d}t^m} + b_{m-1} \frac{\mathrm{d}^{m-1} x(t)}{\mathrm{d}t^{m-1}} + \cdots + b_1 \frac{\mathrm{d}x(t)}{\mathrm{d}t} + b_0 x(t) \tag{3-8}$$

式中，$x(t)$、$y(t)$ 为输入量和输出量。

对式(3-8)进行变换，根据微分定理，当初始条件为零时可得拉氏变换后的代数方程为

$$(a_n s^n + a_{n-1} s^{n-1} + \cdots + a_1 S + a_0) y(s) = (b_m S^m + b_{m-1} S^{m-1} + \cdots + b_1 S + b_0) x(s)$$

$$W(s) = \frac{y(s)}{x(s)} = \frac{b_m S^m + b_{m-1} S^{m-1} + \ldots + b_1 S + b_0}{a_n S^n + a_{n-1} S^{n-1} + \ldots + a_1 S + a_0} \tag{3-9}$$

式中，$W(s)$ 为微分方程在初始条件为零时输出量的拉氏变换与输入量的拉氏变换之比称为系统的传递函数。

这里的 s 是复变数，称为拉氏算子。

利用式(3-9)，得到3类处理问题的数学模式。

(1) 当系统或设备本身的特性参数和输入响应已知，求系统或设备的输出响应时，利用下式进行求解

$$y(s) = W(s) x(s) \tag{3-10}$$

(2) 当系统或设备本身的特性参数和输出响应已知，求系统或设备的输入情况时，利用下式进行求解

$$x(s) = \frac{y(s)}{W(s)} \tag{3-11}$$

(3) 当系统或设备的输入响应和输出响应已知，求系统或设备本身的特性参数时，就可直接利用式(3-9)进行求解。

传递函数是动态分析设计法研究的中心内容。因为利用传递函数不必求解微分方程，可研究初始条件为零的系统在输入信号作用下的动态过程，同时还可研究系统参数变化或结构参数变化对动态过程的影响，因而使分析和研究过程大为简化。另一方面，还可以把对系统性能的要求转化为对系统传递函数的要求，把系统的各种特性用数学模型有机地结合在一起，使综合设计易于实现。

2) 模态分析法

应用传递函数进行系统或设备的动态特性分析虽然方便，但首先需相应的传递函数，而在许多情况下，求不出相应的传递函数。为了解决这样一些问题，可以采用模态分析法。将一个多自由度振动系统的固有特性，系列模态参量来表达，这些参量的关系就形成了系统的

传递函数。一个具有 n 个自由度的系统，将有一个 n 阶的传递函数矩阵。用实验和其他数据处理手段(如有限元方法)系统特有的模态参量或传递函数，并用以对系统的动态性能进行分析、预测、评价和优化，这种处理问题的方法就叫做模态分析法。

一个多自由度系统，如果通过动态测量得到准确的传递函数曲线，则根据此曲线能够识别系统的各阶模态参数。但是由于试验的测量误差以及离散数据处理造成的误差，所得传递函数曲线也包含了一定的偏差。在靠近曲线的峰值处和极值处，这种偏差可能更为严重，并对所识别的参数的准确性有直接的影响。因此，参数识别的最大问题在于如何找到最佳的或最接近真实的传递函数曲线。

3) 模态综合法

前面所讲的动态分析方法是以对实际系统的试验和测试为基础，并采用适当的数学模型进行分析和计算，从而具有一定的科学依据和可靠性。但是，对一个大型的复杂系统，由于试验和计算的方法和手段的限制，用上述办法只能进行一些定性的分析而且没有把握。

模态综合法的基本思想是：首先，按照工程观点和结构(系统)的几何特点，将整个分为若干个子结构；其次，建立子结构的运动方程，进行子结构的模态分析；再次，将子结构的运动方程变为模态方程，在模态坐标下将各个子结构进行模态综合，从而计算整个机构系统的模态；最后，再返回到原物理坐标以再现整机结构的动态特性。它的主要特点是：第一，通过求解若干个小型的特征值问题来取代计算大型的特征值问题；第二，对于不同的子结构还可以用不同的方法来进行分析。例如，有些子结构目前还不宜采用计算的方法直接分析，则采用实验的方法测出它的动态特性。

机械结构系统动态设计技术基础包括：振动理论、数据库技术、结构疲劳、试验反测试材料疲劳、有限元分析、断裂理论、试验模态分析技术及计算机技术等。

3.3.5　快速响应设计技术

20世纪末，世界经济最大的变化是全球买方市场的形成和产品更新换代速度的日益加快。根据各个时期一些代表性产品更新速度与变化情况分析，一种新产品从构思、设计、试制到商业性投产，在19世纪大约要经历70年的时间，在20世纪两次世界大战之间则缩短为40年，战后至60年代更缩短为20年，到了70年代以后又进一步缩短为5年～10年，而到现在许多新产品的更新周期只需2年～3年甚至更短的时间。这种态势必将导致市场竞争焦点的快速转移。在以快交货 T(Time)、高质量 Q(Quality)、低成本 C(Cost)和重环保 E(Environment)去争取市场份额的市场竞争中，缩短交货期，快速响应市场需求，已经成为竞争的第一要素。

在这种时代背景下，市场竞争的焦点就转移到速度上来，即凡能领先一步，快速提供更高的性能价格比产品的企业，将具有更强的竞争力。因此，实施快速响应工程以适应市场环境的变化和用户需求的转移，是增强企业市场竞争的有效途径。

1. 快速响应工程

快速响应工程主要包括以下一些内容。

(1) 建立快速捕捉市场动态需求信息的决策机制。为了提高快速响应能力，企业首先应能迅速捕捉复杂多变的市场动态信息，并及时作出正确的预测和决策，以决定新产品的功能特征和上市时间。由于用户的要求越来越高，现代机械产品结构日益复杂，科技含量越来越高，所以使得产品的开发周期延长。如何解决好产品市场寿命缩短和新产品开发周期延长的尖锐矛盾，已经成为决定企业成败兴衰的关键问题。

(2) 实现产品的快速设计。产品开发周期包括设计、试制、试验和修改等一系列环节，明确了新产品的开发项目以后，采用快速响应设计技术，实现快速设计是非常重要的一环。在快速响应设计技术方面，人们提出了并行工程 CE，面向制造、装配、检验、质量、服务等的设计 DFX，计算机协同工作支持环境 CSCW 和功能分解组合的设计思想，这将引起对现代设计方法和 CAD 发展的新探索。

(3) 追求新产品的快速试制定型。产品开发周期包括设计、试制、试验和修改等一系列环节，除了设计以外的后几个环节可以统称为试制定型阶段。在此阶段加快产品的试制、试验和定型，以快速成形生产力，需要尽量利用柔性制造系统 FMS(Flexible Manufacturing System)、快速成形 RP(Rapid Prototyping)和虚拟制造 VM(Virtual Manufacturing)等制造自动化的各种新技术。快速成形技术能以最快的速度，将 CAD 模型转换为产品原型或直接制造零件，从而使产品开发可以进行快速测试、评价和改进，以完成设计定型，或快速形成精密铸件和模具等的批量生产能力。虚拟制造充分利用计算机和信息技术的最新成果，通过计算机仿真和多媒体技术全面模拟现实制造系统中的物流、信息流、能量流和资金流，可以做到在产品制出之前就能由虚拟环境形成虚样品(Soft Prototype)，以替代传统制造的实样品(Hard Prototype)进行试验和评价，从而大大缩短产品的开发周期。

(4) 推行快速响应制造的生产体系。在快速响应工程中推行产品的快速响应制造，必然导致企业从组织形式到技术路线的一系列变革。

首先，在企业内部，应改变传统的以注重规模和成本为基础建立起来的生产管理系统和组织形式，按照快速响应制造的战略思想，探索一套全新的组织生产方式。例如，将生产部门从以功能为基础的工序组合改变为以产品为对象的加工单元，并且尽量采用各种先进制技术手段等。

其次，从面向全局的视野出发，以产品为纽带，以效益为中心，不分企业内外、地域差异，实行动态联盟，有效地组织产品的设计、制造和营销。企业在确定产品目标后，可以先只进行总体设计，即功能设计、方案设计和经济分析，然后通过公共信息网络，寻找最佳的部件供应商和制造商，进行跨地区、跨行业的合作，实行生产资源的优化组合，并由承包按照快速响应的原则进行具体设计，即结构设计、详细设计和工艺设计，组织产品的快速制造，以保证产品及时上市，经由遍布各地的营销网络迅速抢占市场。

2. 实现快速响应设计的关键

实现快速响应设计的关键是有效利用各种信息资源。人类自有文明以来，任何人工制品(即产品)和产品的制造系统均由物质、能量和信息3大要素组成。步入21世纪，以信息技术为中心的科技革命浪潮汹涌澎湃，知识经济时代悄然来临，这时，第3大要素——信息就逐渐成为主宰社会生活和生产活动的决定性因素。主要体现在以下几点。

首先，在许多现代化产品(尤其是信息产品和机电一体化产品)中，凝集着信息(知识)的软件已经成为产品的重要组成部分，产品的智能化程度越高，这部分的比重就越大。

其次，在产品的制造过程中，需要使用各种信息，包括产品信息和制造信息两大类。产品信息指的是为了正确设计产品和确切描述产品特征所需的信息，包括产品的几何形状、尺寸、精度、材质以及各种规范和技术知识等；制造信息，指的是为了进行某一步制造过程，获得能满足预定要求的产品所需要的各种信息，包括工艺信息和管理信息。

第三，包含在产品中的间接信息。这指的是包含在产品硬件部分的材料(以及标准与外购零部件)中和制造过程所需的能源中的信息。例如，一块钢材，作为另一制造过程的产品，从矿石到轧制成材，需要使用一定的产品信息和制造信息。依此类推，归根结底，人类一切制品都由自然物(如矿藏、野生动植物、阳光、空气和水等)通过注入各种信息加上一定的能源消耗而制成的。由此可见，随着科技水平和深加工层次的提高，产品的信息含量也越高。所谓高科技产品，也是高信息含量的产品。产品的信息含量越高，信息对产品的质量和成本的影响也就越大。毫无疑问，高信息含量的产品就意味着是高性能、高质量和高价值的产品。

信息同以实物呈现的硬件(材料、能源)相比，具有如下特点：能量级小、存储性好(体积小、重量轻)、渗透力强(传播迅速)、处理方便(加工容易)等。最大的优点就是共享性极佳。一项新的信息(如软件、知识、经验、资料)，虽然需要投入相当的人力、资金，经历一定的时间进行开发、制作，但是一旦这项信息成果业经造出(获得)，它的复制(学习)却是极其便捷的，所以大量用户很快可以共享专利。

根据这些特点，利用现代计算机和通信技术提供的对信息的高度储存、传播和加工能利用产品的信息资源，采取产品信息资源重复使用和虚拟制造过程实现快速响应。

产品信息资源的重复使用是指企业在长期的生产活动中，积累和蕴藏了大量的极其宝贵的信息(图样、文件、数据、经验、标准、规范等)，对这些信息进行充分挖掘和科学资源化，成为有用和便于重复利用的产品信息资源，再将这些信息资源存储在庞大的数据库中，加上在先期开发中所积累的信息资源，就足以有效支持对市场的快速响应产品信息资源，其要点是在新产品的设计、研制和制造过程中，尽量重复使用资源(尤其是机电产品中的成熟零部件)，对于那些确实必须新做的产品信息(如新技术、新结构、新零部件)，也尽量通过先期的开发活动加以创建。这样，自然能够实现快速响应，尤其是快速设计。

虚拟制造过程是指将有关产品制造过程的信息从实际制造过程中抽取出来，依靠计算机的高速大规模信息处理能力，实行由计算机试验(仿真)、虚拟制造和智能优化组成的一个相对独立的软过程，来代替传统的样机(模型)制作、实物试验、反复修正的硬过程，达到在产品正式投产之前，就能通过在计算机上的试验、改进和优化，迅速完成对产品的性能预测和设计定型。显然，虚拟制造过程可以比现实过程做得更快捷、更灵便、更省钱。例如，计算机仿真无疑比实物试验简便得多，这是利用信息技术实现快速响应的一个范例，尤其对于产品设计定型。

3. 虚拟设计技术

基于信息实现快速响应设计目前有变形设计、模块化设计、配置设计、虚拟设计及智能设计等。

随着计算机和信息技术的飞速发展，虚拟设计技术越来越受到企业的重视。全球化、网络化和虚拟化已成为制造业发展的重要特征，实现虚拟设计是制造业虚拟化的重要内容。

虚拟设计是指设计者在虚拟环境中进行设计。设计者可以在虚拟环境中用交互手段对在计算机内建立的模型进行修改。

虚拟设计以虚拟现实技术为基础。虚拟现实(VR，Virtual Reality)技术是基于三维计算机图形技术与计算机硬件技术发展起来的高级人机交互的技术，为用户提供逼真的感觉，包括三维视觉、立体听觉、触觉、甚至嗅觉和味觉等多种知觉方式，用户可以利用自然技能，如手摸、头转、身体姿势和调整等与虚拟世界进行交互作用，从而使人成为系统中集成的一部分，进入沉浸—交互—构思，虚拟地与计算机所建造的仿真环境发生交互。比如，进入"虚拟厂房"，操纵"虚拟机床"，抓取"虚拟零件"，组装"虚拟设备"等。借助虚拟外设(如头盔式显示器 HMD、跟踪器、数据手套、定位器等)，人们就可沉浸在仿真环境之中，有身临其境的感觉，从而完成在现实世界中可能或不可能完成的工作。

　　虚拟现实主要由以下几部分组成：交互作用(Interaction)、视觉(Visual Perception)、听觉(Acoustic Perception)、触觉(Tactile Perception)、 嗅觉(Olfactory Perception)。

　　虚拟现实中还有一种增强现实(Augment Reality)技术，它是一种"虚实结合"的人机交互技术，是"看穿(See Through)"计算机生成显示技术。这种技术可以将计算机图像(虚体)叠加在实物(实体)之上，能看到物理世界与虚拟世界的混合体。例如，轿车整车装配时，车身是计算机产生的图像，而底盘、装配环境则是实物，用户可以操作车身使之逼真地安放在真实底盘上，从而进行装配分析。

　　虚拟设计技术将 CAD 延伸并发展为基于虚拟现实的 CAD(VR-CAD)。在沉浸式的虚拟环境中，设计者通过直接三维操作(键盘是一维操作，鼠标是二维操作)对产品模型进行管理，以直观自然的方式表达设计概念，并通过视觉、听觉与触觉反馈感知产品模型的几何属性、物理属性与行为表现。

　　在虚拟环境中，产品模型从交互与行为表现上均高度接近于现实产品。设计者无需通过实物样机就能对产品设计结果进行多角度、全方位的分析与验证，以确保产品的可制造性、可装配性、可使用性、可维护性与可回收性，从而为实现"零样机产品开发"提供强有的支持。

　　根据零件形状是否在虚拟环境中进行，可将虚拟设计技术分为虚拟造型与虚拟样机两类。

　　虚拟造型以虚拟环境中形状设计为主要研究内容，支持设计者在虚拟环境中直接创建、修改和管理 CAD 模型，包括虚拟实体造型、虚拟曲面造型与虚拟特征造型。

　　虚拟样机的定义有两种不同含义的认识：第一种认识从计算机图形学角度出发，认为虚拟样机(VP，Virtual Prototyping)是利用虚拟现实技术对产品模型的设计、制造、装配、使用、维护与回收等各种属性进行分析与设计，以替代或精简物理样机；另一种认识则从制造角度出发，广义地认为虚拟样机是通过计算机技术对产品的各种属性进行设计、分析与仿真以取代或精简物理样机，称之为数字样机(DMU，Digital Mockup)。

　　虚拟样机的特点是具有与实际产品相同的几何结构与几何尺寸，相同的颜色和纹理，相同或相近的运动学与动力学属性。虚拟环境中零件间的相互作用反映了实际产品中零件间的相互作用；在外部环境的激励下，虚拟样机能作出与实际产品相同或相近的行为响应。因此 利用虚拟样机可以有效地精简物理样机制作，从而减少产品开发成本，并大幅度缩短产品上市时间。

　　虚拟设计具有以下优点：①继承了虚拟现实技术的所有特点；②继承了传统 CAD 设计的优点，便于利用原有成果；③具备仿真技术的可视化特点，便于改进和修正原有设计；④支持协同工作和异地设计，利于资源共享和优势互补，从而缩短产品开发周期；⑤便于利用和补充各种先进技术，保持技术上的领先优势。

　　基于虚拟现实技术的虚拟设计系统基本构成如图3-4所示。

　　一个虚拟设计系统具备3个功能：3D 用户界面；选择参数；数据表达与双向数据传输。它是基于多媒体的、高交互的、浸入式或半浸入式的三维计算机辅助设计环境。在这样环境中，设计者不仅能够自始至终在三维空间里观察和分析设计结果，而且能够直接在三维空间中通过三维操作、语音指令、手势等高度交互的方式，进行三维实体建模和装配，并且最终生成精确的几何模型，以支持详细设计与变动设计，包括视觉反馈、声音反馈、力反馈等，让设计者与被设计对象间建立双向的关系。同时能在同一环境中进行一些相关分析，从而满足工程设计和应用的需要。

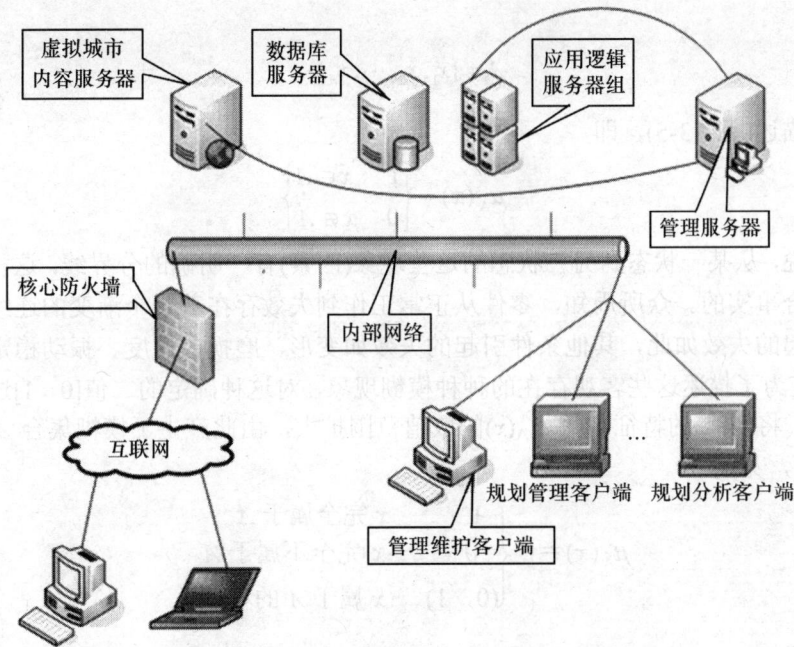

图 3-4 基于虚拟现实技术的虚拟设计系统

3.3.6 模糊设计

1965年美国 L.A.Zadeh 教授创立了模糊集合论。基于模糊集合论而形成的模糊数学，其应用的范围已遍及理、工、农、医及社会科学等众多领域，显示了强大的生命力，特别是对工程设计、自动控制、信息技术、人工智能等学科产生了极大影响，并取得了许多令人振奋的新成果。模糊设计是模糊数学应用于工程设计的产物，是模糊系统理论的一个分支学科，由于它问世不久，至今尚无公认的定义。我们认为，所谓模糊设计是运用模糊数学原理，针对工程中研究对象的特点，分析、量化、研究、决策设计中的模糊因素，模拟人的经验，思维与创造力，设计模糊化、智能化的软件与硬件产品的综合性学科。值得一提的是，近年来我国广大工程技术人员在模糊优化设计、模糊可靠性设计、模糊自动控制设计、人工智能设计等方面取得的优异成果，使工程设计这门古老的学科开放出新的花朵。可以说，模糊设计是传统的常规设计理论及方法的拓展与延伸，是设计概念的深化，并已成为解决复杂工程模糊设计问题的有效方法与手段。

1. 模糊设计的基本理论

在现实的客观世界及工程领域中，既存在着许多确定性与随机性的现象，还普遍存在着模糊现象。模糊现象是边界不清楚，在质上没有确切的含义，在量上没有确切界限的某种事物的一种客观属性，是事物差异之间存在着中间过渡过程的结果。例如，自然现象中的大雨、中雨、小雨，多云、少云，冷和热等。又如，人们常说，设计产品性能好、效率高、寿命长、安全可靠、使用维护方便等。此外，在机械系统中大量发生的疲劳、磨损、振动失稳等失效形式，均不是确定的非此即彼的二值[0, 1]逻辑状态，而是存在着从正常到失效的中介过渡过程，即模糊的亦此亦彼的逻辑状态。

在常规的工程设计中，人们却将上述种种的模糊现象处理成二值[0，1]逻辑状态，用它们的集合：

$$A = \{x_1, x_2, \cdots, x_n\} \tag{3-12}$$

特征函数来描述(见图3-5)，即

$$\mu_A(x) = \begin{cases} 1 & x \in A \\ 0 & x \notin A \end{cases} \tag{3-13}$$

这就是说，从某一状态到另一状态的这些现象(因素)有一明确的分界线，这种一刀切的刚性处理是符合事实的。众所周知，零件从正常工作到失效存在着一个渐变的连续中介过渡过程，应力引起的失效如此，其他条件引起的失效如变形、磨损、速度、振动稳定性等也都是这样。因此，为了描述这些客观存在的种种模糊现象，对这种确定的二值[0，1]逻辑状态进行模糊化处理，将图3-5的特征函数 $\mu_A(x)$ 的取值范围扩大，由此产生了模糊集合 A 的隶属函数 $\mu_A(x)$ 的概念，见图3-6。

$$\mu_A(x) = \begin{cases} 1 & x \text{ 完全属于 } A \\ 0 & x \text{ 完全不属于 } A \\ (0，1) & x \text{ 属于 } A \text{ 的程度} \end{cases} \tag{3-14}$$

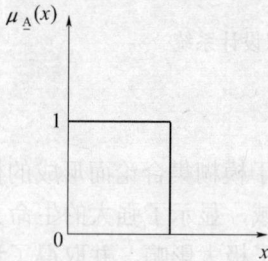

图 3-5　特征函数　　　　　　　　　图 3-6　隶属函数

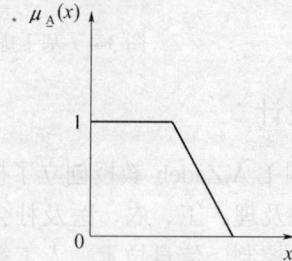

这样对于任一元素 x，即工程设计任一物理量，如应力、位移、速度、频率、温度等，属于相应的模糊集合 A 的程度，便可由隶属函数 $\mu_A(x)$ 及其取值隶属度 $\mu_A(x_i)$ 来描述和量化。

设计过程任一设计因素、概念或特征均可用集合表示，其中的模糊性便构成了模糊集合，一个模糊集合是完全以隶属函数和隶属度来描述与量化的。从工程设计角度看，某一设计因素(变量或参数)x_i 隶属于某一设计空间中的模糊子集 A(模糊允许范围)的隶属程度，可看作一种设计判据。这种隶属程度越高，相当于安全系数越大，或表示某一设计因素、某一设计方案的满足越高。运用截集的概念，截取 $\mu_A(x) \geqslant \lambda$，$\lambda \in [0，1]$，便到一定安全水平下的设计变量的取值，即获得一种设计方案。若给出一系列不同的 $\mu_A(x) = \lambda$，便获得一系列不同安全水平下的设计方案，设计者可从中选取合适的满意方案。这种柔性的分析和选择也是模糊设计的一个显著特点。

在模糊设计中，常选用梯形和三角形分布为模糊集合的隶属函数，如图3-7所示。此外，还用到其他形状的隶属函数，如正态分布隶属函数。

由上分析可见，模糊设计的理论基石是模糊集合和隶属函数，正确选择与确定隶属函数与隶属度，是模糊设计的关键。

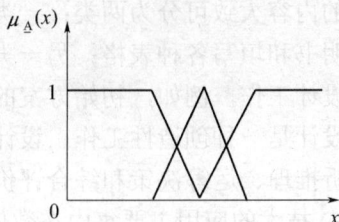

图 3-7　梯形和三角形隶属函数

2. 模糊设计的应用

1) 模糊优化设计

国外从20世纪70年代、国内从80年代开始，以数学规划论为基础，以计算机为工具的优化设计技术取得了不断的发展和广泛的应用，收到了显著的效益。但是常规的优化设计把设计中的各种因素均处理成确定的二值逻辑，忽略了事物客观存在的模糊性，使得设计变量和目标函数不能达到应有的取值范围，往往会漏掉一些真正的优化方案，甚至会带来一些矛盾的结果。事实上，不仅由于事物差异之间的中间过渡过程所带来的事物普遍存在的模糊性，而且由于研究对象的复杂化必然要涉及到模糊因素，由于信息技术、人工智能的研究必然要考虑到模糊信息的识别与处理以及由于工程设计不仅要面向用户需求的多样化和个性化，还要以满足社会需求为目标，并依赖社会环境、条件、自然资源、政治经济政策比较强烈的模糊性问题等，这些都必然使上述领域的优化设计涉及种种模糊因素。如何处理工程设计中客观存在的大量模糊性，这正是模糊优化设计所要解决的问题。模糊优化设计是将模糊理论与普通优化技术相结合的一种新的优化理论与方法，是普通优化设计的延伸与发展。

目前，国内外模糊优化理论及应用已取得较大的进展，我国在机械结构的模糊优化设计、抗震结构的模糊优化设计等方面。取得了较多成果，特别值得一提的是，将系统分析、经典优化技术中的动态规划原理与模糊优化理论相结合，为求解多目标、多层次、多阶段的复杂的大型成套机械设备系统的优化问题提供了新的途径。

2) 模糊可靠性设计

常规的可靠性设计运用随机方法对产品的故障(失效)、完好(正常)及可靠、不可靠等状态的随机性予以精确的描述，从而对产品进行概率设计。该设计理论认为，系统(产品与零件)总是处于能满意地完成预定功能的完好状态或不能完成其预定功能的故障状态之一，只是系统处于何种状态是随机的。因此，对系统状态仍作有二值[0，1]逻辑的假设，这种假设在满足工程精度要求的范围内，有时是允许的、可行的。但是，在实际的工程系统中，许多失效形式，如疲劳断裂、腐蚀及蠕变等，都是由于损伤累积引起的性能下降，最终导致故障的现象，系统从完好状态到故障状态是由一系列的中介状态相互间联系、相互渗透、相互转化的。这种中介过渡状态即不完好，亦非故障，而呈现亦此亦彼的模糊性。因此，许多机械系统中随机性与模糊性是密切相关、同时存在的，这说需要在常规可靠性设计中引入模糊分析方法。可以说模糊可靠性设计是随机理论与模糊理论结合，对产品进行可靠性设计的一种新的设计理论与方法，是常规可靠性设计的拓展，也是可靠性设计理论的重要研究方法之一。

3.3.7　智能计算机辅助设计

工程设计的全过程就是不断建立各种模型，并不断进行综合和分析过程，即反复地创造模型和评价模型过程。工程设计的内容大致可分为两类：一类是数值计算型的工作，包括大量的计算、分析、绘图、编写说明书和填写各种表格；另一类是基于符号性知识模型和符号处理的推理型工作，主要是方案设计工作，例如，初始方案的拟定、最优方案的选择、结构设计、工艺方案的规划等。方案设计是一种创造性工作，设计者要综合运用许多学科的专门知识和丰富的实践经验，经过分析推理、运筹决策和综合评价，才能创造出与众不同的，满足设计要求的设计方案。传统 CAD 技术的应用主要集中在数值计算型工作和图形绘制上，对于符号推理型的工作则进行得很少，后者则是 CAD 技术发展的方向——智能计算机辅助设计 (ICAD，Intelligent CAD)。

智能 CAD 系统具有传统 CAD 系统的全部功能，同时引入人工智能(AI，Artificial Intelligence)技术，使计算机能够参与方案决策、结构设计、性能分析和图形处理等设计的全过程。目前智能 CAD 系统主要体现为 CAD 专家系统(ES，Expert System)

1. 智能计算机辅助设计系统的基本组成

智能 CAD 系统是将人工智能原理的 CAD 技术用于工程设计的程序系统，它拥有丰富的机构设计公有知识和设计数据资料，同时拥有众多领域专家的个人经验知识。在设计时，能够模仿人类专家进行创造性设计，并具有自学习功能，能不断地总结成功经验，不断地吸取人类专家的知识，来补充自己的知识，提高自己的创造性能力。一个典型的智能 CAD 系统由以下几个部分组成。

(1) 知识获取部分，用来获取来自领域专家的知识。

(2) 知识库，用来存放各种知识，在工作时与推理机交换信息。

(3) 自学习机，在推理过程中进行学习，将得到的新知识不断充实知识库，并删除知识库中过时的知识。

(4) 人机界面，是用户与系统的接口。

(5) 绘图和文件编写部分，从中间数据库获取结果，采用交互或自动化的方式产生图样和设计文件。

(6) 动态数据库，存放推理过程的中间结果、用户输入信息及最终结果。

(7) 推理机是整个系统的核心，其任务是将输入要求与知识库相匹配，触发适用的规划，使有关结论得到执行。推理机要对各组成部分实现控制，解决各结论之间的矛盾，对设计结果进行评价和决策，最后得到最佳设计结果。

(8) 分析计算部分，利用各种程序进行计算和分析，给推理机提供定量的评价和决策数据。

(9) 设计资料数据库，存放大量的设计标准和参考资料，用来支持分析计算、评价及决策过程。

2. 人工智能技术和智能设计系统

专家系统和神经网络均为人工智能科学中的基础技术，由此而出现了不同特点的智能设计系统，即专家系统、基于人工神经网络的智能设计系统和体现复合智能的神经网络专家系统等。

1) 专家系统(ES，Expert System)

专家系统是一种计算机程序，是基于知识的智能程序，是以专家的水平来完成一些重要问题的计算机应用系统。其知识库存有相当数量的权威性知识，并能运用这些知识解决特定领域内实际问题。它拥有某个领域内专家的知识经验，并能模拟专家运用这些知识，通过推理做出智能决策。专家系统擅长符号处理和逻辑推理，特别适合于解决自动计算、问诊和启发式推理等基本规则的问题。它不仅能利用定义严格的逻辑性知识，而且还能利用经验知识和启发性知识来完成工程设计任务。专家系统具有强大的解释功能，对设计推理过程和结果做出解释，这种推理过程的透明性，有利于设计人员理解和使用系统的设计结果。专家系统的知识库和推理为系统的两大组成部分，知识库的丰富和修正，不会涉及推理机程序体，这使系统更易适应不同设计环境，更易采用新的设计技术。专家系统的知识主要来源于专家经验知识，用于求解较复杂或高难度问题，辨别有希望的求解途径，并有效地处理错误或不完全数据。

2) 人工神经网络(ANN，Artificial Neural Networks)

人工神经网络是由大量简单的神经元，相互连接而成的自适应非线性动态系统。人工神经网络作为生物控制论的一个成果，其触角几乎已延伸到各个工程领域，吸引着不同领域专业的专家从事这方面的研究和开发工作，并且在这些领域中形成了新的生长点。人工神经网络从理论探索进入大规模工程实用阶段，到现在也只有短短十几年的时间。它的工作原理和功能特点接近于人脑，不是按给定的程序一步一步地机械执行，而是能够自身适应环境，总结规律，完成运算、识别和控制工作。

神经网络的推理过程只与网络自身的参数有关，其参数又可通过学习算法进行自适应训练，因此它有很强的自学和自适应能力。在工程设计中只要向它提供足够多的设计样本，经过训练后，设计知识就存在网络的互连结构中，这大大减轻了知识收集和知识库建立的负担。神经网络的知识表达采用的是一种隐式表达，它把知识蕴含于网络的互连结构与连接中，这使工程设计中一些难以规则化的知识更易于表达出来，更易于实现经验思维。在工程实际中，许多设计都是多输入多输出的决策问题，神经网络的特点使其在解决这类问题上有很大的优势。

3) 复合智能(NEH，Neural Expert Hybrid)

专家系统和人工神经网络两者结合起来，实行优势互补，便构成了复合智能。在整体水平上，人的能力与人工智能系统相比，仍遥遥领先。专家系统与人工神经网络的研究都是部分智能，在多方面的属性是互补的。

(1) 专家系统擅长基于知识的逻辑推理、逻辑思维以及在宏观功能上模拟人的知识推理能力；人工神经网络则在知识获取、经验思维和在微观结构上模拟人的认知能力方面存在优势，其硬件结构是连接主义(Connectionism)系统，工作机制是并行处理。

(2) 利用专家系统来求解问题，若能求出解，一定是准确的和最优的，但若求不出，则彻底失败；而利用神经网络求解问题，它往往给出的是一个次最优解，并且总能得到解。

(3) 专家系统的操作特征是软件编程，主要用于求解推理学习一类问题。

在这种复合智能系统中，神经网络主要负责知识的获取与表示，实现知识的利用与推理；专家系统则负责用户接口界面、系统内部连接与协调以及基于规则的知识处理。目前两者结合的方式主要有：分立模型、交互模型、松耦合、紧耦合及完全集成等几种。常用的复合智能系统由初始方案专家系统、用户接口、方案调整与优化神经网络及方案确定专家系统构成。其中方案专家系统由知识库和推理机组成，知识库存放与初始方案有关的知识，推理机可进行正向、反向双向推理。用户接口实现用户与专家以及专家系统和神经网络的接口功能，负责将专家系统得到的初试方案转换为神经网络输入模式，以及将方案确定专家系统选择的方案传递给用户。方案调整与优化神经网络的每个输入层对应于设计性能和约束的满足程度，输出层对应设计参数的调整程度，训练时将专家的调整示例输入网络，通过自我学习得到网络参数。方案确定专家系统则按基于规则方法从神经网络通过不精确推理产生的几个可能的输出中选择最佳的方案。

3.3.8　有限元分析

有限元分析(FEA，Finite Element Analysis)利用数学近似的方法对真实物理系统(几何和载荷工况)进行模拟。还利用简单而又相互作用的元素，即单元，就可以用有限数量的未知量去逼近无限未知量的真实系统。

随着计算机技术的飞速发展，有限元已成为机构分析的有效方法和手段，有限元法的应用领域已涉及到机械工程、土木工程、航空结构、热传导、电磁场、地质力学等众多领域。它几乎适用于所有连续介质和场的问题，成为科学研究和工程设计必不可少的数值分析工具。

1. 有限元法的基本思想

有限元分析是用较简单的问题代替复杂问题后再求解。它将求解域看成是由许多称为有限元的小的互连子域组成，对每一单元假定一个合适的(较简单的)近似解，然后推导求解这个域总的满足条件(如结构的平衡条件)，从而得到问题的解。这个解不是准确解，而是近似解，因为实际问题被较简单的问题所代替。由于大多数实际问题难以得到准确解，而有限元不仅计算精度高，而且能适应各种复杂形状，因而成为行之有效的工程分析手段。

有限元是那些集合在一起能够表示实际连续域的离散单元。有限元的概念早在几个世纪前就已产生并得到了应用，例如，用多边形(有限个直线单元)逼近圆来求得圆的周长，但作为一种方法而被提出，则是最近的事。有限元法最初被称为矩阵近似方法，应用于航空器的结构强度计算，并由于其方便性、实用性和有效性而引起从事力学研究的科学家的浓厚兴趣。经过短短数十年的努力，随着计算机技术的快速发展和普及，有限元方法迅速从结构工程强度分析计算扩展到几乎所有的科学技术领域，成为一种丰富多彩、应用广泛并且实用高效的数值分析方法。

2. 有限元法的特点

有限元方法与其他求解边值问题近似方法的根本区别在于它的近似性仅限于相对小的子域中。20世纪60年代初首次提出结构力学计算有限元概念的克拉夫(Clough)教授形象地将其描绘为"有限元法=Rayleigh Ritz法+分片函数"，即有限元法是 Rayleigh Ritz 法的一种局部化情况。不同于求解(往往是困难的)满足整个定义域边界条件的允许函数的 Rayleigh Ritz 法，有限元法将函数定义在简单几何形状(如二维问题中的三角形或任意四边形)的单元域上(分片函数)，且不考虑整个定义域的复杂边界条件，这是有限元法优于其他近似方法的原因之一。

3. 有限元法主要的计算步骤

对于不同物理性质和数学模型的问题，有限元求解法的基本步骤是相同的，只是具体公式推导和运算求解不同。有限元求解问题的基本步骤通常如下。

第一步：问题及求解域定义。根据实际问题近似确定求解域的物理性质和几何区域。

第二步：求解域离散化。将求解域近似为具有不同有限大小和形状且彼此相连的有限个单元组成的离散域，习惯上称为有限元网络划分。显然单元越小(网络越细)则离散域的近似程度越好，计算结果也越精确，但计算量及误差都将增大，因此求解域的离散化是有限元法的核心技术之一。

第三步：确定状态变量及控制方法。一个具体的物理问题通常可以用一组包含问题状态变量边界条件的微分方程式表示，为适合有限元求解，通常将微分方程化为等价的泛函形式。

第四步：单元推导。对单元构造一个适合的近似解，即推导有限单元的列式，其中包括选择合理的单元坐标系，建立单元试函数，以某种方法给出单元各状态变量的离散关系，从而形成单元矩阵(结构力学中称刚度阵或柔度阵)。

为保证问题求解的收敛性，单元推导有许多原则要遵循。对工程应用而言，重要的是应注意每一种单元的解题性能与约束。例如，单元形状应以规则为好，畸形时不仅精度低，而且有缺秩的危险，将导致无法求解。

第五步。总装求解。将单元总装形成离散域的总矩阵方程(联合方程组)，反映对近似求解域的离散域的要求，即单元函数的连续性要满足一定的连续条件。总装是在相邻单元结点进行，状态变量及其导数(可能的话)连续性建立在结点处。

第六步：联立方程组求解和结果解释。有限元法最终导致联立方程组。联立方程组的求解可用直接法、迭代法和随机法。求解结果是单元结点处状态变量的近似值。对于计算结果的质量，将通过与设计准则提供的允许值比较来评价并确定是否需要重复计算。

简言之，有限元分析可分成3个阶段，前置处理、计算求解和后置处理。前置处理是建立有限元模型，完成单元网格划分；后置处理则是采集处理分析结果，使用户能简便提取信息，了解计算结果。

4. 有限元法的常用软件

国外软件，大型通用有限元商业软件：NASTRAN，ASKA，SAP，ANSYS，MARC，ABAQUS，JIFEX 等。

国内软件，国产有限元软件：FEPG，JFEX，KMAS 等。

5. 有限元法的发展趋势

纵观当今国际上 CAE 软件的发展情况，可以看出有限元分析方法的一些发展趋势。

1) 与 CAD 软件的无缝集成

当今有限元分析软件的一个发展趋势是与通用 CAD 软件的集成使用，即在用 CAD 软件完成部件和零件的造型设计后，能直接将模型传送到 CAE 软件中进行有限元网格划分并进行分析计算，如果分析的结果不满足设计要求则重新进行设计和分析，直到满意为止，从而极大地提高了设计水平和效率。为了满足工程师快捷地解决复杂工程问题的要求，许多商业化有限元分析软件都开发了和著名的 CAD 软件(如 Pro/Engineer、Unigraphics、 SolidEdge、SolidWorks、IDEAS、Bentley 和 AutoCAD 等)的接口。有些 CAE 软件为了实现和 CAD 软件的无缝集成而采用了 CAD 的建模技术，例如，ADINA 软件由于采用了基于 Parasolid 内核的实体建模技术，能和以 Parasolid 为核心的 CAD 软件(如 Unigraphics、SolidEdge、SolidWorks)实现真正无缝的双向数据交换。

2) 更为强大的网格处理能力

有限元法求解问题的基本过程主要包括：分析对象的离散化、有限元求解、计算结果的后处理3部分。由于结构离散后的网格质量直接影响到求解时间及求解结果的正确性与否，近年来各软件开发商都加大了其在网格处理方面的投入，使网格生成的质量和效率都有了很大的提高，但在有些方面却一直没有得到改进，如对三维实体模型进行自动六面体网格划分和根据求解结果对模型进行自适应网格划分，除了个别商业软件做得较好外，大多数分析软件仍然没有此功能。自动六面体网格划分是指对三维实体模型程序能自动的划分出六面体网格单元，现在大多数软件都能采用映射、拖拉、扫略等功能生成六面体单元，但这些功能都只能对简单规则模型适用，对于复杂的三维模型则只能采用自动四面体网格划分技术生成四面体单元。对于四面体单元，如果不使用中间结点，在很多问题中将会产生不正确的结果，如果使用中间结点将会引起求解时间、收敛速度等方面的一系列问题，因此人们迫切的希望自动六面体网格功能的出现。自适应性网格划分是指在现有网格基础上，根据有限元计算结果估计计算误差、重新划分网格和再计算的一个循环过程。对于许多工程实际问题，在整个求解过程中，模型的某些区域将会产生很大的应变，引起单元畸变，从而导致求解不能进行下去或求解结果不正确，因此必须进行网格自动重划分。自适应网格往往是许多工程问题如裂纹扩展、薄板成形等大应变分析的必要条件。

3) 由求解线性问题发展到求解非线性问题

随着科学技术的发展，线性理论已经远远不能满足设计的要求，许多工程问题如材料的破坏与失效、裂纹扩展等仅靠线性理论根本不能解决，必须进行非线性分析求解，例如，薄板成形就要求同时考虑结构的大位移、大应变(几何非线性)和塑性(材料非线性)；而对塑料、橡胶、陶瓷、混凝土及岩土等材料进行分析或需考虑材料的塑性、蠕变效应时则必须考虑材料非线性。众所周知，非线性问题的求解是很复杂的，它不仅涉及到很多专门的数学问题，还必须掌握一定的理论知识和求解技巧，学习起来也较为困难。为此国外一些公司花费了大量的人力和物力开发非线性求解分析软件，如 ADINA、ABAQUS 等。它们的共同特点是具有高效的非线性求解器、丰富而实用的非线性材料库，ADINA 还同时具有隐式和显式两种时间积分方法。

4) 由单一结构场求解发展到耦合场问题的求解

有限元分析方法最早应用于航空航天领域，主要用来求解线性结构问题，实践证明这是一种非常有效的数值分析方法。而且从理论上也已经证明，只要用于离散求解对象的单元足够小，所得的解就可足够逼近于精确值。现在用于求解结构线性问题的有限元方法和软件已经比较成熟，发展方向是结构非线性、流体动力学和耦合场问题的求解。例如，由于摩擦接触而产生的热问题，金属成形时由于塑性功而产生的热问题，需要结构场和温度场的有限元分析结果交叉迭代求解，即"热力耦合"的问题。当流体在弯管中流动时，流体压力会使弯管产生变形，而管的变形又反过来影响到流体的流动等。这就需要对结构场和流场的有限元分析结果交叉迭代求解，即所谓"流固耦合"的问题。由于有限元的应用越来越深入，人们关注的问题越来越复杂，耦合场的求解必定成为 CAE 软件的发展方向。

5) 程序面向用户的开放性

随着商业化的提高，各软件开发商为了扩大自己的市场份额，满足用户的需求，在软件的功能、易用性等方面花费了大量的投资，但由于用户的要求千差万别，不管他们怎样努力也不可能满足所有用户的要求，因此必须给用户一个开放的环境，允许用户根据自己的实际情况对软件进行扩充，包括用户自定义单元特性、用户自定义材料本构(结构本构、热本构、流体本构)、用户自定义流场边界条件、用户自定义结构断裂判据和裂纹扩展规律等。

关注有限元的理论发展，采用最先进的算法技术，扩充软件的能，提高软件性能以满足用户不断增长的需求，是 CAE 软件开发商的主攻目标，也是其产品持续占有市场，求得生存和发展的根本之道。

3.3.9　并行设计技术

1. 并行设计的产生

随着全球化市场竞争的日益激烈，在变得越来越生气勃勃的周围环境中，产品的生命周期变得越来越短，所提供的产品越来越复杂、越来越多样，而批量却越来越小。在这样的周围环境中，将来所占市场份额、内部的周转时间和创造价值的成本明显地取决于面向时间的开发设计。在激烈的市场竞争中不再是大吃小，而是快吃慢，充分表达了时间这个因素具有特别重要的意义。

世界工业发达国家都在大量采用先进的技术手段，努力缩短产品开发周期。并行设计正是在市场激烈竞争的背景下，为缩短产品开发周期，同时提高产品质量、降低设计制造成本，而逐步形成和建立起来的新的设计思想和策略方法。

2. 并行设计的内涵

传统的设计是串行设计过程，串行开发的模式通常是递阶结构，各阶段的工作顺序进行，一个阶段的工作完成后，下一阶段的工作才开始，各个阶段依次排列，各个阶段都有自己的输入和输出，如图3-8所示。

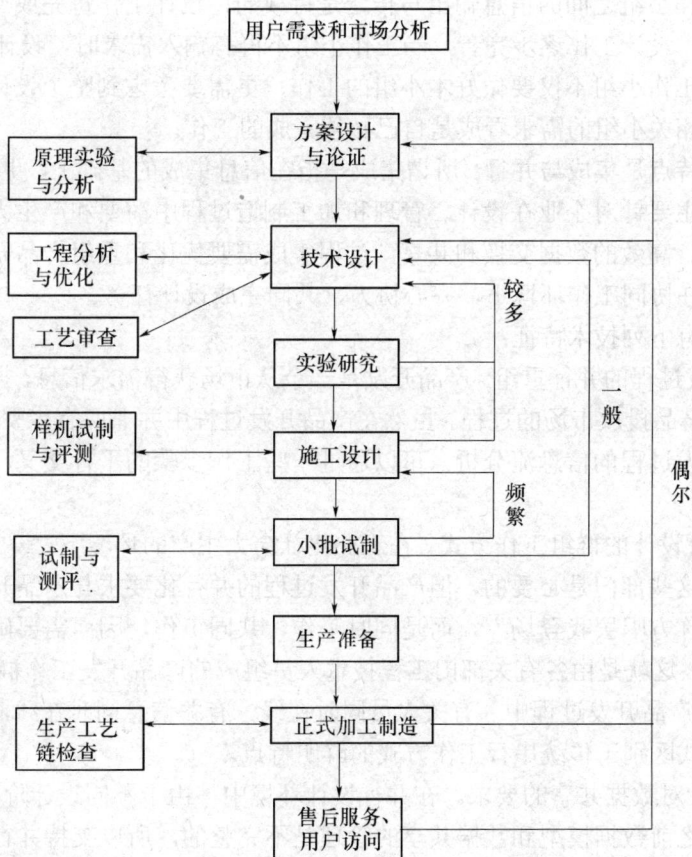

图 3-8　串行设计过程

在串行设计过程中，由市场调查部门分析消费者或客户的需求，并将销售计划提交给计划部门，计划部门分析生产中的技术需求，然后将信息提交给产品设计小组，由设计小组独自设计，直至完成。最后，设计结果送去加工制造。由于设计部门独立于生产加工过程，开发的产品一次就可以投入批量生产，设计错误往往要在后期，甚至在制造阶段才能被发现，这样就形成了设计→制造→修改设计→重新制造的大循环，导致产品开发周期长，开发成本高、质量无法保证等问题。

并行设计是先进制造领域经常采用的设计模式，它是计算机技术、网络技术、通信技术等发展到一定阶段，应用于产品设计中，经过系统地将设计过程重组、优化而产生的。

与串行设计相比，并行设计中同一时刻内可容纳更多的设计活动，使设计活动尽可能并行进行，以此来减少整个设计过程的时间。它在产品开发设计阶段即考虑产品生命周期中制造、装配、测试、维护等环节的影响，通过各环节的并行集成缩短产品开发时间，提高产品设计质量，降低产品成本。

并行设计也将产品开发周期分解成许多阶段，如需求分析、方案设计等，每个阶段有自己的时间段，某些阶段在时间段上有一部分相互重叠。

并行设计和串行设计的生命周期相比较。在并行设计中，当前工作小组可以在前面的工作小组完成任务之前开始他们的工作，他们所获得的前一个工作小组传递来的信息可能是不完备的，但他们仍可利用这些不完备的信息开始自己的工作。与串行设计的一次性输出结果不同，相关的工作小组之间的信息输出与传送是持续的，设计工作每完成一部分，就将结果输出给相关过程，设计工作逐步完善，当工作小组不再有输入需求时，设计工作就完成了。

所以所有的工作小组不仅要做好本小组的工作，更需要考虑到整个设计团队的工作，小组应该把完成与相关小组的需求看成是自己必须完成的工作。

并行设计的特点是集成与并行。所谓集成是指在信息集成的基础上，更强调过程的集成。所谓信息集成，主要针对企业在设计、管理和加工制造过程中需要和产生大量数据进行统一管理，达到正确、高效的数据交换和共享。过程集成需要优化和重组产品开发过程，组织多学科专家队伍，在协同工作环境下，齐心协力，共同完成设计任务。

并行设计具有下列技术特征：

(1) 产品开发过程的并行重组。产品开发是一个从市场获得需求信息，据此构思产品开发方案，最终形成产品投放市场的过程。虽然在产品开发过程中并非所有步骤都可以平行进行，但根据对产品开发过程的信息流分析，可以通过一些工作步骤的平行交叉，大大缩短开发时间。

(2) 支持并行设计的群组工作方式。在工业化社会大生产的环境下，设立供应、销售、设计、工艺、制造这些部门是必要的，但产品开发过程的并行化要求与产品开发有关各部门技术人员不再是"你方唱罢我登场"，而是同时工作、共同工作，因而需要确立一种新的组织形式和工作方式，这就是由各有关部门工程技术人员组成的产品开发工作群组(必要时还可分成若干小组)。在产品开发过程中，有关人员同时在线，有关信息同时在线，平行交叉，这是工作群组工作方式区别于传统串行工作方式的鲜明特点。

(3) 并行设计对数据共享的要求。在并行设计环境中，由于不同设计阶段需要同时进行，在没有完成设计之前数据模型和数据共享的管理是不完整的，所以支持并行设计必须有了的产品信息模型。产品设计过程是一个产品信息由少到多、由粗到细，不断创作、完善的过程。这些信息不仅包含完备的几何形状、尺寸信息，而且包含精度信息、加工工艺信息、装配工艺信息、成本信息等。因此，并行设计的产品信息模型应能将来自不同部门、不同内容、不同表述形式、不同抽象程度、不同关系、不同结构的产品信息包容在一个统一的信息模型之中。

(4) 并行设计过程中产品模型的更改。无论是串行设计还是并行设计，设计的更改总是不可避免的，更改应体现在产品数据模型的更改上。产品设计过程是一个产品信息由少到多、由粗到细的过程，因此在设计初期，有关产品的信息往往是不完备，甚至是不确定的。设计的全过程中，要处理的信息是多种形式的，既有数字信息又有非数字信息又有图像信息，还要涉及大量知识型信息(概念、规则等)。因此，并行设计系统一定要具有能处理以上这些信息的人工智能更改模式。

(5) 基于时间的决策。设计的过程是优化决策的过程，实施并行设计的首要目的是大幅度缩短开发周期，因此要通过一系列的优化决策，组织、指导并控制产品开发过程，使之能以最短的时间开发出优质的产品。实践证明面对多个方案，特别是其属性(评判指标)多于 $4h\sim5h$，完全依靠人为的"拍脑袋"已很难作出正确的决策。因此，要应用多目标优化、多属性决策，尤其是多目标群组决策的方法。

(6) 分布式软、硬件环境。并行设计意味着在同一时间内多机、多程序对同一设计问题并行协同求解。因此网络化、分布式的信息系统是其必要条件。并行设计面向对象的软件系统，分布式的知识库、数据库，能够根据产品设计的要求动态编联成相互独立的模块在多台终端上同时运行，并利用网络的机间通信功能实现相互之间的同步协调。

(7) 开放式的系统界面。并行设计系统是一个高度集成化的系统。一方面，应具有优良的可扩展性、可维护性，可以按照产品开发的需要将不同的功能模块组成能完成产品开发任务的集成系统；另一方面，并行设计系统又是整个企业计算机信息系统的组成部分，在产品开发过程中，必须与其他系统进行频繁的数据交换。因此，开放式的系统界面对并行设计系统是至关重要的。标准化的数据交换规范，如数据交换文件(DXF，Data Exchange File)、初始图形交换标准(IGES，Initial Graphics Exchange Standard)、产品建模数据的交换标准(STEP，Standard for Exchange of Product Model Data)等，以及大容量高速度的数据交换通道，如局域网(LAN，Local Area Network)、综合业务数据网(ISDN，Integrated Service Digital Network)等，是构造开放式界面的关键技术。

并行设计中的几个关键技术是设计过程重组、多学科设计队伍的组织、产品生命周期数字化定义以及协同工作环境等。

3.3.10 面向制造的设计技术

面向制造的设计(DFM，Design For Manufacturing)是全生命周期设计的重要研究内容之一，也是产品设计与后继加工制造过程并行设计的方法。在设计阶段尽早考虑与制造有关的约束，全面评价和及时改进产品设计，可以得到综合目标较优的设计方案，并可争取产品设计和制造一次成功，以达到降低成本、提高质量、缩短产品开发周期的目的。DFM 所考虑的是广义可制造性，它至少包含下列内容。

(1) 零件的可加工性。定性地衡量该零件是否能加工出来，并预估零件的加工成本、加工时间及加工成品率。

(2) 部件和整机的可装拆性。

(3) 零部件加工和装配质量的可检测性。

(4) 零部件和整机性能的可试验性。

(5) 零部件和整机的可维修性。

(6) 零部件及材料的可回收性。

国内外研究表明，每100个新产品提案中平均只有6.5个能够产品化，这中间又只有不到15%的新产品能够商品化，而它们中的37%在进入市场后能取得成功。大量设计成果不能或难以有效地转化为商品，其原因是多种多样的。但没有一个合理的产品开发过程，图样上的产品不能或难以按设计要求制造出来，或不得不用很高的成本才得以制成，是其重要原因之一。采用面向制造的设计技术，是改变这一现状、提高企业产品开发和创新能力的一个关键。

面向制造的设计(DFM)使我们在产品设计时，不仅要考虑产品的功能和性能的要求，而且还必须同时考虑其可制造性、经济性和制造周期，在保证产品性能的前提下，使制造成本尽可能降低。

面向制造设计的关键在于把产品设计和工艺设计集成起来，它的目的是使设计的产品易于制造，易于装配，在满足用户要求的前提下降低产品成本，缩短产品开发周期。DFM 在产品设计过程中充分考虑了产品制造的相关约束，全面评价产品设计和工艺设计方案，提供改进信息，优化产品的总体性能，以保证其可制造性。面向制造设计的关键技术有以下几点。

1. 计算机辅助概念设计(CACD，Computer Aided Conceptual Design)

随着工业生产的发展，产品功能与结构日益复杂。而产品设计在整个生命周期内的地位非常重要。概念设计是从用户要求到形成原理解，也是形成产品概念的过程，它决定了产品的整个结构形式。概念设计是一种创造性活动，是根据用户要求寻求最优解或满意解的过程，是实现产品设计和工艺设计并行的关键。产品概念设计一直是产品开发中的"瓶颈"问题，大多采用类比设计和经验设计，故不能满足并行设计的需要。采用计算机辅助技术可以进行产品创造性设计和优化，实现产品概念设计与后续活动的集成与并行，因此，开展计算机辅助产品概念设计的研究具有重要意义。

2. 产品可制造性模型及其评价方法的研究

产品可制造性与产品本身结构和制造资源有密切的关系。它涉及的因素很多，而且各种因素对可制造性影响的程度是不同的，因此可制造性是一个多指标概念。产品可制造性是相对一定的制造资源而言的，制造资源包括各种加工设备、刀具、夹具、量具等。对于可制造性这一多因素、多指标概念而言，有些指标是定量的，而更多的指标是定性的，甚至是模糊的。因此，研究建立合理的可制造性评价模型，采用先进的评价方法，对产品可制造性进行合理的评价具有重要意义。

3. 并行设计过程建模

并行设计是在产品设计阶段并行地综合考虑产品生命周期中各个环节的影响，因而产品设计可扩展到多领域、多学科知识的集成，这将增加设计过程的复杂性、综合性与系统性。并行设计的本质是一个反复迭代的过程。并行设计过程的管理、协调、控制是实现 DFM 的关键，因此对 DFM 的研究具有十分重要的意义。

4. 设计试验技术

设计试验技术包括原理方案试验、零件结构及可制造性试验和整机性能试验。快速原型计算机仿真技术、虚拟环境和虚拟制造技术、有限寿命和小样本试验方法等先进方法的迅速发展，使得设计试验手段发生了根本性的变化。应用这些方法可显著降低试验成本，缩短试验时间，提高产品设计和开发的一次成功率。

3.3.11　绿色产品设计技术

自20世纪70年代以来，工业污染所导致的全球性环境恶化达到了前所未有的程度，这迫使人们不得不重视环境污染的现实。日益严重的生态危机，要求全世界工商企业采取共同行动来加入环境保护，以拯救人类生存的地球，确保人类的生活质量和经济持续健康地发展。20世纪90年代以来，各国的环保战略开始经历一场新的转折，全球性的产业结构调整呈现出新的绿色战略趋势，这就是向资源利用合理化、废弃物产生少量化、对环境无污染或少污染的方向发展。在这种绿色浪潮的冲击下，绿色产品逐渐兴起，相应的绿色产品设计方法就成为目前的研究热点。

绿色产品(GP, Green Product)或称为环境协调产品(ECP, Environmental Conscious Product)是相对于传统产品而言的。由于产品绿色的描述和量化特征还不十分明确，因此，目前还没有公认的权威定义。不过分析对比现有的不同定义，仍可对绿色产品有一个基本的认识。以下即为绿色产品的几种定义：

(1) 绿色产品是指以环境和环境资源保护为核心概念而设计生产的可以拆卸并分解的产品，其零部件经过翻新处理后，可以重新使用。

(2) 绿色产品是从生产到使用乃至回收的整个过程都符合特定的环境保护要求，对生态环境无害或危害极少以及利用资源再生或回收循环再用的产品。

从上述这些定义可以看出，虽然描述的侧重点各不同，但其实质基本一致，即绿色产品应有利于保护生态环境，不产生环境污染或使污染最小化，同时有利于节约资源和能源，且这一特点应贯穿于产品生命周期全过程。因此，综合上述分析，我们可以给出绿色产品的下述定义以供参考：绿色产品就是在其生命周期全过程中，符合特定的环境保护要求，对生态环境无害或危害极少，对资源利用率最高，能源消耗最低的产品。

基本属性与环境属性紧密结合的绿色产品应具有以下内涵：

(1) 最大限度地保护环境。即产品从生产到使用乃至废弃、回收处理的各个环节都对环境无害域危害甚小。这就要求企业在生产过程中选用清洁的原料、清洁的工艺过程，生产清洁的产品；用户在使用产品时不产生环境污染或只有微小污染；报废产品在回收处理过中产生的废弃物很少。

(2) 最大限度地利用材料资源。绿色产品应尽量减少材料使用量，减少使用材料的种类，特别是稀有昂贵材料及有毒、有害材料。这就要求设计产品时，在满足产品基本功能的条件下，尽量简化产品结构，合理使用材料，并使产品中零件材料能最大限度地再利用。

(3) 最大限度地节约能源。绿色产品在其生命周期的各个环节所消耗的能源应最少。

1. 绿色产品设计的概念及评价标准

绿色产品设计是以环境资源保护为核心概念的设计过程，它要求在产品的整个生命周期内把产品的基本属性和环境属性紧密结合，在进行设计决策时，除满足产品的物理目标外，还应满足环境目标，以达到优化设计要求。绿色设计考虑的主要因素：产品基本属性、技术先进性、环境保护、劳动保护、资源能源优化利用、产品生命周期成本以及资源再生的物流循环等

传统产品设计，主要考虑产品的基本属性(功能、质量、寿命、成本)而较少考虑环境属性。过去在进行产品设计时，设计人员主要是根据该产品基本属性指标进行设计，其设计指导原则是只要产品易于制造并具有要求的功能、性能即可。由此可见，传统产品设计过程很少或根本没有考虑资源再生利用以及产品对生态环境的影响。按传统设计生产制造出来的产品在其使用寿命结束后就成为一堆废弃物，回收利用率低，资源、能源浪费严重，特别是其中的有毒有害物质，会严重污染生态环境，影响生产发展的持续性。

绿色设计就是实现产品绿色要求的设计。其目的是克服传统设计的不足，使所设计的产品具有绿色产品的各个特征。与传统设计不同的是，绿色设计包含产品从概念形成到生产制造、使用乃至废弃后的回收、重用及处理的各个阶段，即涉及产品整个生命周期，是从摇篮

到再现的过程。也就是说，要从根本上防止污染，节约资源和能源，关键在于设计与制造，其预先设法防止产品及工艺对环境产生的负作用，然后再制造，这就是绿色设计的基本思想。

概括起来，绿色设计是这样一种方法，即在产品整个生命周期内，优先考虑产品环境属性(可拆卸性、可回收性、可维护性、可重复利用性等)，并将其作为设计目标，在满足环境目标要求的同时，保证产品应有的基本性能、使用寿命、质量等。图3-9为传统产品过程与绿色设计过程的比较。

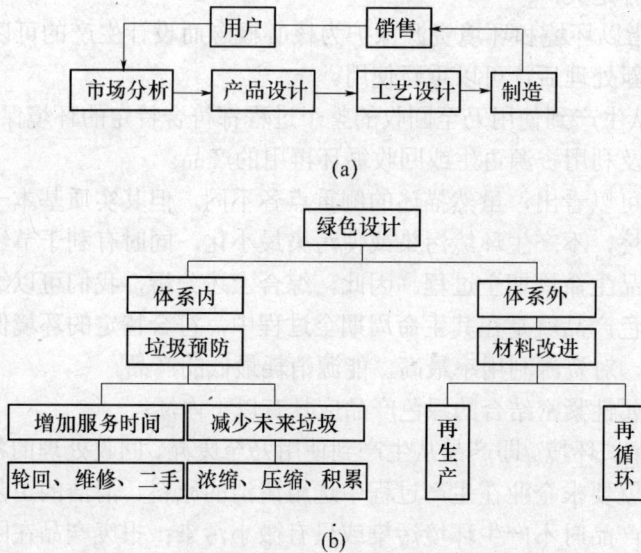

图 3-9   传统产品设计过程与绿色设计过程的比较

(a) 传统产品设计过程；(b) 绿色设计过程。

由此可见，绿色设计与传统设计的根本区别在于绿色设计要求设计人员在设计构思阶段，就把降低能耗，易于拆卸，使之再生利用和保护生态环境，与保证产品的性能、质量、寿命、成本的要求列为同等的设计目标，并保证在生产过程中能够顺利实施。

对于机械产品绿色设计准则有：

(1) 与材料有关的准则。少用短缺或稀有的原材料，多用废料、余料或回收材料作为原材料；尽量寻找短缺或稀有原材料的代用材料；减少所用材料种类，并尽量采用相容性好的材料，以利于废弃后产品的分类回收；尽量少用或不用有毒有害的原材料；优先采用可再利用或再循环的材料。

(2) 与结构有关的准则。在结构设计中树立小而精的设计思想，通过产品小型化尽量节约资源的使用量。如采用轻质材料、去除多余的功能及降低产品质量等。

简化产品结构，提倡简而美的设计原则；采用模块化结构设计和易于拆卸的连接方式，并尽量减少紧固件数量；在耐用基础上赋予产品合理的使用寿命，同时考虑产品报废因素，并努力减少产品使用过程中的能量消耗；在设计过程中注重产品的多品种及系列化，避免大材小用，优品劣用；尽可能简化产品包装，采用适度包装，使包装可以多次重复使用或便于回收，且不会产生二次污染。

(3) 与制造工艺有关的准则。改进和优化工艺技术，提高产品合格率；采用合理工艺，简化产品加工流程，减少加工工序，谋求生产过程的废料最少化，避免不安全因素；减少生产过程中的污染物排放。

(4) 绿色设计的管理准则。规划绿色产品的发展目标，将产品的绿色属性转化为具体的设计目标。为绿色设计定义量化方法，设计人员依据量化来设计产品性能参数、工艺路径和工艺参数，确定合适的产品制造技术；设计人员应考虑产品对环境产生的附加影响和产品废弃后的回收、重用等。

2. 绿色产品设计的主要内容及方法

由绿色产品的上述评价标准及设计的准则可见，进行绿色产品设计应包括以下主要内容。

1) 绿色产品设计的材料选择与管理

绿色产品设计要求产品设计人员要改变传统选材程序和步骤，选材时不仅要考虑产品的使用和性能，而且应考虑环境约束准则，同时必须了解材料对环境的影响，选用无毒、无污染材料和易回收、易降解、可再利用材料。除选材外还应加强材料管理，一方面，不能把含有有害成分与无害成分的材料混放在一起；另一方面，达到生命周期的产品，有用部分要充分回收利用，不可用部分要采用一定的工艺方法处理、回收，使其对环境的影响降低到最低限度，降低材料成本。

2) 产品的可回收性设计

可回收性设计是在产品设计初期充分考虑其零件材料的回收可能性、回收价值大小、回收处理方法、回收处理结构工艺性等与回收性有关的一系列问题，达到零件材料资源、能源的最大利用，并对环境污染为最小的一种设计思想和方法。可回收性设计主要包括：①可回收材料及其标志；②可回收工艺与方法；③可回收性经济评估；④可回收性结构设计。

3) 产品的可拆卸性设计

可拆卸性是绿色产品设计的主要内容之一，它要求在产品设计的初级阶段就将可拆卸作为结构设计的一个评价准则，使所设计的结构易于拆卸、维护方便，并在产品报废后对可再利用部分充分有效地回收和再利用，以达到节约资源和能源、保护环境的目的。可拆卸结构设计有两种类型：一种是基于成熟结构的案例法；另一种则是基于计算机的自动设计方法。

4) 绿色产品的成本分析

绿色产品的成本分析与传统的成本分析截然不同。由于在产品设计的初期，就必须考虑产品的回收、再利用等性能，因此成本分析时，就必须考虑污染物的替代、产品拆卸、重复利用成本、特殊产品相应的环境成本等。同样的环境项目，在各国或地区间的实际费用的不同，也会形成企业间成本的差异。因此，绿色产品成本分析，应在每一设计选择时进行，以便设计出的产品更具绿色且成本低。

5) 绿色产品设计数据库

绿色产品设计数据库是一个庞大复杂的数据库。该数据库对绿色产品的设计过程起着举足轻重的作用。该数据库应包括产品生命周期中环境、经济等有关的一切数据，如材料成分，各种材料对环境的影响值，材料自然降解周期，人工降解时间及费用，制造装配、销售、使用过程中所产生的附加物数量及对环境的影响值，环境评估准则所需的各种判断标准等。

3. 绿色产品设计的关键技术

1) 面向环境的设计技术

面向环境的设计(DFE，Design for Environment)或称绿色设计(GD，Green Design)是以环境的技术为原则所进行的产品设计。面向环境的设计是一种系统化的设计方法，即在整个生命周期内，以系统集成的观点考虑产品环境属性(可拆卸性、可回收性、可维护性、可重复利用性和人身健康及安全性等)和基本属性，并将其作为设计目标，使产品在满足环境目标要求的同时保证应有的基本性能、使用寿命和质量等。

2) 面向能源的设计技术

面向能源的设计技术是指用对环境影响最小和资源消耗最少的能源供给方式支持产品个生命周期，并以最少的代价获得能量的可靠回收和重新利用的设计技术。

面向能源的设计技术要求是指在设计理念上，采用合适的能源供给形式；设计中，在满足功能的前提下，尽量优化能源消耗路径和方式，使能量供给或能量消耗保持在最佳的低点；充分预见到各环节和各种能耗机构的能量耗散形式，寻求最合理、最高效、最低成本的回收重新利用的方法；要考虑对所设计产品的加工工艺、制造过程中的能源消耗等加以控制与优化；在产品的拆卸、维修或回收重用过程中，能估算出能量消耗，从能量控制的角度合理的拆卸路径、可重用部件及其所付出的能量代价的关系。

面向能源的设计技术的主要作用：为节约能源提供现代化的技术评估手段；为合理、有效利用新能源提供理论依据、设计指导和实施方法；为能源的有效回收及合理重用提供基本依据和可能；为在设计过程中全面优化各环节的能量消耗提供计算、修正和改进的原理和方法。

3) 面向材料的设计要求

在传统的产品设计中，由于在材料选用上较少考虑对环境的影响，因而在产品的制造、消费过程中对环境产生了一定的危害。如氟利昂的使用导致了臭氧层的破坏，矿物燃料的使用使大气中二氧化碳含量过高，产生了温室效应等。

面向材料的设计技术是以材料为对象，在产品的整个生命周期(设计、制造、使用、废弃)中的每一阶段，以材料对环境的影响和有效利用作为控制目标，在实现产品功能要求的同时实施，使其对环境污染最小和能源消耗最少的绿色设计技术。

面向材料设计技术的内容：①产品计划阶段。用产品的技术性、经济性和环境性三维指标进行新产品设计的可行性分析，选择对环境污染小的绿色材料并加以有效利用，确定出各种可行的、与环境协调的设计方案；②方案设计阶段。在对各种可行方案进行功能及经济分析的同时，还要对能满足功能需求的各种材料进行环境性能评价，选择出综合性能最优的设计方案；③结构设计阶段。所设计的结构既要具备应有的功能、良好的工艺性，同时还要满足易于拆卸和回收；④详细设计阶段。对产品所用材料按其拆卸性能、回收性能和重复利用性能进行统计建库，以便产品废弃后材料的回收与处理。

面向材料设计技术的核心是为产品设计选择绿色材料，从根本上减少环境污染，降低资源和能源消耗。绿色材料(Green Material)，又称环境协调材料，是指从原材料获取、生产、加工、使用、再生和废弃等生命周期全程中具有较低环境负荷值、较高可循环再生率和良好使用性能的材料。环境负荷主要包括资源摄取量、能源消耗量、污染排放量及其危害、废物排放量及其回收和处置的难易程度等因素。

第4章 机械制造工艺技术

4.1 基 本 概 述

4.1.1 机械制造工艺的定义和内涵

机械制造工艺是将各种原材料通过改变其形状、尺寸、性能或相对位置，使之成为成品或半成品的方法和过程。机械制造工艺是机械工业的基础技术之一。从成形学的角度出发，机械制造工艺是成形工艺，即是在成形学指导下，研究与开发产品制造的技术、方法和程序。依据现代成形学的观点，从物质的组织方式上，可把成形方式分为如下四类：

(1) 去除成形。它是运用分离的办法，把一部分材料(裕量材料)有序地从基体中分离出去而成形的办法。例如，车、铣、刨、磨以及现代的电火花加工、激光切割、打孔等加工方法均属于去除成形。去除成形最先实现了数字化控制，是目前主要制造成形方式。

(2) 受迫成形。它是利用材料的可成形性(如塑性等)，在特定外围约束(边界约束或外力约束)下成形的方法。铸造、锻压和粉末冶金等均属于受迫成形。受迫成形多用于毛坯成形和特种材料成形等。

(3) 堆积成形。它是运用合并与连接的办法，把材料(气、液、固相)有序地合并堆积起来的成形方法。快速原型制造(RPM)即属于堆积成形，其过程是在计算机控制下完成的，最大特点是不受成形零件复杂程度的限制。广义地讲，焊接也属堆积成形范畴。

(4) 生成成形。它是利用材料的活性进行成形的方法。自然系统中生物个体发育均属于生成成形。目前，人为系统中还没有此种成形方式，但随着活性材料、仿生学、生物化学、生命科学的发展，人们也可能会运用这种成形方式进行人为成形。

机械制造工艺可分为零件毛坯成形、零件制造和机器装配三个阶段。

机械制造工艺流程的工艺环节可以分为三类：

(1) 直接改变工件形状、尺寸、性能以及决定零件相互位置关系的加工过程，它们直接创造附加价值，其中有毛坯和零件成形；零件机械加工；材料改性与处理；装配与包装。

(2) 间接创造附加价值的辅助工艺过程，有：原材料和能源供应；搬运与储存。

(3) 通过提高前两类工艺过程的技术水平及质量来发挥作用的非独立工艺过程,有检测与质量监控；自动控制装置与系统。

随着机械工业的发展和科学技术的进步，机械制造工艺的内涵和面貌不断发生变化，而且变化与发展速度越来越快，体现在：常规工艺不断优化并得到普及；原来十分严格的工艺界限和分工，诸如下料和加工、毛坯制造和零件加工、粗加工和精加工、冷加工和热加工、成形与改性等在界限上趋于淡化，在功能上趋于交叉；新型加工方法不断出现和发展，主要的新型加工方法类型有精密加工、超精密加工、超高速加工、微细加工、特种加工、高密度能加工、快速原型制造技术、新型材料加工、大件及超大件加工、表面功能性覆层技术及复合加工等加工方法。

机械制造工艺技术是制造技术的核心和基础，任何高级的自动控制系统都无法取代制造工艺技术的作用。可以说，一个国家制造工艺技术水平的高低在很大程度上决定其制造业的技术水平，特别是对于我国这样一个必须拥有独立完整的现代工业体系的大国来说尤其如此。

4.1.2 机械制造工艺的发展现状

制造工艺技术是应现代工业和科学技术的发展需求而发展起来的。现代工业和科学技术的发展越来越要求制造加工出来的产品精度更高、形状更复杂，被加工材料的种类和特性更加复杂多样，同时又要求加工速度更快、效率更高，具有高柔性以快速响应市场的需求。现代工业与科学技术的发展又为制造工艺技术提供了进一步发展的技术支持，如新材料的使用、计算机技术、微电子技术、控制理论与技术、信息处理技术、测试技术、人工智能理论与技术的发展与应用都促进了制造工艺技术的发展。主要体现在以下几个方面：

1. 加工精度不断提高

随着机械制造工艺技术水平的提高，机械制造精度在不断提高，目前工业发达国家在加工精度方面已达到纳米级。加工第一台蒸汽机所用的汽缸镗床，其加工精度为 lmm，而到20世纪初，加工精度便向微米级过渡，成为机械加工精度发展的转折点，当时把机械工业中达到微米级精度的加工称为精密加工。20世纪50年代以来，宇航、计算机、激光技术以及自动控制系统等尖端科学技术的发展就是先进技术和先进工艺方法相结合的结果。现在测量超大规模集成电路所用的电子探针，其测量精度已达0.25nm，可实现原子级的加工和测量，从而进入超精密加工时代，开始研究微细加工技术、电子束加工技术、纳米表面的加工技术(原子搬迁、去除和重组)、纳米级表面形貌和表层物理力学性能检测、纳米级微传感器和控制电路、纳米材料以及开发优化的机械加工工艺方法。超精密加工机床向超精结构、多功能、机电一体化方向发展，并广泛采用各种测量、控制技术实时补偿误差。精密、超精密加工不仅进入到国民经济和人民生活的各个领域，而且从单件小批生产方式走向了大批的产品生产。

2. 高速切削技术的兴起和发展

高速切削是指在比常规切削速度高出很多的速度下进行的切削加工，因此有时也被称高速切削。高速切削研究是从20世纪20年代末开始的，德国的切削物理学家萨洛蒙博士提出了高速切削的假设，即：在常规的切削速度范围内，切削温度随着切削速度的增大而提高，在这个范围内，由于温度太高，任何刀具都无法承受，切削加工不可能进行；当切削速度再增大，超过这个速度范围以后，切削温度反而降低，同时，切削力也会大幅度地下降。按照这种假设，在具有一定速度的高速区进行切削加工会有比较低的切削温度和比较小削力，不仅有可能用现有的刀具进行高速切削，从而大幅度地减少切削时间，成倍地提高机床的生产率，而且还将给切削过程带来一系列的优良特性。国际科技界和工业界经过实践验证了这个假设，并且从切削机理上解决了高速切削成为现实的可能性问题，确定了不同材料高速切削的速度范围。

3. 少、无夹具制造技术

在常规制造系统中，需对大量使用的夹具进行设计、制造和装配调试，不仅耗费资金，还延长了生产准备时间，成为制造过程中的"瓶颈"，造成制造柔性差，响应速度慢，是生产成本高和企业竞争能力弱的主要原因之一。应该打破传统的"定位—加工"模式，以新的"寻位—加工"为基础，信息、控制与制造工艺及设备相结合，研究开发无需使用夹具或仅使用少量通用夹具的新一代少、无夹具制造技术。

4. 材料科学促进制造工艺变革

材料科学发展对制造工艺技术提出了新的挑战，一方面迫使普通机械加工方法要改变刀具材料及改进制造装备，另一方面对于新型功能材料，要求应用更多的物理、化学、材料科学的现代知识来开发新的制造工艺技术。近几十年来发展了一系列特种加工方法，如电火花加工、电解加工、超声波加工、电子束加工、离子束加工以及激光加工等，这些加工方法突破了传统的金属切削方法，使机械制造工业出现了新的面貌。超硬材料、超塑材料、高分子林料、复合材料、工程陶瓷、非晶微晶合金、功能材料等新型材料的应用，扩展了加工对象，导致某些崭新加工技术的产生，如加工超塑材料的超塑成形、等温铸造、扩散焊接；加工陶瓷材料的热等静压、粉浆浇注、注射成形等。新材料与新工艺的结合还促使某些新学科的形成，如半导体硅材料与微细加工工艺相结合已形成一门崭新的微机械加工技术。

新型材料的出现也使传统的铸造、锻造、焊接、热处理、切削加工工艺的技术构成逐渐发生变化，如使焊接技术从以"焊钢"为中心的时代，逐渐进入同时焊接各种非铁金属乃至金属的时代，使单一的焊接技术演变成焊接—连接技术。

5. 重大技术装备促进加工制造技术的发展

随着重大技术装备向大型、大容量、高效率的方向发展，大件及超大件加工技术也得到相应发展，其中包括大电炉炉外精炼技术(真空氧脱碳、氢氧脱碳等方法)、大型工件(大铸件、大型拼焊件)的热加工工艺模拟及工艺优化技术、大型工件局部热处理技术、大型工件加工及尺寸测量技术等。

6. 新一代制造装备技术有了较大的发展和突破

高速、高效和高精度制造工艺的发展，推动了制造装备工艺的发展。近年来装备技术上有了新的发展和突破，包括：

(1) 新型加工设备的研究开发。近年已取得了不少进展，如多轴联动加工中心、控制车削高效曲轴加工机床、点磨机床、加工与装配作业集成机床等。近年出现的并联机床(虚轴机床)突破了传统机床结构方案，在国内外有了快速发展。

(2) 在数控化基础上朝智能化方向发展。充分利用精度补偿、应用技术软件、传感器和控制技术的最新科技成果，研制新一代加工质量高、效率高和低消耗的智能加工中心和智能单元。

(3) 采用新材料和新结构。提高制造装备的刚度、抗振性、热稳定性，提高精度和精度保持性、减轻重量等。

(4) 新型部件的开发应用。如高精度、高速交流电主轴，国外转速为20000r/min 的已商品化，最高已达100000r/min。

(5) 发展先进的机床和数控系统性能检测、诊断方法与技术。

(6) 多品种小批量生产条件下的先进在线加工质量检测技术。

(7) 柔性工艺装备和柔性夹具，为快速、低成本工艺准备提供技术。

7. 优质清洁表面工程技术获得进一步发展

优质清洁表面工程技术已获得了重要进展并进一步完善。表面工程技术是经表面预处理后，通过表面覆层、表面改性、表面加工以及复合表面处理技术，改变固体金属表面或非金属表面的形态、化学成分和组织结构，以获得所需表面性能的系统工程技术。表面改性技术是采用某种工艺手段使材料表面获得与其基体的组织结构、性能不同的技术，材料经表面改性处理后，既能发挥基体材料的力学性能，又能使材料表面获得各种特殊性能(如耐磨、耐腐蚀、耐高温，合适的射线吸收、辐射和反射能力，超导性能、润滑、绝缘、储氢等)。表面改性技术有喷丸强化、表面热处理、高密度太阳能表面处理和离子注入表面改性等技术。表面覆层技术是利用表面工程技术的各种手段，依据产品(材料)假设条件，在其表面制备各种特殊功能覆层，用极少量的材料就能起到大量的、昂贵的整体材料所能起到或难以起到的作用，同时极大地降低了制件的加工制造成本。传统表面覆层技术包括电镀、电刷镀、化学镀、涂装、堆焊、粘结、热浸镀、搪瓷涂覆等。优质清洁表面覆层技术包括热喷涂、电火花涂覆、真空蒸镀、溅射镀膜、离子镀、分子束外延、离子束合成薄膜技术等。综合两种或更多种表面技术的复合表面处理技术也获得极大发展，复合表面处理技术在德国、法国、美国和日本等国已获广泛应用，并取得良好效果。各国正在加大投资力度研究发展新型特殊的复合表面处理技术，如复合表面化学热处理技术，表面热处理与表面化学热处理的复合强化处理技术，热处理与表面形变强化的复合热处理工艺，镀覆层与热处理的复合处理工艺，覆盖层与表面冶金化的复合处理工艺，离子辅助涂覆，激光电子束复合气相沉积，复合涂镀层，离子注入与气相沉积复合表面改性等。

8. 精密成形技术取得较大进展

在精密成形技术方面，国内已取得了较大进展。精密铸造方面，近几年重点发展了熔模精密铸造、陶瓷型精密铸造、消失模铸造等技术。采用消失模铸造生产的铸件质量好，铸件壁厚偏差达到±0.15mm，表面粗糙度 $Ra25\mu m$。精密塑性成形技术方面，重点发展了热锻技术、冷挤压技术、成形轧制技术、精冲技术和超塑成形技术。在精密焊接与切割技术方面，重点发展了电子束焊接技术、水下焊接和切割技术、逆变焊接电源及药芯焊丝制造技术。

9. 热成形过程的计算机模拟技术研究有一定发展

铸造工艺方面，对大型铸件充型凝固过程进行了三维数值模拟，对铝合金、镍合金的微观组织形成过程进行二维、三维模拟。锻压方面，初步建立了成形过程微观组织的演化方程和热塑性本构关系，在大锻件生产中得到初步应用。热处理方面，正在进行淬火和回火过程温度场、组织转变和应力场的数值模拟。焊接方面，对焊热裂纹及氢致裂纹的物理模拟及工艺性精确评定开展了多年研究，取得了较大进展。

4.1.3　机械制造工艺技术的发展趋势

随着社会经济和科学技术的不断发展，新材料、新能源、新设计、新产品将会不断涌现，人们对物质产品的需求更加多样化，因而对机械制造工艺技术提出更多、更高的要求。从总体发展趋势看，优质、高效、低耗、灵捷、洁净是机械制造业永恒的追求目标，也是先进制造工艺技术的发展目标。

成形技术方面，成形精度向近无"余量"方向，质量向近无"缺陷"方向发展，铸件生产向轻量化、精确化、强韧化、复合化及无环境污染方向发展。精确塑性成形工艺成为制造过程总体上向"净成形"的目标迈进的途径，塑性成形正与计算机相结合成为一个大的生产系统，能够有效地进行全系统设计的 CAE 系统将走向实用化，实现对成形工艺变量的定量分析与控制。激光焊、电子束焊等高能密度焊接方法得到较大发展，柔性化、智能化、自动化的焊接生产系统将逐渐取代大量的手工操作。精确轨迹控制的多自由度弧焊机器人配合多自由度工件转搁架的柔性焊接制造系统将是一个重要发展方向，新材料及特殊环境和极限状态下的连接方法得到很大发展。激光表面合金化和熔覆工艺将趋成熟并实现工业化应用，工艺过程的检测与优化控制将逐步从激光切割向激光焊接和激光表面处理工艺延伸，各种激光加工方法都将实现智能化控制，激光加工将成为自动生产线上的多功能加工单元。快速原型制造技术将日趋成熟，工艺稳定，现有工艺将朝着精密化、高精度、低成本方向发展，RPM 在朝快速模具制造甚至直接金属零件快速制造方向发展迅速。RPM 技术将在迅速发展的并行工程、虚拟制造及微型机械等领域发挥重大作用。计算机模拟仿真、并行工程及虚拟制造技术的相继出现为成形制造技术注入新活力，并行工程虚拟制造环境下的成形过程(铸、锻、焊等)实现及微观模拟以及虚拟成形制造的基础理论研究成为重要的前沿研究课题。

加工制造技术的热点和发展趋势大致是：高速、超高速加工技术、精密/超精密加工技术、微纳加工技术、激光加工技术、生物制造技术；采用新型能源和复合加工技术解决新材料加工和表面改性难题；采用自动化技术实现工艺过程优化控制；采用清洁生产技术实现绿色制造；加工和设计向集成化和一体化方向发展；工艺技术和信息技术、管理技术不断融合。

4.2 材料成形基本方法

目前，在我国的机床、汽车、船舶、动力设备农业机械、通用机械、轻工纺织、航空航天、仪器仪表、电子计算机、信息产业等制造领域中，金属材料的应用占80%～90%，非金属材料的应用占10%～20%，这是由于前者具有良好的力学性能和工艺性能，后者具有比强度较高、耐腐蚀、减振等优良性能，且易于成形的缘故。因此，在进行产品设计、制造时，必须熟悉工程材料的力学、工艺和经济等各种性能，才能根据使用要求，合理地选材、加工。应该说，优秀的设计师同时又是优秀的工艺师。

机械制造中常用的毛坯有铸件、锻件、焊件及各种轧制型材件(管材、型钢、钢板以及线材等)。本节介绍毛坯的主要获得方法：铸造、锻造、冲压和焊接。

4.2.1 铸造

铸造是熔炼金属、制造铸型并将熔融金属浇入铸型，凝固后获得一定形状和性能的铸件成形方法。铸造成形的基本工艺过程包括熔化、造型、浇注、冷凝、清理和热处理等，其中影响铸件质量的关键因素是液态金属的流动性和凝固过程的收缩性。用铸造方法得到的金属件称为铸件。铸件一般为毛坯，经过切削加工等工艺处理后才成为零件。

铸造生产具有以下特点：

(1) 可以铸造出结构形状复杂特别是内腔形状复杂的毛坯(或零件)，如箱体、汽缸、床身等；铸件与零件尺寸较接近，加工余量小，可节省金属，减少切削工作量。

(2) 铸件具有良好的减振性、耐磨性、可加工性。

(3) 适应性强，可铸成不同尺寸、不同质量、不同材料的各种铸件。

工业上常用的金属都可以用于铸造，有些材料如铸铁，只能用铸造方法生产毛坯或零件，铸件的质量可由几克到数百吨，壁厚可由0.3mm 到1mm。

(4) 设备投资少，铸件生产的成本相对较低。

此外，由于铸造材料来源广泛，价格低廉；铸造设备比较简单，投资少；此外可以利用报废的机件或金属切屑，因此在工业上得到广泛应用。但铸造也有缺点：铸件组织疏松，晶粒粗大，力学性能较差，常出现缩松和气孔等缺陷，并且铸造工序较多，铸件质量不够稳定。传统的砂型铸造在劳动条件和环境污染方面，问题比较严重。随着铸造新材料、新工艺、新技术的推广应用和铸造生产机械化、自动化的发展，上述问题正在逐步得到解决，使铸造生产的应用范围得到扩展。

铸造生产一般分为砂型铸造和特种铸造两大类。

一、砂型铸造

砂型铸造就是利用型砂制成铸件的铸造方法。它是目前应用最广泛、最基本的铸造方法。其生产工序很多，主要工序包括：模样加工、配砂、造型、制芯、合型、熔化、浇注、落砂、清理、检验等。其生产过程如图4-1所示(套筒)。其中，造型和制芯是最主要的两道工序。

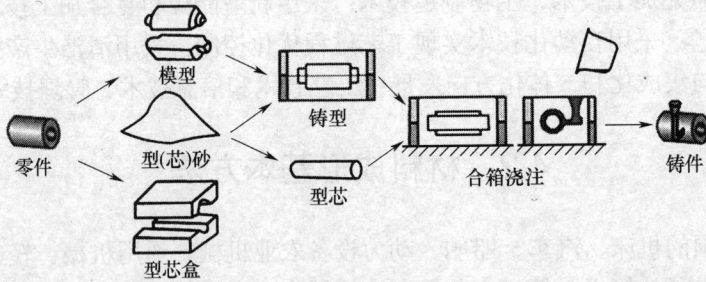

图 4-1 砂型铸造过程

1. 造型

用造型材料及模样等工艺装备制造铸型的过程称为造型。铸型是由上型、下型、型腔、砂芯、浇注系统和砂箱等部分组成，如图4-2所示。模样的作用是形成铸件外形，通常用木材制成，生产批量大时，常用金属、塑料等材料制成。

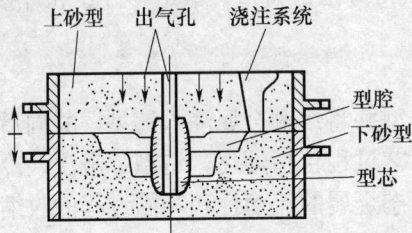

图 4-2 铸型装配图

造型材料即铸型所用材料，生产上习惯称为型砂。它是由原砂、粘结剂、附加物(炼粉、木屑等)和水按照一定的比例混合而成。原砂主要是天然的硅砂，粘结剂一般为粘土。粘土吸水后形成粘土膜，均匀裹在砂粒表面并将各个砂粒粘起来，而在砂粒之间形成空隙可以透气。附加物用于改善某一方面的特殊性能，如退让性、透气性等。型砂的质量对铸件质量影响很大，铸件中的砂眼、夹砂、气孔、裂纹等缺陷往往是由于型砂的质量不合格引起的，因此对型砂强度、透气性、耐火度、退让性和可塑性等性能都有具体要求。

造型方法主要有手工造型和机器造型两大类。

(1) 手工造型。手工造型是指全部用手工或手动工具完成的造型方法。它具有灵活方便、装备简单、适应性强等特点，主要用于单件、小批量生产。其缺点是劳动强度大、生产率低、质量不稳定。

(2)机器造型。机器造型是指用机器来全部完成或至少完成紧砂、起模等主要操作的造型方法。如果配以机械化的型砂处理、浇注、落砂等工序，可以组成现代化的铸造生产线。机器造型需要专用的设备、砂箱和模板，它具有造型质量好、生产率高、劳动强度低等优点，是成批大量生产铸件的主要方法。

2. 制芯

为获得铸件的内腔或局部外形，用制芯材料制成的安放在型腔内部的铸型组成部分称为型芯。型芯绝大部分是用型砂制成的，故又称为砂芯。用造型材料及芯盒等工艺装备制造砂芯的过程称为制芯。砂芯中应放入起加强作用的芯骨。小型芯的芯骨用铁丝扎成，大中型芯的芯骨用铸铁铸成。为了增加砂芯的透气性，可在砂芯内埋入蜡线，待砂芯烘干时蜡线被烧掉而形成通气孔。为了提高砂芯的强度和透气性，多数砂芯需要在专用的烘干炉内烘干。

砂芯的制造方法分为手工制芯和机器制芯两种。手工制芯最基本的方法是用芯盒制芯。在大批量生产中广泛采用机器制芯。常用的制芯机器有震压制芯机和射芯机。也可以用抛砂机来制造大型芯。

二、特种铸造

特种铸造是指除砂型铸造方法以外的各种铸造方法。随着科学技术的发展和生产水平的提高，对铸件质量、劳动生产率、劳动条件和生产成本有了进一步的要求，因此铸造技术也有了长足的发展。特种铸造方法呈现出了多样性。与砂型铸造方法相比，特种铸造有很多优点，如铸件精度高，表面粗糙度值低，加工余量少，生产率高和劳动条件改善等。目前，特种铸造的种类很多，如熔模铸造、金属型铸造、压力铸造、离心铸造、陶瓷型铸造、低压铸造、实型铸造、连续铸造、挤压铸造等，而且各有特点和应用范围。因此在选择铸造方法时，需要综合考虑工艺的适用性、具体的生产条件以及经济性等。在此简单介绍几种特种铸造方法。

1. 熔模铸造

熔模铸造又称为失蜡制造，是一种精密铸造方法。它是用易熔材料(如蜡料)制成精确的可熔性模样，并涂上若干层耐火材料，经干燥、硬化成整体型壳，加热型壳熔失模样，经高温焙烧而成耐火型壳，在型壳中浇注铸件的一种生产方法。

熔模铸造的特点是铸型是一个整体，不需起模，无分型面，因而可以铸造形状十分复杂的铸件。型壳内腔表面光洁，尺寸精确，故铸造精度高(IT11～IT13)，表面粗糙度值低(Ra 值 6.3μm～1.6μm)，是重要的少、无切削加工方法之一。型壳的耐热性好，适于高熔点合金的铸造。但是，熔模铸造的工艺过程复杂，生产周期长，铸件成本高，蜡模尺寸过大则易变形。因此，目前主要应用于成批生产的形状不适合切削加工的小型零件的生产，特别适合于高熔点合金铸件的生产，如气轮机叶片、叶轮以及形状复杂的切削刀具等。

2. 金属型铸造

金属型铸造是采用金属制造铸型，将液体金属浇入金属型中而获得铸件的铸造方法。因金属型可以重复使用，故又称永久型铸造。金属型常用灰铸铁或铸钢经机械加工制成。

金属型导热快且无退让性，若控制不当，铸件易产生浇不足、冷隔、裂纹等缺陷。因此，在浇注前应将金属型加以预热，以减慢铸件的冷却速度。浇注后应适时开型取出铸件，以防止产生裂纹甚至卡住铸型。此外为保护金属型的型腔，延长其使用寿命，型腔要涂以薄材料，以减缓高温金属液对型腔的冲刷。

金属型实现了一型多铸，从而节约了大量的型砂和造型工时，提高了生产率。铸件表面光洁(Ra 值12.5μm～6.3μm)，尺寸精度较高(IT12～IT14)，内部组织致密，力学性能好。但由于金属型冷却快，降低了合金的流动性，因而不适于铸造形状复杂的铸件和薄壁铸件。

当用金属型浇注铸铁件时，金属型寿命很低且易产生白口组织。金属型制造成本高，周期长，故不适合单件小批量生产。因此，金属型铸造主要适用于大批量生产形状简单的非铁金属小型铸件，如铝合金活塞、汽缸体、液压泵壳体、铜合金轴瓦、轴套等。

3. 压力铸造

金属液在高压下快速压入金属型腔，并在压力作用下凝固，从而获得铸件的方法称为压力铸造。压力铸造时所用的压力一般为几兆帕至几十兆帕，金属流速可达5m/s～50m/s，充满铸型的时间只有0.05s～0.155s。压力铸造是在专门的压铸机上进行的，其所用的金属铸型为压铸模，这是一个垂直分型的金属模，通常用耐热合金工具钢3Cr2W8V制成。

压力铸造生产率高，是各种铸造方法中生产率最高的，而且容易实现自动化或半自动化生产。由于金属液在高压下充型，故可生产形状复杂的薄壁铸件，并可直接铸出小孔、螺纹、齿轮与槽隙等。压铸件的精度高，一般不需切削加工即可直接使用。压铸件在高压下结晶，故组织致密，力学性能比砂型铸件高20%～30%。但是压力铸造充型速度快，型腔里的气体难以排除干净，所以容易在铸件中形成许多小气孔。当铸件受到高温时，小气孔中的气体膨胀，能使铸件开裂，因此压铸件不能热处理。压力锻造时不允许有较大的加工余量，以防孔洞露出表面。压力铸造投资大，铸型制造成本高，不适宜单件小批量生产。由于压铸机的功率有限和压铸模的寿命限制，压力铸造不宜铸造大型或钢铁材料铸件。因此，压力铸造主要用于形状复杂且不需经热处理的非铁金属薄壁小铸件的大批量生产，如铝合金汽缸体、缸盖、化油器、仪器仪表的结构件等。

4. 离心铸造

离心铸造是将液体金属浇入高速旋转的铸型中，在离心力的作用下，液体金属充填铸型并凝固，从而获得铸件的一种铸造方法。离心铸造大多用以铸造中空的铸件，通常使用金属型，也可以用砂型。

离心铸造是在专门的离心铸造机上进行浇注的。离心铸造的特点是金属液在离心力的作用下从外向内定向凝固，故铸件组织致密，无缩孔、气孔、夹渣等缺陷，铸件质量好。液体金属中的炉渣、气体等因质量较轻均集中在铸件内表面，便于切削去除。生产空心旋转体铸件可省去型芯和浇注系统，降低铸件成本。但由于离心力的作用，易产生合金成分偏析，使铸件内、外层成分不均匀。另外，铸造成型内孔表面质量差，尺寸不精确，必须增加加工余量。离心铸造主要用于铸造各种管件、缸套、轴套、圆环、双金属铸件等，也可以用于铸造复杂的刀具、齿轮、涡轮和叶片等成形零件。

三、铸造方法比较

各种铸造方法都有其各自的特点和使用范围，应根据铸件的结构、材料种类、技术要求、生产批量及生产条件等具体情况进行综合分析，选择最佳铸造方法，以达到在满足使用要求的前提下，尽量降低生产成本的目的。常用铸造方法的特点比较如表4-1所列。

表4-1 常用铸造方法的特点比较

比较内容 \ 铸造方法	砂型铸造	熔模铸造	金属型铸造	压力铸造	离心铸造	低压铸造
适用合金范围	不限制	以钢为主	多用于非铁金属	多用于非铁金属	多用于钢铁及铜合金	多用于非铁金属
适用铸件的最小厚度 /mm	3	通常0.7	铝合金：2～3；铁>4；钢>5	铜合金：>2；其他合金：0.5～1	最小内孔仅为$\phi 7$	通常2～5；最薄仅为0.7

（续）

铸造方法\\比较内容	砂型铸造	熔模铸造	金属型铸造	压力铸造	离心铸造	低压铸造
铸件表面粗糙度 $Ra/\mu m$	粗糙	1.6～6.3	6.3～12.5	1.6～6.3	内孔粗糙	6.3～12.5
铸件内部质量	结晶粗	结晶粗	结晶细	结晶细	结晶细	结晶细
尺寸精度	IT14～IT16	IT11～IT13	IT12～IT14	IT11～IT13		IT12～IT14
尺寸偏差/mm	100±1.0	100±0.3	100±0.4	100±0.3		100±0.4
金属利用率/%	70	80	85	95	>90	90
设备费用	低、中	中	中	高	中	中
生产范围	单批、成批、大量	成批	成批、大量	大量	大量、成批	成批
生产率(在适当机械化后)	低	中	中	高	中	中
应用举例	各类铸件	刀具、动力机械叶片、汽车拖拉机零件、电信设备、计算机零件	发动机零件、汽车拖拉机零件、电器、民用器皿	汽车、拖拉机、计算机、仪表、照相机器材等零件	各种套、筒、管、辊、叶轮等	发动机零件、电器零件、叶轮、壳体、箱体

4.2.2　锻压成形

一、锻压概述

锻压是指金属材料在外力作用下产生塑性变形或分离，从而获得一定形状、尺寸和结构性能的毛坯和零件的一种加工方法。锻压是锻造和冲压两种加工方法的总称，它们的制品称锻件和冲压件。

锻压属于金属压力加工方法的一部分。金属压力加工方法主要有锻造、冲压、轧制、挤压和拉拔等。在机器制造工业中，凡受力复杂和承受重载荷的零件，如传动主轴、重要齿轮曲柄和连杆、气轮机叶轮等通常采用锻件作毛坯，再经切削加工制成；在航空、电器、仪表及日常生活用品行业中，板料冲压的应用极为广泛；一般常用的金属管材、线材等原材料，大都通过轧制、挤压和拉拔等方式制成。

锻压生产与铸造、焊接等方法相比，也有不足之处。因固态成形比较困难，因此锻件和冲压的形状较为简单，不能获得外形、内腔形状复杂的零件。此外，锻造操作复杂，冲压模具费用高。

二、锻造

锻造是利用外力使材料产生塑性变形而获得具有一定形状和结构性能的零件或毛坯的加工方法，其加工过程一般需要加热。按照锻造成形工艺过程的不同，锻造方法可分为：自由锻造(包括手工自由锻造和机器自由锻造)和模型锻造(包括胎模锻、锤上模锻、压力机上模锻)两大类。根据变形温度的不同，锻造可分为热锻、温锻和冷锻三种，其中应用最广泛的是热锻。

锻造成形的特点主要有：①可改善金属材料的内部组织，提高力学性能，所以，锻造主要用于生产各种重要的、承受重载荷的机器零件或毛坯；②具有较高的生产率和较大的灵活性，既可锻造形状简单的锻件，也可锻造形状复杂，少、无切削的精密锻件，既适合单件小批量生产，也适合大批量生产；③锻件重量不受限制，小可不足1kg，大可达几百千克甚至几百吨。

金属能够进行压力加工的难易程度称为可锻性。它是用金属塑性和变形抗力来综合评定的。塑性好，变形抗力低，则可锻性好。影响金属可锻性的因素主要有金属的化学成分、组织、变形时加热温度等。一般来说，纯金属可锻性比合金好，随着合金元素的增加，其合金塑性下降，强度增高，可锻性变差。由单一固溶体组成的合金可锻性好，合金中金属化合物的存在，会使可锻性下降。提高金属变形的温度，是改善金属可锻性的有效措施，但温度过高，易产生过热和过烧两种缺陷。

工业生产常用的锻造材料有各类钢和铜、铝等非铁金属及其合金。铸铁塑性很差，不能进行锻造。

1. 自由锻造

利用简单的通用性工具，将坯料置于铁砧上或锻造机器上、下砧铁之间进行锻造的方法，称为自由锻造(简称自由锻)。自由锻可加工各种大小的锻件，对于大型锻件，自由锻是唯一的生产方法。另外自由锻所用的生产准备时间较短。但自由锻生产率低，劳动强度大，且锻件形状简单，精度低，加工余量大，故适用于单件小批量生产。

锻造成形主要由人力完成的称为手工自由锻造(简称手锻)；锻造成形主要由机器完成的称为机器自由锻造(简称机锻)。手锻只能生产小型锻件，机锻是利用机器产生的冲压力或压力使金属变形的，能锻造小到几千克大到数百吨的锻件，比手锻有更高的生产率，是目前工厂中应用最广泛的锻造方法。

手锻常用的工具是大、小锤，平锤，冲子等；机锻常用的设备有空气锤，蒸汽—空气锤及液压机等。空气锤是生产小型锻件的通用设备，其结构如图4-3所示。

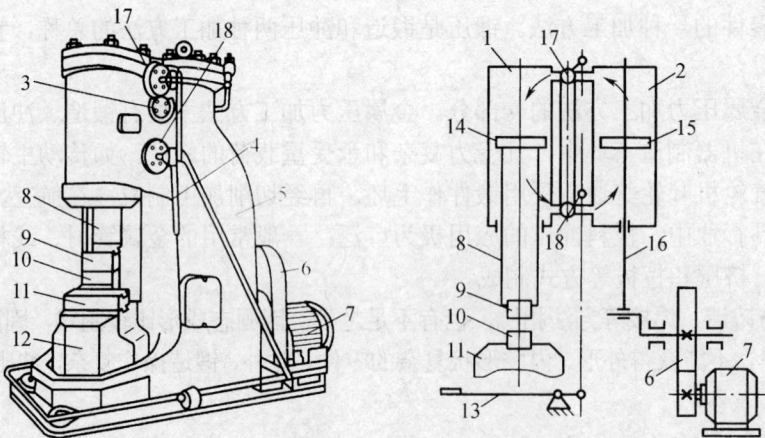

图4-3　空气锤结构示意图

1—工作缸；2—压缩缸；3—旋阀；4—手柄；5—锤身；6—减速机构；

7—电动机；8—锤杆；9—上砧铁；10—下砧铁；11—砧垫；12—砧座；

13—脚踏杆；14—工作活塞；15—压缩活塞；16—连杆；17—上旋阀；18—下旋阀。

自由锻的基本工序有墩粗、拔长、冲孔、弯曲、扭转、错移、切割等，其中墩粗、拔长、冲孔应用得最多。设计自由锻件时，除要满足零件使用性能要求外，还应考虑自由锻设备与工具的特点，符合自由锻的工艺性，锻件结构合理，锻造方便，节省材料和提高劳动生产率。

2. 模型锻造

利用模具使坯料变形而获得锻件的锻造方法称为模型锻造(简称模锻)。模锻与自由锻相比，生产率高，锻件尺寸精度高，表面粗糙度值低，加工余量小，并能锻出形状复杂的锻件。但模锻件质量受设备能力的限制，一般不超过150kg，锻模制造成本高。因此，模锻适合于中小锻件的大批量生产。

根据使用的设备种类和模具功能，模锻可分为胎模锻、锤上模锻以及压力机上模锻等，前两种应用较多。

(1) 胎模锻。胎模锻是在自由锻设备上使用可移动的简单模具生产锻件的一种锻造方法。胎模不固定在锤头或砧座上，使用时才放到自由锻锤的下砧上，用完后再搬下。常用的有扣模、套模和合模三种。胎模锻与自由锻相比，具有生产率高、锻件精度高和形状复杂、设备简便和工艺灵活等优点，其缺点是自由锻锤的上、下砧铁和胎模模腔容易破损，胎模和锻锤的寿命低，并且劳动强度大。因此，胎模锻主要应用于小型铸件的中小批量生产。

(2) 锤上模锻。锤上模锻是上、下模块分别紧固在锤头与砧座上，将加热透的金属坯料放入下模腔中，利用上模向下的冲击作用，迫使金属在锻模模腔内塑性流动而获得与模腔一致的锻件的一种锻造方法。锤上模锻的锻造设备主要是蒸汽—空气模锻锤。其工作原理与自由锻蒸汽—空气锤相同。但由于模锻生产要求精度较高，固模锻的锤头与导轨之间的间隙小，且机架直接与砧座连接，保证上、下锻模对准，从而保证锻件的几何形状和尺寸精度。

锤上模锻与胎模锻、自由锻相比，锻件精度高，生产率高，加工余量小，可生产出形状复杂的锻件。但模具制造成本高，需要吨位较大的模锻锤，只有在大批量生产的条件下才能采用。

三、板料冲压

利用冲模使板料分离或成形，从而获得毛坯或零件的方法称为冲压。在常温下进行的冲压称为冷冲压。冷冲压所用板材应具有良好的塑性，且厚度应在8mm以下。当板料厚度超8mm宜采用热冲压。

板料冲压具有以下优点：①冲压操作方便，工艺过程易机械化、自动化，生产率高；②冲压精度高，表面粗糙度值低，互换性好，一般不需加工即可使用；③可冲压出形状复杂，强度和刚度好的零件。

冲压的缺点是模具制造复杂，故周期长，成本高。冲压主要用于大批量生产。

板料冲压用的材料必须有较高的塑性。常用的金属材料有低碳钢、金属合金及塑性高的合金钢。冲压设备主要是压力机，它能完成各种冲压加工；配合压力机工作的设备有剪床，它可将板料沿直线轮廓切断，为压力机准备所需的条料。冲模是冲压加工的主要工具，按结构特征可分为简单模、连续模和复合模。典型冲模的结构如图4-4所示。冲压的基本工序有切断、冲裁、拉深、弯曲。此外，冲压还有一些属于局部成形的工艺，如翻边、缩口、压筋等。

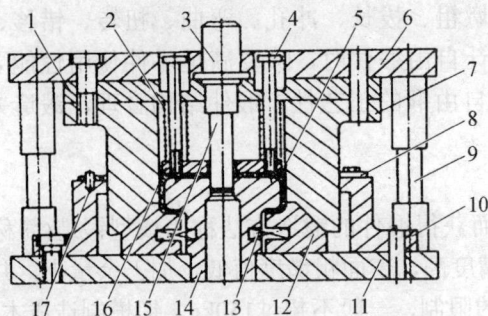

图 4-4 典型冲模的结构

1—安装板；2—弹簧；3—模柄；4—拉杆；5—工件；6—上模座；

7—固定斜楔；8—侧板；9—导柱导套；10—凹模；11—下模座；12—活动斜楔；

13—弹簧Ⅱ；14—成形凸模；15—冲孔凸模；16—压料板；17—定位销。

四、特种锻压

1. 精密模锻

精密模锻是在模锻设备上锻造出形状复杂、高精度锻件的模锻工艺。精密模锻必须有相应的工艺措施来保证，如模具的设计与制造必须精确，坯料的下料尺寸要精确，必须采用无氧化或少氧化的加热方法，以提高锻件的尺寸精度和表面质量等。

目前，精密模锻主要应用在两个方面：一是精化毛坯，即利用精密模锻工艺取代粗切削加工工序，将精密锻件直接进行精加工而得到成品零件；二是精化造零件，即通过精密模锻直接获得成品零件。

2. 粉末锻造

粉末锻造是粉末冶金和精密模锻相结合的新技术。其特点：变形过程是压实和塑性变形的有机结合，从而提高了锻件的力学性能；模锻时所需的变形力要比普通模锻小；可锻复杂的精密锻件，精度高，表面粗糙度值低。

粉末锻造的工艺过程是：金属粉末配制——混粉——冷轧制坯——少氧化或无氧化烧结加热——模锻(在压力机上进行)。

3. 精密冲裁

精密冲裁简称冲裁，采用强力压边冲裁，可获得剪切面粗糙度值小、尺寸精度高的冲压件。精密冲裁从形式上看是分离工序，但实际上工件与坯料在最后分离前，始终是保持一个整体，即冲裁过程中自始至终是塑性变形，因此，精密冲裁件的结构极限尺寸，如孔径、孔距和边距等都比普通冲裁件小。

4.2.3 焊接

焊接是对两块分离的金属材料进行局部加热或加压，在使用或不使用充填材料的情况下，借助于金属原子的结合与扩散作用，使其连成一个整体的工艺方法。焊接是不可拆连接。

焊接应用广泛，它是一种先进、节省金属、生产率高的金属加工方法。焊缝具有良好的力学性能，能耐高温高压，具有良好的密封性。焊接具有很多优点：连接工件方便、灵活牢固，生产率高；可以采用拼焊结构，大型、复杂工件能以小拼大、化繁为简；可焊成双金属结构及实现异种材料的连接，节省贵重材料；连接性能好，多数情况下焊接接头能达到母材同等的强度；焊接可以修补铸、锻件的缺陷及磨损的机器零件。

焊接也有一些不足，如焊后零件不可拆，更换修理不方便；对某些新材料(如陶瓷)的焊接有一定困难；焊接工艺不当时会产生焊接缺陷，焊接接头组织与性能不均匀；易产生较大的残余应力和变形等。

按工艺过程的特点，焊接可分为熔焊、压焊和钎焊三大类。

熔焊是将焊件的连接处加热到熔化状态(有时另加填充材料)，形成熔池，然后冷却，使之连接成一个整体。常用的熔焊方法有焊条电弧焊、埋弧焊、气体保护焊和气焊等。

压焊是通过对焊接连接处施加压力，或既加压又加热，使接头处紧密接触并产生塑性变形；通过原子间的结合而使之成为一个整体。常用的压焊有电阻焊、摩擦焊等。

钎焊是采用比母材熔点低的金属材料作钎料，将焊件加热至高于钎料熔点、低于母材熔点的温度，利用液态钎料"润湿"母材，填充接头间隙，并与母材相互扩散实现连接的方法。

一、焊条电弧焊

电弧焊是以电弧作为焊接热源的熔焊方法。用手工操纵焊条进行焊接的电弧焊称为焊条弧焊。焊条电弧焊是应用最广泛的焊接方法。焊条电弧焊的形成过程如图4-5所示。焊接前，将焊钳和焊件与电焊机的两极相连，并用焊钳夹持焊条。焊接时，电弧在焊条与焊件之间形成，电弧热使焊件和焊条同时熔化形成熔池。电弧热还使焊条的药熔化、燃烧。被熔化的药皮与熔池金属发生物理化学作用形成熔渣；药皮燃烧产生二氧化碳气体。熔渣和二氧化碳气体可防止空气中氧和氮的侵入，起保护熔池金属的作用。随着焊条的移动，新的熔池不断形成，旧的熔池不断凝固，最后形成连续的焊缝。

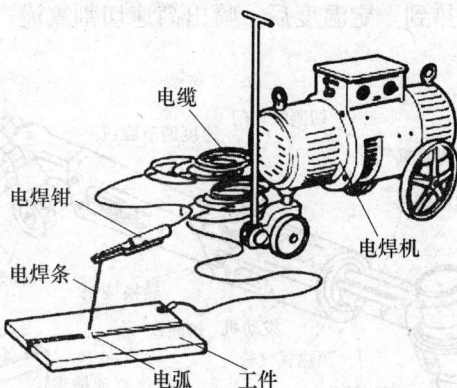

图 4-5 焊条电弧焊的形成过程

焊条电弧焊所用的材料是焊条，它对焊接的影响最大。焊条由焊芯和药皮组成。焊芯是焊条中被药皮包覆的金属丝。其作用是导电、引弧、熔化后填充焊缝。焊芯由经过专门冶炼，由低碳、低硅、低磷的金属丝制成，以保证焊接金属的组织和性能。焊条的直径和长度是用焊芯的直径和长度表示的。焊芯的直径最小为0.4mm，最大为9mm，以直径2.5mm～5mm应用最广。药皮是压涂在焊芯表面的涂料层，其组成很复杂。药皮的主要作用是使电弧易于引燃，燃烧稳定；造气造渣，保护熔池；除去熔池中的氧、氢、硫、磷等有害元素，并添加金属。

二、气焊与气割

1. 气焊

气焊是利用可燃气体燃烧的高温火焰来熔化母材和填充金属的一种焊接方法，如图4-6所示。气焊通常用的气体是乙炔和氧气(助燃气体)，并使用不带涂料的焊丝作充填物。

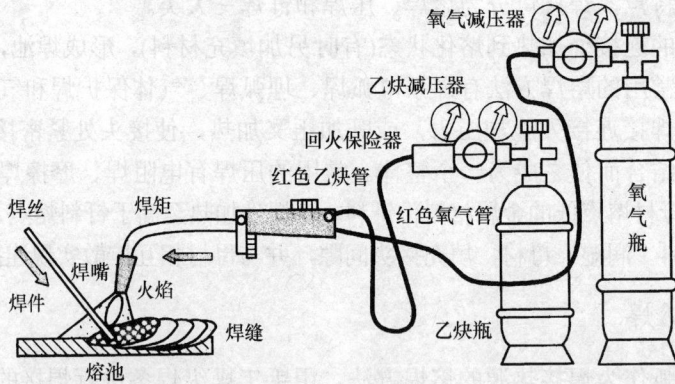

图 4-6　气焊及设备

与电弧焊相比，气焊热源温度低(约3150℃)，热量分散，加热缓慢，生产率低，焊件变形。但气焊火焰易控制，操作简便灵活，无需电源。气焊适用于焊接厚度在3mm以下碳钢薄板，对焊接质量要求不高的不锈钢、高碳钢、铸铁以及铜、铝等非铁金属也可以用气焊进行焊接。

2. 气割

气割即氧气切割，它是根据某些金属在氧气流中能够剧烈氧化(即燃烧)的原理，利用气体火焰以热能将工件切割处预热到一定温度后，喷出高速切割氧流，使其燃烧并放出热量实现切割的方法，如图4-7所示。

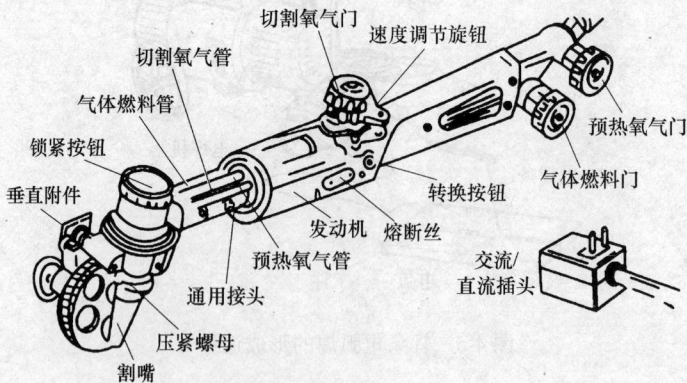

图 4-7　手持式半自动气割机外形图

与其他切割方法相比，气割设备简单，操作灵活方便，适应性强；可在任意位置和任意方向，切割任意形状和厚度的工件；生产率高，切口质量也相当好。因此，气割被广泛应用于型钢下料和铸钢件浇、冒口的切除，有时可以代替刨削加工，如厚钢板开坡口等。

金属材料只有满足下列条件才能进行氧气切割：金属材料的燃点必须低于其熔点；燃烧生成的金属氧化物的熔点应低于金属本身的熔点，同时流动性好；金属燃烧时能释放出大量热，金属本身导热性差。金属中纯铁，低、中碳钢和普通低合金钢能满足上述条件，而高碳钢、铸铁、不锈钢、高合金钢以及铜、铝等非铁金属及其合金，均难以进行氧气切割。

三、其他焊接方法

1. 埋弧焊

埋弧焊是指电弧在焊剂层下燃烧进行焊接的方法。其焊接过程如图4-8所示。将焊丝插入焊剂中，引燃电弧，使焊丝和焊件局部熔化形成熔池。焊剂形成的气体和熔渣可使电弧和熔池与外界空气隔绝。焊丝逐渐前移，即可完成焊接。

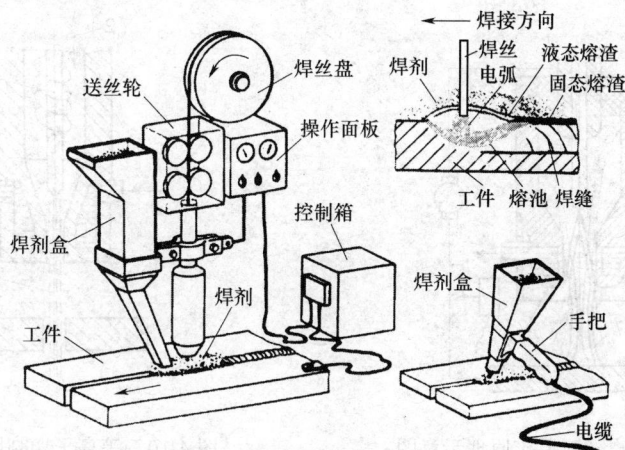

图 4-8　埋弧焊焊接过程示意图

埋弧焊具有生产率高，焊接质量好，焊缝外形美观，劳动条件好等优点。此外，埋弧焊由于没有焊接头，厚度小于20mm 的工件可不开坡口，金属烧损和飞溅少，电弧热利用充分，故能节约金属和电能。埋弧焊的缺点是适应性差，焊接参数控制较严。埋弧焊主要用于板厚3mm 以上的碳钢和低合金高强度结构钢的焊接，适宜平焊位置的长直焊接和直径较大(一般不小于250mm)的环焊接。

2. 气体保护焊

气体保护焊是用外加气体作为电弧介质并保护电弧和焊接区的电弧焊。常用的气体保护焊有氩弧焊和 CO_2 气体保护焊两种。

(1) 氩弧焊。氩弧焊是以氩气作为保护气体的电弧焊。氩气是惰性气体，是一种比较理想的保护气体。氩弧焊用氩气保护效果好，电弧稳定，并在氩气流的压缩作用下电弧热量集中。因此氩弧焊的焊缝质量较高，热影响区较小，焊后变形小，又无渣壳，便于实现焊接过程机械化和自动化。但是，氩气价格昂贵，焊接成本高，氩弧焊设备复杂，维修不便。目前，氩弧焊主要用于铝、镁、铁及其合金，以及耐热钢和不锈钢等焊接。

(2) CO_2 气体保护焊。CO_2 气体保护焊是以 CO_2 为保护气体的电弧焊。它用焊丝作电极，靠焊丝与焊件之间产生的电弧熔化工件与焊丝，以自动或半自动方式进行焊接，目前应用较多的是半自动焊。CO_2 气体保护焊突出的优点是：CO_2 气体价廉易得，焊接成本低；焊接电流密度大、速度快，焊件变形和开裂倾向小，生产率高；明弧焊接，操作性能好，焊缝中氢和氧化物含量少，故质量高。其缺点是：焊缝成形较差，不太光滑，焊接时飞溅大。由于 CO_2 气体的氧化性，故不适合焊接易氧化的非铁金属，主要用于焊接低碳钢和低合金结构钢，以及用于耐磨零件的堆焊、铸钢件的焊补。

3. 等离子弧焊接与切割

用等离子弧的热量进行焊接与切割,称为等离子弧焊接与切割。

等离子弧的产生可叙述如下:在钨极和焊件间加一高压,经高频振荡器的激发,使气体电离形成电弧,此电弧通过细孔喷嘴受到机械压缩;从进气管通入高速氩气流,使弧柱外围受到强烈冷却,于是电弧被进一步压缩(称为热压缩);电弧内若干带电粒子的运动,可视无数根平行的通电导体,其自身磁场产生的电磁力使这些"导体"相互吸引,将弧柱进一步压缩(称为电磁压缩)。由于上述三种压缩效应,便形成了电离度激增、弧柱截面积变小、能量高度集中、温度极高、速度极快的等离子弧。等离子弧焊接与切割原理如图4-9和图4-10所示。

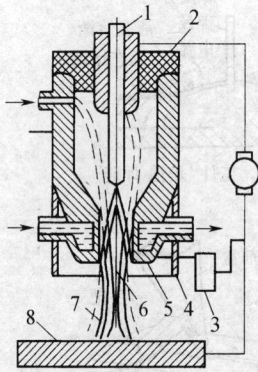

图 4-9 等离子弧焊接原理示意图

1—电极;2—陶瓷垫圈;3—高频振荡器;4—同轴喷嘴;

5—水冷却器;6—等离子弧;7—保护气体;8—焊件。

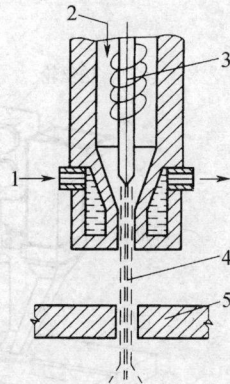

图 4-10 等离子切割原理示意图

1—冷却水;2—等离子气;3—电极;

4—等离子弧;5—切割件。

等离子弧用于焊接时,应调节成温度较低、冲击力较小的"柔性弧",并在等离子弧周围通以保护气体。

等离子弧用于切割时,应调节成温度较高、冲击力较大的"刚性弧",以便迅速将金属熔化,并借助高速等离子弧焰流,将熔化金属液强制排出,形成割缝。

等离子弧焊由于温度高、穿透力强,故10mm~12mm的厚工件不需开坡口,焊接速度快,生产率高且焊件变形小,广泛用于难熔、易氧化材料的焊接,如铜、铝、锌及其合金与不锈钢等;等离子切割变形小,切口细窄光滑,可用来切割不能用氧气切割的不锈钢、铝及铝合金等。由于等离子弧焊接与切割的设备复杂,气体消耗量大,故目前主要用于化工、原子能、精密仪器仪表等行业。

4. 电阻焊

电阻焊是焊件组合后通过电极施加压力,利用电流通过焊件接触面及邻近区域产生的电阻热,将焊件局部加热到塑性或熔化状态,然后在压力下形成焊接接头的方法。电阻焊基本形式可分点焊、缝焊和对焊三种,如图4-11所示。

电阻焊的主要特点是:焊接电压很低(1V~12V),焊接电流很大(几千到几万安培),完成一个焊接接头的时间极短(百分之一秒到几秒),焊接质量好;焊接过程易于机械化和自动化(如机器人点焊),生产率很高;加热时对接头施加机械压力,接头在压力作用下熔合,紧固性好;焊接时不需要填充金属。但是,电阻焊设备复杂,耗电量大,适用的接头形式及工件厚度受到限制,通常只适用于大批量生产。

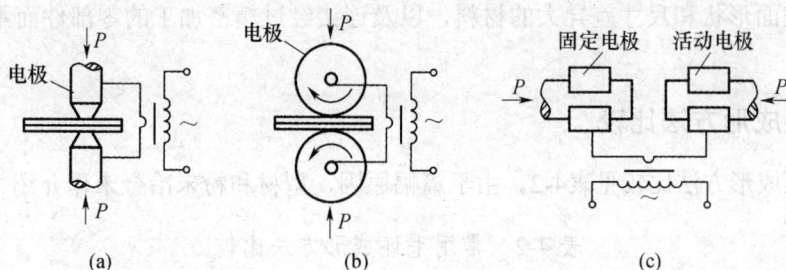

图 4-11　电阻焊的基本形式

(a) 点焊；(b) 缝焊；(c) 对焊。

5. 钎焊

钎焊是指利用熔点比焊件低的钎料，置于焊件间隙处，加热仅使钎料熔化并填充焊件间隙，冷却后将焊件连接起来的方法。按钎料熔点不同，钎焊可分为软钎焊和硬钎焊两种。

软钎焊是指采用熔点低于450℃的钎料的钎焊。常用软钎料是锡铅合金，故又称锡焊，适用于受力不大的仪表、电器元件或其他气密性容器的焊接。硬钎焊是指采用熔点高于450℃的钎料的钎焊。常用硬钎料有铜基、银基、镍基等，适用于受力较大的钢件、铜合件及工具、刀具的焊接。

钎焊的特点是投资少、焊件变形小、接头光滑平整、焊件尺寸精确，可焊形状复杂件及异种金属；但接头的强度、工作温度低，焊前清整要求严格。因此，它主要用于精密机械、仪表及航天航空行业中。

四、焊接新工艺

近年出现许多新的焊接工艺，如摩擦焊、超声波焊、爆炸焊、电渣焊、电子束焊接、激光焊接、扩散焊接等，其中最重要的是电子束焊接、激光焊接和扩散焊。

1. 电子束焊接

电子束焊接的原理：从炽热的灯丝发射的电子在高压作用下，经电磁透镜聚焦形成电子束并以极高的速度射向焊件表面，电子的动能变为热能，而使焊件接头熔化，根据焊件的熔化程度适当移动焊件，即可获得所要求的焊接接头。电子束焊的焊接速度极快，熔深大，焊件不开坡口，焊件变形小，焊缝质量高；但设备昂贵，焊件尺寸受真空室限制，对焊件的清整与装配要求严格，所以主要用于航空、仪表、原子能工业及难焊材料如钼等合金的焊接。

2. 激光焊接

激光焊接利用能量密度很高($10^5 \text{W/cm}^2 \sim 10^7 \text{W/cm}^2$)的激光束聚焦到工件表面，使辐射作用区表面的金属 "烧熔" 粘合而形成焊接接头。其焊接过程大体分为：激光照射工件材料，工件材料吸收光能；光能转变为热能使工件材料无损加热；工件材料被熔化，作用结束与加工区冷凝。激光除具有反射、折射、绕射及干涉等一般光的共性外，还具有单色性好、相平性好、方向性好和强度高的特性。由于这四大特性的互相联系和互相渗透，使激光能实现在空间上和时间上的高度集中。一束高亮度的激光经聚焦后，光斑直径可小到几微米而产生巨大的能量密度，在千分之几秒甚至更短时间内使任何可熔化、不可分解的材料熔化，从而进行激光焊接。

3. 扩散焊接

扩散焊接是一种可以连接物理、化学性能差别很大的异种材料(如陶瓷与金属)的固接方法，可连接截面形状和尺寸差异大的材料，以及连接经过精密加工的零部件而不影响其原有精度。

4.2.4 毛坯成形方法比较

常用毛坯成形方法比较见表4-2。由于篇幅原因，型材和粉末冶金末作介绍。

表 4-2 常用毛坯成形方法比较

成形方法\比较内容	铸造	锻造	冲压	焊接
成形特点	液态成形	固态下塑性变形	固态下塑性变形	借助金属原子间的扩散和结合
对原材料工艺性能要求	流动性好，收缩率要求低	塑性好，变形抗力	塑性好，变形抗力小	强度高、塑性好，液态下化学稳定性好
常用材料	铸铁、铸钢及铸造铝、铜合金	中碳钢、合金结构	低碳钢、有色金属薄板	低碳钢、低合金结构钢、不锈钢、铝合金
毛坯组织特征和性能	晶粒粗大、疏松，杂质排列无方向性。铸铁件力学性能差，耐磨性和减震性好，铸钢件力学性能较好	晶粒细小、致密，呈方向性排列，可利用流线改善性能，力学性能好。比相同成分铸钢件的力学性能高	组织细密，可产生显微组织。利用加工硬化，可提高强度和硬度，结构刚性好	焊缝区为铸态组织，熔合区和过热区有粗大晶粒；接头性能达到或接近母材
零件结构特征	形状一般不受限制，可以相当复杂	自由锻件形状简单，模锻件形状可较复杂	结构轻巧，形状可较复杂	形状不受限制
适宜的尺寸与质量	砂型铸造不受限制	自由锻不受限，模锻小于150kg	不受限	不受限
材料利用率	高	自由锻低，模锻中	较高	较高
生产周期	较长	自由锻短，模锻长	长	较短
生产成本	较低	较高	批量越大，成本越低	中
主要适用范围	铸铁件用于受力不大或承压为主的零件，或要求减振、耐磨的零件；铸钢件用于承受重载而形状复杂的零件，如床身、立柱、箱体、支架和阀体	用于承受重载、动载或复杂载荷的重要零件，如主轴、传动轴、曲轴、连杆等	用于板料成形的零件	用于制造金属结构件，或组合件和零件的修补

4.2.5 材料成型先进技术

先进制造工艺是先进制造技术的核心和基础，这是因为，优化的工艺过程、工艺参数、工艺程序、工艺规范决定了制造技术的固有技术水平和效率，也决定了产品制造质量和使用效率。材料的成形、改性与加工是机械制造工艺的主要工序，这些工艺过程特别是热加工过程是极其复杂的高温、动态、瞬时过程，期间发生一系列物理、化学、冶金变化。这些变化不能直接观察，间接测试也十分困难，因而多年来，热加工工艺设计只能凭"经验"。近年来，应用计算机技术及现代测试技术形成的热加工模拟及优化设计技术风靡全球，成为热加工各个学科最为热门的研究热点和跨世纪的技术前沿。

在热加工成形中出现的新方法、新技术、新工艺很多，限于篇幅本节简要介绍热加工方法中几种较为先进的自动化生产技术。

一、精密铸造技术

1. 钢液精炼与保护技术

未来的铸造业，特别是铸钢业的发展趋势不再是产量和生产车间数量的增加，而是其产量的相对稳定和下降，铸钢的质量、品种、性能及特殊合金钢的比重将不断提高。21世纪包括黑色金属在内的工程材料的发展战略是研制和应用高强韧性、高可靠性和高使用性能的材料。高纯净度的钢液是生产获得这种铸钢材料的第一要素，而精炼工艺是获得高纯净钢液的必要技术。目前，铸造生产中用于纯净钢液的精炼和保护工艺有：吹氩净化(Argon Injection)、喂线净化(Wire Injection Cleaning)、氩氧脱碳精炼(Argon Oxygen Decarbonization，AOD)、真空氧脱碳精炼(Vacuum Oxygen Decarbonization，VOD)、等离子体钢包精炼炉(Plasma Ladle Furnace，PLF)、电渣精炼铸造(Electro-slag casting，ESC)。

2. 气化模铸造技术

气化模铸造是在实型铸造基础上发展起来的先进铸造技术之一。按工艺方法主要分为两种：气化模—振动紧实负压铸造(EPC-V 法)和气化模—精铸—振动紧实负压复合铸造(EPG-CS 法)。

1) EPC-V 法

EPC-V 法是20世纪80年代世界上工业发达国家针对实型铸造存在的铸件表面质尺差、尺寸精度低，易造成中、低碳钢铸件表面增碳和缺陷等问题而研究开发的新型铸造工艺。它利用气化模做一次性模型和不含水分、粘结剂及任何其他附加物的干砂造型，浇注和凝固期间铸型保持一定的负压度，由此获得近于零起模度，可直接铸螺纹及曲折通道，表面光洁、尺寸精确、无飞边的近无余量少加工精密铸件。这一工艺的出现引起铸造界的普遍关注，被认为是铸造行业技术上的一项突破，并在汽车、发动机等行业应用。

2) EPC-CS 法

利用气化模代替蜡模，在气化模表面制作(2～3)mm 厚的高强度超薄型壳，加热其模组使气化模从超薄型壳中融出。将超薄型壳埋入无粘结剂干砂中，采用振动紧实砂型，浇注和凝固期间铸型保持一定的负压度，而获得表面光洁、尺寸精确的无余量精密铸件。

在 EPC-V 中，由于 EPS(聚苯乙烯珠粒)在高温下分解的产物有一部分裂解碳聚集在铸件表面而造成缺陷。EPC-CS 法用的气化模在浇注前已清除，因此从根本上消除了集碳、皱褶、增碳等问题。可实现熔模铸造无法铸出的几百千克重的无余量精密铸件。

3) 气化模铸造技术的特点

(1) 允许零件的结构设计有更大的自由度。

(2) 消除了起模斜度，可最大限度地减少铸件的壁厚，提高铸件的尺寸精度。

(3) 由于采用无粘结剂干砂造型，简化了工序，显著降低了工作量和生产成本，同时减少了人为因素对铸件质量的影响，使铸件成品率和生产率大为提高。

(4) 可实现砂型铸造无法实现的复杂部件的整体铸造，获得表面光洁、尺寸精确、无飞边少无余量精密铸件。

气化模以其先进性和实用性在铸造行业得到广泛应用。但这项新技术需要研究和开发的内容还很多，发展潜力还很大，必将在未来的铸造生产中发挥越来越重要的作用。

3. 铸造工艺模拟和工艺 CAD

铸造成形过程是涉及熔融金属流体力学、弹塑性力学、物理化学、结晶学、传热学及凝固学等多门理论的复杂过程。铸造工艺过程模拟技术是将具备理论描述而难以用手工计算的工艺过程，采用计算机应用技术将其展现在人们面前。该项技术的主要内容有：铸件凝固补缩过程数值模拟；铸件热应力及残余应力的数值模拟；铸件充型过程的数值模拟；铸件微观组织生长过程的数值模拟等。这些研究内容既有区别，又有一定的联系。其中，铸件凝固过程温度场数值模拟是基础。

自丹麦 Forsound 于1962年第一次采用电子计算机模拟铸件凝固过程以来，为铸造工作者科学地掌握与分析铸造工艺过程提出了新的方法和思路，在全世界范围内产生了积极的影响。我国的铸件凝固过程温度场的数值模拟研究开始于20世纪70年代末。沈阳铸造研究所的张毅高级工程师与大连工学院的金俊泽教授在我国率先开展了铸造工艺过程的计算机数值模拟研究工作，虽然起步较晚，但研究工作注重与生产实际相结合，取得了较好的应用效果。"七五"期间，沈阳铸造研究所组织了五校一所一厂的联合攻关组，开展了题目为大型铸件铸造工艺 CAD 的国家重点科技攻关项目的研究工作。其中对铸件凝固过程的数值模拟、铸钢件的缩孔缩松判据、铸件热应力计算、浇注系统 CAD、冒口系统 CAD、外冷铁工艺 CAD 等内容进行了较为系统细致的研究，开发出了 SIMU-3D 模拟计算及工艺设计等一批软件，缩短了我国与国际先进水平的差距。

经过几十年的发展和完善，铸造成形工艺模拟和工艺 CAD 技术已发展成为一种先进制造技术。它是由铸造工程技术和计算机工程技术这两个不同学科的事例而产生的，是传统产业技术与现代铸造高科技相结合的产物。进入21世纪，模拟技术将向智能化方向发展，即不但能模拟工艺过程，指出问题及工艺缺陷，还将具有分析问题和缺陷原因的功能，并提出工艺改进措施。

二、锻压成形自动化技术

工程材料的塑性精密成形是一种先进制造技术，是建立在现代材料科学、力学、数值模拟和计算机、自动化和机器人技术、模具和润滑技术、金属塑性和成形技术等多种科学与技术基础上的一门先进科学技术。它的出现逐渐替代了一般的锻压生产方法，同时也促进了这项技术由经验积累型向科学的发展。精密成形件不仅具有良好的内部组织和性能，还由于节省了切削加工，而使成形件表层的细化晶粒得以保存，金属纤维的连续性也因而得以保持，从而提高了零件性能，成为当代动力机械提高单位产品重量出力比的重要工艺技术之一，成为高效率、低成本的成形技术，又成为降低产品成本参与市场竞争的制造技术。所以，近20多年来，精密塑性成形技术在工业发达国家普遍受到重视，其发展速度也普遍高于机械制造业的平均发展速度。

由于成形的原材料性能和形状不同，成形后的零件形状又有很大的差别，推动了多种成形方法的发展，形成了丰富多彩的成形工艺和相应的专用通用设备。

1. 热精锻生产线成套技术

金属坯料加热到锻造温度，采用模锻方法实现精密成形是现代机械零件的重要成形方法之一。

精密热模锻生产，通常要经过下料、加热、制坯、预锻、终锻、切边、校正、精整等多道工步。由于锻件形状尺寸和精度要求不同，有些工步可以省去，确定工步的一般原则和普通热模锻生产线相似。根据锻件的不同，正确地选择和利用设备，对保证产品质量和提高生产效率、降低生产线投资和日常生产成本等是十分重要的。现代大批量生产的企业通常采用热模锻压力机、高能螺旋压力机、电液锤为主要锻造设备。为保证温度的一致性和高生产率通常采用感应加热。由于工艺技术提高，设备、模具、润滑条件改进，锻件尺寸精度和复杂程度均有明显提高。工艺模拟和模具 CAD/CAM 技术的应用，使热锻成形新产品的设计和开发周期显著缩短；锻造机械手、机器人和生产自动化及其配套技术的应用，使热精锻在质量、效率和劳动条件方面都得到了显著的提高和改善。目前，大批量模锻生产中热锻生产线技术已经成熟，既有针对一般锻件的生产线，又有针对特殊锻件以专机为主体的生产线。

锻造生产线的发展方向主要有两个：一是出现了锻造柔性生产线，以满足用户对产品多样化的需求；二是由于推广采用非调质钢，锻造生产线与热处理生产线可以连在一起建设，直接利用锻造余热淬火，省去再次加热的时间和费用，且有利于锻件质量的提高。

2. 冷温成形成套技术

冷温成形是指金属材料在室温或再结晶温度以下的一种塑性体积成形方法，通常称为冷温锻造，是先进制造技术中的净成形或近净成形加工技术。其塑性变形的主要方式是挤压和镦粗。

冷温锻造技术在机械制造行业被广泛应用，但最适用的领域仍然是轿车制造行业。在轿车生产中，大量复杂的中小零件要求高的生产率、快节拍，能充分发挥出冷温锻造工艺的优越性。目前，日、美、德等国的轿车生产中冷温锻造技术得到广泛应用。我国冷温锻造工艺技术的成套水平、冷温成形材料的国产化、成形设备的性能、生产过程的自动化、模具寿命和润滑等方面与工业发达国家水平相比，尚有较大差距。

当前冷温锻造技术发展的总趋势是：一方面要进一步提高成形件的精度，以取得最好的经济效益，另一方面是扩大冷温锻造技术的应用范围。为满足这两方面的要求，就必须在新的成形技术、冷温锻复合工艺、模具的制造技术、新型冷温锻造压力机和自动化输送设备等几方面进行不断的开发研究。

3. 辊锻成形技术

辊锻属于回转成形。回转成形是指在成形过程中模具和工件都作旋转运动或其中一方作旋转运动的成形方式。这种成形技术的最大优点是成形力小，在较小吨位的设备上能成形较大的工件，因此设备造价低。回转成形技术的发展，为大型复杂锻件的成形提供了新的途径，已成为塑性成形技术的重要组成部分。

辊锻是材料在一对反向旋转模具的作用下，产生塑性变形得到所需锻件或锻坯的塑性成形工艺。辊锻成形是复杂的三维变形，其变形原理如图4-12所示。辊锻过程中，大部分变形沿着长度方向流动使坯料长度增加，少部分材料横向流动使坯料

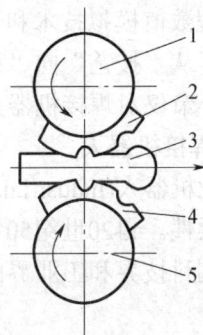

图 4-12 辊锻变形原理

1—上锻辊；2—辊锻上模；
3—毛坯；4—辊锻下模；5—下锻辊。

宽度增加，坯料横截面面积不断减小。辊锻适用于轴类件拔长、板坯辗片及沿长度方向分配材料的变形过程。

辊锻成形技术的发展，将在精密辊锻技术和精辊精锻复合生产技术方面推动我国锻造行业的技术进步。

4. 锻造工艺模拟及工艺 CAD

将锻坯做为变形体，金属成形过程就是一个由温度场和微观组织场合的变形过程。这一过程可以由一组微分方程来描述。金属成形工艺程的有限元模拟实质上就是在综合考虑已知条件(如工件坯料几何形状、边界条件、初始条件及工件材料的所有一切参数)的情况下用有限元法来求解这一组微分方程的。锻造工艺的有限元模拟分为两步：一是用户输入要模拟的对象；工件和模具的几何信息、材料参数、初始状态界条件；二是模拟软件根据所输入的数据求解微分方程组，计算出所要求的各种物理量，并将这些计算结果输出给用户。这就是说锻造工艺模拟可以在不做任何试验的情况下，能使技术人员知道他所设计的工艺、模具和锻件坯料是否合理，如果不合理，他可以修改设计方案，重新录入数据进行再次模拟，直至达到设计要求。后者便是锻造工艺 CAD 技术。应用这项技术可以最大限度地减少试验次数，使工艺优化和新产品试制降低成本，缩短周期。

由于模拟软件受相关学科发展的限制，与具体材料有关的方程还不能完全精确地描述材料变化的实际过程；软件所设定接触的边界条件也不能完全精确地描述工件与模具之间实际发生的物理变化。由于实际工况的复杂性及现实试验条件的限制，用户所输入的数据，也与实际情况有差别。这一切都是造成模拟结果与实际锻造工艺有一定误差的原因。

由于锻造生产发展的需要和计算机技术水平的不断提高，锻造工艺模拟技术已经基本成熟并已走向工业应用。应该指出的是，几乎所有的现行商业软件的预报能力都与实际的金属成形工艺存在一定的差距。所以，对现有软件的缺陷进行补偿(常用的方法主要有试验补偿法和分析补偿法)，使所得到的数值模拟结果能充分发挥作用，是用户应注意的问题。

三、焊接自动化技术

随着科学技术的飞速发展，近年来发展了各种优质、高效的焊接新技术：如代表当今焊接电源先进水平的逆变电源；代表高能束焊接技术发展主流的激光焊接技术；高效、低稀释的新型堆焊技术；适应微电子技术发展的微连接技术；代表焊接自动化水平的焊接机器人；焊接过程数值模拟技术和专家系统等。这些高新焊接技术的发展，使焊接这种古老的加工工艺实现了从"技艺"向"科学"的转变。

本小节仅对焊接机器人、数控切割技术、精密等离子弧切割技术等作简要介绍。

1. 焊接机器人

工业机器人(Industrial Robot)是机械与现代电子技术相结合的自动化机器，具有很好的灵活性和柔性。自20世纪50年代末60年代初在美国出现第一代工业机器人以来，这种高新技术一直受到科技界和工业界的高度重视。目前，全世界已有70万台工业机器人在不同的领域中应用。

焊接是工业机器人的主要应用领域。机器人技术的迅猛发展，有力地促进了焊接自动化的进程。世界上约1/4的工业机器人应用于焊接。它不仅是实现焊接生产自动化的手段，而且是今后工厂向计算机集成制造(CIM)过渡的基础。

1) 焊接机器人的组成

焊接机器人主要包括机器人和焊接设备两部分，如图4-13(a)、(b)所示。机器人由机器本体和控制柜(硬件及软件)组成。而焊接设备(以弧焊和点焊为例)则由焊接电源(包括其控制系统)、送丝机、焊枪等部分组成。对于智能机器人还应有传感系统，如激光或摄像传感器及其控制装置等。

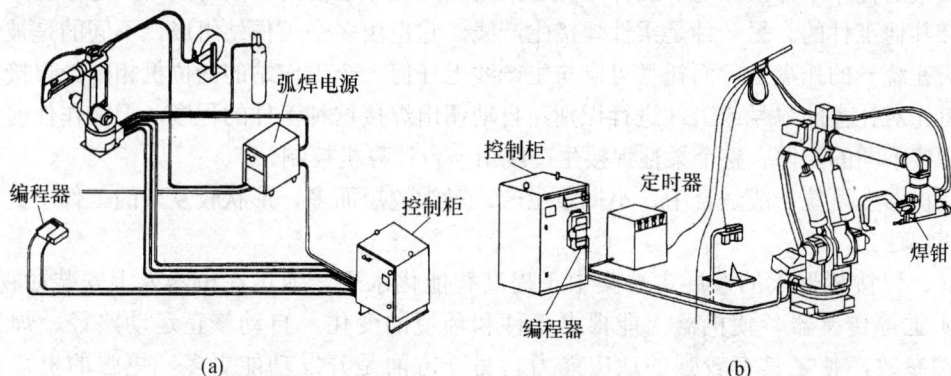

图 4-13　焊接机器人的基本组成

(a) 弧焊机器人；(b) 点焊机器人。

2) 焊接机器人的优点

焊接机器人不同于专用自动焊机，它既用自动机械手代替了人的手工操作，又具有手操作所固有的灵活性。焊接机器人是一种由可改变程序控制的独立的自动化焊机，可以模仿人的焊接操作对焊接机器人加以训练，这称为对机器人的示教。以后，焊接机就会自动重复上述操作，完成施焊任务。如果要焊接机器人去焊接另一产品，只要对它示教就可以了。焊接机器人不仅是一种可以模仿人操作的焊接自动机，而且比人更能适应各种复杂的焊接工作。其主要优点是：

(1) 能代替人在危险、污染或特殊环境下进行各种焊接操作，如高温、高压、高尘、强爆、有毒、放射性、水下、空间等条件下的焊接。

(2) 能代替人从事简单而单调重复的焊接工作，从而节省劳动力，提高生产率。

(3) 具有相当重复再现精度，并能在条件变化中保持操作不变，因此，可以保证焊接质量的稳定可靠。

(4) 具有相当高的运动精度和小型焊件的精密焊接。按规范参数的控制精度，可实现超小型焊件的精密焊接。

(5) 对焊接机器人实行新的示教，就可以使其适应新产品的焊接。因此，是中、小批量生产自动化的理想手段，并开辟了可编程序自动化的新方向。

3) 焊接机器人的应用与发展前景

国际上20世纪80年代是焊接机器人在生产中应用最快的10年。我国工厂从20世纪90年代开始，应用焊接机器人的步伐也显著加快。国内外应用较多的焊接机器人系统有如下几种形式：

(1) 焊接机器人工作站。这是在实际生产中，通过焊接变位机和焊接机器人的互动来完成工件焊接的工作方式。为使焊缝处于最佳焊接位置，采用变位机和机器人分别运动，即变位机变位后，机器人再焊接；也可同时运动，即变位机一边变位机器人一边焊接。为使焊枪相对于工件的运动既能满足焊缝轨迹又能满足焊接速度及焊枪姿态的要求，实现变位机和机器人的协调运动，变位机成为了焊接机器人的组成部分。

(2) 焊接机器人生产线是比较简单的焊接机器人生产线，是把多台工作站用工件输送线接起来构成的。这种生产线仍然保持着单个工作站的特点，即每个工作站只能用选定的夹具及焊接机器人的程序来焊接预定的工件，在更改夹具及程序之前的一段时间内，这条生产线是不能焊接其他工件的。另一种是柔性焊接生产线，它也由多个工作站组成，不同的是被焊工件都装夹在统一的托盘上，而托盘可以与生产线上任何一个工作站的变位机相配。焊接机器人系统首先对托盘的编号或工件进行识别，自动调出焊接这种工件的程序，无需作任何调整就可以焊接不同的工件。整个柔性焊接生产线由一台计算机控制。

焊接机器人系统一般适合中、小批量生产。对焊缝短而多，形状较复杂的工件，更能发挥它的优越性。

当前，焊接机器人的发展主要集中于提高智能化水平。通过在机器人上安装如视觉、力觉、听觉等传感器，使机器人能根据工件和环境的变化，自动修正运动路径、焊枪位置、焊接参数，使之具有较强的适应能力。另一方面是开发功能更多、更强的机器人离线编程软件。焊接机器人的发展还需要依赖工业机器人本身的发展，这方面主要是提高机器人运动轨迹的精度和稳定性，特别是用于精密激光焊接与切割的机器人对这方面的要求更高。

到1997年末，我国仅有焊接机器人500余台，多为弧焊机器人和点焊机器人，而且集中于汽车、摩托车和工程机械三个制造行业。因此，我国焊接机器人的发展首先应扩大应用数量和应用领域，同时应尽快建立有我国自主产权的机器人生产产业。

2．高效优质切割技术

随着现代工业的迅速发展，切割技术已从单一的火焰切割发展到等离子弧切割、激光切割、高压水射流切割等现代精密切割技术。切割技术的应用领域和适用范围越来越广泛，已由下料手段变成机械加工的一种工艺方法。

1) 数控切割技术

数控切割技术是在火焰精密快速切割工艺基础上，发展起来的一项自动化高效切割技术。由于采用了计算机控制系统，可使整个切割过程实现自动化管理，从而极大提高了生产效率，使切割由机械下料成为包括钢板校平、喷丸除锈、涂漆、烘干、切割零件编程套料、喷粉划线、零件切割、编号入库等工序的一种机械加工方法。

数控切割机由数控系统、编程系统、气路系统及机械运行系统等部分组成。数控系统又由计算机系统、伺服系统、控制单元及执行机构组成。编程系统是为数控切割机开发的零件编程及套料的计算机辅助系统，编程机将编好的程序输入切割机的控制系统，启动切割机即可完成切割任务。

2) 精密等离子弧切割技术

精密等离子弧切割技术，是在普通等离子弧切割的基础上发展起来的。两者的主要区别是割嘴结构不同，如图4-14所示。精密等离子弧切割割嘴端面完全防护，割嘴与工件完全绝缘，杜绝了普通等离子弧切割时的双弧现象，提高了等离子弧的压缩效果，使弧柱更细，能量更集中，切割质量更高。同时也防止了穿孔时切割飞溅对喷嘴的损害，提高了电极和割嘴的使用寿命。

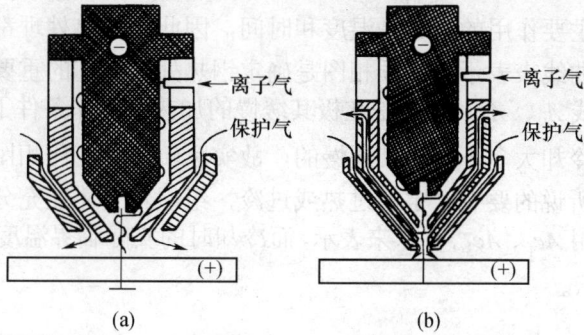

图 4-14 精密等离子弧切割割嘴结构图

(a) 普通双气等离子弧切割; (b) 精密等离子弧切割。

3. 焊接过程数值模拟与专家系统

焊接过程数值模拟和专家系统的出现是计算机技术、焊接基础理论与试验技术不断发展的结果。

1) 焊接过程数值模拟

焊接过程数值模拟系统，是用数学模型对焊接过程中各种现象进行数值模拟，进而定量分析，并将结果用于指导生产实际的计算机系统。它可对焊接温度场、焊接应力与变形、焊接化学和物理冶金过程、焊接接头的力学行为、焊接质量评估、特殊焊接过程的数值分析等方面的内容进行数值模拟分析。但由于焊接是个极其复杂的高温、动态、瞬时过程，要想得到具有足够精度的焊接过程数值模拟结果难度很大，有待于焊接科技工作者进一步研究。

2) 焊接专家系统

专家系统是以计算机作为信息收集、存储、处理和分析的工具，能部分地代替某一领域人类专家进行逻辑推理的软件系统。该系统能利用已获取的特定领域的专家知识，模仿人类专家解决问题的能力，对所面临的问题做出具有专家水平的结论。

目前已开发的焊接专家系统有百余种，大体可分为：焊接工艺制定专家系统，焊接方法、材料、设备选择专家系统，焊接工艺和设备监测专家系统，焊接缺陷识别和评价专家系统等四大类。随着人工智能技术的发展，焊接专家系统的开发和应用会更加广泛。

建立能正确反映人类专家知识的专家系统，可使专家的知识和经验得到普及推广，不因专家的退休或离去而丢失，并能使非专家人员也能解决只有领域专家才能解决的问题。

由于专家系统不具备人类专家所特有的创造性，只能局限于狭小的技术领域，同时因其开发技术复杂、专业性强、成本高而限制了其开发速度。在诸多的焊接专家系统中除了焊接工艺专家系统有一定的市场外，其他焊接专家系统市场有限。

4.3 材料热处理及表面处理技术

4.3.1 材料整体热处理

热处理是通过金属在固态下的加热、保温和冷却，以改变其内部组织从而获得所需性能的工艺方法。任何一种热处理的工艺过程，都包括加热、保温、冷却三个步骤，如图4-15所示。整体热处理的主要特点是对工件整体进行穿透加热。机械设备上使用最多和需要进行热处理最多的金属材料是钢，因此本书以钢的热处理为例来进行介绍。

　　由于热处理时起主要作用的因素是温度和时间，因此各种热处理都可以用以温度—时间为坐标的热处理工艺曲线来表示，铁碳相图是确定钢热处理工艺的重要依据，铁碳相图中组织转变的临界温度曲线 A_1、A_3、Ac_m 是在极其缓慢的加热或冷却条件下测定出来的，而在实际热处理中的加热或冷却大多不是极其缓慢的，故实际转变温度比相图上的临界温度有一定的现象，也就是通常所说的要有一定的过热或过冷，组织转变才能充分进行。通常将加热时的实际临界温度位置用 Ac_1、Ac_3、Ac_m 来表示，而冷却时的实际临界温度位置用 Ar_1、Ar_3、Ar_{cm} 来表示，如图4-16所示。

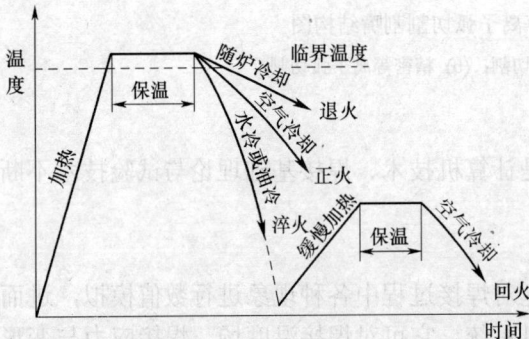

图 4-15　常用热处理方法的工艺曲线示意图　　　　图 4-16　加热和冷却时各临界点的位置

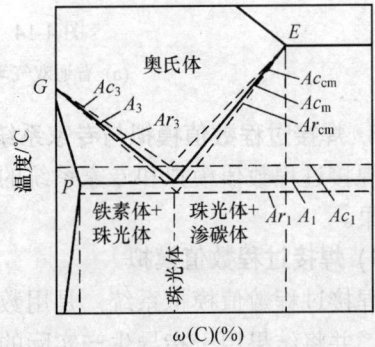

　　常规热处理技术是指众所周知的"四火"，即退火、回火、淬火、正火，也可以称为传统热处理技术。这些技术和方法在工业领域仍被广泛应用。

　　(1) 退火。退火是指把钢加热到一定温度，经保温后缓慢冷却，以获得接近平衡组织的工艺方法。退火的目的是：降低硬度以便于切削加工；提高塑性以利于塑性成形；细化晶粒以提高力学性能；消除应力以防止变形后开裂。根据加热温度的不同，退火可分为完全退火、球化退火、等温退火、均匀化退火、去应力退火以及再结晶退火。

　　(2) 正火。正火是指把工件加热到临界温度 Ac_3(或 Ac_{cm})以上40℃～60℃，保温一定时间以完全奥氏体化，然后在空气中冷却的热处理工艺。正火的目的是：细化晶粒、改善力学性能和可加工性，消除网状二次渗碳体组织，为淬火做准备；还可以取代部分完全退火，提高生产率。正火实质上是退火的另一种形式，其作用与完全退火相似。正火与完全退火不同之处是工件放在空气中冷却而不是随炉冷却。正火工件由于冷却速度比退火稍快，组织中的珠光体相对量较多，而且片层较细密，因此比退火工件的强度和硬度稍高，而塑性和韧性则稍低。由于正火冷却时不占加热炉，因此可使生产率提高、成本降低，所以一般低碳钢、低合金钢和含碳量较低的中碳钢多采用正火代替完全退火。

　　(3) 淬火。淬火就是将工件加热到临界温度 Ac_3(或过共析钢 Ac_1)以上30℃～50℃(约760℃～860℃)，保温一定时间后，放于冷却介质中快速冷却，以获得马氏体组织的热处理工艺。马氏体的硬度取决于含碳量，随着含碳量的提高，马氏体的硬度也提高。马氏体的比体积比奥氏体大，致使形成马氏体的过程中将伴随着体积膨胀，于是产生淬火内应力，同时马氏体含碳量越高，其脆性也越大，这些都使工件在淬火时容易产生变形或裂纹。所以，工件淬火后一般都要及时地进行回火处理。淬火的主要目的是：提高工件的强度和硬度，增加耐磨性，并在回火后获得适当的强度和韧性相配合的性能。淬火操作时要严格控制加热温度、保温时

间和冷却速度。冷却速度取决于淬火介质。常用的淬火介质有水和油。淬火时还要注意淬火
工件浸入淬火介质的方式。若浸入方式不正确，可能使工件各部分的冷却速度不一致，造成
极大的内应力，使工件发生变形和裂纹，或产生局部淬火不硬等缺陷。

　　(4) 回火。回火是将淬火后的工件重新加热到临界温度 Ac_1 以下某一温度，经过一定时间
的保温后，在油中或空气中冷却的热处理工艺。回火的温度大大低于退火、正火和淬火时的
加热温度。回火的目的是：减小或消除工件在淬火时所形成的内应力，适当降低工件的硬度，
减少工件脆性，防止变形和开裂；稳定工件尺寸，调整力学性能，使工件获得较好的强度和
韧性，或较好的综合力学性能。

4.3.2　表面处理技术

　　金属材料除了整体热处理外，还可以采用表面处理技术来满足对工件的各种特殊要求。
工程材料表面处理的目的是：提高材料在腐蚀性介质中的耐蚀性或抗高温氧化性能，防止金
属材料及其制品在生产、储运和使用过程中发生锈蚀；提高工件耐磨性、减摩性及抗疲劳等
性能；根据需要，使材料及其制品表面具有各种特殊的功能，如绝缘、导电、反光、光的选
择吸收、电磁性、焊接性、可胶接等，也可制造特殊新型表面材料及覆层金属板材；对于装
饰性材料和制品，通过改变表面光泽、色彩、图纹等以获得优良装饰效果；修复磨损或腐蚀
损坏的工件，补救加工超差的产品。

　　表面处理技术日新月异，种类繁多，其分类如图4-17所示。由图4-17可见，有些处理工艺
是去除，有些则是添加，还有的是在基体材料表面发生反应而改变表面。有些工艺(如喷涂)
是在精加工的零件表面进行，有些(如磷化)则是生产工序的必要组成部分，还有的(如化学气
相沉积 CVD)在半导体装置制造中则是一道独立的重要工作。

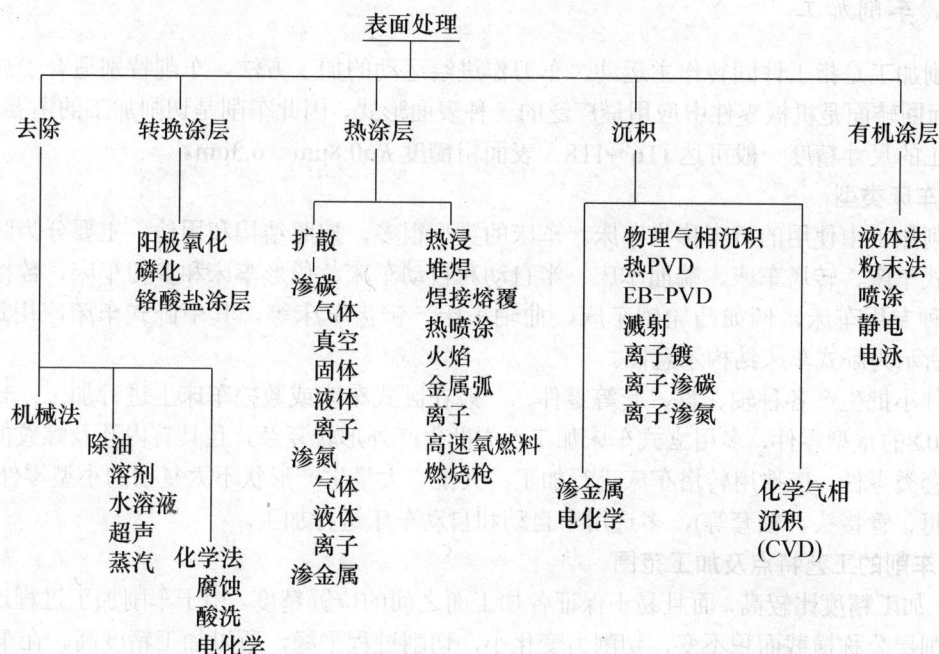

图 4-17　表面处理分类

4.4　切削加工技术

在本书第2章，介绍了机械是由零件、部件经装配而成的，零件是机械的最基本组成单元。本章4.1节介绍的成形方法，主要是指零件制造方法，包括去除成形、受迫成形、堆积成形、生成成形。去除成形主要是通过切削加工实现的。

切削加工是利用切削工具从工件(毛坯)上切去多余的材料，使零件具有符合图样规定的几何形状、尺寸和表面粗糙度等方面要求的加工过程。切削加工在机械制造业中占有十分重要的位置，目前占机械制造总工作量的40%～60%。切削加工多用于金属材料的加工，用于某些非金属材料的加工，对于零件的形状一般不受限制，可加工外圆、内圆、锥面、平面、螺纹、齿形及空间曲面等各种型面。

切削加工可分为机械加工和钳工两部分。机械加工是在机床上利用机械力对工件进行加工的切削加工方法。根据机床运动的不同、刀具的不同，机械加工主要分为车削、钻削、镗削、铣削、刨削、拉削、插削、磨削以及特种加工等。钳工主要是在钳台上，以手持工具为主，对工件进行加工的切削加工方法。随着加工技术的现代化，越来越多的钳工加工工作已被机械加工所代替，钳工自身也在逐渐机械化。

任何机器都是由许多零件和部件装配而成的。装配是机器制造中的最后阶段，机器的质量最终是通过装配保证的，装配质量在很大程度上决定机器的最终质量。另外，通过机器的装配过程，可以发现机器设计和零件加工质量等所存在的问题并加以改进。

本节将分别阐述传统切削加工、特种加工、高速加工、精密加工及快速成形等有关内容。

4.4.1　传统切削加工方法

一、车削加工

车削加工是指工件回转作主运动，车刀作进给运动的加工方法。车削特别适合于加工回转面，而回转面是机械零件中应用最广泛的一种表面形式，因此车削是切削加工的主要方式。车削加工的尺寸精度一般可达 IT6～IT8，表面粗糙度 $Ra0.8\mu m～6.3\mu m$。

1. 车床类型

车削加工中使用的机床称为车床。车床的类型很多，按照结构和用途，主要分为卧式车床、立式车床、转塔车床、端面车床、半自动和自动车床、仿形车床和多刀车床、数控车床以及各种专用车床，例如凸轮轴车床、曲轴车床、铲齿车床等，其中卧式车床应用最多。图4-18所示为卧式车床结构示意图。

单件小批生产各种轴、盘、套等零件，一般在卧式车床或数控车床上进行加工；长径比为0.3～0.8的重型零件，多用立式车床加工；成批生产外形较复杂，且具有内孔及螺纹的中小型轴、套类零件，应选用转塔车床进行加工；大批、大量生产形状不太复杂的小型零件(如螺钉、螺母、管接头、轴套等)，多选用半自动和自动车床进行加工。

2. 车削的工艺特点及加工范围

(1) 加工精度比较高，而且易于保证各加工面之间的位置精度。由于车削加工过程连续进行，切削层公称横截面积不变，切削力变化小，切削过程平稳，所以加工精度高。在车床上经一次装夹能加工出外圆面、内圆面、台阶面及端面，依靠机床的精度就能保证这些表面之间的位置精度。

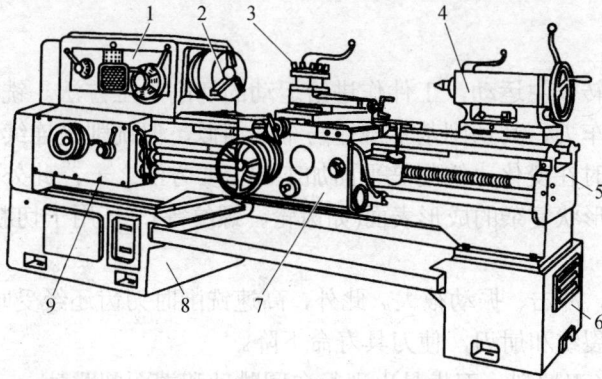

图 4-18　卧式车床结构示意图

1—主轴箱；2—卡盘；3—刀架；4—尾座；5—床身；6、8—床腿；7—溜板箱；9—进给箱。

　　(2) 生产率高，应用范围广泛。一般情况下，加工过程中车刀与工件始终接触，基本无冲击，可用很高的切削速度以及很大的背吃刀量和进给量，所以生产率高。车削加工适应多种材料、多种表面、多种尺寸和多种精度，应用范围广泛。

　　(3) 刀具简单，刚度高，制造、刃磨和装夹方便，生产成本较低。车削加工范围广泛，可以车削内圆面(含内圆切槽)、外圆面(含外圆切槽)、锥面、平面、切断成形面、内螺纹、外螺纹，以及进行钻孔、扩孔、铰孔和滚花等工作，如图4-19所示。

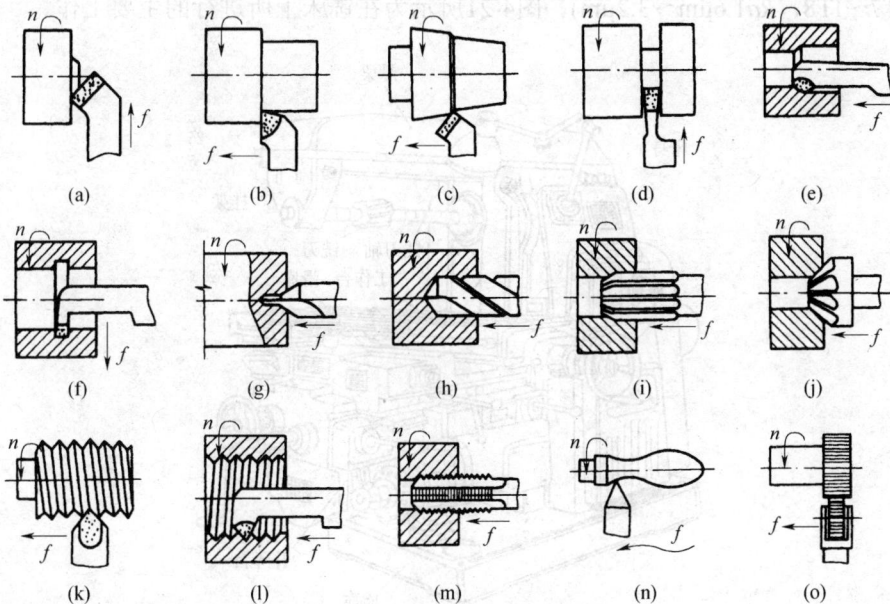

图 4-19　卧式车床所能完成的典型加工

(a) 车端面；(b) 车外圆；(c) 车外锥面；(d) 切断切槽；(e) 镗孔；

(f) 切内槽；(g) 打中心孔；(h) 钻孔；(i) 铰孔；(j) 锪锥孔；(k) 车外螺纹；

(l) 车内螺纹；(m) 攻螺纹；(n) 成形表面；(o) 滚花。

n—转速；f—进给量。

二、铣削加工

铣削是指铣刀旋转作主运动，工件作进给运动的切削加工方法。铣刀是多刃刀具，它的一个刀齿相当于一把车刀，其切削基本规律与车削相似，但铣削是连续切削，在切削过程切削厚度和切削面积随时在变化。铣削是平面加工的主要方法之一，此外，铣削还适合于加工台阶面、沟槽、各种形状复杂的成形表面(如齿轮、螺纹等)，还用于切断。

1. 铣削特点

铣削为断续切削，冲击、振动很大。此外，高速铣削时刀齿还经受时冷时热的温度骤变，硬质合金刀片易出现裂纹和崩刃，使刀具寿命下降。

(1) 铣削为多刀多刃切削，刀齿易出现径向圆跳动和端面圆跳动。

(2) 铣削为半封闭容屑形式。

(3) 圆柱铣刀逆铣时，由于刀齿切削刃钝圆半径的存在，使刀齿都要在工件已加工表面上滑行一段距离后才能切入工件基体。

(4) 铣削时切削层的公称厚度及铣削力都是周期性变化的，这种周期性的断续切削过程易引发铣削工艺系统的振动。

2. 铣床及铣削的应用范围

铣床的主要类型有：卧式升降台铣床(图4-20)、立式铣床、龙门铣床、工具铣床以及各种专用铣床等。铣削的应用范围很广，加工的主要轮廓表面有：平面、台阶面、槽、型腔以及成形面。铣削可分为粗铣(IT11～IT12，Ra12.5μm～25μm)、半精铣(IT9～IT10，Ra3.2μm～6.3μm)和精铣(IT7～IT8，Ra1.6μm～3.2μm)。图4-21所示为在铣床上所进行的主要工作。

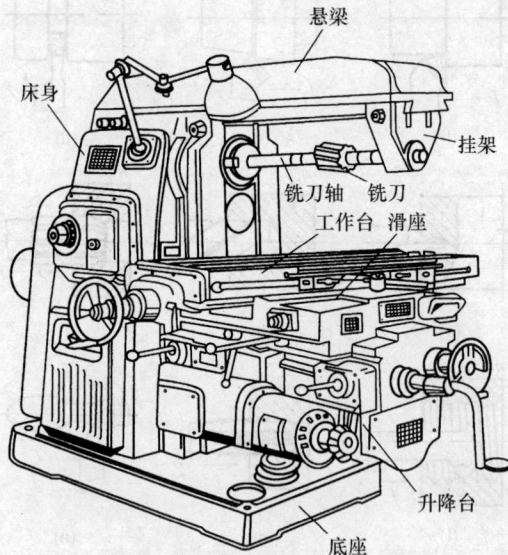

图 4-20　卧式升降台铣床

三、刨削加工

刨削是指刨刀对工件作水平相对直线往复运动的切削加工方法。刨削也是加工平面和沟槽的主要方式之一。空行程、冲击和惯性力等问题，限制了刨削生产率和精度的提高。

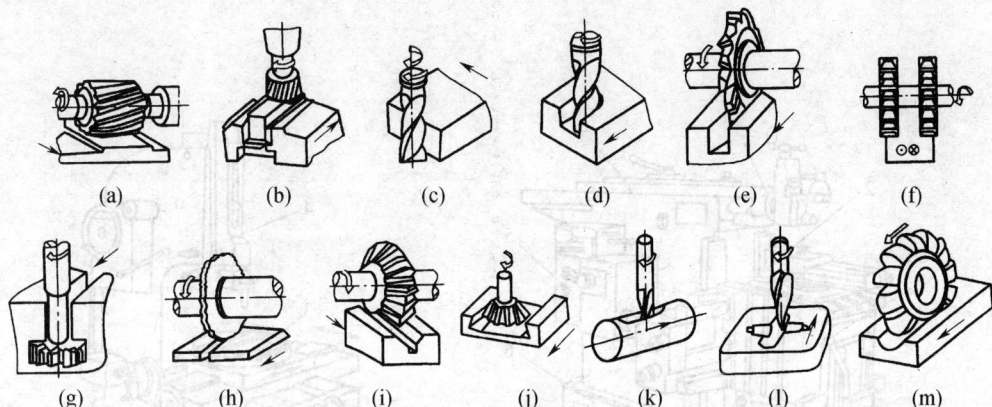

图 4-21　铣床的主要工作

(a) 圆柱铣刀铣平面；(b) 面铣刀铣平面；(c) 立铣刀铣侧平面；(d) 立铣刀铣槽；

(e) 三面刃铣刀铣槽；(f) 三面刃铣刀铣台阶面；(g) T 形槽铣刀铣 T 形槽；(h) 锯片铣刀切断；

(i)角度铣刀铣角度；(j) 燕尾槽铣刀铣燕尾槽；(k) 键槽铣刀铣键槽；(l) 模具铣刀铣型腔；(m) 成形铣刀铣圆弧面。

1. 刨削加工特点

(1) 机床和刀具的结构较简单，通用性好。

(2) 生产率低。刨削回程不进行切削，加工不连续，冲击较严重；此外刨削常用单刃刨刀刨削，刨削用量也较少，故加工生产率低。但是，当加工狭长表面(如导轨、长槽)时，由于减少了进给次数以及可以采用多件、多刀刨削，刨削的生产率可能高于铣削。

(3) 刨削的加工精度一般可达 IT7～IT8，表面粗糙度可控制在 $Ra1.6\mu m$～$6.3\mu m$。但刨削加工可保证一定的相互位置精度，故常用龙门刨床加工箱体和导轨的平面。

2. 刨削加工的应用

刨削可以在牛头刨床(图4-22)和龙门刨床上进行。前者适宜加工中小型工件，后者适宜加工大型工件或同时加工多个中型工件。刨削主要用来加工平面，也广泛地用来加工沟槽。刨削同样可分为粗刨(IT12～IT11，$Ra12.5\mu m$～$25\mu m$)、半精刨(IT9～IT10，$Ra3.2\mu m$～$6.3\mu m$)和精刨(IT7～IT8，$Ra1.6\mu m$～$3.2\mu m$)。

四、插削加工

插削是指用插刀对工件表面作垂直相对直线往复运动的加工方法。插削在插床上进行，如图4-23所示。插床的滑枕是在垂直方向运动的，所以也称为"立式牛头刨床"。插床主要用于加工工件的内表面，如键槽、花键、多边形孔等，如图4-24所示。由于插削的生产率比刨削还低，只用于单件小批生产，在成批大量生产中已被拉削所代替。

五、拉削加工

拉削是指用拉刀加工工件内、外表面的加工方法。拉刀是一种多齿的金属切削刀具，其前刀齿在半径或高度方向上的尺寸有所增加，这个增加量称为拉刀齿升量。拉刀的直线运动为主运动，拉刀借助齿升量来一层一层地切去金属余量，而获得所要求的平面，如图4-25所示。

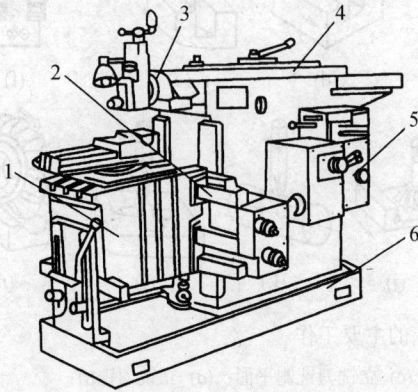

图 4-22　牛头刨床

1—工作台；2—滑座；3—刀架；4—滑枕；

5—床身；6—底座。

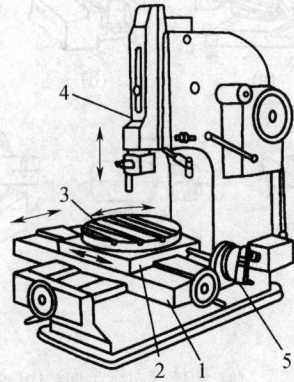

图 4-23　插床

1—床鞍；2—溜板；3—工作台；

4—滑枕；5—分度装置。

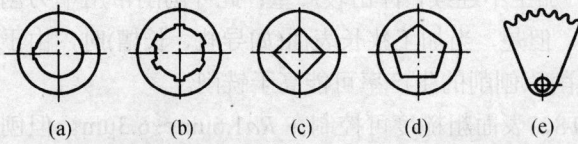

图 4-24　插削表面举例

(a) 孔内单键槽；(b) 花键槽；(c) 方孔；

(d) 五边形孔；(e) 扇形齿轮。

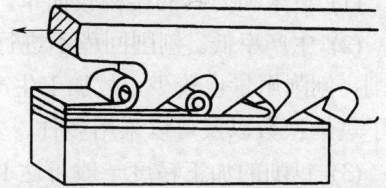

图 4-25　拉削运动

拉削具有以下特点：

(1) 生产率高。因为拉刀同时工作的刀齿多，而且在拉刀的一次行程中，可以完成半精切和精切加工。

(2) 拉削质量好。拉刀属于定形刀具，且具有校准部分，可校准尺寸，修光孔壁；拉床采用液压传动，切削平稳。

(3) 拉刀寿命长。因为拉削速度低，每齿切削厚度很小，切削力及切削热小。

(4) 拉削成本低，经济效益高。拉床只有一个主运动，结构简单，工作平稳，操作方便。

(5) 拉削为封闭式切削方式。在拉削过程中，切屑不可能被排除，切削液也不可能注入切削区域。因此，不仅要求拉刀设置容屑槽，而且在拉削前应清除拉刀刀齿上的全部切屑并对即将进入切削的拉刀刀齿充分淋注切削液。

(6) 拉刀是定尺寸、高精度、高生产率专用刀具，制造成本高。

拉削应用很广泛，可以加工各种截面形状的通孔及各种特殊形状的外表面，如图4-26所示。拉削主要用于大批量生产，一般不宜用于单件、小批量生产。

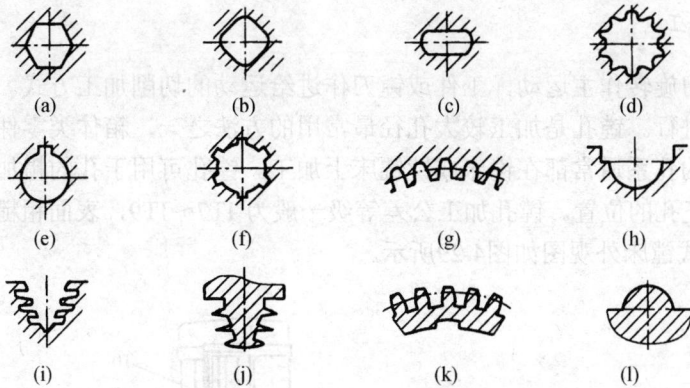

图4-26　常见的拉削截形

(a) 六边形孔；(b) 正方形孔；(c) 扁圆孔；(d) 三角形花键孔；(e) 矩形键槽；

(f) 矩形花键孔；(g) 内齿轮；(h) 组合面；(i) 榫槽；(j) 叶片榫头；(k) 齿轮轮齿；(l) 组合凸半圆。

六、钻削加工

用钻头或铰刀、锪刀在工件上加工孔的方法统称钻锪铰加工，它可以在台式钻床、立式钻床、摇臂钻床上进行，也可以在车床、铣床、镗铣床或专用机床上进行。立式钻床如图4-27所示。钻削加工的精度较低，一般公差等级只能达到 IT10，表面粗糙度值一般为 $Ra6.3\mu m\sim12.5\mu m$。单件、小批生产中，中小型工件上较大的孔(一般直径 $D<50mm$)用立式钻床加工，大中型工件上的孔常用摇臂钻床加工。常用的钻削刀具为麻花钻。按刀具材料的不同，麻花钻分为高速钢钻头和硬质合金钻头。

钻床上常用加工方法如图4-28所示。其中，钻孔是指用钻头在实体材料上加工孔的一种方法，属于粗加工；扩孔是用扩孔刀具扩大工件孔径的一种加工方法，通常作为孔的半精加工；铰孔是指用铰刀在未淬硬工件孔壁上切除微量金属层，以提高工件尺寸精度和减小表面粗糙度值的加工方法，属于精加工；锪孔是指在已加工的孔上加工圆柱形沉头孔、锥形沉头孔和端面凸台的加工方法。

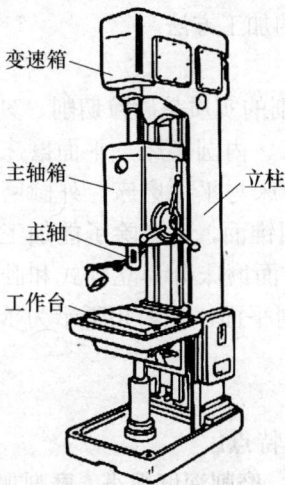

图 4-27　立式钻床

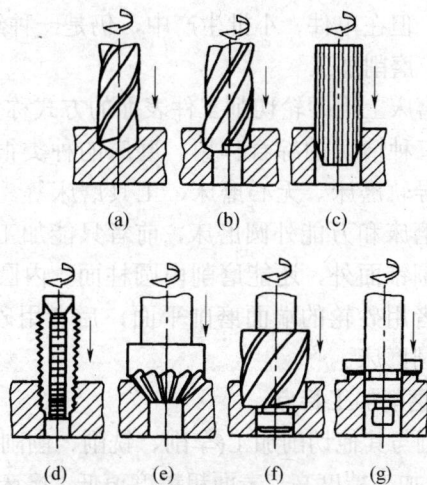

图 4-28　钻床上常用加工方法

(a) 钻孔；(b) 扩孔；(c) 铰孔；(d) 攻螺纹；

(e) 锪孔口倒角；(f) 锪平面；(g) 刮平面。

七、镗削加工

镗削是指镗刀旋转作主运动,工件或镗刀作进给运动的切削加工方式。镗削加工主要在镗床、镗铣床上进行。镗孔是加工较大孔径最常用的方法之一,箱体类零件上的孔以及要求相互平行或垂直的孔系通常都在镗床或镗铣床上加工。镗孔可用于孔的粗加工、半精加工和精加工,可以校正孔的位置。镗孔加工公差等级一般为 IT7~IT9,表面粗糙度达 $Ra0.8\mu m$~6.3μm。T68型卧式镗床外观图如图4-29所示。

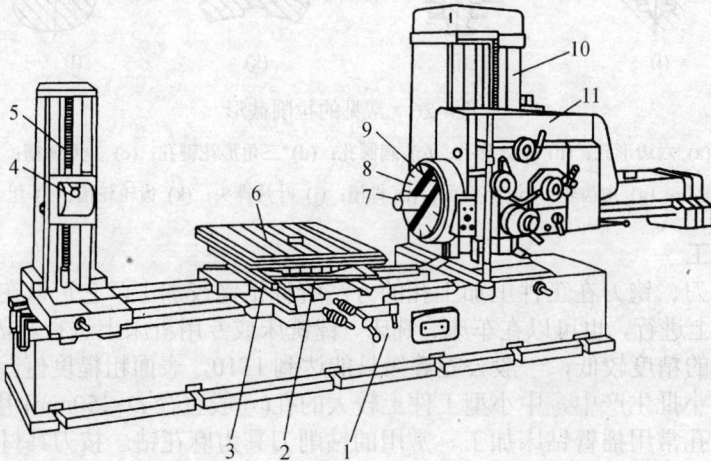

图 4-29　T68 型卧式镗床外观图

1—床身;2—下滑座;3—上滑座;4—尾座;5—后立柱;
6—工作台;7—镗轴;8—平旋盘;9—径向刀架;10—前立柱;11—主轴箱。

由于镗刀、镗杆的截面尺寸和长度受到所镗孔径、深度的限制,所以镗刀的刚度比较容易产生变形和振动,加之切削液的注入和排屑困难,以及观察和测量的不便,所以镗削生产率较低。但在单件、小批生产中,仍是一种经济和应用广泛的加工方法。

八、磨削加工

在磨床上用砂轮切削工件表面的方式称为磨削加工。磨削的实质是砂粒切削、刻划和滑擦工件三种情况的综合作用。磨床的种类很多,有外圆磨床、内圆磨床、平面磨床、螺纹磨床、导轨磨床、无心磨床、工具磨床等。常用的是外圆磨床与平面磨床。外圆磨床分普通外圆磨床和万能外圆磨床,前者只能加工外圆柱面和外圆锥面,后者除了能加工外圆柱面和外圆锥面外,还能磨削内圆柱面、内圆锥面及端面。平面磨床分为立轴式和卧轴式两种,前者用砂轮的端面磨削平面,后者用砂轮的圆周面磨削平面。图4-30所示为 M1432A 万能外圆磨床。

1. 磨削加工特点

磨削与其他切削加工(车削、铣削、刨削)相比,具有如下特点:

(1) 加工精度高,表面粗糙度值低。磨床的磨削速度很高,磨削深度很小。磨削加工通常用于零件的精加工,加工尺寸精度为IT5~IT7,表面粗糙度 Ra 0.2μm~0.8μm。

(2) 加工工件的硬度高。由于磨粒的硬度很高,磨削加工不仅可以加工钢、铸铁等一般金属材料,还可以加工一般刀具难以加工的硬质材料(如淬火钢、硬质合金等)。

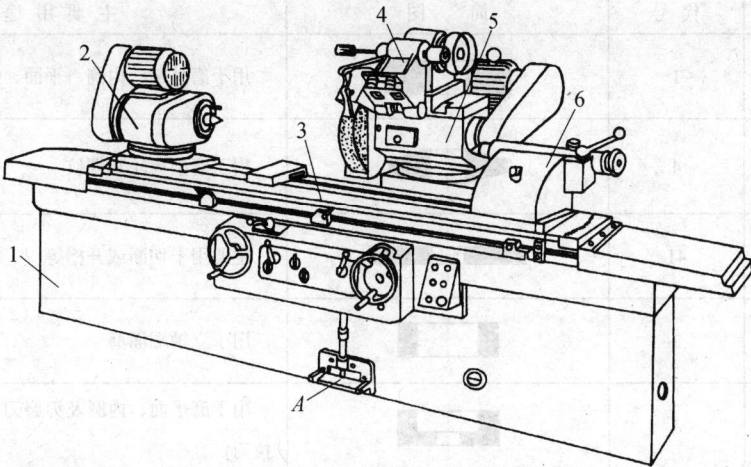

图 4-30　M1432A 万能外圆磨床

(3) 磨削温度高。由于磨削速度高，加工中产生大量的切削热，在磨削时必须采用大量的切削液。

磨削加工的主要方法如图4-31所示，其中以外圆、内圆及平面磨削最为常见。

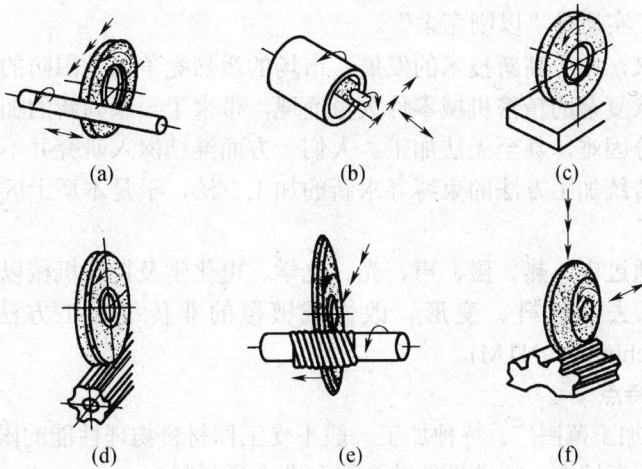

图 4-31　磨削加工的主要方法

(a) 磨外圆；(b) 磨内圆；(c) 磨平面；(d) 磨花键；(e) 磨螺纹；(f) 磨齿轮齿形。

2. 砂轮

砂轮是磨削加工的切削工具。它是由许多极硬的磨粒(磨料)用结合剂粘结而成的多孔物体。随着磨粒、粘结剂等因素的不同，砂轮的特性可以差别很大，对磨削加工精度、表面粗糙度和磨削效率有着重要的影响。砂轮的特性包括磨料、粒度、结合剂、硬度、组织、形状及尺寸等。磨削加工时，应根据具体条件选用合适的砂轮。常用砂轮的形状、代号及用途如表4-3所列。

表 4-3 常用砂轮的形状、代号及用途（GB/T 2484—2006）

砂轮名称	代号	简 图	主 要 用 途
平形砂轮	1		用于磨外圆、内圆、平面、螺纹及无心磨等
双斜边形砂轮	4		用于磨削齿轮和螺纹
薄片砂轮	41		主要用于切断或开槽等
筒形砂轮	2		用于立轴端面磨
杯形砂轮	6		用于磨平面、内圆及刃磨刀具(铣刀、铰刀、拉刀)
碗形砂轮	11		用于导轨磨及刃磨刀具(铣刀、铰刀、拉刀、车刀)

4.4.2 特种加工方法

长期以来，人们一直是采用传统加工方法并利用机械能和切削力来切除工件金属而达到制造要求的。其加工实质是"以刚克柔"。

20世纪中叶以来，由于高新技术的发展、市场的激烈竞争以及国防的特殊需要，各种新材料、新结构、形状复杂的精密机械零件大量涌现，带来了一系列新的加工问题。对此，采用传统加工方法十分困难，甚至无法加工。人们一方面继续深入研究并不断提高加工水平；另一方面，则冲破传统加工方法的束缚寻求新的加工方法，于是本质上区别于传统加工的特种加工便应运而生了。

目前，人们将通过电、热、磁、声、光、化学、电化学及特殊机械以等能量形式或其组合作用于工件，以去除材料、变形、改性或镀覆的非传统加工方法统称为特种加工(Non-Traditional Machining，NTM)。

1. 特种加工的特点

(1) 适应性强、加工范围广。特种加工一般不受工件材料物理性能的限制，可以加工任何硬、软、脆、热敏、高熔点、特殊性能的金属和非金属材料。

(2) 多数特种加工不需要工具，有的即使采用工具，也不直接与工件接触，且几乎不承受加工作用力。因此，工具材料的硬度可低于工件材料的硬度。

(3) 可在加工过程中实现能量转换或组合，便于实现控制和操作自动化，故适于加工二维或三维复杂型面、微细表面、微孔、窄缝、低刚度零件。

(4) 不存在加工中的机械应变或大面积的热应变，可获得较小的表面粗糙度值。

(5) 两种或两种以上不同类型的能量可组合成新的复合加工。其综合加工效果明显，且便于推广应用。

(6) 特种加工对简化加工工艺、变革新产品的设计及零件结构工艺性等产生积极的影响。

2. 特种加工的分类

与其他先进制造技术一样，特种加工目前正处于研究、开发、推广和应用阶段，它具有较大的发展潜力和广泛的应用前景。表4-4根据加工能量的主要来源及其作用形式，列举了常用的特种加工方法。

表 4-4　常用的特种加工方法

加 工 方 法		主要能量形式	作用形式	主要用途			
				加工	成形	焊接	处理
电火花加工	电火花成形加工（EDM）	电、热	熔化、气化	√	√		√
	电火花切割加工（WEDM）		熔化、气化	√	√		
高能束加工	激光束加工（LBM）	光、热	熔化、气化	√	√		√
	电子束加工（EBM）	电、热	熔化、气化	√		√	√
	离子束加工（IBM）	电、机械	切蚀	√	√		√
	等离子弧加工（PAM）	电、热	熔化、气化	√			√
化学加工	化学铣切加工（CHM）	化学	腐蚀	√			
	照相制版加工	化学、光	腐蚀	√			
	光刻加工（PCM）	化学、光	光化学、腐蚀	√			
	光电成形电镀		光化学、腐蚀	√	√		√
电化学加工	点解加工（ECM）	电化学	离子转移	√			
	电铸加工、涂镀加工		离子转移		√		
			离子转移		√		√
机械的特种加工	超声加工（USM）	声、机械	切蚀	√		√	
	磨料流加工（AFM）	机械	切蚀	√	√		
	液体喷射加工（HDM）		切蚀	√			
复合加工	电化学电弧加工	电化学	熔化、气化、腐蚀				
	电解电火花机械磨削	电、热	离子转移、熔化、切蚀	√			
	电化学腐蚀加工	电化学、热	熔化、切蚀	√			
	超声放电加工	声、热、电	切蚀	√			
	复合电解加工	电化学、机械	切蚀	√			
	复合切削加工	机械、声、磁	切蚀	√			

一、电火花加工

电火花加工是利用工具电极和工件电极间瞬时火花放电所产生的电蚀现象对材料进行加工的方法。其加工特点：可以加工任何硬、脆、韧及难熔的导电材料，如硬质合金、淬火钢、耐热钢和不锈钢；加工时工具与工件不直接接触，无切削力作用，因此工具电极可以用较软的材料如纯铜、石墨等制造，同时有利于小孔、薄壁、窄槽及各种复杂截面的型孔、曲线孔的加工；加工精度高，尺寸公差可达到0.01mm，表面粗糙度 Ra 在0.8μm 以下。

1. 电火花加工原理

电火花加工原理如图4-32所示。加工时，工件与工具置于绝缘工作液(常用煤油、全损耗系统用油等)中，工件接脉冲发生器的正极，工具电极接负极。自动进给调节装置使工具电极自动向工件进给，使工具电极与工件加工面间保持一定的间隙。脉冲电压升高，使两极间产生火花放电，放电时间极短，电流密度很大，放电区的瞬时高温在10000℃以上，使工件表面金属局部熔化，甚至气化蒸发而被蚀除微量的材料。熔化了的金属在爆炸力的作用下被抛入工作液中，被循环的工作液带走，在工件上形成一个小凹坑。重复上述的充、放电过程，由于极性效应，工件比工具的电蚀速度大得多。这样，不断地使工具电极向工件作进给运动，工具的形状准确地复制在工件上。

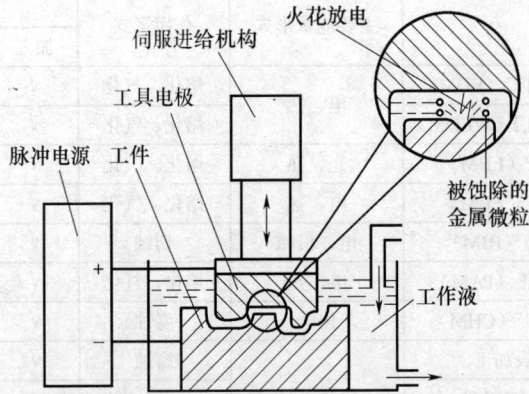

图 4-32　电火花加工原理示意图

2. 电火花加工的应用

(1) 穿孔加工。各种截面形状的型孔(圆孔、方孔、异形孔)、曲线孔(弯孔、螺旋孔)(直径小于0.1mm)等均可采用电火花穿孔加工。

(2) 型腔加工。锻模、挤压模、压铸模、塑料模等型腔零件的加工。

(3) 电火花线切割。当工具电极为电极丝，利用专用机床便可实现各种图形的冲模加工。

(4) 其他加工。如电火花磨削、电火花共轭回转加工、电火花雕刻花纹以及电火花表面强化等。

二、高能束加工

高能束加工是利用高能粒子束去除工件材料的特种加工方法的总称，主要包括激光束加工、电子束加工、离子束加工及等离子弧加工。激光束加工涉及光、机、电、材料、计算机等技术，自20世纪60年代以来已发展成为机械加工中最具竞争力的先进制造技术；电子束加工的研究与应用始于20世纪40年代末，主要用于打孔、切槽、焊接及电子束光刻；离子束加工和等离子弧加工都是近十几年开发的新加工技术，前者主要用于离子刻蚀、离子镀柱膜、离子注入等，后者则主要用于喷涂、表面加工等。

电子束加工和离子束加工在微电子学领域内已成为半导体加工的重要工艺手段，高能束加工还是以原子、分子为单位的超微细加工以及纳米加工中的重要技术。

下面以激光加工为例作介绍。

激光加工是利用能量密度很高的激光束所对工件进行加工的方法。激光束焦点处的温度高达10000℃，任何坚硬难熔的材料急剧熔化、蒸发和气化，并产生很强的冲击波，使熔化物质爆炸式地喷射去除，如图4-33所示。激光加工的典型应用是激光打孔和激光切割。

激光加工的特点：

(1) 不受工件材料性能限制。因为激光加工能量密度高，几乎可以加工所有的金属材料。

(2) 不受加工形状限制。因为激光能聚焦成极细的光束，故可加工微孔、深孔、窄缝，也可以切割异形孔，适于精密加工。

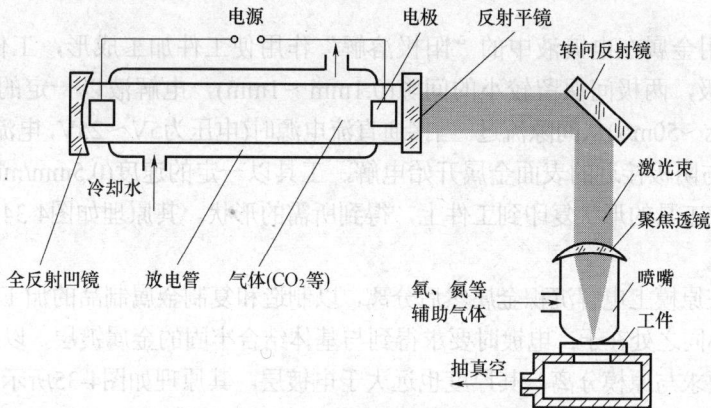

图 4-33 气体激光器加工原理示意图

(3) 打孔速度高，适于自动操作；工作效率高，且工件热变形小。

(4) 可通过透明介质进行加工，这对某些特殊情况的加工如真空加工很有利。

三、化学加工

化学加工是利用化学溶液与金属产生化学反应，使金属腐蚀溶解，从而改变工件形状和尺寸的加工方法，是光学元件的多孔障板、微孔筛网、印刷制版、薄壁零件表层等成形加工的主要方法之一。其应用形式较多，作为成形加工的主要有化学铣切、照相制版、光刻以及光电成形电镀。

1. 化学铣切

化学铣切又称化学蚀刻。其工作原理是：先将不需要加工的表面部位用耐腐蚀性涂层保护起来，需要加工的表面部位暴露出来，然后将金属工件浸入化学溶液中进行腐蚀，使金属工件需要加工的部位受到腐蚀溶解，从而实现改变工件形状和尺寸的加工目的。

2. 照相制版

照相制版是把所需要的图形摄影到照相底片上，并经过光化学反应，将图形复制到涂有感光胶的铜板或锌版上，再经过紧膜固化处理，使感光胶具有一定的耐蚀能力，最后经过化学腐蚀，即可获得所需图形的金属板。

3. 光刻加工

光刻加工是利用光致抗蚀剂的光化学反应特点，将掩模版上的图形精确地印刷在涂有光致抗蚀剂的衬底表面上，再利用光致抗蚀剂的耐腐蚀特性，对衬底表面进行腐蚀，从而获得复杂精细的图形。

4. 光电成形电镀

其原理与光刻法大致相同。先在电镀金属基版上用照相底片和光致抗蚀剂选择性地形成电气绝缘膜，而后在电镀液中使电镀基板的露出部分析出金属图形，并剥离而制成精细成品，其尺寸公差可达0.002mm。

四、电化学加工

电化学加工是通过电化学反应去除工件材料或在其上镀覆金属材料的特种加工。目前其在机械制造业中已成为一种重要的去除或镀覆金属材料及进行微细加工的重要方法。

1. 电解加工

电解加工利用金属在电镀液中的"阳极溶解"作用使工件加工成形，工件接直流电源的正极，工具接负极，两极间保留较小的间隙(0.1mm～1mm)，电解液以一定的压力(0.5MPa～2MPa)和速度(5m/s～50m/s)从间隙流过。当接通直流电源时(电压为5V～25V，电流密度10A/cm² ～ 100A/cm²)，工件与阴极接近的表面金属开始电解，工具以一定的速度(0.5mm/min～3mm/min)向工件进给，逐渐使工具的形状复印到工件上，得到所需的形状。其原理如图4-34所示。

2. 电铸加工

电铸加工是在原模上电解沉积金属然后分离，以制造和复制金属制品的加工工艺。其基本原理与电镀相同。不同之处在于：电镀时要求得到与基体结合牢固的金属镀层，以达到防护装饰等目的；而电铸层要求与原模分离，其厚度也远大于电镀层。其原理如图4-35所示。

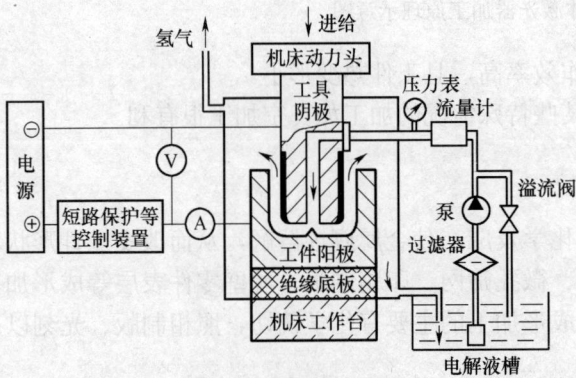

图 4-34　电解原理示意图　　　　　　　　图 4-35　电铸原理示意图

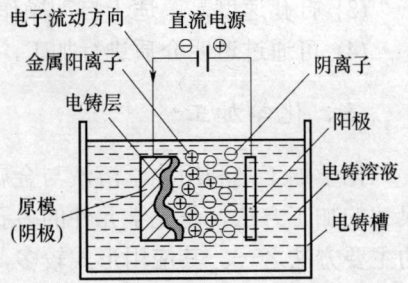

五、超声波加工

超声波加工属于机械的特种加工。机械的特种加工是指利用流体、磨粒、流体与磨料的混合液等动能，去冲击、抛磨、侵蚀工件被加工部位而实现去除工件材料的方法，主要包括超声加工、液体喷射加工、磨料喷射加工、磨料流加工等。超声波加工始于20世纪50年代，目前已在工农业、国防等领域广泛应用；液体喷射加工在20世纪60年代就用于切割木材、开采矿产等方面，20世纪70年代则在加工有机、无机及金属薄板材料方面更具特色；磨料流加工是20世纪70年代发展起来的新技术，主要用于零件的光整加工。

超声波加工是利用超声频的机械振动，并通过磨料对工件进行加工的方法，它是声能和机械能的联合作用。其工作原理如图4-36所示。换能器由具有磁致伸缩效应的镍、钴及其合金制成，在高频磁场作用下，产生超声频的轴向机械振动，通过变幅杆将振幅扩大5倍～10倍传至工具，驱使工具作高频振动。工具的振动撞击着不断加入的磨料悬浮液(工具与工件之间的)，使磨料和液体以很高的速度冲击工件的加工表面，并把被粉碎的工件材料通过循环的液体带走。工具不断向下朝工件方向移动，工具的形状就"复印"在工件上了。超声波加工主要用于硬、脆材料的孔、型腔、雕刻等的加工。

超声波加工的特点：①适于加工各种不导电的硬脆材料，如玻璃、陶瓷、石英、宝石等；②对工件的宏观作用力小；③加工精度高，尺寸偏差达±(0.01～0.05)mm，表面粗糙度 Ra 0.8μm～3.2μm。

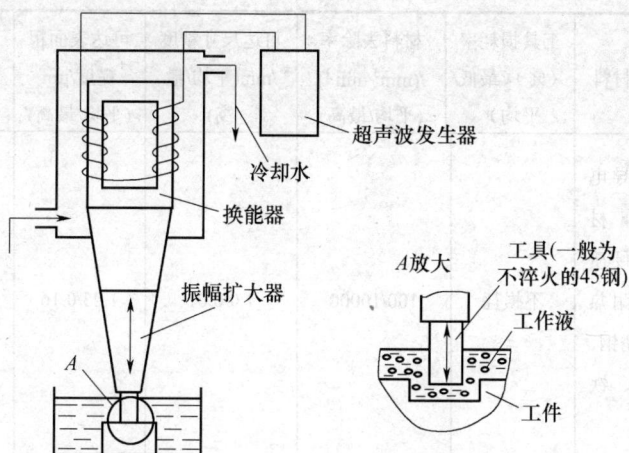

图 4-36　超声波加工原理示意图

六、各种特种加工方法的综合比较

各种特种加工方法都有其明显特点，现就各种方法的工具损耗率、可加工的材料、材料去除率、可达精度、可达表面粗糙度以及主要适用范围等进行比较，见表4-5。

表 4-5　几种常用特种加工方法的综合比较

加工方法	可加工材料	工具损耗率（%）（最低/平均）	材料去除率 /(mm³·min⁻¹)(平均/最高)	可达尺寸精度 /mm(平均/最高)	可达表面粗糙度/μm (平均/最高)	主要适用范围
电火花加工	任何导电的金属材料，如硬质合金、耐热钢、不锈钢、淬硬钢、铁合金等	0.1/10	30/3000	0.03/0.003	10/0.04	从数微米的孔、槽到数米的超大型模具、工件等，如圆孔、方孔、异形孔、深孔、弯孔、螺纹孔以及冲模、锻模、塑料模、拉丝模，还可刻字、涂覆加工
电火花线切割加工		较小(可补偿)	20/200	0.02/0.002	5/0.32	切割各种冲模、塑料模、粉末冶金模等二维及三维直纹面组成的模具及零件。可直接切割各种模样、磁钢，也常用于钼、半导体材料或贵重金属的切割

（续）

加工方法	可加工材料	工具损耗率（%）（最低/平均）	材料去除率/(mm³·min⁻¹)（平均/最高）	可达尺寸精度/mm(平均/最高)	可达表面粗糙度/μm(平均/最高)	主要适用范围
电解加工	任何导电的金属材料，如硬质合金、耐热钢、不锈钢、淬硬钢、铁合金等	不损耗	100/10000	1.0/0.01	1.25/0.16	从细小零件到lt重的超大型工件及模具，如仪表微型销轴、齿轮上的毛刺、涡轮叶片、炮管镗线、螺旋花键孔、各种异形孔、锻造模、铸造模，以及抛光、去毛刺等
超声波加工	任何脆性材料	0.1/10	1/50	0.03/0.005	0.63/0.16	加工、切割脆硬材料，如玻璃、石英、金钢石、半导体单晶锗、硅等。可加工型孔、型腔、深孔、切割等
激光加工	任何材料	不损耗，没有成形工具	瞬时去除率很高，受功率限制，平均去除率不高(用于精微、超精微加工)	0.01/0.001	10/0.4	精密加工小孔、窄缝及成形切割、刻蚀，如金刚石拉丝模、化纤喷丝孔、不锈钢板上打小孔，切割钢板、纸张，还可焊接、热处理
电子束加工						各种难加工材料上打微孔、切缝、刻蚀、曝光以及焊接等，制造中、大规模集成电路微电子器件

七、复合加工

上面介绍的特种加工方法，虽然能解决传统加工方法难以加工甚至无法加工的某些难题，但是每一种特种加工方法都有自己的应用特点、范围和局限性。例如，用电火花成形加工模具时，其加工速度明显低于传统加工，而且工件表面存在变质层和残余应力，严重时还有微细裂纹。因此，在不断完善、提高和发展传统加工技术的同时，也在积极应用和开发特种加工技术。复合加工是在一个工步中同时运用传统加工和特种加工方法，并使之相辅相成，同时在加工部位上组合两种或两种以上的不同类型能量去除工件材料的特种加工。

随着科学技术的发展，已涌现出不少新的复合加工方法，如电解机械研磨复合抛光、电解电火花复合加工、超声电火花复合精加工、超声电解复合抛光等。这些新技术的共同特点是效率高、质量好、操作方便、劳动强度低；不足之处是使用范围有一定的局限性。目前主要用于模具型腔、复杂零件的型腔、通孔及不通孔的精加工、抛光及去毛刺。

4.4.3 超精密加工技术

超精密加工是指加工精度和表面质量达到极高程度的精密加工工艺，从概念上讲具有相对性，随着加工技术的不断发展，超精密加工的技术指标也是不断变化的。在当今技术条件下，一般加工、精密加工、超精密加工可以划分如下：

(1) 一般加工，加工精度在10μm 左右、表面粗糙度 Ra 值在(0.3～0.8)μm 的加工技术，如车、铣、刨、磨、镗、铰等。

(2) 精密加工，加工精度在(0.1～10)μm，表面粗糙度 Ra 值在(0.03～0.3)μm 的加工技术，如金刚车、研磨、超精加工、砂带磨削、镜面磨削和冷压加工等。

(3) 超精密加工，加工精度在(0.01～0.1)μm，表面粗糙度 Ra 值在(0.03～0.05)μm 的加工技术。目前，超精密加工的精度正在向纳米级发展。

精密和超精密加工目前包含以下几种。

1. 超精密切削

目前，超精密切削刀具用的金刚石为大颗粒(0.5克拉～1.5克拉，1克拉=200mg)、无杂质、无缺陷、浅色透明的优质天然单晶金刚石，具有如下的性能特征：

(1) 具有极高的硬度，其硬度达到(6000～10000)HV，而 TiC 仅为3200HV，WC 为2400HV。

(2) 能磨出极其锋利的刀口，且切削刃没有缺口、崩刃等现象。与普通切削刀具的刃口圆弧半径只能磨到(5～30)μm 相比，天然单晶金刚石刃口圆弧半径可小到数纳米，没有其他任何材料可以磨到如此锋利的程度。

(3) 热化学性能优越，具有导热性能好、与有色金属间的摩擦因数低、亲和力小的特征。

(4) 耐磨性好，切削刃强度高，金刚石摩擦因数小，和铝之间的摩擦因数仅为0.06～0.13，如切削条件正常，刀具磨损极慢，刀具寿命极高，可加工各种镜面，它成功解决了高精度陀螺、激光反射镜和某些大型反射镜的加工。

2. 精密和超精密磨削研磨

对钢铁材料、硬脆材料等进行加工，主要采用超精密磨削的精密加工方法。超精密磨削和研磨加工是利用细粒度的磨粒和微粉对材料进行加工，可分为固结磨料加工和游离磨料加工两大类加工方式。其中，固结磨料加工主要有：

(1) 超精密砂轮磨削。用人造金刚石、立方氮化硼(CBN)等超硬磨料砂轮，其加工精度在0.1μm 以下、表面粗糙度在0.025μm 以下。

(2) 超精密砂带磨削。随着砂带制作质量的迅速提高，砂带上砂粒的等高性和微刃性较好，并采用带有一定弹性的接触轮材料，使砂带磨削具有磨削、研磨和抛光的多重作用，从而可以达到高精度和低表面粗糙度值。例如，用超声波砂带精密磨削加工硬盘基体，使用聚脂薄膜砂带，切削速度达35m/min，利用滚花表面接触辊，其加工表面粗糙度 Ra0.043μm，加工时间为125min；用光滑表面接触辊，加工表面粗糙度 Ra0.073μm，平均加工时间为20min。

(3) ELID(Electrolytic In-process Dressing 电解在线修整)磨削。磨削采用 ELID 技术，使得用超微细(甚至超微粉)的超硬磨料制造砂轮并用于磨削成为可能，可代替普通磨削、研磨及抛光并实现硬脆材料的高精度、高效率的超精加工。我国哈尔滨工业大学采用 ELID 磨削技术对硬质合金、陶瓷、光学玻璃等脆性材料实现了镜面磨削，部分工件的表面粗糙度 Ra 值已达到纳米级，其中硅微晶玻璃的磨削表面粗糙度可达 Ra0.012μm。

(4) 双端面精密磨削。双端面精磨的磨削运动和作行星运动的双面研磨一样，工件既作公转又作自转，磨具的磨料粒度也很细，一般为3000#～8000#。在磨削过程中，微滑擦、微耕犁、微切削和材料微疲劳断裂同时起作用，磨痕交叉而且均匀。该磨削方式属控制力磨削过程，有和精密研磨相同的加工精度，以及相比研磨高得多的去除率，另外可获得很高的平面间的平行度。

(5) 电泳磨削技术。基于超微磨粒电泳效应的磨削技术即电泳磨削技术也是一种新的超精密及纳米级磨削技术，其磨削机理是利用超细磨粒的电泳特性，在加工过程中使磨粒在电场力作用下向磨具表面运动，并在磨具表面沉积形成一超细磨粒吸附层，利用磨粒吸附层对工件进行磨削加工，同时新的磨粒又不断补充。由于磨粒层表面凹陷处局部电流大，新磨粒更容易在凹陷处沉积，从而使磨粒层表面趋于均匀，保持良好的等高性，同时，磨具每旋转一周，磨粒层表面都有大量新磨粒补充，使微刃始终保持锋利尖锐。

3. 超精密特种加工

超精密特种加工的方法很多，多是分子、原子单位加工方法，可以分为去除(分离)、附着(沉积)、结合以及变形四大类。去除加工就是从工件上分离原子或分子，如电子束加工和离子束溅射加工等。附着是在工件表面上覆盖一层物质，如电子镀、离子镀、分子束外延、离子束外延等。结合是在工件表面上渗入或涂入一些物质，如离子注入、氮化、渗碳等。变形是利用高频电流、热射线、电子束、激光、液流、气流和微粒子束等使工件被加工部分产生变形，改变尺寸和形状。

超精密加工技术从加工技术范畴来说，包括微细加工和超微细加工、精整和光整加工。其关键技术有：超精密加工方法和机理，超精密加工刀具、磨具及刃磨技术，超精密加工装备技术，超精密测量和误差补偿技术以及超精密加工工作环境建造技术等。

当前，超精密及纳米加工技术的发展趋势主要表现在以下一些方面：

(1) 向高精度方向发展，向加工精度的极限冲刺，其最终目标是做到"移动原子"，实现原子级精度的加工。

(2) 向大型化方向发展，研制各种大型超精密加工设备，以满足航天航空、电子通信等领域的需要。

(3) 向微型化方向发展，以适应微型机械、集成电路的发展。

(4) 向超精结构、多功能、光电一体化、加工检测一体化方向发展，并广泛采用各种测量、控制技术实时补偿误差。

(5) 出现许多新工艺和复合加工技术，被加工的材料范围不断扩大。

(6) 在作业环境建造方面，如高性能的基础隔振技术、净化技术与环境温控技术将有更大发展。

4.4.4 高速加工技术

提高切削、磨削加工效率一直是切削、磨削领域所十分关注并为之不懈奋斗的重要目标。超高速切削和磨削加工就是近年来发展起来的一种集高效、优质和低耗于一身的先进制造工艺技术。超高速加工技术是指采用超硬材料刀具磨具和能可靠地实现高速运动的高精度、高自动化、高柔性的制造设备，以极大地提高切削速度来达到提高材料切除率、加工精度和加工质量的现代制造加工技术。它是提高切削和磨削效果以及提高加工质量、加工精度和降低加工成本的重要手段。其显著标志是使被加工塑性金属材料在切除过程中的剪切滑移速度达到或超过某一域限值，开始趋向最佳切除条件，使得被加工材料切除所消耗的能量、切削力、工件表面温度、刀具磨具磨损、加工表面质量等明显优于传统切削速度下的指标，而加工效率则大大高于传统切削速度下的加工效率。

高速切削(High-speed Cutting)是一个相对的概念，如何定义"高速"目前尚无共识。有人提出切削速度为普通切削的5倍～10倍称为高速切削，也有的称为超高速切削(Super High Speed Cutting)。有人提出刀具转速为(10000～20000)r/min 的属于高速切削；1978年国际生产工程学会(CIRP)则定义切削速度(500～7500)m/min 为高速切削。高速切削包括高速软切削、高速硬切削、高速干切削和高进给速度切削技术。针对不同的切削及加工，不同材料的切削速度不同，例如：铣削，加工铝及其合金10000m/min，加工铸铁5000m/min，加工普通钢2500m/min；钻削，加工铝及其合金30000r/min，加工铸铁20000r/min，加工普通钢10000r/min。高速切削进给量的目标值为：进给速度：(20～50)m/min；每刃进给量：(1.0～1.5)mm/刃。

以固结磨具——砂轮为工具的磨削是除切削以外的又一种最重要加工方法。高效率磨削技术的原理如下：磨削时，在高速旋转砂轮表面的众多突出磨粒通过砂轮和工件的接触区，切下大量的磨屑，使被加工面的材料被去除。单位时间被磨除的工件材料的体积(材料磨除率)等于磨屑平均断面积、磨屑平均长度和单位时间内的作用磨粒数(磨屑数)的乘积。材料磨除率越高，磨削效率则越高。所以高效率磨削方法都是通过尽量提高材料磨除率来达到目的的。

目前，超高速磨削技术的工业应用主要有如下方面：

(1) 既采用超高速度，又采用大背吃刀量和快进给的高效深磨(HEDG)技术，主要用于零件沟槽的高效率磨削。

(2) 快速点磨削(Quick-point Grinding)工艺，主要用于轴类零件的高效率、高柔性磨削。

(3) 使用梳状砂轮外圆切入磨削。

(4) 超高速外圆磨削。

(5) 难磨和脆性材料的高效率磨削。

4.5　机器装配

4.5.1　概述

1. 装配的概念

任何机器都是由许多零件和部件装配而成的。按照规定的技术要求，将若干个零件接合成部件或将若干个零件和部件接合成产品的生产过程，称为装配。前者称为部件装配，后者称为总装。装配是机器制造中的最后阶段，它包括清洗、安装、调整、检验、试验、涂装、包装等。机器的质量最终是通过装配保证的，装配质量在很大程度上决定机器的最终质量。另外，通过机器的装配过程，可以发现机器设计和零件加工等所存在的问题，并加以改进，以保证机器的质量。

2. 装配的基本内容

(1) 清洗。清洗工艺的要点就是根据工件的清洗要求、工件的材料、生产批量的大小以及油污、杂质的性质和粘附情况，正确选择清洗方法和清洗液以及清洗时的温度、压力、时间等参数。

(2) 连接。将两个或两个以上的零件结合在一起的工作称为连接/联接。连接/联接的方式一般有可拆卸和不可拆卸两种。前者常见的有螺纹联接、键联接和销联接。后者常见的有过盈配合、焊接、铆接等。其中过盈配合常用于轴与孔的连接，连接方法有压入法、热胀法和冷缩法。

(3) 校正、调整与配作。校正就是在装配过程中通过找正、找平及相应的调整工作来确定相关零件的相互位置关系。校正时常用的工具有钢直尺、90°角尺、水平仪、光学准直仪以及相应的检验棒、检验桥板等。调整就是调节相关零件的相互位置，除配合校正所作的调整之外，还有各运动副间隙，如轴承间隙、导轨间隙、齿轮齿条间隙等的调整。配作是指配钻、配铰、配刮、配磨等在装配过程中所附加的一些钳工和机加工工作。配作是在校正、调整的基础上进行的。

校正、调整、配作虽然有利于保证装配精度，但会影响生产率，不利于流水装配作业。

(4) 平衡。对于转速高、运转平稳性要求高的机器，为了防止在使用过程中因旋转件质量不平衡产生的离心惯性力会引起振动，装配时必须对有关旋转零件进行平衡，必要时还整机进行平衡。平衡的方法分为静平衡和动平衡。对于长度比直径小很多的圆盘类零件一般采用静平衡，而对于长度较大的零件，如机床主轴、电动机转子等，则采用动平衡。

(5) 验收试验。产品装配好后应根据验收标准进行全面的验收试验，各项验收指标合格后才可涂装、包装、出厂。机械产品不同，其验收技术标准和验收试验的方法不同。

3. 装配的组织形式

装配工作组织的好坏对装配效率的高低、装配周期的长短均大有影响，应根据产品的结构特点、装配要求、产量大小等因素合理地确定装配的组织形式。

(1) 固定式装配。固定式装配即产品固定在某一工作地装配，装配时产品不移动，每台产品可以由一两个工人进行装配，也可以由一组工人按照装配顺序分工装配。这种方法对时间的限制较松，校正、调整、配作比较方便，但产品装配周期较长，生产率较低，对工人要求也高。

(2) 移动式装配。移动式装配是在装配流水线上工作的。装配时产品在装配线上移动，有强迫节奏和自由节奏两种。强迫节奏是固定的，各工位的装配工作必须在规定的时间内完成装配过程中出现的装不上或在规定时间内装不完的情况，立即将装配对象完成装配，以保证装配线的畅通无阻。这种方法装配效率高，周期短，对工人的技术要求较低，每一工位的装配时间有严格要求，常用于大批量生产的装配流水线或自动线。

4. 装配精度

装配精度是指零件经装配后在尺寸、相对位置及运动方面所获得的精度。装配精度不仅影响产品的质量以及使用寿命，而且还影响制造的经济性。

在设计产品时，可根据用户提出的要求，结合实际，用类比法确定装配精度。某些重要的精度要求，还可采用试验法。对于一些系列化、通用化、标准化的产品，如减速机和通用机床等，可根据国家标准或行业标准确定其装配精度。

装配精度主要包括：

(1) 零部件间的尺寸精度。零部件间的尺寸精度包括配合精度和距离精度。配合精度是指配合面间达到规定的间隙或过盈的要求；距离精度是指相关零部件的距离尺寸精度。

(2) 位置精度。位置精度是指相关零件之间的同轴度、平行度、垂直度，以及各种圆跳动等精度要求，如车床主轴的径向圆跳动等。

(3) 相对运动精度。相对运动精度是指有相对运动的零部件在运动方向和运动速度上的精度。运动方向上的精度包括零部件相对运动时的直线度、平行度和垂直度等；运动速度上的精度是指内传动链的传动精度。

(4) 接触精度。接触精度是指两配合表面、接触表面间达到规定的接触面积大小与接触点的分布情况。它影响接触刚度和配合质量的稳定性。

机器由零件组装而成，所以机器的装配精度与相关零部件的加工精度直接有关。换句话说，零件的加工精度是保证装配精度的基础，一般情况下，零件的精度越高，装配精度也越高。然而，装配精度并不完全取决于零件的加工精度，装配中还可以通过选配、调整或修配等手段来实现产品的装配要求。

4.5.2　装配尺寸链

1. 装配尺寸链的定义、特点与分类

在产品或部件的装配关系中，由相关零件的有关尺寸或相互位置关系组成的尺寸链称为装配尺寸链。对装配精度有直接影响的零部件的尺寸和位置关系都是装配尺寸链的组成环。

装配尺寸链与工艺尺寸链很相似，都是由组成环和封闭环组成的，组成环同样分为增环和减环。装配尺寸链同样具有封闭性和关联性。但装配尺寸链也有自己的特点，即：

(1) 装配尺寸链的封闭环就是装配所要保证的装配精度要求。

(2) 组成尺寸链的各尺寸分属于不同的零件或部件。

按照各环的几何特征和所处的空间位置，装配尺寸链可分为以下4种：

(1) 长度尺寸链。即由相互平行的长度尺寸组成的尺寸链，所涉及的问题一般是距离尺寸的精度问题。

(2) 角度尺寸链。即全部尺寸均为角度的尺寸链。平行度可看成是基本尺寸等于0°的角度，垂直度可看成是基本尺寸等于90°的角度。因此，由平行度、垂直度等定向性的位置精度组成的尺寸链也属于角度尺寸链。

(3) 平面尺寸链。即由成角度关系布置的长度尺寸构成，且处于同一或彼此平行的平面内。

(4) 空间尺寸链。即由位于三维空间的尺寸构成的尺寸链。

2. 装配尺寸链的计算方法

装配尺寸链的计算方法与装配方法密切相关。同一项装配精度要求，采用不同装配方法时，其装配尺寸链的计算方法也不同。装配尺寸链的计算可分为正计算和反计算。已知与装配精度有关的各零部件的基本尺寸及其偏差，求解装配精度要求(封闭环)的基本尺寸及偏差的计算过程称为正计算，它用于对已设计的图样进行校核验算。已知装配精度要求(封闭环)的基本尺寸及偏差，求解与该项装配精度有关的各零部件的基本尺寸及其偏差的计算过程称为反计算，它主要用于产品设计过程之中，以确定各零部件的尺寸和加工精度。

4.5.3　保证装配精度的方法

选择装配方法的实质，就是在满足装配精度要求的条件下，选择相应的经济、合理的解装配尺寸链的方法。在生产中常用的保证装配精度的方法有：分组装配法、互换装配法、修配装配法与调整装配法。

1. 分组装配法

分组装配法又称分组互换法。它是将组成环的公差相对于互换装配法所要求之值放大若干倍，使其能经济地加工出来，然后将各组成环按其实际尺寸大小分成若干组，按对应组进行装配，从而达到封闭环公差要求。分组装配法中，采用极值公差公式计算尺寸，同组零件具有互换性。

分组装配法的主要优点是：零件的制造精度不高，但却可获得很高的装配精度；组内零件可以互换，装配效率高。缺点是：增加了零件测量、分组、存储、运输的工作量。分组装配法适用于大批量生产的高精度少环尺寸链的产品，多用于孔轴配合的情况。

2. 互换装配法

互换装配法即零件具有互换性，装配时不经任何调整和修配，装上后就能达到装配精度要求的装配法。它的实质就是直接靠零件的加工精度来保证装配精度。根据零件的互换程度不同，互换装配法可分为完全互换装配法和大数互换装配法。

1) 完全互换装配法

若在确定各相关零件的尺寸公差和偏差时用极值法解装配尺寸就可以保证制造出来的每个零件装上后都能保证装配精度要求。此法称为完全互换法。

计算时，在已知封闭环(装配精度)的公差、分配有关零件(各组成环)公差时，可按"等公差"原则，先确定组成环的平均公差 T_{av}，即

$$T_{av} = \frac{T_0}{n-1} \tag{4-1}$$

式中　　T_{av}——各组成环的平均公差；

T_0——封闭环公差；

n——组成环环数。

然后，根据生产经验考虑各组成环尺寸的大小和加工难易程度，对各组成环的公差在平均公差的基础上进行适当调整。除了"等公差"法外，也有采用"等精度"法的。但由于"等精度"法计算比较复杂，计算后仍要进行调整，故应用不多。

各组成环都按上述原则确定偏差时，按公式计算的封闭环极限偏差常不符合封闭环的。因此，需要选取一个组成环，它的极限偏差不是事先规定好的，而是经过计算确定，以便与其他组成环相协调，最后满足封闭环极限偏差的要求。这个组成环称为协调环。

完全互换装配法的特点是：装配操作简单、容易，装配生产率高；装配时间定额稳定，易于组织装配流水线和自动线；方便企业间的协作和用户维修。其缺点是：对零件的加工精度要求高，提高了加工成本。完全互换装配法常用于装配精度不高的尺寸链或装配精度虽高但组成环很少的尺寸链中。

2) 大数互换装配法

若在确定各相关零件的尺寸公差和偏差时用概率法解装配尺寸以保证制造出来的绝大部分零件装上后都能保证装配精度要求，只有0.27%的零件可能出现不合格的情况。此法称为大数互换装配法。

采用大数互换装配法时，装配尺寸链采用统计公差公式计算，即

$$T_0 = \sqrt{\sum_{i=1}^{n} T_i^2}$$

$$T_{av} = \frac{T_0}{\sqrt{n-1}} \tag{4-2}$$

式中　　T_i——第 i 个组成环公差，其他同完全互换装配法。

大数互换装配法具有完全互换装配法的全部优点，同时还能使零件的加工难度降低，虽说不能保证100%合格，但只要采取适当措施确保加工过程稳定，不合格的数量是很少的。大

多数互换法装配用于大批量、大量生产中装配精度较高而组成环又较多的场合。

3. 修配装配法

在成批生产中，若封闭环公差要求较严，组成环又较多时，如果按照互换装配法，则势必使组成环的公差很小，从而造成加工困难，并影响加工经济性；若用分组装配法，又因环数多会使测量、分组和配套工作变得非常困难和复杂。在单件小批生产时，当封闭环公差要求较严时，即使组成环数很少，也会因零件生产数量少不能采用分组装配法。这时可采用修配装配法来装配。

修配装配法是将装配尺寸链中的各组成环按照经济加工精度来制造，而对其中某一环(称修配环)预留一定的修配量，在装配时用钳工或机械加工的方法将修配量去除，从而获得规定的装配精度的方法。修配环用来补偿其他各组成环由于公差放大后所产生的累计误差，其被去除材料的厚度称为修配量。按照修配方法不同，修配法又分为单件修配法、合并加工修配法和自身加工修配法。单件修配法就是预先选定某个组成环零件作为修配环，对零件预留修配量，装配时根据超差情况对诊修配环进行补充加工以达到装配精度要求。合并加工修配法是将两个或更多个零件合并或装配在一起加工，合并后的零件作为一个组成环加入装配尺寸链，从而减少组成环数，有利于减少修配量。自身加工修配是用封闭环的一端装上刀具去加工另一端，直接保证装配精度要求，在机床的装配应用较多。

4. 调整装配法

调整装配法与修配装配法相似，同样是将装配尺寸链中的各组成环按照经济加工精度来制造，若由此造成的累计误差过大，则通过装配时再对某个环的位置进行调整或更换某个环的零件的方法来消除。根据调整方法的不同，调整装配法分为可动调整装配法、固定调配法和误差抵消装配法三种。

可动调整装配法就是通过移动或旋转来改变零件的位置以达到装配精度要求的方法。固定调整装配法是在尺寸链中选定一个或加入一个零件作为调整件，根据各组成环形成的累计误差的大小来更换不同尺寸的调整件，以保证装配精度要求。通常使用的调整件有轴套、垫片、垫圈等。误差抵消装配法是在装配时通过调整几个补偿环的相互位置，使其加工误差相互抵消一部分从而达到装配精度要求。这种方法中的补偿环为多个矢量，常见的补偿环是轴承圈的圆跳动量、偏心量和同轴度等。

4.5.4　自动化装配

在机械产品的生产中，装配的工作量根据产品的复杂程度可达20％～70％，由于装配技术上的复杂性和多样性，装配在机械制造生产中多采用手工劳动。但手工装配由于劳动强度大、效率低，质量得不到保证，已经不能适应生产要求。因此，迫切需要发展自动化装配。产品的装配过程包括大量装配动作，人工操作时看来容易实现，但如用机械化、自动化代替焊条操作，则要求具备高度准确和可靠性能。因此，一般可从生产批量大、装配工艺过程简单、动作频繁或消耗体力大的零部件装配开始，在经济合理的情况下，逐渐实现机械化、半自动化和自动化装配。

自动化装配可用于各种形式的装配：①在机械加工中工艺合件装配；②被加工零件的部件装配；③用于顺序焊接的零件拼装；④成套部件的设备总装。

在装配过程中，自动化装配可完成以下形式的操作：零件传输、定位及其连接；用压装由紧固螺钉、螺母使零件相互固定；装配尺寸控制以及保证零件连接或固定的质量；输送组装完毕的部件或产品，并将其包装或堆垛在容器中等。

1. 自动装配机

配合部分机械化的流水线和辅助设备实现了局部自动化装配和全自动化装配，在自动化机上必须装备相应的带工具和夹具的夹持装置，以保证所组装的零件相互位置的必要精度，实现单元组装和钳工操作的可能性，如装上—取下、拧出—拧入、压紧—松开、压入、磨光及其他必要的动作。自动装配机因工件输送方式不同可分为回转型和直进型两类，根据工序繁简不同，又可分为单工位、多工位结构。回转型自动装配机常用于装配零件数量少、外形尺寸小、装配节拍短或装配作业要求高的装配场合。至于基准零件尺寸较大、装配工位较多，尤其是装配过程中检测工序多或手工装配和自动装配混合操作的多工序装配，则以选择直进型自动装配机为宜。

2. 装配机器人

在仪器仪表、汽车、手表、电焊机、电子元件等生产批量大、装配精度要求高的产品装配时，不仅要求装配机更加准确和精密，而且应具有视觉和某些触觉传感机构，反应更灵敏，对物体的位置和形状具有一定的识别能力。一般自动装配机很难具备这些功能，而20世纪20年代发展起来的装配机器人则完全具备这些功能。

装配机器人(Assembly Robot)是指为完成装配作业而设计的工业机器人。常用的装配主要有可编程通用装配操作手(即 PUMA 机器人)和平面双关节型机器人(即 SCARA 机器人)两种类型。与一般工业机器人相比，装配机器人具有精度高、柔性好、工作范围小，能与其他系统配套使用等特点。例如，国外研制的精密装配机器人定位精度可高达0.02mm～0.05mm，这是装配工人很难达到的。

在装配生产中，工业机器人既可为自动装配机服务，又可直接用来完成装配作业。它可以进行堆垛、拧螺钉、压配、铆接、弯形、卷边、胶合等装配工作。

装配机器人从结构上大致可分为如图4-37所示的四类。

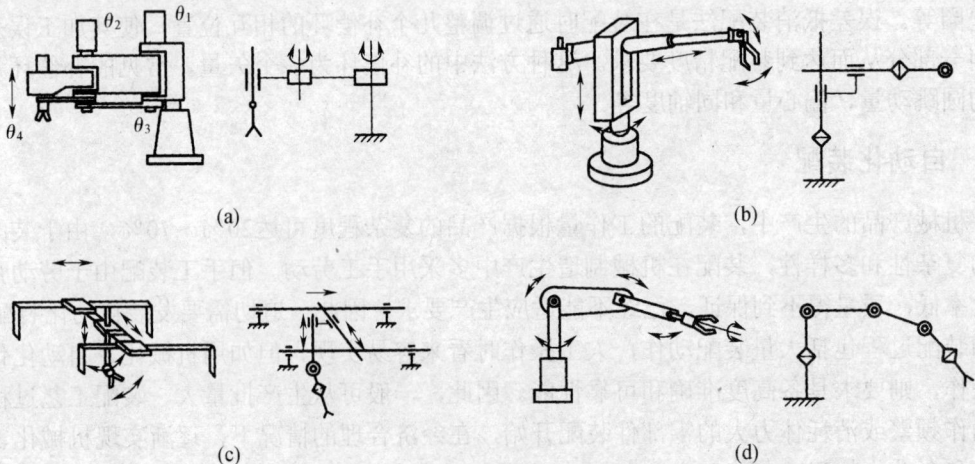

图 4-37　装配机器人结构类型

(a) 极坐标型；(b) 直角坐标型；(c) 圆柱坐标型；(d) 关节型坐标。

下面介绍一个装配机器人应用实例：采用装配机器人进行小型电动机滚珠轴承与端盖的精密装配。

电动机端盖与轴承的配合间隙为10μm，直径为 ϕ32mm，要求装配在3s 内完成。图4-38

表示采用装配机器人在定子、转子组合好以后，把端盖与转子上部轴承装配起来。装配机器人动作顺序如下：①抓住滑槽上供给的端盖；②把端盖移到装配线上；③解除机械联锁，使顺序性机构起作用；④靠触觉动作，探索插入方向，使端盖下降；⑤配合作业完毕后，解除顺序性机构作用，恢复机械联锁；⑥移动到滑槽上，重复以上各步动作。

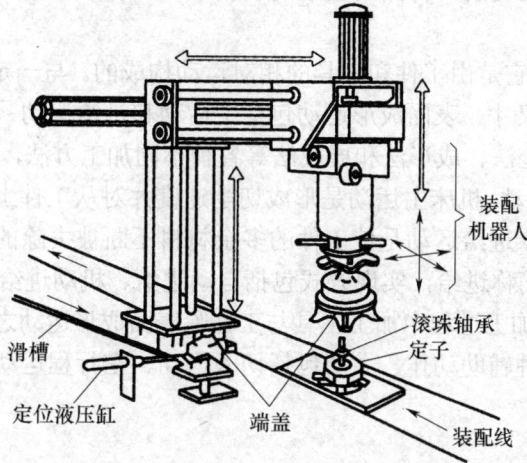

图 4-38　装配机器人装配实例

4.6　机械制造装备

4.6.1　机械制造装备及系统

机械制造过程是一个十分复杂的生产过程，所使用装备的类型很多，总体上可分为四类：加工装备，包括机床、物料搬运装备、机器人、自动化搬运小车、工件交换工作台；工艺装备，包括刀(磨)具、夹具、辅具、量具；加工生产线；柔性制造系统、可重组制造系统。机械制造装备的基本功能是保证加工工艺的实施、节能、降耗、优化工艺过程，并使被加工对象达到预期的功能和质量要求。

一、加工装备

加工装备是机械制造装备的主体和核心，是采用机械制造方法制作机器零件或毛坯的机器设备，又称为机床或工作母机。下面对其进行简单叙述。

1. 机床的加工范围

机床的加工范围取决于机床的主要技术参数，一般分为主参数和基本参数，其中基本参数又包括尺寸参数、运动参数和动力参数。机床主参数直接反映机床的加工参数和特性，表示机床的规格，是确认其他参数、设计机床结构和用户选择机床的主要依据。对于通用机床和专门化机床，主参数通常以机床的最大加工尺寸表示，只有在不适于使用工件最大加工尺寸表示时，才用其他尺寸或物理量表示。尺寸参数是表示机床工作范围的主要尺寸，也是与工、夹、量具的标准化及机床的结构有关的主要尺寸，它主要包括与工件主要尺寸有关的参数(如最大加工尺寸范围、部件运动尺寸范围)，与工、夹、量具的标准化有关的参数(如主轴或尾座套筒的锥孔大小、安装的刀具直径)以及与机床结构有关的参数(如床身的导轨宽度、花盘或圆工作台直径)。机床运动参数主要包括机床主运动(切削运动)的速度范围和级数、进给量范围和级数以及辅助运动速度等，这些参数主要由表面形成运动的工艺要求决定。机床动力参数是指主运动、进给运动和辅助运动的动力消耗，主要由机床的切削载荷等因素决定。

2. 机床的运动

机床在切削过程中，由安装在机床上的刀具和工件按照一定的规律作相对运动，通过刀具的切削刃对工件毛坯的切削，得到所要求的表面形状。机床的运动分为表面成形运动、主进给运动和辅助运动。

(1) 表面成形运动。它是由工件和工具的相对运动构成的。与一定形状的工具配合，获得要求的工件表面形状和尺寸。表面成形运动包括主运动和进给运动，两种运动和不同形状的工具配合，可以实现轨迹法、成形法和展成法等各种不同加工方法，构成不同类型的机床。

(2) 主运动和进给运动。机床主运动是形成切削速度并对从工件上去除多余材料起主要作用的表面成形运动；机床进给运动是使工件的多余材料不断被去除的表面成形运动，是维持切削得以继续的运动，简称进给，实现方式包括自动进给、机动进给和手动进给。

(3) 辅助运动。机床加工过程中加工工具与工件除表面成形运动之外的其他运动称为辅助运动，以实现机床的各种辅助动作，主要包括切入运动、空行程运动、分度运动以及操纵与控制运动。

3. 机床的主要结构

各类机床通常由下列基本部分组成：

(1) 动力源，为机床提供动力(功率)和运动的驱动部分，如电动机、液压泵等。

(2) 传动系统，包括主运动传动系统、进给运动传动系统和其他运动的传动系统。

(3) 支撑件，用于安装和支撑其他固定的或运动的部件，承受其重力和切削力。

(4) 工作部件，即主运动和进给运动最终实现切削加工的有关执行部件，如主轴等。

(5) 控制系统，用来控制各工作部件的正常工作，主要是电气控制系统等。

(6) 冷却系统，包括切削液、切削液箱及其供给装置。

(7) 润滑系统，包括润滑剂及其润滑方式。

(8) 其他装置，如排屑装置、自动测量装置等。

4. 机床的传动系统

机床传动中，每个运动均有三个基本部分：执行件、动力源和传动装置。动力源→传动装置→执行件→传动装置→执行件，构成传动联系。执行件是指执行运动的部件，如主轴、刀架以及工作台等；动力源是提供动力的装置，如普通机床常用的三相异步交流电动机；传递动力和运动的装置，它把动力源的动力传递给执行件或把一个执行件的运动传递给另一个执行件。传动装置通常还包括改变传动比、改变运动方向和改变运动形式(从旋转运动改为直线运动)的机构。在机床上，为得到所需运动，需要通过一系列的传动装置把执行件和动力源，或者执行件和执行件连接起来，构成传动联系。构成一个传动联系的一系列传动件，称为传动链。

5. 机床的分类

机床的类型很多，除了金属切削机床之外，还有锻压机床、压力机、注塑机、快速成形机、焊接设备、铸造设备等。

1) 金属切削机床

金属切削机床(Metal Cutting Machine Tool)常简称为机床(Machine Tool)，它是采用切削、特种加工等方法将金属毛坯(或半成品)的多余金属去除，制成机械零件的一种机器，制造的机械零件应能达到零件图样所要求的表面形状、尺寸精度和表面质量。在各类机器制造部门所拥有的装备中，机床占50％以上，所担负的工作量占机械制造总工作量的40％～60％。由此可见，机床技术水平的高低直接影响机械产品的质量和零件制造的经济性。

金属切削机床品种繁多，为了便于区别、使用和管理，需从不同角度对其进行分类。

(1) 按机床工作原理和结构性能、特点分类。我国把机床划分为：车床、钻床、镗床、磨床、齿轮加工机床、螺纹加工机床、铣床、刨插床、拉床、特种加工机床、切断机床和其他机床等12大类。其中，特种加工机床包括电加工机床、超声波加工机床、激光加工机床、电子束和离子束加工机床、水射流加工机床。电加工机床又包括电火花加工机床、电火花切割机床和电解加工机床。特种加工机床可解决用常规加工手段难以解决甚至无法解决的工艺难题，能够实现国防和高新科技领域的需要。

数控机床是计算机技术、微电子技术、先进的机床设计与制造技术相结合的产物，适应产品的精密、复杂和小批量的特点，是一种高效高柔性的自动化机床，代表了金属切削机的发展方向。加工中心又称自动换刀数控机床，它是具有刀库和自动换刀装置、能够自动更换刀具对一次装夹的工件进行多工序加工的数控机床。

(2) 按机床精度分类。同一种机床按其精度和性能，又可分为普通机床、精密机床和高精度机床。

(3) 按机床应用范围分类。

① 通用机床(又称万能机床)。可加工多种工件、完成多种工序、使用范围较广的机床，如万能车床、万能升降台铣床等。这类机床的通用程度较高，结构较复杂，主要用于单件、小批生产。

② 专用机床。用于执行特定工件的特定加工工序的机床，如加工主轴箱的专用镗床。这类机床是根据特定工艺要求专门设计、制造与使用的，因此生产率很高，结构简单，适于大批量生产。组合机床是以通用部件为基础，配以少量专用部件组合而成的一种特殊形式的专用机床。

③ 专门化机床(又称专业机床)。用于执行形状相似、尺寸不同工件的特定加工工序的机床。这类机床的特点介于通用机床与专用机床之间，既有加工尺寸的通用性，又有加工工序的专用性，如精密丝杠车床、凸轮轴车床等，生产率较高，适于成批生产。

此外，按照机床质量(习惯称重量)大小又可分为仪表机床、中型机床、大型机床、重型机床和超重型机床等。

我国现行规定的 GB/T 15375—2008《金属切削机床型号编制方法》，适用于通用机床、专门化机床及专用机床(组合机床另有规定)。机床型号是由类(12类)代号、组系代号、主参数以及特性代号等组成。其中特性代号包括：高精度(G)、精密(M)、自动(Z)、半自动(B)、数控(K)、加工中心(自动换刀 H)、仿型(F)等。

2) 锻压机床

锻压机床是利用金属塑性变形进行加工的一种无屑加工设备，主要包括锻造机、压力机、挤压机和轧制机四大类。

锻造机是使坯料在工具的冲击力或静压力作用下成形，并使其性能和金相组织符合一定要求的加工机床。按成形的方法可分为自由锻造、胎模锻造、模型锻造和特种锻造；按锻造温度不同可分为热锻、温锻和冷锻。压力机是借助模具对板料施加外力，迫使材料按模具形状、尺寸进行剪裁或变形的机床。按加工时温度的不同，冲压工艺可分为冷冲压和热冲压，具有省工、省料和生产率高的突出优点。挤压机是借助于凸模对放在凹模内的金属材料挤压的机床。根据挤压时温度不同，可分为冷挤压、温挤压和热挤压。挤压成形有利于低塑料成形，与模锻相比，不仅生产率高、节省材料，而且可获得较高的精度。轧制机是使金属材料在旋转轧辊的作用下变形的机床。根据轧制温度可分为热轧和冷轧，根据轧制方式可分为纵轧、横轧和斜轧。

二、工艺装备

工艺装备是产品制造过程中所用的各种工具的总称，包括刀具、夹具、模具、测量器具等。它们是贯彻工艺规程、保证产品质量和提高生产率等的重要技术手段。

1. 刀具

能从工件上切除多余材料或切断材料的带刃工具称为刀具。工件的成形是通过刀具与工件的相对运动实现的，因此高效的机床必须同先进的刀具相配合才能充分发挥作用。切削加工技术的发展，与刀具材料的改进以及刀具结构和参数的合理设计有着密切联系。刀具的类型很多，每一种机床都有其代表性的一类刀具，如车刀、钻头、镗刀、砂轮、铣刀、拉刀、螺纹加工刀具、齿轮加工刀具等。刀具种类虽然繁多，但大体上可分为标准刀具和非标准刀具两大类。标准刀具是按国家或部门制定的有关"标准"或"规范"制造的刀具，有的工具厂集中大批量生产，占所用刀具的绝大部分。非标准刀具是根据工件与具体加工的特殊要求设计制造的，也可将标准刀具加以改制而实现。过去我国的非标准刀具主要由用户厂自行生产。根据生产的发展，非标准刀具也应由专业厂根据用户要求提供，以利于降低成本。

2. 夹具

夹具是机床上用以装夹工件或引导刀具的装置。夹具对贯彻工艺规程、保证加工质量和提高生产率有着决定性的作用。夹具一般由定位机构、夹紧机构、导向机构和夹具体等部分构成，按照其应用机床的不同可分为车床夹具、铣床夹具、钻床夹具、刨床夹具、镗床夹具和磨床夹具等；按照其专用化程度又可分为通用夹具、专用夹具、成组夹具和组合夹具等。通用夹具是已经规格化、标准化的夹具，主要用于单件小批生产，如车床卡盘、铣床用分度头和机用虎钳等；专用夹具是根据某一工件的特定工序专门设计制造的，主要用于有一定批量的生产中。

3. 模具

模具是用以限定生产对象形状和尺寸的装置。按填充方法和填充材料的不同，可分为粉末冶金模具、塑料模具、压铸模具、冲压模具、锻压模具等。数控技术和特种加工技术的发展，促进了模具制造技术的发展，促进了少切削、无切削技术在生产制造中的广泛应用。

4. 测量器具

测量器具是以直接或间接方法测出被测对象量值的工具、仪器及仪表等，简称量具和量仪，可分为通用量具、专用量具和组合测量仪等。通用量具是标准化、系列化和商品化的量具，如千分尺、百分表、量块以及光学、气动和电动量仪等。专用量具是专门针对特定零件的特定尺寸而设计的，如量规、样板等，某些专用量规通常会在一定范围内具有通用性。组合测量仪不仅可同时对多个尺寸进行测量，有时还能进行计算、比较和显示，一般属于专用量具，或在一定范围内通用。数控机床的应用大大简化了生产加工中的测量工作，减少了专用量具的设计、制造与使用。测试技术与计算机技术的发展，使得许多传统量具向数字化和智能化方向发展，适应了现代生产技术的发展。

三、物料储运装备

物料储运装备是生产系统必不可少的装备，对企业生产的布局、运行与管理等有着直接影响。物料储运装备主要包括物料运输装置，机床上、下料装置，刀具输送设备以及各级仓库装备。

1. 物料运输装置

物料运输主要指坯料、半成品及成品在车间内各工作站间的输送，满足流水线或自动生产线的要求，主要有传送装置和主动运输小车两大类。

传送装置的类型很多，如由辊轴构成流动滑道，靠重力或人工实现物料输送；由刚性推杆推动工件作同步运动的步进式输送带；在两工位间输送工件的输送机械手；带动工件或随行夹具作非同步输送的链式输送机。用于自动生产线的传送装置要求工作可靠、定位精度高、输送速度快、能在线地协调工作等。

与传送装置相比，自动运输小车具有较大的柔性，通过计算机控制，可方便地改变输送路线及节拍，主要用于柔性制造系统中。它可分为有轨和无轨两大类。前者载重量大，控制方便，定位精度高，但一般用于近距离直线输送；后者一般靠埋入地下的制导电缆进行电磁制导，也采用激光制导等方式，输送线路控制灵活。

2. 机床上、下料装置

将坯料送至机床的加工位置的装置称为上料装置；加工完毕后将工件从机床上取走的装置称为下料装置。使用机床上、下料装置能缩短上、下料时间，减轻工人劳动。

机床上、下料装置类型很多，一般由料仓，步进喂料机，上、下料机械手等构成。在柔性制造系统中，对于小型工件，常采用上、下料机械手或机器人，大型复杂工件则采用可交换工作台进行自动上、下料。

3. 刀具输送设备

在柔性制造系统中，必须有完备的刀具准备与输送系统，包括刀具准备、测量、输送及重磨刀具回收等，常采用传输链、机械手等，也可采用自动运输小车对备用刀库等进行输送。

4. 仓储装备

机械制造生产中离不开不同级别的仓库及其装备。仓库用来存储原材料、外购器材、半成品、成品、工具、夹具等，分别进行厂级或车间管理。现代化的仓储装备不仅要求布局合理，而且要求有较高的机械化程度，减少劳动强度，采用计算机管理，能与企业生产管理信息系统进行数据交换，能控制合理的库存量等。

自动化立体仓库是一种现代化的仓储设备，具有布置灵活，占地面积小，便于实现机械化和自动化，方便计算机控制与管理等优点，具有良好的发展前景。

四、辅助装备

辅助装备包括清洗机、排屑设备和测量、包装设备等。

清洗机是用来对工件表面的尘屑、油污等进行清洗的机械设备，能保证产品的装配质量和使用寿命，应该给予足够重视。它可采用浸洗、喷洗、气相清洗和超声波清洗等方法，在自动装配中，应能分步自动完成。

排屑装置用于自动机床、自动加工单元或自动生产线上，包括切屑清除装置和输送装置。清除装置常采用离心力法、压缩空气法、切削液冲刷法、电磁或真空清除法等方法；输送装置有带式、螺旋式和刮板式等多种类型，保证将铁屑输送至机外或线外的集屑器中，并能与加工过程协调控制。

4.6.2　数控技术

一、概述

1. 数控与数控机床

数控技术(Numerical Control，NC)是综合了计算机技术、微电子技术、自动化技术、电力电子技术及现代机械制造技术等的柔性制造化技术。

数控机床是一个装有程序控制系统的机床。该系统能够逻辑地处理具有使用号码或其他符号编码指令规定的程序。

2. 数控机床的特点

与通用机床相比，除了数控机床在结构上的改进提高了性能外，采用数控机床加工在工艺上还有以下特点：

(1) 数控机床容易实现多坐标联动加工，可加工出复杂的曲线或曲面。

(2) 数控机床上加工精度是自动保证的，无须中间停机测量，使精度和效率都得到提高。

(3) 数控机床的通用性强，生产准备简单，不需要复杂的工艺装备。当生产对象改变时，只须更换控制介质(如纸带或磁盘文件)，就能实现自动加工。因此，解决了工业上长期存在的单件、小批生产的自动化问题，缩短了生产周期。

(4) 自动换刀数控机床的出现，充分发挥了数控机床的特点，对于形状复杂、加工面多、互相位置精度要求高的大型零件最为合适。它充分体现了高精度、高效率的优点。

(5) 将数控机床与计算机连接起来，可进一步实现群控系统和计算机管理。

二、数控机床的组成与分类

1. 数控机床的组成

如图4-39所示，数控机床主要由输入装置、数控装置、伺服系统和机床本体四部分组成。

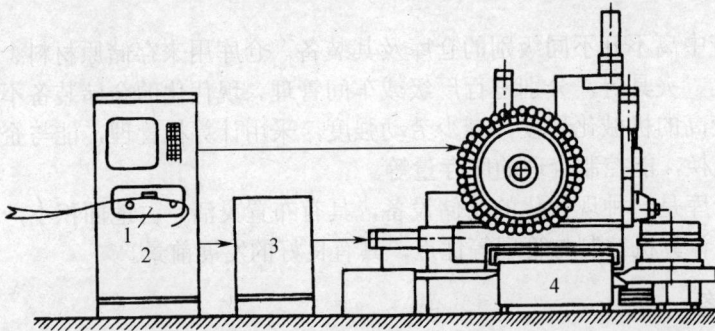

图 4-39　数控机床构成

1—输入装置；2—数控装置；3—伺服系统；4—机床本体。

1) 输入装置

输入装置是数控机床读取加工信息的工具，它可以使控制机操作面板上的键盘和按钮通过它进行人工编程输入。大多数情况下，为了提高数控机床的利用率，加工信息事先被录入信息载体(穿孔纸带、磁带或磁盘)。根据使用信息载体的不同，数控机床相应地配置光电纸带输入机、磁带机或磁盘驱动器等不同的输入装置，通过它迅速读取加工信息，令机床按程序指令进行加工。

2) 数控装置

这是数控机床的核心。它的功能是接受零件加工信息，经过数据处理和运算，向机床各执行部件输出各种相应的控制信息。这些控制包括：

(1) 轴运动控制(起动、转向、转速、准停)；

(2) 进给运动的控制(点位、轨迹、速度)；

(3) 各种补偿功能(刀具长度、传动间隙和传动误差补偿等)；

(4) 各种辅助功能(冷却、润滑、排屑、自动换刀、故障自诊断、显示和联网通信功能等)。

20世纪70年代中期以前的数控装置，绝大部分是按每一种数控机床的功能要求，由集成电路按组合逻辑制成。由于各种数控机床硬件的不通用性，在生产和使用中造成种种不便。20世纪70年代中期以后这种硬件形式的数控装置，几乎由微型计算机数控装置所取代，该装置只需改变控制软件就能适用于另一种数控机床的控制要求，实现了数控装置硬件的通用化，其优越性是明显的。

3) 伺服系统

该系统实现数控机床执行机构的驱动，它接受控制机的指令，完成数控机床主轴的起动、停止、变速及各进给轴的联动。按被加工零件所要求的轮廓形面，完成点位、直线、平面或空间自由曲面的加工，达到零件的工艺要求。数控机床的伺服系统要求具有较好的快速响应特性，以实现加工过程中机床快速准确地对加工轨迹的跟踪。

4) 机床本体

它是数控机床实现切削加工的机械结构部分，与普通机床相比有以下几方面的差别：

(1) 为了满足多种小批量产品的生产，粗、精加工甚至全部加工往往在一次装夹下由一台设备完成，因此机床要求具有较大的功率，较高的精度、刚度、热稳定性和耐磨性。

(2) 为了减小机械传动误差，采用了提高传动件刚度，消除传动间隙，丝杠、导轨由滑动改为滚动等措施。

(3) 由电伺服代替了纯机械变速，缩短了传动链，简化了传动结构。

(4) 必要的辅助功能，如切削液、排屑、自动换刀、监控保护、交换工作台等。

2. 数控机床的分类

数控机床按控制系统的不同分为以下几类：

1) 点位控制系统

这种系统主要用作孔加工，如钻床、镗床、冲床及钻镗类加工中心等，因为该类机床只要求获得精确的孔系坐标(图4-40)，而对于从一个孔到另一孔之间的运动轨迹和速度没有严格要求。这种系统结构简单，价格低廉。

为了在提高生产率的同时确保加工孔的位置精度，该系统在实际应用时在进给传动上常采用加减速措施。进给运动开始以较高的加速度达到S_1高速移动，在达到目标前通过二次减速，使速度降到S_3，当达到定位点时发出关断进给信号，这样可以把传动件质量造成的过冲误差 Δ 限制在一个小的范围内。

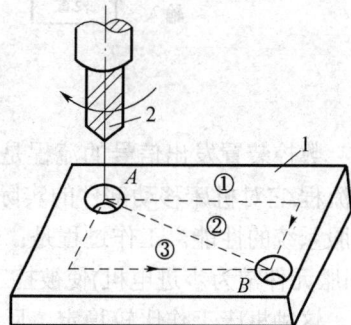

图 4-40　数控机床点位加工

1—工件；2—工具。

2) 直线控制系统

该系统除了能控制机床进行准确定位外，还控制两点间按要求的速度作直线进给运动。

图4-41所示为直线控制数控机床的走刀轨迹。

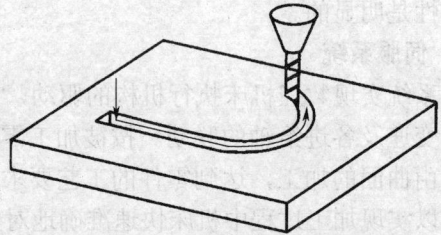

直线控制数控机床一般具有刀具半径和长度补偿功能，给编程和使用带来方便。它适合于车床、偿铣床和加工中心。直线控制系统比点位控制系统功能更强，结构更复杂，价格也相应高一些。

3) 连续控制系统

连续控制系统同时控制机床的两个坐标以上的运动，对曲线轮廓(图4-42)或空间曲面进行加工，加工中每点的瞬时位移和速度都受严格限制。该系统除具备刀具半径、长度补偿功能外，还可设有传动系统反向间隙补偿功能，机床几何误差、传动误差补偿功能，主轴速度控制、自动换刀功能等。随着同时控制的坐标轴数和控制功能的增加，系统的结构也越复杂，价格也较昂贵。

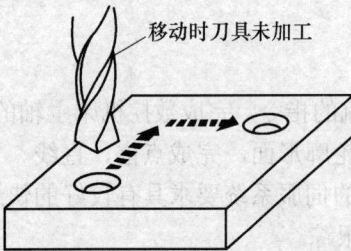

图 4-41　直线控制数控机床的走刀轨迹　　　　图 4-42　数控机床连续控制加工

数控机床按照对被控制量有无检测反馈装置可以分为开环和闭环两种。在闭环系统中，根据测量装置安放的位置又可以将其分为全闭环和半闭环两种。在开环系统的基础上，还发展了一种开环补偿型数控系统。

(1) 开环控制数控机床。在开环控制中，机床没有检测反馈装置(图4-43)。

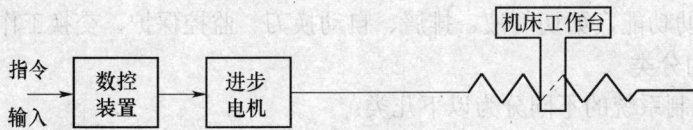

图 4-43　开环控制系统框图

数控装置发出信号的流程是单向的，所以不存在系统稳定性问题。也正是由于信号的单向流程,它对机床移动部件的实际位置不作检验，所以机床加工精度不高，其精度主要取决于伺服系统的性能。工作过程是：输入的数据经过数控装置运算分配出指令脉冲,通过伺服机构(伺服元件常为步进电机)使被控工作台移动。

这种机床工作比较稳定、反应迅速、调试方便、维修简单，但其控制精度受到限制。　它适用于一般要求的中、小型数控机床。

(2) 闭环控制数控机床。由于开环控制精度达不到精密机床和大型机床的要求，所以必须检测它的实际工作位置，为此，在开环控制数控机床上增加检测反馈装置，在加工中时刻检测机床移动部件的位置，使之和数控装置所要求的位置相符合，以期达到很高的加工精度。

闭环控制系统如图4-44所示。图中 A 为速度测量元件，C 为位置测量元件。当指令值发送到位置比较电路时，此时若工作台没有移动，则没有反馈量，指令值使得伺服电机转动，通过 A 将速度反馈信号送到速度控制电路，通过 C 将工作台实际位移量反馈回去，在位置比较电路中与指令值进行比较，用比较的差值进行控制，直至差值消除时为止，最终实现工作台的精确定位。这类机床的优点是精度高、速度快，但是调试和维修比较复杂。其关键是系统的稳定性，所以在设计时必须对稳定性给予足够的重视。

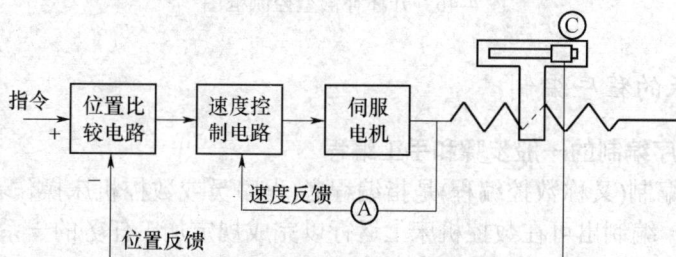

图 4-44 闭环控制系统框图

(3) 半闭环控制数控机床。半闭环控制系统的组成如图4-45所示。

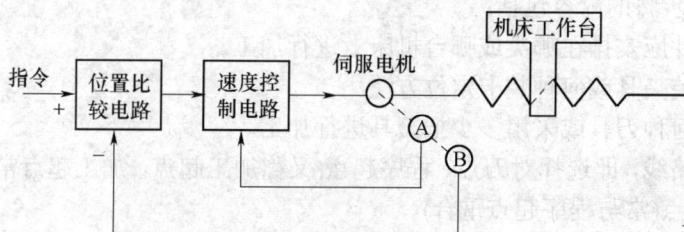

图 4-45 半闭环控制系统框图

这种控制方式对工作台的实际位置不进行检查测量，而是通过与伺服电机有联系的测量元件，如测速发电机 A 和光电编码盘 B(或旋转变压器)等间接检测出伺服电机的转角，推算出工作台的实际位移量，图4-45所示半闭环控制系统框图用此值与指令值进行比较，用差值来实现控制。从图4-45可以看出，由于工作台没有完全包括在控制回路内，因而称之为半闭环控制。这种控制方式介于开环与闭环之间，精度没有闭环高，调试却比闭环方便。

将上述三种控制方式的特点有选择地集中起来，可以组成混合控制的方案。这是人们多年研究的题目，现在已成为现实，用于大型数控机床。这是由于大型数控机床需要高得多的进给速度和返回速度，又需要相当高的精度。如果只采用全闭环的控制，机床传动链和工作台全部置于控制环节中，因素十分复杂，尽管安装调试多经周折，但仍然困难重重。为了避开这些矛盾，可以采用混合控制方式。在具体方案中它又可分为两种形式：一是开环补偿型；一是半闭环补偿型。这里仅将开环补偿型控制数控机床加以介绍。

图4-46为开环补偿型控制方式的组成框图。它的特点是：基本控制选用步进电机的开环控制伺服机构，附加一个校正伺服电路。通过装在工作台上的直线位移测量元件的反馈信号来校正机械系统的误差。

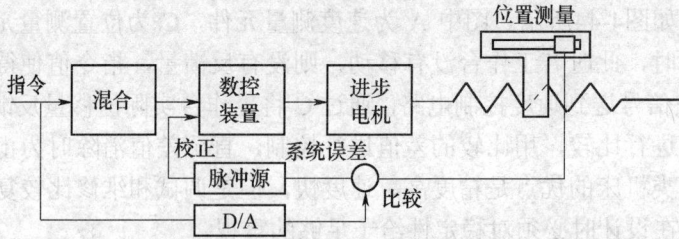

图 4-46　开环补偿型控制框图

三、数控机床的程序编制

1. 数控机床程序编制的一般步骤和手工编程

数控机床程序编制(又称数控编程)是指编程者(程序员或数控机床操作者)根据零件图样和工艺文件的要求，编制出可在数控机床上运行以完成规定加工任务的一系列指令的过程。具体来说，数控编程是由分析零件图样和工艺要求开始到程序检验合格为止的全部过程。

一般数控编程步骤如下：

1) 分析零件图样和工艺要求

分析零件图样和工艺要求的目的，是为了确定加工方法、加工计划，以及确认与生产组织有关的问题，此步骤的内容包括：

(1) 确定该零件应安排在哪类或哪台机床上进行加工。

(2) 采用何种装夹具或何种装卡定位方法。

(3) 确定采用何种刀具或采用多少把刀具进行加工。

(4) 确定加工路线，即选择对刀点、程序起点(又称加工起点，加工起点常与对刀点重合)、走刀路线、程序终点(常与程序起点重合)。

(5) 确定进给深度和宽度、进给速度、主轴转速等切削参数。

(6) 确定加工过程中是否需要提供冷却液、是否需要换刀、何时换刀等。

2) 数值计算

根据零件图样几何尺寸，计算零件轮廓数据，或根据零件图样和走刀路线，计算刀具中心(或刀尖)运行轨迹数据。数值计算的最终目的是为了获得编程所需要的所有相关位置坐标数据。

3) 编写加工程序单

在完成上述两个步骤之后，即可根据已确定的加工方案(或计划)及数值计算获得的数据，按照数控系统要求的程序格式和代码格式编写加工程序等。编程者除应了解所用数控机床及系统的功能、熟悉程序指令外，还应具备与机械加工有关的工艺知识，才能编制出正确、实用的加工程序。

4) 制作控制介质，输入程序信息

程序单完成后，编程者或机床操作者可以通过 CNC 机床的操作面板，在 EDIT 方式直接将程序信息键入 CNC 系统程序存储器中；也可以根据 CNC 系统输入、输出装置的不同，先将程序单的程序制作或转移至某种控制介质上。控制介质大多采用穿孔带，也可以是磁带、磁盘等信息输入到 CNC 系统程序存储器中。

5) 程序检验

编制好程序，在正式用于生产加工前，必须进行程序运行检查。在某些情况下，还需做

零件试加工检查。根据检查结果，对程序进行修改和调整，检查+修改+再检查+再修改……这往往要经过多次反复，直到获得完全满足加工要求的程序为止。

上述编程步骤中的各项工作，主要由人工完成，这样的编程方式称为"手工编程"。在各机械制造行业中，均有大量仅由直线、圆弧等几何元素构成的形状并不复杂的零件需要加工。这些零件的数值计算较为简单，程序段数不多，程序检验也容易实现，因而可采用手工编程方式完成编程工作。由于手工编程不需要特别配置专门的编程设备，不同文化程度的人均可掌握和运用，因此在国内外，手工编程仍然是一种运用十分普遍的编程方法。

2. 自动编程

在航空、船舶、兵器、汽车、模具等制造业中，经常会有一些具有复杂形面的零件需要加工，有的零件形状虽不复杂，但加工程序很长。这些零件的数值计算、程序编写、程序校验相当复杂繁琐，工作量很大，采用手工编程是难以完成的。此时，应采用装有编程系统软件的计算机或专用编程机来完成这些零件的编程工作。数控机床的程序编制由计算机完成的过程，称为自动编程。

在进行自动编程时，程序员所要做的工作是根据图样和工艺要求，使用规定的编程语言，编写零件加工源程序，并将其输入编程机。编程机自动对输入的信息进行处理，即可以自动计算刀具中心运动轨迹、自动编辑零件加工程序并自动制作穿孔带等。由于编程机多带有显示器，可自动给出零件图形和刀具运动轨迹，程序员可检查程序是否正确，必要时可及时修改。采用自动编程方式可极大地减少编程者的工作量，大大提高编程效率，而且可以解决用手工编程无法解决的复杂零件的编程难题。

四、机床数控系统的发展趋势

从1952年第一台数控机床在美国问世，至今已有50多年的历史，计算机数控在20世纪70年代中期出现，到现在也已有30多年了，数控技术日趋成熟。特别是近几年来微型计算机、微电子工业及电力电子工业的迅速发展，微型计算机与CNC技术的紧密结合，使得开发和生产CNC系统的技术，被越来越多的自动化装备生产厂掌握。因此，就当今世界范围来说，CNC技术已经不再被少数几个国家的几个CNC系统生产厂垄断。到20世纪80年代末，几乎每个工业发达的国家都有了自己的数控设备生产厂，生产满足各自国家数控机床及其他机械装备所需要的数控系统。甚至很多大型的数控机床生产厂都有自己的产品，并部分出售数控系统。因此，CNC系统生产厂之间的竞争更为激烈，数控技术的发展进入了新的阶段。

当代数控技术的发展具有下述特点：

1. 广泛地应用微机资源

近年来被称为个人计算机(PC)的微型计算机发展很快，大规模集成电路制造技术的高速发展，使得PC的硬件结构做得很小。主CPU的运行速度越来越高，存储器容量也很大，体积很小，由于是大批量生产，使成本下降，可靠性提高。

在软件方面，操作系统的发展，使得PC的操作更为简便直观。CAD/CAM的软件大量由小型机、工作站向PC移植，三维图形显示及工艺数据库在PC上建立。再加上PC的开放性，吸引了大量技术人员进行软件的开发，使得PC的软件资源极为丰富。因此，更好地利用PC的软、硬件资源，就成为各国数控设备生产厂发展CNC系统十分重要的一种方法。1992年—1993年，PC资源首先是在美国及欧洲的一些小型的数控设备厂推出。现在连日本FANUC、三菱公司，德国的SIEMENS公司，这些以生产专用CNC设备著称的公司，也都把采用PC资源作为其发展的一个重要方向。

我国珠峰数控公司"八五"攻关成果"中华 I 型(CME988)"也采用 PC 作为主控板，使该系统能充分利用 PC 的资源，跟随 PC 的发展而升级。

2. 小型化以满足机电一体化的要求

随着微电子技术的发展，大规模集成电路的集成度越来越高，体积越来越小。数控设备厂采用超大规模集成电路并采用表面安装工艺(SMT)，实现了三维立体装配，将整个 CNC 装置做得很小，以适应机械制造业机电一体化的要求。

3. 改善人机接口，方便用户使用

为了使操作者能很容易地掌握数控机床的操作，数控设备生产厂努力改善人机接口，简化编程，尽量采用对话方式，使用户使用方便。如西班牙 FAGOR 公司生产的8050TC 型数控系统，被称为高档傻瓜式数控系统，其操作面板使用了符号键，用户可以根据所需加工零件，选择加工程序，输入图形数据后，即可实现半自动或全自动加工。如果面板上的各种自动操作都没有被选上，则该 CNC 系统只显示坐标轴的位置值和主轴转速，操作者可以用摇柄或电子手轮对机床的各个轴进行手动操作，使用极为方便。

4. 提高数控系统产品的成套性

数控系统包括 CNC 装置、主轴及进给伺服驱动装置，以及主轴电动机、进给电动机和与其相关的检测反馈元件。一个数控系统性能的好坏是与上述各个环节的性能密切相关的。为了满足机床用户厂的需要，数控生产厂都非常重视数控产品的成套性，使系统的各个环节都能很好地匹配，使用户获得最好的使用效果。

例如，日本大隈(OKUMA)公司，是一个传统的机床厂，现在也开发、生产并销售数控系统，作为一个机床厂生产数控系统，重视机电一体化及产品成套性。该公司生产数控系统在软件上结合机械加工的工艺要求，硬件上还自行开发了绝对位置编码器、无刷伺服电动机、交流主轴电动机、光栅尺等元件，同时还提供机床控制面板及控制柜、自动编程装置，为用户提供交钥匙工程。

5. 研究开发智能型数控系统

所谓智能数控系统，早在20世纪80年代初期已经开始研究。当时 FANUC 公司推出的 FS-15 系列，就称为 AI(人工智能)CNC 系统，主要是在故障诊断方面采用了专家系统。系统利用所谓的推理软件，根据存储在系统中知识库的经验，分析及查找故障原因。最近 FANUC 公司又在开展被称为面向21世纪的课题——智能制造系统，将把世界范围熟练工人的技术窍门(Knowhow)组合进生产系统中去。

6. 根据市场需要，开发适销对路的数控产品

高新技术是数控系统发展的一个方向，另一方面开发适销对路的数控产品也是适应市场发展的需要。我国是发展中国家，经济型数控系统在我国有着广阔的市场。因此，开发性能优良、价钱便宜的数控系统，满足我国市场需要是很有意义的。目前，我国的经济型数控机床每年需要量约为8000台～10000台。

德国 SIEMENS 公司在我国建立的合资企业——西门子数控(南京)有限公司，在1997年推出了 SINUMERIK802S。这种系统除采用 G 代码编程外，还有图形循环支持功能，通过软件键进行转换。采用15.24cm (6in)彩色液晶显示，并采用两台步进电动机作为驱动单元，驱动力矩为(3.5～12)N·m，价格在3万元左右。这是西门子公司为占领中国市场所做的努力。

7. 开发新的数控产品

随着机械加工技术的发展，对数控机床的性能要求越来越高，迫切地需要开发一些新的

机电一体化数控产品来适应及满足这些要求。

例如铝合金材料的大量采用，要求进行高速切削，以实现高的精度及小的表面粗糙度的要求。数控车床及加工中心主轴转速要求提高到(10000～20000)r/min，这对采用传统的机械传动是很难实现的。因此，将电动机的电枢直接与机床的主轴做成一体的"电动主轴"(图4-47所示)，就成为生产中急需的产品。目前，日本的 FANUC 公司、NSK 公司，瑞士的 IBAG 公司，意大利的 GANFIOR 公司都在开发生产这种新产品。

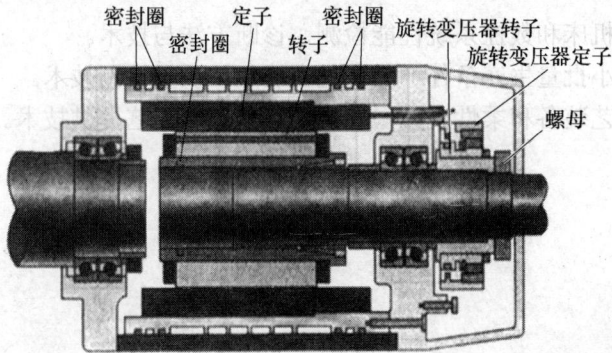

图 4-47　电动主轴结构图

综上所述，数控技术的发展是与现代计算机技术、电子技术发展同步的，同时也是根据生产发展的需要而发展的。现在数控技术已经成熟，发展将更深、更广、更快。未来的 CNC 系统将会使机械更好用、更便宜。

4.6.3　新一代机械制造装备技术及其发展

机械制造装备的类型很多，功能各异，近年来在新一代制造装备技术上有了较大的发展和突破。

(1) 新型加工设备的研究开发近年已取得不少进展，如多轴联动加工中心、控制车削高效曲轴加工机床、点磨机床、加工与装配作业集成机床等。近年出现的并联机床(虚拟轴机床)，如图4-48所示，突破了传统机床结构方案，在国内外有了快速发展。

图 4-48　虚拟轴机床

(2) 在数控化基础上朝智能化方向发展。充分利用精度补偿、应用技术软件、传感器和控制技术的最新科技成果，研制新一代高质量、高效率和低消耗的智能加工中心和智能化加工单元。

(3) 采用新材料和新结构，提高制造装备的刚度、抗振性、热稳定性，提高精度和精度保持性，减轻重量等。

(4) 新型部件的开发应用。如高精度、高速交流电主轴，国外转速为20000r/min 的已商品化，最高已达100000r/min，国内已完成8000r/min 样机研制。为此要解决高精度大载荷主轴轴承、主轴冷却、刀具配置与夹紧可靠性、电主轴调速可行性等关键技术。再如大功率交流直线电动机技术等。

(5) 发展先进的机床和数控系统性能检测、诊断方法与技术。

(6) 发展多品种小批量生产条件下的先进在线加工质量检测技术。

(7) 发展柔性工艺装备和柔性夹具，为快速、低成本工艺提供技术。

第 5 章   先进制造技术及其生产模式

制造技术是当代科学技术发展最为活跃的领域，是国际间产品革新、生产发展、经济竞争的重要手段。但是传统的制造、生产方式已经不能适应迅速多变的市场需求和日趋激烈的市场竞争，制造业面临着一场新的挑战，因此提出了先进制造技术(Advanced Manufacturing Technology，AMT)这一战略决策。围绕着如何缩短产品开发周期(Time)、提高产品质量(Quality)、降低产品成本(Cost)和提供良好的售后服务(Service)，即所谓的 TQCS 进行了一系列的研究。

先进制造技术是指在制造领域内采用高新科学技术的总称，即在制造过程中强调采用信息技术、计算机技术和管理技术，将传统的制造技术与现代科学技术有机结合起来，进行多学科的交叉融合，所以称之为现代制造技术。现在，先进制造技术已成为世界各国制造业发展的核心，提出了丰富多彩的单元技术、制造系统和生产模式，如计算机辅助设计与制造(Computer Aided Design and Manufacturing，CAD/CAM)、柔性制造系统(Flexible Manufacturing System，FMS)、快速原型制造(Rapid Prototype Manufacturing，RPM)等，这些先进制造技术的出现必将对制造业的发展有着深远的影响。

5.1   机电一体化概述

5.1.1   概述

1. 机电一体化定义

机电一体化是在机构的主功能、动力功能和控制功能上引进电子技术，并将机械装置，电子设备和软件等有机结合起来构成的系统。

机电一体化包含两层含义，即机电一体化技术和机电一体化产品。机电一体化技术是微电子技术、计算机技术和机械技术相结合的一种综合性技术。这种技术与机械设计技术相结合，就可以设计出机电一体化产品。正是由于电子技术和机械技术的有机结合，不但使各种机械设备和产品以崭新的面貌出现，而且产生了一大批单靠机械和电子技术都难以达到功能要求的机电新产品。

2. 机电一体化产品的类型

机电一体化的应用领域正在迅速扩展，机电一体化产品正在逐步取代传统概念上的机械产品，机电一体化产品就其功能，可以分为以下 6 类：

(1) 在原有的机械本体上应用电子控制设备，如数控机床、机器人、洗衣机等。

(2) 用电子设备置换机械控制系统，如电子缝纫机、自动售货机等。

(3) 在信息机器中采用电子设备，如电报机、传真机、录音机等。

(4) 在信息处理机中，用电子设备全面置换机械装置，如石英钟、电子秤、电子计算机等。

(5) 在检测系统中采用电子设备，如自动探伤机，CT 扫描仪等。

(6) 用电子设备代替机械本体，如电火花加工机床、线切割机等。

3. 机电一体化产品的设计方式和类型

机电一体化产品的设计通常有以下三种方式：

(1) 机电互补法。机电互补法用适当的通用或专用电子部件，取代原有产品中的复杂机械功能部件。

(2) 融合法。融合法是将部分功能部件或所有功能部件有机地融为一体，设计成一体化的机电新产品。

(3) 组合法。组合法是将各机电互补型功能部件设计成相对独立的模块，最后再集合成一体化机电产品。这种方法可缩短产品的研制周期，节约工装费用，并有利于生产管理及系统的使用和维修。

机电一体化设计可分为以下三种类型：

(1) 开发性设计。在现有参照样品或设计方案的情况下，根据任务的原理和要求，创造性地设计出质量和性能满足任务要求的新产品。

(2) 适应性设计。在功能原理和基本方案不变的情况下，对现有产品进行局部更改，或用微电子技术代替原有的机械结构，或对机械结构进行微电子控制下局部适应性变动，以改进产品的性能和质量。

(3) 变异性设计。在设计方案的功能结构不变的情况下，仅改变产品的规格尺寸，使之适应不同使用条件的要求。

5.1.2　机电一体化系统的主要组成及功能

机电一体化系统主要由以下几部分组成：机械本体部分、动力部分、传感部分、驱动部分、执行部分、控制及信息部分。

1. 机械本体部分

机械本体是系统所有功能元素的机械支持结构，包括机身、框架、机械连接等。由于机电一体化产品的技术性能、水平和功能的提高，机械本体要在机械结构、材料、加工工艺性以及几何尺寸等方面适应产品高效、多功能、可靠和节能、小型、轻量、美观等要求。

2. 动力部分

动力部分按照系统控制要求，为系统提供能量及动力，使系统正常运行。用尽可能小的动力输入，获得尽可能大的功能输出，是机电一体化产品的显著特征之一。

3. 传感部分

传感部分对系统运行中所需的本身和外界环境各种参数及状态进行检测，变成可识别信号，传输到信息处理单元，经过分析，处理后产生相应的控制信息，其功能一般由专门的传感器和仪表完成。

4. 驱动部分

驱动部分在信息控制作用下提供动力，驱动各种执行机构完成各种动作和功能，机电一体化系统一方面要求驱动的高效率和快速响应特性，同时要求对水、油、温度等外界环境的适应性和可靠性。由于几何尺寸上的限制，动作范围狭窄，还需考虑维修和标准化。

5. 执行部分

执行部分可根据控制信息和指令，完成要求动作。执行机构是运动部件，一般采用机械、电磁、电液等机构。根据机电一体化系统的匹配性要求，需要考虑改善性能，如提高刚度，减轻重量，实现组件化、标准化和系列化，提高系统整体可靠性等。

6. 控制及信息部分

控制及信息处理单元，将来自传感器的检测信息和外部输入命令进行集中、储存、分析、加工，根据信息处理结果，按照一定的程序和节奏发出相应的指令，控制整个系统有序地运行，一般由计算机、可编程控制器(PLC)、数控装置以及逻辑电路、A/D 转换与 D/A 转换、I/O 接口和计算机外部设备组成。机电一体化系统对控制和信息处理单元的基本要求是：提高信息处理速度、可靠性，增强抗干扰能力以及改善系统自诊断功能，实现信息处理智能化和小型、轻量、标准化等。

5.1.3　机电一体化的技术体系

1. 机电一体化的相关学科

机电一体化技术是一门新兴的学科，支撑它的学科主要有：

(1) 机械学。机械学包括机械设计、机械制造、机械动力学等。

(2) 电子学。电子学包括电工学、数字电路、模拟电路、电机、电器等。

(3) 微电子学。微电子学包括微处理机及接口技术、计算机科学、CAD/CAM 技术及软件技术等。

(4) 控制论。控制论包括经典控制理论和现代控制理论。

2. 机电一体化的相关技术

机电一体化技术是一门正在发展中的边缘技术，是在传统技术的基础上，与一些新兴技术相结合而发展起来的。与此相关的技术很多，一般认为主要有以下 6 项共性的关键技术：

1) 机械技术

机械技术是机电一体化的基础。随着高新技术引入机械行业，机械技术面临着挑战和变革。在机电一体化产品中，它不再是单一地完成系统间的连接，而是在系统结构、重量、体积、刚性与耐用方面对机电一体化系统中有着重要的影响。机械技术的着眼点在于如何与机电一体化技术相适应，利用其他高新技术来更新概念，实现结构上、材料上、性能上的变更，满足减少重量、缩小体积、提高精度、提高刚度、改善性能的要求。

2) 计算机与信息处理技术

信息处理技术包括信息的交换、存取、运算、判断和决策，实现信息处理的工具是计算，因此计算机技术与信息处理技术是密切相关的。计算机技术包括计算机的软件技术和硬件技术、网络与通信技术、数据库技术等。

在经典一体化系统中，计算机与信息处理部分指挥整个系统的运行。信息处理是否正确、及时，直接影响到系统工作的质量和效率，因此计算机应用及信息处理技术已成为促进机电一体化技术发展和变革的最活跃因素。

人工智能技术、专家系统技术、神经网络技术等都属于计算机信息处理技术。

3) 系统技术

系统技术就是以整体的概念组织应用各种相关技术，从全局角度和系统目标出发，将总体分解成相互有机联系的若干概念单元，以功能单元为子系统进行二次分解，生成功能更为单一和具体的子功能与单元。这些子功能和单元同样可继续逐层分解，直到能够找出一个可实现的技术方案。深入了解系统的内部结构和相互关系，把握系统外部联系，对系统设计和产品开发十分重要。

接口技术是系统技术中的一个重要方面，它是实现系统各个部分有机连接的保证。接口包括电气接口、机械接口、人机接口。电气接口实现系统间电信号连接；机械接口则完成机械与机械部分、机械与电气装置部分的连接；人机接口提供了人与系统间的交互界面。

4) 自动控制技术

自动控制技术范围很广，主要包括：基本控制理论；在此理论指导下，对具体控制装置或控制系统的设计；设计后的系统仿真、现场调试；最后使研制的系统能可靠地投入运行。

由于微型机的广泛应用，自动控制技术越来越多地与计算机控制技术联系在一起，成为机电一体化中十分关键的技术。

5) 传感与检测技术

传感与检测装置是系统的感受器官，它与信息系统的输入端相连，并将检测到的信号输送到信息处理部分，传感与检测是实现自动控制、自动调节的关键环节，它的功能越强，系统的自动化程度越高。传感与检测的关键元件是传感器。

传感器是将被测量(包括各种物理量、化学量和生物量等)变换成可识别的、与被测量有确定对应关系的有用信号的一种装置。

现代工程技术要求传感器能快速、精确地获取信息，并能经受各种严酷环境的考验。与计算机技术相比，传感器的发展显得缓慢，难以满足技术发展的要求。不少机电一体化装置不能达到满意的效果或无法实现设计的关键原因，在于没有合适的传感器，因此大力开展传感器研究，对于机电一体化技术的发展具有十分重要的意义。

6) 伺服传动技术

伺服传动包括电动、气动、液压等各种类型的传动装置，由微型计算机通过接口与这些传动装置相连接，控制它们的运动，带动工作机械作回转、直线以及其他各种复杂的运动。伺服传动技术是直接执行操作的技术，伺服系统是实现电信号到机械动作的转换装置部件，对系统的动态性能、控制质量和功能具有决定性影响。常见的伺服驱动有电液马达、脉冲液压缸、步进电机、直流伺服电机和交流伺服电机。由于变频技术的进步，交流伺服驱动技术取得突破性进展，为机电一体化系统提供高质量的伺服驱动单元，极大地促进了机电一体化技术的发展。

5.1.4 机电一体化的技术、经济和社会效益

机电一体化综合利用各相关技术优势，扬长避短，取得系统优化效果，有显著的社会效益和技术、经济效益。

1. 提高精度

机电一体化技术使机械传动部件减少，因而使机械磨损、配合间隙及受力变形等所引起误差大大减小，同时由于采用电子技术实现自动检测和控制、补偿、校正因各种干扰因素造成的动态误差，从而达到单纯机械装备所不能实现的工作精度。如采用微型计算机误差分离技术的电子圆度仪，其测量精度可由原来的 $0.025\mu m$ 提高到 $0.01\mu m$。

2. 增强功能

现代高新技术的引入，极大地改变了机械工业产品的面貌，具备多种复合功能，成为机电一体化产品和应用技术的一个显著特征。例如，加工中心机床可以将多台普通机床上的多道工序在一次装夹中完成，并且还有自动检测工件和刀具的精度、自动显示刀具动态轨迹图

形、自动保护和自动故障诊断等极强的应用功能。配有机器人的大型激光加工中心，能完成自动焊接、划线、切割、钻孔、热处理等操作，可加工金属、塑料陶瓷、木材、橡胶等各种材料。这种极强的复合功能，是传统机械加工系统所不能比拟的。

3. 提高生产效率，降低成本

机电一体化生产系统能够减少生产准备和辅助时间，缩短新产品的开发周期，提高产品合格率，减少操作人员，提高生产效率，降低生产成本。例如数控机床生产效率比普通机床高 5～6 倍，柔性制造系统可使生产周期缩短 40%，生产成本降低 50%。

4. 节约能源，降低消耗

机电一体化产品通过采用低能耗的驱动机构、最佳的调节控制和提高设备的能源利用率，来达到显著的节能效果。例如汽车电子点火器，由于控制最佳点火时间和状态，可大大节约汽车耗油量；若将节流工况下运行的风机、水泵随工况变速运行，平均可省电 30%；工业锅炉若采用微机精确控制燃料与空气的混合比，可节煤 5%～20%；还有被称为电老虎的电弧炉，是最大的耗电设备之一，如改用微型计算机实现最佳功率控制，可节电 20%。

5. 提高安全性、可靠性

具有自动检测监控的机电一体化系统，能够对各种故障和危险情况自动采取保护措施，及时修正运行参数，提高系统的安全可靠性。例如大型火力发电设备中，锅炉和汽轮机的协调控制、汽轮机的电液调节系统、自动启停系统、安全保护系统等，不仅提高了机组运行的活性，而且提高了机组运行的安全性和可靠性，使火力发电设备逐步走向全自动控制。又如大型轧机多极计算机分散控制系统，可以解决对大型、高速冷热轧机的多参数测量、控制问题，保证系统可靠运行。

6. 改善操作性和使用性

机电一体化装置或系统各相关传动机构的动作顺序及功能协调关系，可由程序控制自动实现，并建立良好的人机界面，对操作参量加以提示，因而可以通过简便的操作得到复杂的功能控制和使用效果。如一座高度复杂的现代大型熔炉作业控制系统，其控制内容包括最优配料、多台电炉的功率控制、球化和孕育处理、记忆球铁浇铸情况、铁水成分、计划熔化和造型之间的协调平衡等。从整个系统的启动到熔炉全部作业完毕，只需操作几个按钮就能完成。有些机电一体化装置，可实现操作全部自动化，如示教再现工业机器人，在由人工进行一次示教操作后，即可按示教内容自动重复实现全部动作。有些更高级的机电一体化系统，可通过被控对象的数学模型和目标函数，以及各种运行参数的变化情况，随机自寻最佳工作过程，协调对内对外关系，以实现自动最优控制，如微型计算机控制的钢板测厚自动控制系统、电梯全自动控制系统、智能机器人等。机电一体化系统的先进性，是和技术密集性与操作使用的简易性和方便性相互联系在一起的。

7. 减轻劳动强度，改善劳动条件

机电一体化一方面能够将制造和生产过程中极为复杂的人的智力活动和资料数据记忆查找工作改由计算机来完成，一方面又能由程序控制自动运行，代替人的紧张和单调重复的操作，以及在危险或有害环境下的工作，因而大大减轻了人的脑力和体力劳动，改善了人的工作环境条件。例如 CAD 和 CAPP 极大地减轻了设计人员的劳动复杂性，提高了设计效率；搬动、焊接和喷漆取代了人的单调重复劳动；武器弹药装配机器人，深海、太空工作机器人、在核反应堆和有毒环境下的自动工作系统，则成为人类谋求解决危险环境中的劳动问题的唯一途径。

8. 简化结构，减轻重量

由于机电一体化系统采用新型电力电子器件和传动技术，代替笨重的老式电气控制的复杂机械变速传动，由微处理机和集成电路等微电子元件和程序逻辑软件，完成过去靠机械传动链来实现的关联运动，从而使机电一体化产品体积减小，结构简化，重量减轻。例如，无换向器电动机，将电子控制与相应的电动机电磁结构相结合，取消了传统的换向电刷，简化了电机结构，提高了电机寿命和运行特性，并缩小了体积。数控精密插齿机可节省齿轮等传动部件 30%；一台现金出纳机用微处理机控制可取代几百个机械传动部件。采用机电一体化技术简化结构，减轻重量，对于航天航空技术而言更具有特殊的意义。

9. 降低价格

由于结构简化，材料消耗减少，制造成本降低，同时由于微电子技术的高速发展，微电子器件价格迅速下降，因此机电一体化产品价格低廉，而且维修性能改善，使用寿命延长。例如石英晶振电子表以其高性能、使用方便及低价格优势，迅速占领了计时商品市场。

10. 增强柔性应用功能

机电一体化系统可以根据使用要求的变化，对产品的应用功能和工作过程进行调整修改，满足用户多样化的使用要求。例如工业机器人具有较多的运动自由度，手爪部分可以换用不同工具，通过修改程序改变运动轨迹和运动姿态，适应不同的作业过程和工作内容；利用数控加工中心或柔性制造系统，可以通过调整系统运行程序，适应不同零件的加工工艺。机械工业约有 75% 的产品属中小批量，利用柔性生产系统，能够经济、迅速地解决这种中小批量、多品种的自动化生产，对机械工业发展具有划时代的意义。

通过编制用户运行程序，实现工作方式的改变，适应各种用户对象及现场参数变化的需要，机电一体化的这种柔性应用功能，构成了机构控制"软件化"和"智能化"特征。

5.2 CAD/CAM 技术

5.2.1 概述

1. 基本概念

计算机辅助设计(Computer Aided Design，CAD)和计算机辅助制造(Computer Aided Manufacturing，CAM)是指以计算机作为主要技术手段来生成和处理各种数字信息和图形信息，以进行产品的设计和制造。从计算机科学的角度看，设计和制造过程是一个信息处理、交换、流通和管理的过程。因此，人们能够对产品的设计和制造过程中信息的产生、转换、存储、流通、管理进行分析和控制。CAD/CAM 系统实质上是一个有关产品设计和制造的信息处理系统。

2. CAD/CAM 技术的产生与发展

1959 年美国麻省理工学院(MIT)制定的 CAD 计划标志着计算机辅助设计技术的诞生，至今已有 50 多年的发展历史。这期间，计算机图形学、有限元建模与分析技术、自由曲面的表达与处理技术、几何造型技术以及人工智能技术均有了飞速的发展。进入 20 世纪八九十年代，发展重点集中在丰富系统的功能，使系统更加灵活、实用和可靠及发展 CAD/CAM 集成技术，以便更显著地缩短产品周期、提高产品质量和降低成本，使更多生产企业主动采用 CAD/CAM 技术。

当前对于 CAD/CAM 系统的发展要求，可以举出以下几点：

(1) 系统功能丰富、灵活、实用和可靠，适用产品的覆盖面广、用户界面友好；

(2) 系统可扩充性好，便于二次开发出适应不同用户的应用系统；

(3) 系统的开放性好，便于跟其他 CAD 系统交换及共享产品的设计与制造数据；

(4) 系统的集成度高，系统内各组成模块或具有统一的数据模型、数据库，或模块间的数据交换比较顺畅。

3. CAD/CAM 系统应用

CAD/CAM 技术主要应用于以下几个方面：

(1) 用于设计方案的动态修改，它可以使设计结果以图形方式输出，能进行实时输入/输出的交互设计。

(2) 用于机械制造工艺过程，进行计算机辅助工艺设计、计算机数控等。

(3) 用于企业管理，进行生产规划及生产调度最优化、生产过程的材料消耗、成本核算、仓库自动管理和产品销售等。

在我国，发展和推广 CAD/CAM 技术应注意的问题是：系统软件、硬件集成技术、分布式层次网络和协议、工程数据库、产品数据定义模型和接口、分级计算机辅助工艺设计系统等。

5.2.2　CAD/CAM 系统组成及选择

CAD/CAM 系统由工作人员、硬件和软件三大部组成。其中电子计算机及外围设备称为 CAD/CAM 的硬件系统，操作系统和应用软件称为 CAD/CAM 的软件系统。

1. CAD/CAM 系统的硬件组成

1) 硬件系统类型

CAD/CAM 硬件组成，实际上是 CAD/CAM 系统的计算机配置。根据当前计算机市场状况，CMD/CAM 系统的计算机配置有以下三种类型：

(1) 主机—终端 CAD 系统，适用于较大规模的 CAD/CAM 系统，它以大中型通用计算为中央处理器。一般来说，它并不是单纯为 CAD/CAM 系统服务，还担负其他工作，终端可以从几个到几十个，这些终端可以是本地的，也可以是远程的。这类 CAD/CAM 系统特点是：通信功能较差，但数据处理能力较强。

(2) 工作站 CAD 系统，适用于特大规模的 CAD 系统。工作站 CAD 系统以 32 位超微机为主机，在主机结构上区别于主机终端 CAD 系统。它的特点是：CPU 运算及处理能力强，图形智能化程度高，网络能力强，系统成本高。

(3) 以微机为主体的 CAD 系统，适用于小型 CAD 系统，是为数众多的中小企业的最佳选择，该类 CAD 系统特点是可以方便地进行系统升级和功能扩展。

2) CAD/CAM 系统和网络

计算机网络提供了在一个系统中充分发挥大、中、小各类计算机以及外部设备作用的技术。

计算机网络是指"以能够相互共享资源(硬件、软件和数据)的方式连接起来，并且各自具备独立功能的计算机系统之集合"。或者说，计算机网络是由一组结点和连接点的链路构成。结点分为两类：一类是交换结点(如集中器或其他具有交换信息作用的结点)；另一类是访问结点(如终端、主机等)。链路是两个结点之间的通信线路。

CAD/CAM 系统中应用的计算机网络结构可概括为四类：星形网络，树形网络，分布式网络，总线式网络(图 5-1)。图 5-2 所示的是一个总线网络(Bus Network)系统。该网络中包括 CAD 系统、各种 CAM 系统(DNC、机器人、部件加工等)。

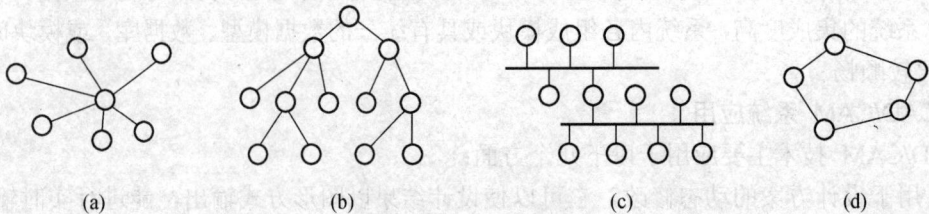

(a)　　　　　　　(b)　　　　　　　(c)　　　　　　　(d)

图 5-1　网络结构类型

(a) 星形网络；(b) 数形网络；(c) 总线式网络；(d) 分布式网络。

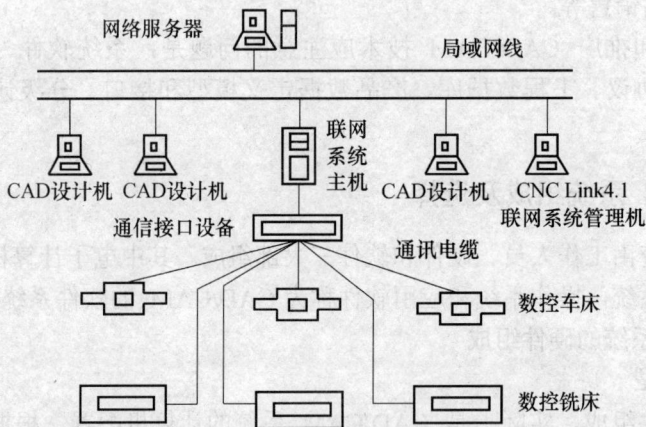

图 5-2　CAD/CAM 局部网络

利用局部网络可以实现 CAD 和 NC 编程的衔接，先进的面向网络的工作站提供了强有力的局部计算处理、NC 编程等工作，从而使工作站和制造单元与计算机结合形成制造中心，而每一个制造中心通过局部网络同设计、制造单元结合，又可以构成自动化工厂。

3) CAD/CAM 系统选择原则

在建立 CAD/CAM 系统时，应遵循"提前培训"，以软件为主、适当配置计算机硬件系统的原则。选择 CAD/CAM 系统时，主要考虑以下几个问题：

(1) 功能能力主要考虑 CPU 的运算能力，即整数运算及浮点数的运算能力；主存容量和外存容量；输入输出的作业能力；通信联网，特别是与异型机通信联网的能力；图形显示器的分辨率、灰度数目或彩色种类，即图形器处理能力(二维、三维的图形功能及动态功能)与多种外部设备的接口等。

(2) 开发性和可移植性是指独立于制造商的并遵循国际标准的应用环境；为各种应用软件、数据、信息提供交互操作和移植界面；新安装的系统应能与已安装的计算机环境进行交互操作。

(3) 系统的升级和扩展能力是指计算机进行功能扩充的能力。由于计算机硬件及软件技术日新月异，新的系统不断出现，使原有的系统功能大为提高。用新的系统代替旧的系统，使系统升级或功能扩充，这是工业生产技术发展的需要，也是发展必然的趋势。

(4) 系统的可靠性是指程序在其运行过程中，计算机系统在给定时间内不出错的概率。对于可靠性的度量可从三方面来考虑：平均错误间隔时间，平均修复时间，正常运行时间的百分率。

(5) 第三方软件支持是指对其他软件的兼容性。

(6) 售后服务及供应商的信誉。

2. CAD 系统的软件组成

1) 软件的分类

CAD/CAM 系统中涉及两类软件：一类叫做系统软件(System Software)；一类叫做应用软件(Application Software)。

系统软件是指计算机在运行状态下，保证用户正确而方便工作的那一部分软件。它们包括：操作系统、汇编系统、编译系统、监督系统、诊断系统等。

应用软件是指用户针对某一特定任务而设计的程序包。它们包括：图形处理软件、几何造型软件、有限元分析软件、优化设计软件、动态仿真软件、数控加工软件、检测与质量控制软件等。

2) CAD/CAM 系统应具备的功能

一个比较完善的 CAD/CAM 系统，是由产品设计制造的数值计算和数据处理程序包、图形信息交换(输入、输出)和处理的交互式图形显示程序包、存储和管理设计制造信息的工程数据库等三大部分构成的。这种系统的主要功能包括：

(1) 雕塑曲面造型功能是指系统应具有根据给定的离散数据和工程问题的边界条件来定义、生成、控制和处理过渡曲面与非矩形域曲面的拼合能力，提供汽车、飞机、船舶设计和制造，以及某些用自由曲面构造产品几何模型所需要的曲面造型技术。

(2) 实体造型功能是指系统应具有定义和生成体素的能力，以及用几何体素构造法或边界表示法构造实体模型的能力，并且能提供机械产品总体、部件、零件以及用规则几何形体构造产品几何模型所需要的实体造型技术。

(3) 物体质量特性计算功能是指系统应具有根据产品几何模型计算相应物体的体积、表面积、质量、密度、重心、导线长度以及轴的转动惯量和回转半径等几何特性的能力，为系统对产品进行工程分析和数值计算提供必要的基本参数和数据。

(4) 三维运动机构的分析和仿真功能是指系统应具有研究机构运动学特征的能力，即具有对运动机构(如凸轮连杆机构)的运动参数、运动轨迹、干涉校核进行研究的能力，以及对运动系统的仿真等进行研究的能力，从而为设计师设计运动机构时，提供直观的、可以仿真的交互式设计技术。

(5) 二、三维图形的转换功能是指二、三维图形应相互变换。众所周知，设计过程是一个反复修改、逐步逼近的过程。产品总体设计需要三维图形，而结构设计主要用二维图形。因此，从图形系统角度分析，设计过程也是一个三维图形变二维图形，二维图形变三维图形的变换过程。所以 CAD/CAM 系统应具有二、三维图形的转换功能。

(6) 三维几何模型的显示处理功能是指系统应具有动态显示图形、消除隐藏线(面)、彩色浓淡处理的能力，以便使设计师通过视觉直接观察、构思和检验产品模型，解决三维几何模型设计的复杂空间布局问题。

(7) 有限元法网格自动生成的功能是指系统应具有用有限元法对产品结构的静、动态特性、强度、振动、热变形、磁场强度、流场等进行分析的能力，以及自动生成有限元网格的能力。以便为用户精确研究产品结构受力，以及用深浅不同的颜色描述应力或磁力分布提供分析技术。有限元网格，特别是复杂的三维模型有限元网格的自动划分能力是十分重要的。

(8) 优化设计功能是指系统最低限度应具有用参数优化法进行方案优选的功能。这是因为，优化设计是保证现代产品设计具有高速度、高质量、良好的市场销售的主要技术手段之一。

(9) 数控加工的功能是指系统具有三、四、五坐标机床加工产品零件的能力，并能在图形显示终端上识别、校核刀具轨迹和刀具干涉，以及对加工过程的模态进行仿真。

(10) 信息处理和信息管理功能是指系统应具统一处理和管理有关产品设计、制造以及生产计划等全部信息(包括相应软件)的能力。或者说，应该建立一个与系统规模匹配的统一的数据库，以实现设计、制造、管理的信息共享，并达到自动检索、快速存取和不同系统间的交换和传输的目的。

在 CAD/CAM 系统中，几乎所有的应用软件都离不开数据库。提高 CAD/CAM 系统的集成化程度主要取决于数据库的水平。

数据库主要是收集有关产品外形结构定义(如造型、绘图、加工、有限元分析等)和相应属性的有关信息。用户可以借助一组控制程序即数据库管理系统(DBMS)提供的存取路径对数据库进行操作，这样可方便地进行交互设计、绘图和编写加工程序。数据库系统通常要求大存储量的硬件资源，因此，设计一个完善的 CAD/CAM 数据库需要认真的分析、研究和慎重从事。

5.2.3　CAD/CAM 的发展趋势

CAD/CAM 技术开始于 20 世纪 50 年代，经历了 50 年代与 60 年代的形成，70 年代的发展与 80 年代、90 年代的兴旺，CAD/CAM 技术已经在工业生产的各个部门得到了普遍的应用，为改善产品质量，提高企业效益和社会效益奠定了坚实的基础。现在已经跨入 21 世纪，CAD/CAM 技术必将继续向前发展。展望未来，CAD/CAM 技术有以下几方面的发展趋势：

1．集成化

CAD/CAM 的集成是指把 CAD、CAM、CAPP 等各功能通过软件有机地结合起来，用统一的执行程序来组织各种信息的提取、交换、共享和处理，以保证系统内信息流的畅通并协调各个系统有效地运行。它的显著特点是将产品设计与制造同生产管理、质量管理集成起来，通过生产数据采集形成一个闭环系统。CAD/CAM 集成是制造业发展的基础。该技术的应用与发展，正引发机制行业产生巨大变革，对产业结构、生产方式、管理模式、产品设计与制造过程都将产生重大影响。

2．智能化

传统 CAD 技术在机械设计与制造中只能承担数值工作，如计算、分析、绘图等。然而在设计活动中还存在着另一类的推理型工作，如方案的构思与拟定，最佳方案的选择、结构设计、评价与决策、参数选择等。这些工作依赖于一定的知识模型，只有采用符号推理方法，才能获得圆满解决。

CAD/CAM 智能化就是把人工智能的思想、方法引入传统的 CAD/CAM 系统中，分析归纳设计方案，从而提高设计制造水平，缩短生产周期，降低生产成本。近 20 年来，以知识和知识工程为基础的专家系统的出现，给 CAD/CAM 研究带来新的启发，并且取得了显著的成绩。它们使 CAD/CAM 系统具有一定的智能能力，能提出和选择设计方法与策略，使计算机能支持设计过程的各个阶段，包括概念设计与初步设计，尽量减少人工干预，使设计能自动地进行。因此，智能化 CAD/CAM 技术是一必然发展趋势。

3. 网络化

网络技术是计算机技术和通信技术相互渗透而又密切结合的产物，CAD/CAM 作为计算机应用的一个重要方面，同样也离不开网络技术。单台计算机的处理能力限制了其应用范围，只有通过网络互联起来，才能资源共享和协调合作，发挥各自的效能。一个复杂的 CAD 系统本身就是由一个计算机网络组成的，其中的所有公用信息如图形、零件、编码等都存储在服务器所带的一个公用数据库中，而多台工作站可以通过网络共享其中的数据，进行各自的设计工作。工作站之间也可以通过网络交换相互所需的中间处理结果和最后结果。

因此 CAD/CAM 技术网络化可以实现数据的交换、共享和集成，减少中间数据的重复输入输出过程，从而大大提高生产效率，提高企业在市场上的竞争力。

5.3　先进制造生产模式概述

5.3.1　先进制造生产模式的创立基础及战略目标

先进制造生产模式，其本质就是集成经营。集成经营是在新的市场环境下，将企业经营所涉及的各种资源、过程与组织进行一体化的并行处理。通过集成使企业获得精细、敏捷、优质与高效的特征，在更大的空间范围与更深的层次上有效地共享资源，以适应环境变化对成本、服务及速度的新要求；通过增强生产或企业范围内的系统一致性、整体性和灵活性来提高企业的应变力，以求得快速响应不可预测的市场的变化。

先进制造生产模式的主要战略目标可以概括如下：

1. 获取生产有效性为首要目标

卖方市场的特征使大批量制造生产模式的生产有效性成为既定满足的条件，致力于生产效率的提高成为大批量制造生产模式的中心任务。当今复杂多变的市场环境，特别是消费者需求的主体化与多样化倾向使得制造生产的有效性问题突现出来。先进制造生产模式不得不将生产有效性置于首位，由此导致制造价值定向(从面向产品到面向顾客)、制造战略重点(从成本、质量到时间)、制造原则(从分工到集成)、制造指导思想(从技术主导到组织创新和人因发挥)等出现一系列的变化。

2. 以制造资源集成为基本制造原则

制造是一种多人协作的生产过程，这就决定了"分工"与"集成"是一对相互依存的组织制造的基本形式。制造分工与专业化可大大提高生产效率，但同时却造成了制造资源(技术、组织和人员)的严重割裂，前者曾使大批量生产模式获得过巨大成功，而后者则使大批量生产模式在新的市场环境下陷入困境。

3. 经济性源于制造资源的快速有效集成

经济性是任何一种制造活动都要追求的主要目标。先进制造生产模式的经济性体现在制造资源快速有效集成所表现出的制造技术的充分运用、各种形式浪费的减少、人的积极性的发挥、供货时间的缩短和顾客满意程度的提高等。

4. 着眼于组织创新和人因发挥

与以技术为主导的大批量制造生产模式不同的是，先进制造生产模式更强调组织和人因的作用。技术、人员和组织是制造生产中不可缺少的三大必备资源。技术是实现制造的基本手段，人是制造生产的主体，组织则反映制造活动中人与人的相互关系。技术作为用于实际目的的知识体系，它本身就源于人的实践活动，也只有通过被人所掌握与应用才能发挥其作用。而在制造活动中人的行为又受到他所在组织的影响、诱导、制约和激励。所以，制造技术的有效应用有赖于人的主动积极性，而人因的发挥在很大程度上取决于组织的作用。显然，先进制造生产模式着眼于组织与人因是抓住了问题的关键。

5. 重视发挥新技术和计算机信息的作用

抓住由于计算机发展和应用所提供的契机，以最新技术(如 CAD、CAM、CAE、CAID、CAPP、MRP、GT、CE 以及 FMS 等)、全面质量管理(TQC)以及计算机网络作为工具和手段，将这些当今先进的技术与组织变革和人因改善有效地集成起来，便可发挥出巨大潜能。

5.3.2　先进制造生产模式的核心问题

任何事物发展的各个阶段，均有其创新和继承、个性和共性两个方面，先进制造生产模式也不例外，它虽有创新却继承了过去的某些原理。从管理角度来看，先进制造生产模式解决的核心问题是：组织创新、集成经营、质量保证体系、重组工程、以人为本、人机分工、人机匹配，用分工协作代替全能，用并行或交叉作业代替串行作业。

1. 组织创新

未来企业之间的竞争，除了比谁的资源和技术具有关键性外，另一个决定性的因素就是组织的创新优化。现代企业组织结构的特性主要体现在以下几个方面：

(1) 灵活性。利用不同地区的现有资源，迅速组合成为没有围墙的、超越空间约束的、靠电子手段联系的统一指挥的经营实体——虚拟企业和虚拟单元。

(2) 分散性。为了使资源信息快速、准确地提供给组织内各个潜在的决策者，也为了使决策者能迅速调动所需资源，需要用信息网络将组织成员连接起来，形成组织结构的网络化。

(3) 动态性。企业的组织结构将从传统的、递阶层次的"机械结构型"向更适合市场竞争的"化学分子型"和"生物细胞型"转变，成为扁平的多元化"神经网络"。这种组织结构在整个产品生产周期是动态变化的，可及时重组和解体。

(4) 并行性。产品开发工作在时间坐标上相互重叠与交叉，小组内的成员并行工作，协同完成产品设计、制造、销售等任务。

(5) 独立性。项目组在企业内是相对独立的，项目负责人有权决策项目内的活动。

(6) 简单性。项目组内以简单的工艺流程来代替传统的整个工厂集中控制的复杂的流程。

2. 集成经营

代表精细、敏捷与柔性的集成经营是指在新的市场环境下，运用系统集成思想与技术，将企业经营所涉及的各种资源、过程与活动进行一体化的并行处理。企业这种快速有效的集成经营形式与传统企业的概念完全不同。集成经营要有先进的工业信息网络。它的组织形式是一种动态联盟，要妥善处理知识产权和无形资产的评估、保护、转移和归属，成员间相互信任与合作是成功的关键，利益驱动是各成员参加中心的推动力。它需要创造良好的外部环境和改善内部管理，建立新的投资及投资评价观以及获得信息技术的支持等。

3. 新的质量保证体系

在目前消费者需求主体化、个性化和多样化的趋势下，对先进制造生产模式而言，质量成为多元化问题，甚至是国际化问题，需要有新的质量保证体系，其中有：

(1) 新的三维质量观。这包括全面质量满意、适度质量和质量的时间性。全面质量满意，指在产品整个生命周期中用户的满意度、企业本身的满意度(即指一般员工、管理者以及所有者或股东三种人的满意度)以及社会和国家的满意度(因为质量不只是企业与消费者之间的问题，还涉及到包括非消费者在内的大多数人，质量如果不能与自然和社会环境相适应，不能满足社会和国家的需要，企业最终仍会走上失败之路)。适度质量，这是质量的经济性问题。过高的、超过需要的质量会造成资源浪费，而过低则达不到全面质量满意。因此，在解决了全面质量满意的测度之后，如何确定适度的质量水平，就十分必要。质量的时间性，指市场瞬息万变，消费者的价值观也在变化，因此质量具有时间性，在目前时间点上是适度质量的产品，若干时间后则可能是不良质量的产品。

(2) 新的质量保障体系。先进制造生产模式的产生与发展以及人类质量观念的不断更新，要求新的质量保障体系必须是着眼于战略层次的、内容丰富的开放系统。建立先进制造生产模式下的质量保障体系应遵循以下三个基本原则：①人本原则。人因的发挥、信任员工、自主管理和员工参与都是人本原则的具体体现，这一切都有赖于对员工的质量培训与质量教育。质量教育是质量保障体系的一项重要内容。②过程监控。新的质量保障体系的着眼点必须从过程的结果(产品质量)转移到管理过程本身，以过程质量确保产品质量。只有识别、组织、建立和协调各项质量过程网络及其接口，才能创造、改进和提供稳定的质量，即过程监控原则。③体系管理。任何一个企业(组织)，只有依据实际的环境条件，策划、建立和实施质量体系，实施体系管理，才能管理有效，因此，必须实行体系管理。

4. 生产过程重组

生产过程重组(重组工程)是对现有生产过程进行根本性的再思考和彻底的再设计，以求大幅度地提高生产过程所追求的主要绩效：成本、质量、服务和速度。它有四个基本观点：

(1) 过程观点。生产过程涉及为达到生产目的而实施的一组逻辑上相关的任务，包括人、物流、能源、设备等的逻辑组合和实现特定目标的工作程序，这些必是有机联系的。

(2) 根本性的再思考。要掘弃过时的生产观点和管理思想，重新深入思考"企业应该做什么"这一类基本问题。

(3) 彻底的再设计。就是要进行全面创新，而不仅仅是在某些方面的改进。

(4) 大幅度提高绩效。这是重组生产过程的目的，也是衡量生产过程重组成功与否的标志。

5. 以人为本

在先进制造系统中，人的因素越来越受到广泛重视，人的积极性能否充分发挥对先进制造生产方式至关重要。要改变传统的管理职能，将对人的监督、控制和奖惩改变为对人的不断关心、激励和培训。需要企业采取如下措施：

(1) 优化组合各种不同特点和专业特长的人才。一个好的团队应该充分考虑到人才之间性格、专长和能力的互补，这样组合起来的群体作用会大大超过个体之和。反之会对企业的高效运作起破坏作用。

(2) 创建以人为中心的企业文化和价值观。员工应从控制对象转变为授权对象，尽可能让他们参与过程运营的日常决策，创建更加开放、更加简捷的交流报告机制。

(3) 组建跨学科项目团队。传统的工作模式，即长期从事一项工作会使员工与此项工作无关的能力丧失，墨守陈规和强求一致会扼杀人的创造力，人们将不知不觉地被同化，员工的创造性和主观能动性越来越低。在新的生产模式中，跨学科的团队的建设将大大解放创造力，激发员工的积极性。团队必须具备"开放式"思维、"网络式"思维和"动态"思维，从而为员工的学习和创新提供动力源泉。这种网络团队要求员工掌握多门学科知识，具有对各种挑战的应变能力，以并行方式集成每一个人的全部知识和技能，使员工具有很强的创新能力和很高的工作效率。

(4) 促进团队之间的互相信任。团队之间的互相信任是团队成员合作的基础。信任是减少偷懒行为和增强合作绩效的最有效机制。它能充分发挥人的积极性与潜力，从而使团队产生个人效用和他人效用同步增长。所以说以人为本、尊重人与信任人是团队顺利工作的前提。应在团队内部建立竞争与合作并存的机制，促进团队在已有核心能力的基础上不断创新。

6. 人机分工、人机匹配

首先是人机分工原则。人和机器各有所长，在制造系统中要加以分工，相互匹配总体功能优化。其分工原则：不宜用人的工作完全由机器完成；人可简易完成，机器难完成或不能完成的工作，应由人去完成；人、机均可完成的工作，可根据技术、条件，选择以机为主，人作后备，以提高系统的可靠性，或者由人完成，条件具备时再向前者转化。

其次是人机系统均要考虑人文因素。制造系统作为人机系统，其总体功能发挥的状况，取决于人的作用的发挥状况。但人与机器不同，他发挥作用的积极性、主动性、创造性和能力，取决于以下人文因素：激励政策、良好企业文化和工作作风的建立、充分的员工培训和继续教育、合理的组织结构和岗位责任、合理的运作规则和程序、宜人的工作条件和环境等。

7. 用分工协作代替全能

每个企业放弃全能，保留专长，各自发挥自身优势。利用企业间的分工协作，优势互补，实现共同目标。协作范围可以跨行业、跨地区以至跨国界。协作领域可以是产品零部件配套生产、新技术研究和新产品开发。企业间协作关系不是依赖于指令，而是由共同利益驱动，由协约来保证。

8. 用并行或交叉作业代替串行作业

任何工程作业均有其流程特性，即先行工序与后续工序的顺序不能颠倒，亦不能同时进行。在符合流程特性的前提下，将串行作业改为并行或交叉作业，是缩短工作总周期的一种广为应用的方法。

如在生产技术准备工作中，通过一体化和并行地设计产品及其相关过程(包括制造过程和支持过程)；利用计算机网络和模拟仿真技术，对分布式进行的各种相关工作环节，按其流程顺序传送和反馈彼此相关信息；通过反复地相互迭代设计和仿真检验，使整个技术准备工作同时完成，以缩短工作周期。

5.4　先进制造生产模式

5.4.1　反求工程

一、概述

反求工程(Reverse Engineering)是消化吸收并改进国内外先进技术的一系列工作方法和技术的总和。反求工程技术对于提高我国的科技和管理水平有着重要的意义。引进国外先进技术有三个等次：

第一个等次只限于购买国外先进的、质量优良的机器设备，使用它来生产产品，而不对它进行研究。除了机器的购买费用外，它的维修和更新换代无疑还要花费大量的外汇。

第二个等次是购买国外的机器设备，然后对它进行测绘，根据测绘结果进行仿制。由于自身加工设备的精度低，工人的技术差，再加上目前无法测绘到的项目(如公差)等因素，仿制设备的质量总是比原设备低，造成"一代不如一代"的现象。仿制的结果使得我们永远也不可能超过别人，只能跟在别人后面跑。

第三个等次不但对设备进行测绘，而且运用反求技术对它进行研究，找出它们的薄弱环节并加以改进，制造出更好的产品来。很显然，我们工作的重点应放在第三个等次上。在这里，反求技术起着极其重要的作用。在反求工程方面，日本的经验很有典型性。第二次世界大战结束时，日本的国家经济几乎处于瘫痪状态，1950 年国民生产总值仅为英国的 1/29，法国的 1/38，经济上落后于欧美先进国家二三十年，但只用了不到 30 年就成为仅次于美国的第二号经济强国。其中，引进先进技术并进行反求研究，功不可没。战后日本采用的策略是"吸收性战略"，注重对引进的技术加以研究并改进提高。提出"第一台引进，第二台国产化，第三台出口"的口号。在"拿来"的基础进行改进，生产出技术水平更高，质量更好的产品，从而使其产品迅速占领了国际市场。

反求技术也被用来研究竞争对手的产品持点，吸收其优点并加以改进更好的产品，是目前赢得市场竞争的重要手段之一。

二、反求分析包括的内容

1) 探索产品设计的指导思想

不同公司，不同产品的设计指导思想都不相同，如有的公司注重功能全，有的注重低成本，有的注重环保问题(如节省资源、减少污染、回收利用等)，有的注重模块化设计。设计的指导思想不同，得出的设计方案必然不同。所以，掌握产品设计指导思想是分析了解整个产品设计的前提。

2) 功能和原理方案分析

各种产品都有一定的功能要求。所以，功能分析是产品设计的核心问题、不同的功能可以得出不同的原理方案，而同一功能亦可用不同的原理方案来保证。产品的功能可分为使用功能和美学功能，使用功能一般实现能量、物料和信号的转换。通过对反求对象的功能实质的理解，在设计时才有可能得到更合理的原理方案。

3) 结构分析

零部件的结构是功能原理的具体体现，与加工使用及生产成本有密切关系。应从保证功能、提高性能(强度、刚度、精度寿命、磨损、噪声等)、降低成本(工艺、装配、选材等)、提高安全可靠性等方面分析反求对象的结构特点。

4) 形体尺寸分析

在实物测绘的基础上，通过分析和计算确定形体尺寸。

5) 精度分析

精度分析是反求工程中的重要问题，精度是衡量反求对象性能的重要指标，是评价反求设计质量的主要参数之一。一般情况下，零件的几何形状和尺寸均可通过实物测绘得到，但精度却不可能。因此，要掌握正确的方法来反求精度。否则，反求设计的产品的质量永远无法达到原没计的质量。

6) 材料分析

根据零件的功能和工艺特点分析确定零件材料和热处理方式。一般情况下，可采用外观比较、质量测定、硬度测定、化学分析、光谱分析等各种方法对材料的物理性能、化学成分、热处理及表面情况进行全面鉴定。

7) 工作性能分析

针对产品的工作特点及其主要性能进行试验测定、反复计算和深入地分析，掌握其设计准则和设计规范。对产品的运动特性、力学特性进行静态、动态的全面分析。

8) 造型设计分析

对产品的外形构型、色彩设计等进行分析，从迎合顾客心理需要、提高商品价值的角度、分析构型及色彩设计的优点和不足之处。

9) 一工艺分析

国外的先进设备，除设计先进外，主要就是先进加工工艺和装配工艺，如果通过反求技术求得这些工艺诀窍，就可为新设计产品打下良好的基础。

10) 使用和维修分析

研究分析国外先进设备在好用和好修方面采取了哪些措施。

11) 包装技术分析

产品的包装已成为产品设计的重要方面。所以，在反求过程中，应研究产品的包装、防潮、防霉、防锈、防振、防腐、防尘等方面的技术。

在反求分析之后，应进行反求设计，反求设计可采用价值工程、优化设计、人机工程学、相似理论、精度设计、动态设计、可靠性设计等现代设计工具来进行。

三、实物反求设计法

实物反求是以产品实物为依据，对有关产品的设计原理、结构、材料、工艺装配、包装使用等方面进行分析研究，研制出与原型产品相同或相似的新产品。通过反求技术，不仅可以更好地消化国外先进技术，也可以解开国外先进设备的技术秘密，更可以找到原型产品的缺陷，对症下药，设计出更好的产品。根据反求对象的不同，可以有整机反求、部件反求和零件反求。实物反求分析法一般包括两项内容：反求分析和反求设计。

5.4.2 价值工程

价值工程(Value Engineering)或称为价值分析技术是 20 世纪 40 年代末发展起来的新的设计管理或工作方法。经过 40 多年的发展，价值工程技术已被各国公认为是一套十分成熟和行之有效的设计管理方法，受到各国政府、有关学者和企业家的普遍重视。如果将价值工程与质量功能配置和概念设计结合起来，将会发挥更大的作用。价值工程研究产品的功能、各种有关费用与所实现的价值之间的关系，试图以最小资源消耗或最低的寿命周期费用，可靠地实现必要的功能，以获取最大价值。

一、价值工程的产生及发展

价值工程的创始人是美国通用电气公司的设计工程师麦尔斯(Milcs)。当时(1947 年)，公司急需石棉板，但石棉板货源奇缺，价格不断上涨，给公司的生产经营带来很大困难。公司责成麦尔斯去寻求解决这一问题的途径。麦尔斯不是被动地从石棉板的货源方面去着手，而是首先研究石棉板的用途。研究发现，石棉板是一种铺地材料，用在油漆车间，避免涂料玷污地板而引起火灾。用途明确后．麦尔斯开始对市场进行调查，终于找到了一种防火纸，它能够代替石棉板起防火作用，而且价格便宜，货源充足。从而不仅解决了石棉板采购的困难，而且还因防火纸价格很低而使公司获得可观的经济效益。之后，麦尔斯又对公司的产品功能、费用和价值之间的关系作了更深入的研究，最后形成一套以最小资源消耗提供产品的必要功能，以获得较大价值的科学方法。麦尔斯最重要的贡献是他发现顾客所购买的是功能而不是产品本身。麦尔斯于 1947 年在美国《机械师》杂志上发表"价值分析"一文，从此以后，价值分析方法开始被美国主要企业所关注和应用，其影响逐年扩大，采用价值分析法的工程均可取得巨大的经济效益。1971 年，美国把价值工程与系统分析、电子计算机在管理中的应用、管理数学、网络技术和行为科学等并列为现代六大管理技术。1978 年前后，价值工程传入我国，许多企业和部门由于运用价值工程而获得显著经济效益。1983 年，国家经委把价值工程列为在全国企业推广应用的 18 种现代管理技术之一。

二、价值工程基本概念

价值工程的三个基本概念是：寿命周期费用、功能和价值。寿命周期费用是一个产品从诞生到最终报废，其一生中所发生的所有费用。而寿命周期费用(Life Cycle Cost)又可分为制造费用(C_1)和使用费用(C_2)，于是就有：

$$LCC = C_1 + C_2$$

制造费用 C_1 包括产品在研制阶段和制造阶段所花的费用。使用费用 C_2 包括使用该产品时所花费用(能源消耗费、产品保养费……)，价值工程的目的就是在保证功能的前提下尽量降低 LCC。

功能是分析对象满足某种需求的一种属性。价值分析的本质不是以产品为对象，而是以功能为中心，价值分析方法使功能成为可以度量的东西。功能分析的目的是去掉那些不必要的功能(约占 30%)，这样就可对产品进行重新设计和改造，把承担不必要功能的零件取消，从而节省费用。

价值此处不是指产品的价格，它泛指产品"好的程度"，价值是用功能和寿命周期费用来表征的：

$$V = \frac{F}{LCC}$$

由上式可知，提高产品价值可通过下列途径实现：

(1) 提高功能 F，降低费用 LCC；

(2) 提高功能 F，费用不变；

(3) 功能不变，费用降低；

(4) 功能提高，费用也提高，但功能提高却大于费用提高；

(5) 功能(过剩功能)略有降低，费用却大幅度降低。

价值工程另一个主要特点是有组织的活动，其一是要切实按照工作程序去做，其二是集体设计(并行工程，Team Work)。它需要把企业中从事开发研究、设计、生产技术、采购、销售、核算、服务等各方面的专家抽调出来，组成工作小组，并按照价值工程中所介绍的科学的、卓有成效的程序进行工作。由于集体的智慧和力量，可以产生出多个改进方案，并从中选出价值最高的执行方案。

价值工程的一般工作步骤如下：

(1) 成立价值工程小组。价值工程小组必须包括产品寿命周期各方面的专家。

(2) 确定分析对象。要选择那些价值较低的产品或作业作为分析对象。选择的方法一般有：问答测定法、经验分析法、费用比重分析法、ABC 分析法、强制确定法、最合适区域法等。

(3) 收集情报。需要收集与分析对象有关的专用情报、与分析对象功能有关的一般情报、与技术有关的技术情报、与费用有关的经济情报等。

(4) 功能分析。价值工程的核心是功能分析。它包括功能定义(用来确定分析对象的功能)、功能分类(确定功能的类型和重要程度,如基本功能、辅助功能、使用功能、外观功能、必要功能、冗余功能等)和功能整理(制作功能系统图,用来表示功能间的"目的"和"手段"关系)。包括确定和去除冗余功能。

(5) 功能评价。功能评价是用量化手段来描述功能的重要程度和价值,以找出低价值区域、明确改进目标。功能评价的主要尺度是价值系数 V,可由功能和费用来求得。此时,要将功能用成本来表示,以此将功能量化,并可确定与功能的重要程度相对应的功能成本。

(6) 制定改进方案。为了改进设计,就必须提出改进方案,麦尔斯曾说过,要得到价值高的设计,必须有 20 个～50 个可选方案。提出改进方案的方法有:头脑风暴法(欢迎自由奔放的思考,不批评别人的意见,提出的方案愈多愈好);哥顿法(采取小组会的形式,会议目的只有主持者知道,主持者提出一抽象议题,大家展开讨论,提出方案,等提案差不多时,再公布目的,深一步讨论);专家检查法和德尔菲法(用信函的方式征求专家的意见)。改进方案提出后,再对它们进行概括评价,去掉明显不合理的方案,对选中的方案进行具体化和改进,以得到价值最高的改进方案。

三、成本分析

成本分析是价值工程的重要内容之一。通常,降低成本的潜力很大。所以,应经过分析找出成本中的薄弱环节,加以改进。产品寿命周期成本包括生产成本、运行成本、维修保养成本等。不同类型的产品,成本的结构比例不同(对于扳手,制造费用 100%,使用费用 0,维修费用 0;对于汽车,制造费用 20%,使用费用 50%,维修费用 30%)。设计过程对成本的影响巨大,通常可达 70%以上。降低成本可以采取下面的几种措施:

(1) 优选方案,使用尽可能少的元件。
(2) 寻找代用品,降低材料成本。
(3) 采用优化设计技术降低材科用量。
(4) 零件标准化、部件通用化、产品系列化。
(5) 采用 DFM 和 1DFA 技术。设计合理结构,降低加工成本和装配成本。

5.4.3 并行工程

并行工程(Concurrent Engineering, CE),有的地方称为同期工程(Simultaneous Engineering)。并行作业的思想早就存在,作为一种工程界的科学的方法始于 20 世纪 80 年代中期。制造系统与制造工程中的并行工程指的是对产品开发生命周期中的一切过程和活动,借助信息技术的支持,在集成的基础上实行并行交叉方式的作业,从而缩短产品开发的周期,缩短产品投入市场的时间。并行工程是一种加速新产品开发过程的制造系统模式,是制造业竞争中赢得生存和发展的重要手段。传统的产品开发是一个串行工程,信息是单向、串行地流动,设计、制造过程中缺乏必要和及时的信息反馈。在设计早期不能全面考虑下游的可制造性、可装配性等多种因素,致使经常需要对设计进行更改,构成从概念设计到设计修改的大循环,而且可能在不同环节多次重复同一过程,造成设计改动量大,产品开发周期长、成本高,难以满足日益激烈的市场竞争需求。串行方式已经严重影响企业的发展。并行工程的概念正是在这种情况下提出的。

对于并行工程的定义有多种说法，至今并没有统一。1986 年美国国防部先进计划局 DARPA(Defense Advanced Research Projects Agency)制订了一项为期五年的并行工程的启动计划 DICE(DARPA Initiative in Concurrent Engineering)。R.I.Winner 在美国防务分析研究所研究报告中对并行工程作了如下的定义：并行工程是一种对产品及其相关过程(包括过程和有关的支持过程)进行平行、一体化设计的系统化工作模式。这种模式力图使开发人员从一开始就考虑到产品的生命周期(从产品的概念形成到其报废消亡)中的一切因素，包括质量、成本、进度计划和用户需求。

这个定义明确地指出：系统化方法是并行工程的核心，它把产品设计的早期阶段，特别是顾客需求这个最初的也是最重要的阶段包括到系统中来。这是因为产品开发的早期阶段设计工作的正确与否，决定了未来产品价值的主要部分(据统计约占 50%)，可是，它们所花费的费用只占很少的部分(据统计约占 10%)。

并行工程的本质是分析和优化产品开发过程，并在信息集成的基础上实现过程集成。对传统设计和生产方式，概念设计的开支很小，但它却是决定最终成本的最主要因素；而最后的生产阶段花费的成本最多，但对最终成本的动态影响却很小。这说明按照传统的设计和生产方式，即使在生产过程中做很大努力提高效率，成本却很难下降。而并行工程对设计阶段高度重视，虽花费较高成本，但却提高了生产的一次成功率，生产过程中避免了传统方式中常常出现的反复修改和浪费，从而使生产准备和制造时间大大缩短，生产成本显著下降。并行设计是并行工程的哲理在产品设计开发活动中的具体体现。

并行工程有如下特性：

(1) 并行特性。把时间上有先后顺序的活动转变为同时考虑和尽可能同时并行处理的活动。并行性有两方面含义：其一是在设计过程中通过专家把关，同时考虑产品生命周期的各个方面；其二是在设计阶段同时进行工艺(包括加工工艺、装配工艺和检验工艺)过程设计，并对工艺设计的结果进行计算机仿真，直至用原型法生产出产品的样件。

(2) 整体特性。将制造系统看成是一个有机整体，设计、制造、管理等过程不再是一个个相互孤立的单元，而是将其纳入一个系统考虑。设计过程不仅要给出图样和其他设计资料，还要考虑质量控制、成本核算、进度计划等。把产品开发的各种活动作为一个集成的过程进行管理和控制，以达到整体最优的目的。

(3) 协同特性。特别强调人们的群体协同作用，包括与产品全生命周期(设计、加工制造、质量、销售、服务等)的有关部门人员组成的小组或小组群协同工作，充分利用各种技术和方法的集成。这种途径生产出来的产品不仅有良好的性能，而且产品研制的周期将显著缩短。

(4) 约束特性。在设计变量(如几何参数、性能指标、产品中各零部件)之间的关系上，考虑产品设计的几何、工艺及工程实施上的各种相互关系的约束和联系。

实施并行工程的优点有：

(1) 缩短产品投放市场的时间。并行工程技术的主要特点是可以大大缩短产品的开发和生产准备时间，使两者部分相重合。

(2) 降低成本。并行工程可在三个方面降低成本。首先，可以将错误限制在设计阶段；其次，并行工程不同于传统"反复试制样机"的做法，而是靠软件仿真和快速样件生成实现"一次达到目的"，省去了昂贵的样机试制费用；第三，由于在设计时即考虑加工、装配、检验、维修等因素，产品在上市前的成本将会降低，上市后的运行费用也会降低。

(3) 提高质量。采用并行工程技术，尽可能将所有质量问题消灭在设计阶段，使所设计的产品便于制造，易于维护。

(4) 保证功能的实用性。在设计过程中，同时有销售人员参加，有时甚至还包括用户，这样才能保证去除冗余功能，降低设备的复杂性，提高产品的可靠性和实用性。

(5) 增强市场竞争能力。并行工程可以较快推出适销对路的产品，能够降低生产制造成本，能够保证产品质量，提高企业的生产柔性，因而，企业的市场竞争力得到加强。

美国国防分析研究所 IDA(Institute for Defense Analyses)的研究结果表明，并行工程的效益是显著的，表现在：

(1) 设计质量的改进，可使早期生产中工程更改次数减少一半以上。

(2) 由于产品设计及其有关过程的并行进行，产品开发周期可缩短 40%～60%。

(3) 多功能小组一体化的产品及其相关过程的设计，使制造成本降低 30%～40%。

要使产品开发的过程加快而且反复少，必须做到：

(1) 采取有效的技术与工具加快每一过程。

(2) 弄清每一过程、掌握内在规律，力争不产生或少产生差错，减少系统的不确定性。

(3) 通过正确而又及时的反馈机制与方法，减少产品开发中的反复。

上述前两项主要由单元技术与方法来解决，如计算机辅助设计(CAD)、计算机辅助工艺计划(CAPP)、管理信息系统(MIS)等。第三项任务主要靠系统工程与系统理论的方法来解决。因此，并行工程是系统工程与系统理论在制造业中的应用。系统工程是一种科学方法，为了更好地达到某项复杂任务的目标，系统工程提出了一套完整的方法，对该项任务的构成要素、组织结构、信息流动和控制机制等进行科学的分析与有效的设计。

现实世界中，人们有两种不同的工作方式：串行作业和并行作业。制造系统与制造工程串行作业与并行作业如图 5-3 所示。串行工程与并行工程各自的主要特点如下：

(1) 传统的串行作业方式是一个时间一件工作；并行作业方式则是一个时间多个工作。

(2) 传统的串行作业方式是工作区间相互独立，顺序进行；并行作业是工作区间相互交叉与重叠。

(3) 传统串行作业是多工种(专业)相互独立地工作；并行作业是多工种的多功能小组协同地工作。在资源有限的现实条件下，要集中力量首先做好时间常数大的过程的交互，或时间常数不大，但是它们却相互接近的过程的交互。为了快速做出合格的产品，要加快上游过程状态的交互，保证最终产品一次成功。

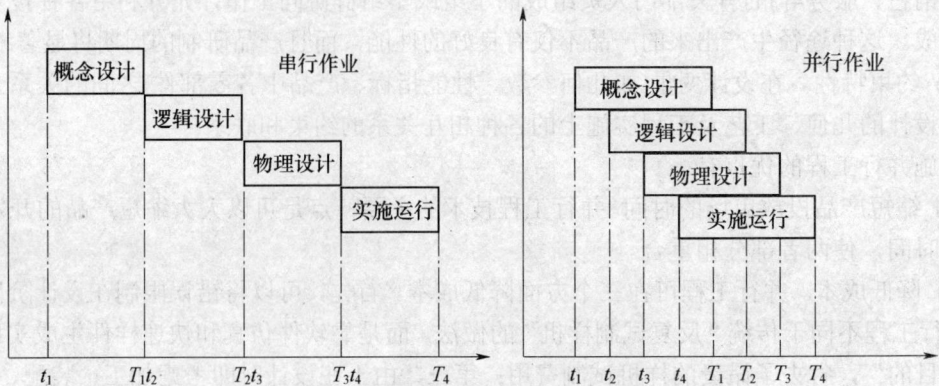

图 5-3　串行与并行

　　人们清楚地看到：要使并行工程取得成功，约束的规划、推理及管理是非常重要的。从这一意义上说，并行工程也可以看成是为了取得满意的产品，在产品开发的生命周期中，对一组范围广泛的约束进行规划、优化推理和决策的过程。这里的约束有两类：资源的不等式约束(如仓库面积只有 $100m^2$)和客观规律的等式约束(如力等于质量乘加速度 $F=ma$)。推理有严格的逻辑推理和启发式的智能推理。

　　(1) 资源的分类。资源一般分成物质资源、时间资源和空间资源。物质资源有材料资源、人力资源。图 5-4 表示资源分类情况。材料资源指的是地下资源处理后的原材料及其制成品：零件和设备。人力资源是信息时代最重要的资源，分成技术人员与技艺人员两种。

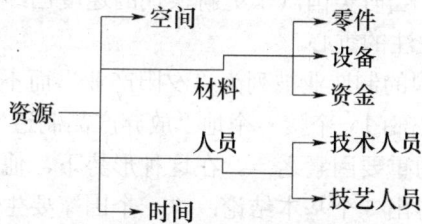

图 5-4　资源分类

　　(2) 资源约束的规划与调度。为了做好资源的规划与调度，首先要建立资源约束的模型，进而分析模型、发现关键的约束变量、消除冗余的约束变量，这样可以大大地缩小问题的范围与求解空间，最后找出满意的解答。资源约束的规划与调度的基本过程如图 5-5 所示。

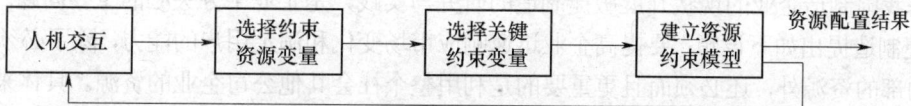

图 5-5　资源约束的规划与调度

　　值得指出的是：这里指的资源约束，是指选择有限的、有竞争的那些资源作为约束变量，而不是根据自然物理规律来选择资源约束变量。例如，空气不是资源，因为它是无限(工程实际意义上)，不存在竞争。但是，谁都清楚人们离开了空气是无法生存的。先进制造系统是一种非常庞大的、复杂的非线性系统，约束变量非常多，约束空间非常大。在建立约束模型选择资源变量时，一定要简化，选择有竞争的那些资源作为约束变量。而不是根据自然物理规律来选择资源这种约束变量。

5.4.4　敏捷制造

一、敏捷制造兴起和概念

　　敏捷制造(Agile Manufacturing，AM)是由美国通用汽车公司(GM)等和里海(Leigh)大学的雅柯卡(Jacocca)研究所联合研究，于 1988 年首次提出来的。敏捷制造的目标是要建立一种能对用户的要求(包括产品或增值服务等)作出快速反应、及时满足的生产方式。英文"Agile"一词是敏捷、灵活、快速的意思。1990 年向社会半公开以后，立即受到全世界各国的重视。并于 1992 年发表了《21 世纪制造企业的战略》的研究报告，系统地阐述了敏捷制造的哲理、基本特征以及如何实施的构想，成为各国广泛关注和研讨的热点。

  自第二次世界大战以后，日本和西欧各国的经济遭受战争破坏，工业基础几乎被彻底摧毁，只有美国作为世界上唯一的工业国，经济独秀，向世界各地提供工业产品。到 20 世纪 70 年代，西欧和日本的制造业已基本恢复，不仅可以满足本国对工业品的需求，甚至可以依靠本国廉价的人力、物力，生产廉价的产品打入美国市场，致使美国的制造商们将策略重点由规模转向成本。到了 20 世纪 80 年代，联邦德国和日本已经可以生产高质量的工业品和高档的消费品，并源源不断地推向美国市场，与美国的产品竞争，又一次迫使美国的制造商将制造策略的重点转向产品质量。进入 20 世纪 90 年代，当丰田生产方式在美国产生了明显的效益之后，美国人认识到只降低成本、提高质量还不能保证赢得竞争，还必须缩短产品开发周期，加速产品的更新换代。当时美国汽车更新换代的速度已经比日本慢了一倍以上，因此速度问题成为美国制造商们关注的重心。

  20 世纪七八十年代，美国的制造业被列为"夕阳产业"而不再予以重视，不少公众刊物不断宣传上述论点，美国产业部门一个接一个地"放弃产品制造"产生了一系列的消极影响，成为造成美国经济严重衰退的重要因素之一。在这种形势下，他们进行了深刻的反思，开始深入研究经济衰退的原因，得出一个基本结论："一个国家要生活得好，必须生产得好"，必须唤起人们对制造业的重视，立即采取行动夺回美国制造业的世界领先地位。于是，敏捷制造这种新型模式成了美国 21 世纪制造企业的战略。

  敏捷制造将成为 21 世纪信息时代制造企业主导的生产方式，已成为各国学者的共识，也引起了我国科技界和企业界的高度重视。近几年来，我国高技术(863)计划 CIWS 主题中敏捷制造一直是被作为资助研究的重点领域，一些企业也开始运用敏捷制造的经营哲理进行尝试。然而，如何考虑我国制造企业的现状开展敏捷制造的研究与实践，是企业十分关心的重要问题。

  敏捷制造提出如下设想：要提高企业迅速响应市场变化和满足用户的能力，除了必须充分利用企业内部的资源外，还必须而且更重要的是利用整个社会其他公司企业的资源。具体来说，当企业得知用户对某一个产品或服务的需求时，便迅速通过全国或全球信息网络，迅速从本公司和其他公司选出各种优势力量，形成一个临时的经营实体，即虚拟公司(Virtual Company)，来共同完成这一个产品或项目。而一旦所承接的产品或项目完成，虚拟公司即自行解体，各个公司又会不断地转入到其他项目中去。只有这样才能不断抓住机会，赢得市场竞争，获得长期经济利益。

  按照我国学者的见解，对一个公司(或企业)而言，敏捷制造意味着在连续且不可预测顾客需求变化的竞争环境下，赢利动作的能力；对公司中个人而言，敏捷制造意味着在公司不断重组其人力及技术资源，以响应不可预测的顾客需求变化环境状况下，给公司做出贡献的能力。故敏捷企业就是能完全地响应市场挑战的企业。它是具备在快速变化的全球市场上，对于高质量、高性能、用户满意的产品和服务的赢利能力。

  美国机械工程学会(ASME)主办的《机械工程》杂志在 1994 年期刊中，对敏捷制造做了如下定义："敏捷制造就是指制造系统在满足低成本和高质量的同时，对变幻莫测的市场需求的快速响应"。

  因此，敏捷制造的企业，其敏捷能力应表现在以下四个方面：

(1) 对市场的快速反应能力：判断和预见市场变化并对其快速地做出反应的能力。

(2) 竞争力：企业获得一定生产力、效率和有益参与竞争所需的技能的能力。

(3) 柔性：以同样的设备与人员生产不同产品或实现不同目标的能力。

(4) 快速：以最短的时间执行任务(如产品开发、制造、供货等)的能力。

而且，这种敏捷性应体现在不同的企业中。

(1) 企业策略上的敏捷性。企业针对竞争规则及手段的变化、新的竞争对手的出现、国家政策法规的变化、社会形态的变化等做出快速反应的能力。

(2) 企业日常运行的敏捷性。企业对影响其日常运行的各种变化，如用户对产品规格、配置及售后服务要求的变化，用户定货量和供货时间的变化，原料供货出现问题、设备出现故障等做出快速反应的能力。

二、敏捷制造中的管理

1. 新的管理思想

传统模式下的管理思想是"技术第一"、"设备至上"、"人是机器的附属"，劳动分工将员工分为劳心者(Thinkers)和劳力者(Does)。管理者对下级、对员工是以控制为主，成为利益冲突的对立面。工人被剥夺了"思考"的权力，只被允许做简单的繁重劳动，没有工作热情，对企业没有归属感，没有主人翁精神。

敏捷制造的管理思想认为所有员工，不分劳心者和劳力者，都应受到尊重，员工是在职责范围内而非在控制下完成工作；认为没有员工的灵活性和创造性，就不会有快速响应，没有员工的工作热情，就不会有不断革新。

2. 重视组织柔性

敏捷制造模式的运行有赖于制造组织的不断创新，使组织具备柔性。只有采用网络结构的组织形式才能满足这一要求。网络结构组织既能通过改变内部结构来适应外界环境的不同要求，也能为其内部成员的自我完善提供发展空间与支持条件。网络组织结构虽与科层组织结构不同，但并非是对科层组织结构的绝对否定，而是在高层次上的扬弃。即在大幅度缩减层次，以多中心取代一个中心，削弱控制功能增加交互通信功能等。

网络组织的整体效能将取决于三个基本要素：即组织单元质量、联结方式和结构形式。网络组织结构中的组织单元应是由若干"技术多面手"组成的工作团队(TEAM)。联结方式将组织单元集成为整体，其衡量指标有联结的手段(怎样联结)、联结的强弱(状态如何)和联结效率(效果如何)等。联结形式则体现了单元组织之间如何相互联结和相互作用，使网络结构组织发挥整体效能。为了具有组织上的柔性，工作团队(项目组)可以采取多种形式，除了内部多功能形式外，还可邀请供应厂商和用户加盟，甚至可与其他公司合作等。

3. 文化氛围

采用"工作团队"为核心的组织结构，必然引发企业内部文化的深刻变革。团队中的成员是平等的，只要他们认为有必要，可以同任何人沟通。团队具有调度的自制权，团队成员的工作是自觉的、主动的。经理的职能也不再是监督，而是充当"教练"的角色，对小组成员加以指导。这种新型的"团队文化"提倡团队的荣誉感和对企业负责的主人翁精神；强调创造性与协调并重；重视人、关心人、注重人与人之间的朴素信赖等等。在这种文化氛围的熏陶下，员工在经济方面、社会方面和自我实现方面的需求都可不断地获得满足，从而充分调动员工的积极性和创造性。

4. 组建虚拟公司

产品投放市场的速度成为企业竞争中取得优势的关键，而在如此激烈的市场竞争环境下，任何企业都会感到势单力薄，因为已有的优势不可能面面俱到。同行企业间那种传统对立、你死我活、单纯的竞争对抗，只会造成两败俱伤，结果是谁都赚不到钱。因此，每一个企业只能力求在某些方面确立自己独特的优势，培育自身的核心技术和核心能力，同其他企业共同形成一种强有力的竞争优势，采用"双赢"战略一起去赚更多的钱。

这种由两个以上的企业成员组成的、在有限的时间和范围内进行合作的、相互信任、相互依存的临时性组织，称为虚拟公司，又称为动态结盟企业。虚拟公司是一种没有围墙的、超越时空约束的、靠信息传输手段联系并统一指挥的经营实体。它面对分布在不同地区甚至不同国度的产品进行设计、开发、制造、质量保障、分配、服务等，虚拟公司的管理方式将是完全新颖的，这种新型的管理方法和程序尚有待人们去不断探索和完善。

三、敏捷制造的方法论

敏捷制造所体现的新概念、新思想、新理论和新方法等，都是值得我们学习、研究和借鉴的，尽管国情不同，但其包含的哲理给了我们很好的启示。为此，这一战略一经公开，我国的学者立即开始了跟踪学习和研究。下面仅对几种方法作说明。

1. 拓扑化

拓扑学是数学中的一个分支，这里所谓的拓扑化就是不依赖时空距离，只保持交互联系关系的概念。就是说，原来各成员之间地理和时差的影响被忽略了，剩下的只是联系，这是敏捷制造中分布式集成和功能集成的基础。此外，现代科技、信息高速公路等为此提供了社会技术支撑，使这种关系得以实现。

2. 瞬时化

瞬时化意味着一切制造活动都应快速化。分散与集成是快速的，信息是及时的，合作也是快速的，因为只能用快速去应付瞬息万变的市场环境。

3. 并行化

并行工程可以改善产品开发的素质。其目标就是把串联的工作程序改变为并串联甚至并联的工作程序。并行化是对并行工程的开发应用，其最大的风险在于能否按客观过程的并串联特征实现新的有序化，否则会导致混乱，以致事倍功半。因此，必须很好地掌握产品开发及其整个生命周期的客观规律，注重开发过程建模、虚拟现实和网络化等并行工程的支撑技术的研究与开发，否则是无法实现并行工程化的。

4. 简洁化

简洁化是指对程序、报告和管理决策、测试评价等进行简化，并能以易于应用的方式出现，简洁化是快速响应的前提。

5. 多零化

多零化是为了缩短设计、开发、制造产品的周期，消除故障和损耗，保证一次成功而使效率和效益统一，从而争取到市场机遇的一系列具体的措施，其中对准零点(zeroing in)的质量就是以零废品率为目标的不断地质量改进。

四、我国企业在经营管理上的敏捷化改造

所谓经营管理上的敏捷化改造，是指企业为了适应敏捷制造生产方式，从企业经营管理的相关方面进行改革和调整。根据敏捷制造的思想，企业要想被其他企业选中而参与虚拟企业，最重要的一点就是必须拥有核心资源。可以说，我国制造业经过几十年的发展，已经积累了以下几方面重要的优势：第一，有一个数量庞大、门类齐全的制造企业群；第二，有一支建国几十年来培育形成的制造产业大军，包括企业管理人员、技术人员和技术工人；第三，通过多年来在制造业开展计算机应用，如 CAD、CAM、NC、CAPP、MIS、MRPEⅡ，特别

是"CIMS 应用工程"等方面的建设，我国制造业已经具备了不同程度的制造系统信息加工与集成的基础。这些都是企业在将来面向全社会敏捷制造时的重要能力和资源。但是，现在的主要问题是，我国企业在经营管理上很多方面不适应敏捷制造这一生产方式，因此需要在经营管理上进行"敏捷化改造"，具体要研究解决的问题有以下几个方面。

1. 我国企业如何围绕培养其核心能力进行组织结构调整

我国制造企业是在计划经济下按苏联模式建立起来的，其组织结构的特点是"大而全、小而全"，以生产为导向，组织结构普遍存在"两头(开发和销售)小、中间(生产)大"的"橄榄型"特点。企业这种传统的组织结构是不适应敏捷制造方式的。因为根据敏捷制造的思想，无论是作为虚拟公司中的"盟主"还是"盟员"，企业要想参与其中，最重要的一点就是必须拥有企业所需要的关键资源和核心能力。因此，企业只有不断地精简其原来的业务领域，将主要精力放在核心业务上，而剔除不能形成竞争优势的一般业务，才能参与敏捷制造，赢利竞争，并不断积累宝贵的信用资源。可以说，全球或地区范围内企业之间不断的合作与竞争、优胜劣汰的结果，将使得整个制造业的产业结构发生深刻的变化，企业的组织和业务也将不断地重组和进化。最终的结果将是，不管是大公司还是小公司，企业中不能形成竞争优势的部门和业务都将被剔除，而只保留下其核心能力的部门和业务。这样全球或地区范围内制造业的组织将越来越合理。因此，为了在今后全球化的敏捷制造大环境下取胜，企业必须围绕如何培养其核心能力而大力调整其组织结构。这是敏捷化改造要研究解决的首要问题。

2. 影响敏捷制造中动态联盟形成与运作的有关产权关系

企业要参与敏捷制造，很重要的一点是必须有明确的产权关系。否则，由多家企业、部门和基层团队组成的复杂的、临时的虚拟企业(公司)是无法形成和正常运作的。"十五大"以后，国家允许企业可以多种经济成分并存，实行股份制或股份合同制，产权关系将变得更加复杂。当前，我国企业也正处于体制改革、建立现代企业制度、理顺产权关系、下岗分流、再就业等一系列的改革之中。在这种改革背景下，研究影响企业实施敏捷制造的有关产权关系就显得十分重要。要指出的是，企业的产权关系是一个非常复杂的问题，我们至少要对最会影响敏捷制造中动态联盟的形成与运作的有关产权关系进行研究。

3. 我国企业如何建立和积累其信用资源，以利于参与敏捷制造

敏捷制造企业之间合作的基础是企业的信用。然而，由于长期以来，我国企业是在计划经济模式下运作，企业不善于建立和积累自己的信用资源，而且这方面的意识很差。这一缺陷对我国企业参与全球敏捷制造是一个很大的障碍，必须加以充分的研究。

4. 我国企业如何逐步建立面向敏捷制造的人力资源管理措施

人是企业最宝贵的资源，敏捷制造对企业的员工素质、观念、文化和学习能力都提出了更高的要求。因此，我国企业必须改变传统的方法，逐步建立面向敏捷制造和知识经济时代的人力资源管理制度(包括人员的选拔、培训、绩效主人和激励制度等)。

5. 企业如何逐步建立面向敏捷制造的成本会计计算方法和预算程序等管理体系

在敏捷制造的哲理和经营方式下，企业现行的成本会计体系、企业对各部门绩效的主人方式以及企业的预算程序等常规管理体系都需要加以改革和调整。目前世界上出现的基于活动的成本计算(Activity Based Costing，ABC)方法值得我们借鉴和研究。

5.4.5　精益生产

精益生产(Lean Production，LP)是首先在日本成功实施，后来由美国麻省理工学院(MIT)于20

世纪 90 年代提出的一种新型制造系统模式。1985 年，MIT 启动了一个重要的研究计划——"国际汽车研究计划"(International Motor Vehicle Program，IMVP)，对日本的丰田生产方式和美国的大量生产方式进行了对比分析，并于 1990 首先在《改变世界的机器：精益生产的传奇》一书中提出了精益生产的概念。该书系统、深入地分析了造成日本和美国汽车工业差距的主要原因，在日本丰田汽车公司生产方式的基础上，归纳出精益生产方式，并进行了详尽论述。精益生产其实质是丰田生产方式，它总结了日本推广应用丰田生产方式的精髓，将各类相关的生产系统归纳为精益生产方式。

精益生产中"Lean"的直译是"瘦肉"，其中心思想是在各个环节均需去掉无用的东西，每个员工及其岗位的安排原则必须保证增值，不能增值的岗位加以撤除。精益生产是制造系统重构设计的典型策略之一。简而言之，精益生产是以满足市场需求为出发点，以充分发挥人的作用为根本，对企业所拥有的生产资源进行合理的配置，使企业适应市场的应变能力不断增强，从而获得最高经济效益的一种生产模式。

精益生产工厂追求的目标是：尽善尽美、精益求精，实现无库存、无废品、低成本的生产。MIT 的研究报告中指出：精益生产工厂设计一种新型的汽车，在人员、场地面积、设备投资等方面只有大量生产方式的一半。为实现这种理想的目标，在 20 世纪 50 年代只有通过精心的组织与管理来实现。而在今天的信息时代，则有强有力的自动化的工具与方法支持。

以满足市场需求为出发点。传统企业的经营观念是以产品为出发点，而精益生产要求企业的一切活动均以适应市场变化，满足用户需求为出发点，用户需要什么就生产什么，用户需要多少就生产多少，并从价格、质量、交货速度、售后服务等各个方面满足用户的需求。

精益生产模式的根本是：以顾客为"上帝"。通过详细周密的市场调查使产品面向顾客，并与顾客保持密切联系，将顾客需求作为产品开发的主要因素，甚至将顾客引入产品开发过程，从价格、质量、交货速度、售后服务等各个方面满足顾客需求。

精益生产的内涵体现在以下几个方面：

1. 以"人"为中心的人--机系统

"人"包括整个制造系统所涉及的所有人，如本企业各层次的工作人员以及协作单位的员工、销售商和用户等。由于人是制造系统的重要组成部分，是一切活动的主体，强调以人为中心，认为人是生产中最宝贵的资源，是解决问题的根本动力。强调人与机器共同解决问题，但人是主要的。具体做法有：

(1) 企业把人看作比机器更为重要的固定资产。为此，在员工有效工作的 40 年(进厂到退休)内，创造工作条件和工作压力，不断提高他们的技能，充分发挥他们的创造性。

(2) 当生产线上出现质量问题时，雇员及工作小组有能力与权力停机，并同小组人员一起检查问题与解决问题并将信息反馈回来，无需等待中层或高层经理逐级下达命令。

2. 简化一切过程

视一切同近期与远期目标无关的活动与过程为"垃圾"，并力图把它们消除在萌芽状态。不断排除一切非生产性的费用，合理安排物流过程，消除一切中间库，实现没有中间存储的、不停流动的、无阻力的生产流程；在信息流与决策流上，基于同样的理由，不顾一切阻力地拆除一切无用的工作位置与中间层的管理人员。具体做法有：

(1) 采用精良的组织方式。从组织机构上实行精简化，去掉一切多余的环节和人员。从纵向减少层次，横向打破部门壁垒，从递阶式管理结构转化为扁平的网络状管理结构。精简组织机构，去掉一切不增值的岗位和人员。

(2) 精良的设计方式。精益生产强调以小组工作(Team Work)的工作方式进行产品的开发，并成立高效率的产品开发小组。这些小组成员来自于公司各职能部门，各人发挥其特长，集体合作完成某一开发项目的任务。简化产品开发过程，采用并行设计的手段，强调设计环节和制造环节的信息交流，减少设计和制造的返工，缩短产品的制造周期，提高产品质量，在新产品开发上主张敢于冒风险。

(3) 采用"准时制(Just In Time，JIT)"生产方式。精益生产组织形式采用"拉取"(Pull)方式进行组织，而不是传统的"推动"(Push)方式。后工序只在必要的时候到前工序提取必要的物品，而前工序也只生产要被取走的物品。同样，车间与车间之间、供应商与生产厂之间、总装厂与协作厂之间都采取准时制生产管理方式，要求从原材料供应商，到协作厂配套零、部件，到各个车间以及各个工序之间提供半成品，都需要不早不晚，在准确的时间、准确的地点，提供准确的数量和高质量的物品给准确的人。基于这样的原则，重新进行整个车间的布局和设备布置，使零部件生产和装配都能以最短的路径和效率实现。实现了"在必要的时刻生产必要数量的必要产品"，从而彻底消除产品制造过程中的浪费，以及由之衍生出来的种种间接浪费，实现生产过程的合理性、高效性和灵活性。JIT 方式是一个完整的技术综合体，包括经营理念、生产组织、物流控制、质量管理、成本控制、库存管理、现场管理等在内的较为完整的生产管理技术与方法体系。

3. 精良的协作方式

在大批量生产方式中，总装厂和协作厂之间是一种松散的配合关系，经常存在突出的利益矛盾，从而导致各种各样的问题。精益生产在这一方面得到了很大改善，具体做法是：

(1) 根据长期合作关系及一贯表现选定协作厂，而不是靠投标方式。总装厂和协作厂之间是一种比较稳定、利益上休戚相关的关系。

(2) 利益分配方面，总装厂和协作厂共同讨论，在照顾各方面都能取得合理利润的情况下，确定各部分所能分到的成本价格，并在各自所分得的目标价格前提下，应用价值工程方法进行成本分析，努力降低成本。如果某协作厂成本降低得多，可以得到更多利润，总装厂并不会因此而改变其目标价格；如果成本减低的成果是总装厂和协作厂共同努力的结果，则二者共同分享额外利润。二者之间达成一种稳定团结、共同奋斗、争取盈利的关系。

(3) 交货方式采取 JIT 的方式。协作厂将协作件直接、及时地送到总装线上，从而力求"零库存"目标。

(4) 由于总装厂和协作厂之间相互依存的关系，协作厂通过"协作厂协会"的组织相互坦诚地交流最新的观念和技术，并通过不断努力与总装厂共同提高生产水平。协调总装厂与协作厂的关系，避免相互之间的利益冲突。

4. 同供应商建立良好的合作与伙伴关系

以价格关系为依据的委托--受委托的关系，被长年累月建立的深信不疑的伙伴关系所取代。在产品开发的开始就选好供应商，并将他们加入到开发的过程中。由此供应商掌握着成本和生产过程的内部信息，通过共同的分析来提高成本分析的可靠性。

5. 高度灵活的自动化机械

精益生产主张采用小型的、高度灵活的自动化设备，并强调人与组织管理是发挥自动化设备效益的先决条件。MIT 研究报告中指出：自动化的程度对提高企业效益不是唯一的因素，有时是不重要的，关键的是要对症下药和提高人员的素质。

6. 综合的质量保证系统

精益生产认为：在流水线上工作的人员是质量保障的基础。为此，每一个小组为他们工作的质量负责并自己承担质量的检验，从而取消了昂贵的专用检验场地和成品后处理区。只有这样做，才可能生产高质量产品，才能使出现的故障立即追溯到它们的根本原因所在，从而得到根本的解决。同大批量生产相比，精益生产中高质量的措施不会引起高成本。

7. 持续不断地改进和优化

MIT 研究报告指出：精益生产与大批量生产之间的根本区别在于目标的制定。大批量生产模式的目标是足够好，而精益生产的目标是力求不断完善。实现的方法是不断改进，逐步优化。

精益生产的目标、手段与结果如图 5-6 所示。

图 5-6　精益生产的目标、手段与结果

目前人们将精益生产的系统空间扩大到整个企业，提出精益企业。现代企业是多目标的，有局部的目标，例如企业目标，还有全局的目标，如环境保护和社会效率；有近期效益，还有远期效益。在资源有限的条件下，这些目标是相互冲突的。为此，必须用价值模型统一和综合这些冲突的目标。在价值模型驱动下，将一切对企业价值起增值作用的企业活动集成起来形成一条企业价值链(Value Chain)，随着时间的推进形成企业价值流(Value Stream)。精益企业的模式就是使这股价值流不断增加的管理模式。

5.4.6　快速成型制造

一、快速成形制造原理

机械零件的制造工艺有各种方法，大体上可以分为 3 类：

(1) 成形法是指通过模具成形，按被加工材料的自然状态可分为固态成形法(如锻造、冲剪、拉拔、挤压等)，液态成形法(如铸造、压铸等)，半液态成形法(如注塑、蜡铸等)。

(2) 去除法是指加工后工件材料减少，通常的方法有车、钻、刨、铣、磨等。

(3) 接合法是指零件通过一些零件连接而成，实际上该零件是一个组件，常用的方法有机械连接、粘接、焊接等。

20 世纪 80 年代初, 出现了材料堆积制造的全新概念, 即快速原型(零件)制造(Rapid Prototype(Part)Manufacturing, RPM), 又称快速成形制造。零件是一个三维空间实体, 它可由在某个坐标方向上的若干个二维实体面叠加而成。因此, 利用离散与堆积成形技术, 将一个三维实体零件分解为若干个有一定厚度的二维实体层(实际上仍是三维实体), 再将它们堆积起来而构成三维实体零件, 它是一种接合法。很明显, 零件分解的层数越多, 则每个二维实体的厚度越薄, 所堆积出的零件精度越高。所以, 当前的快速成形制造的基本原理是分层制造, 所用的技术是分层制造技术。

快速成形制造的出现是现代制造技术发展的结果, 它利用计算机辅助设计建立分层实体模型, 采用激光、喷墨印刷、数控等使能技术, 与印刷、焊接、粉末冶金、挤压等传统技术综合而形成。它是激光技术、计算机技术、材料技术、电子技术、数控技术、计算机辅助设计等技术集成的产物。快速成形制造的目标是计算机辅助设计模型直接驱动快速制造复杂形状的零件。

二、RPM 技术主要方法

RPM 技术的具体工艺不下 30 余种, 根据采用材料及对材料处理方式的区别, 可归纳为 5 类方法。

1. 选择性液体固化

选择性液体固化的原理是: 将激光聚焦到液态光固化材料(如光固化树脂)表面, 令其有规律地固化, 由点到线到面, 完成一个层面的建造, 而后升降平台移动一个层片厚度的距离, 重新覆盖一层液态材料。再建造一个层面, 由此层层叠加成为一个三维实体。该方法的典型实现工艺有立体光刻(图 5-7)、实体磨削固化、激光光刻。总地来说, 都以激光选择性固化液体树脂为特征。

2. 选择性层片粘接

选择性层片粘接采用激光或刀具对箔材进行切割。首先切割出工艺边框和原型的边缘轮廓线, 而后将不属于原型的材料切割成网格状。通过升降平台的移动和箔材的送给可以切割出新的层片并将其与先前的层片粘接在一起。这样层层叠加后会得到一个块状物, 最后将不属于原型的材料小块剥除, 就获得所需的三维实体。层片添加的典型工艺是分层实体制造, 如图 5-8 所示。这里所说的箔材可以是涂覆纸(涂有粘接剂覆层的纸)、涂覆陶瓷箔、金属箔或其他材质基的箔材。

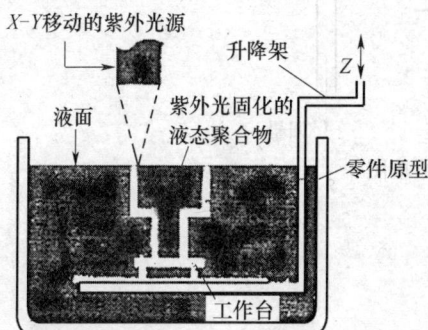

图 5-7 立体光刻工艺原理图

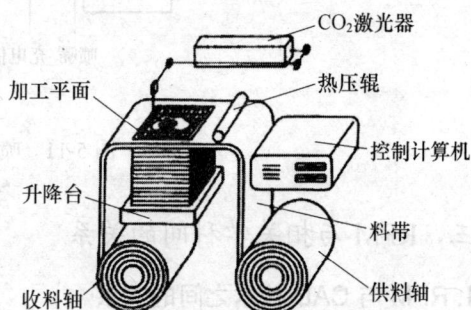

图 5-8 分层实体制造工艺原理图

3. 选择性粉末熔结/粘接

选择性粉末熔结/粘接是对于由粉末铺成的有很好密实度和平整度的层面，有选择地直接或间接地将粉末熔化或粘接，形成一个层面，铺粉压实，再熔结或粘接成另一个层面并与原层面熔结或粘接，如此层层叠加为一个三维实体。所谓直接熔结是将粉末直接熔化而连接。间接熔结是指仅熔化粉末表面的粘结涂层，以达到互相粘结的目的。粘接则是指将粉末采用粘接剂粘接。其典型工艺有选择性激光烧结(图5-9)和三维印刷等。无木模铸型工艺也属于这类方法。这里的粉末材料主要有蜡、聚碳酸酯、水洗砂等非金属粉以及金属粉如铁、钴、铬以及它们的合金。

4. 挤压成形

挤压成形指的是将热熔性材料(ABS、尼龙或蜡)通过加热器熔化，挤压喷出并堆积一个层面，然后将第二个层面用同样的方法建造出来，并与前一个层面熔结在一起，如此层层堆积而获得一个三维实体。采用熔融挤压成形的典型工艺为熔融沉积成形，如图5-10所示。

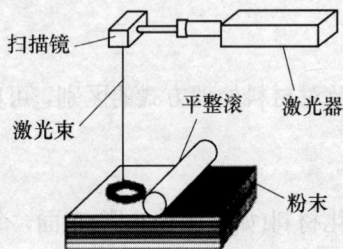

图 5-9 选择性激光烧结工艺原理图   图 5-10 熔融挤压成形方法原理图

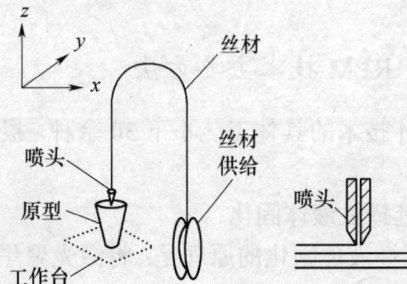

5. 喷墨印刷

喷墨印刷是指将固体材料熔融，采用喷墨打印原理(汽泡法和晶体振荡法)将其有序地喷出，一个层面又一个层面地堆积建造而形成一个三维实体，如图5-11所示。

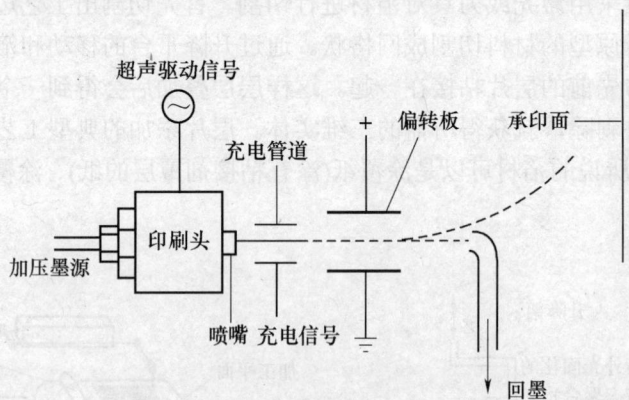

图 5-11 喷墨印刷原理图

三、RPM 与相关学科间的关系

1. RPM 与 CAD 技术之间的关系

CAD 技术是 RPM 技术产生的前提和基础。CAD 技术的产生和发展，不仅为人们迅速地进行显示和修改设计提供了简单易行的手段，更重要的是，这种方法可以使人们得到完整的数据，便于进一步修改和处理，同时，RPM 技术的发展，又促进了 CAD 技术的发展，如数据交换接口、分层软件等。

2. RPM 与激光技术间的关系

激光技术的发展与应用是 RPM 技术产生的前提之一，同时也是 RPM 技术进一步发展的保证。激光具有能量集中、易于控制、光斑小、波长恒定等特点，尤其适用于 RPM 技术。一般地说，激光在 RPM 技术中的应用涵盖了激光技术中相当大的领域，从几十毫瓦的 He—Cd 激光器到千瓦以上的 CO_2 激光器。近年来，He—Cd 激光器，氩离子激光器以及中低功率 CO_2 激光器在 RPM 技术对激光光斑、波长、功率控制和输出模式方面的要求下，也得到了发展。

3. RPM 技术与数控技术间的关系

数控技术是 RPM 技术实现的保证，数控技术不仅能够对加工的运动方式实现控制，而且能够对加工的工艺参数进行控制。此外，与切削加工数控技术相比，RPM 要求扫描速度快，停位精度高而负荷小。数控技术是 RPM 技术的前提和基础，同时 RPM 技术也向数控技术提出了新的研究课题，这必将丰富数控技术的研究内容。

4. RPM 技术与材料科学间的关系

RPM 技术中使用材料种类很多，包括光固化树脂、蜡尼龙、金属和非金属粉末等。现在世界各国都在开发新型材料，以便扩大 RPM 加工件的范围。美国 3D 公司新近推出的期 5081-1 树脂，具有较高的强度和硬度，XB5154 树脂适用于氩离子激光器，使用方便，应用范围广。因此，材料科学的发展，尤其是新材料的出现，将会对 RPM 技术的发展产生重大的影响；同时，RPM 技术的发展，又会向材料科学提出新的要求，促进材料设计技术的发展。

5. RPM 技术与检测技术间的关系

RPM 技术是一种自动成形技术，为了达到零件的设计要求，确保成形质量，检测技术是十分必要的。例如，在原型的成形过程中，对加工信息的反馈是十分重要的，它不仅有助于了解成形的过程质量，还可以通过这些信息确定补偿的措施。因此，检测技术是 RPM 技术的必备手段，是 RPM 技术的基础技术之一。

6. RPM 与其他相关学科间的关系

RPM 技术除了与上述学科与技术密切相关外，还与机械科学、现代设计理论、电子技术等息息相关。机械科学奠定了 RPM 的工艺基础，确定了 RPM 技术的主体框架和应用目标；现代设计理论则为原型的设计提供了科学的理论指导；电子和信息技术则使 RPM 技术的各子系统集成起来，形成协调的整体。总之，RPM 技术是多学科的技术集成，它是各门学科协调发展的结果，同时，又为各门学科的发展增添了新的研究内容。

四、RPM 技术的应用

RPM 技术应用发展很快。一个显著的指标是 RPM 服务机构的数量和收入。国外 RPM 服务机构的数量以每年 59% 的速度递增。服务机构购买的设备占设备拥有量的 29%，1995 年，服务机构的总收入达到 1.92 亿美元，而同年成型机销售收入 0.786 亿美元。可以说，已经从对 RPM 工艺的熟悉、观望、尝试性应用阶段进入到了将 RPM 真正作为产品开发的重要环节、提高产品开发质量、加快产品开发速度的阶段。RPM 的应用主要体现在以下几方面：

1. RPM 的应用领域

RPM 在国民经济极为广阔的领域得到了应用，并且还在向新的领域发展，如图 5-12 所示。从广义上讲，这些应用均可属"产品开发范畴"。

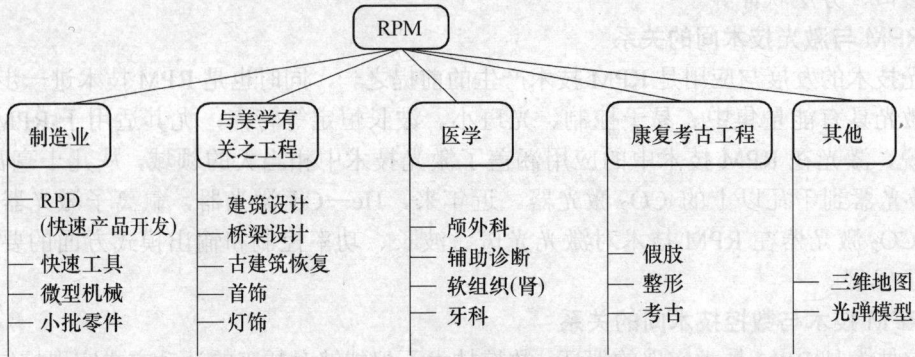

图 5-12　RPM 的应用领域

2. 产品设计中的应用——快速产品开发 RPD

RPM 在 RPD 方面应用总图如图 5-13 所示。

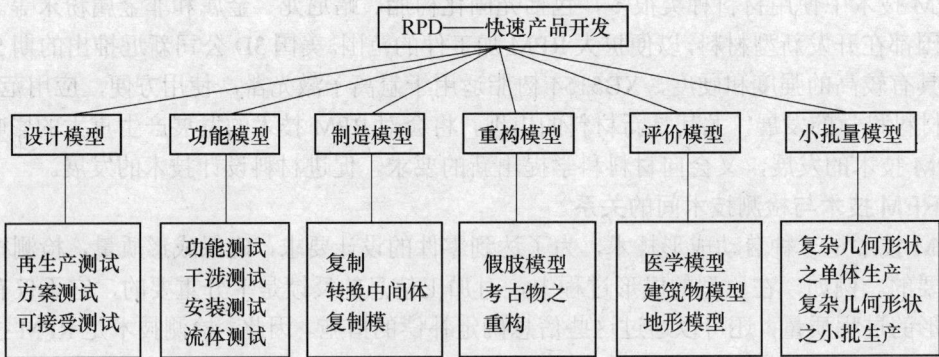

图 5-13　RPM 在 RPD 方面的应用

RPM 在产品开发中的关键作用和重要意义是很明显的,它不受复杂形状的任何限制,可迅速地将显示于计算机屏幕上的设计变为可进一步评估的实物。根据原型可对设计的正确性、造型合理性、可装配和干涉进行具体的检验。对形状较复杂而贵重的零件(如模具),如直接依据 CAD 模型不以原型阶段就进行加工制造。这种简化的做法风险极大,往往需要多次反复才能成功,不仅延误开发进度,而且往往需花费更多的资金。通过原型的检验可将此种风险减到最低的限度。

一般来说采用 RPM 快速产品开发技术可减少产品开发成本 30%～70%,减少开发时间 50%。如开发光学照相机机体采用 RPM 技术仅需 3～5 天(从 CAD 建模到原型制作),花费 5000 马克,而用传统的方法则至少需一个月,耗需 3 万马克。

3. 快速工具

模具是快速工具制造技术应用的重要方面,原型的快速设计和自动制造也保证了工具的快速制造。无需数控铣削,无需电火花加工,无需任何专用工装和工具,直接根据原型而将复杂的工具和型腔制造出来是当今快速工具的最大优势。一般来说,采用 RT 技术模具制造时间和成本均为传统技术的 1/3。

五、RPM 技术的发展趋势

1. RPM 技术的智能化

1) 加工参数智能设定系统

在目前的 RPM 技术加工参数的设定中，还主要依赖于人的知识和经验，对 RPM 技术的掌握还需要较多的培训与指导，而且，不同的工艺方法，其加工参数差别甚大，这就使得经验因素在 RPM 技术中占有重要的地位。为了稳定成形质量，加工参数的智能设定是十分必要的。同时，随着 RPM 技术研究和应用的深入开展，在加工参数的设定上也会积累越来越多的经验，这就为利用人工智能的方式，将这些知识和经验赋予软件系统提供了现实的可能性。而且，从技术发展的角度看，智能化也是 RPM 技术发展的必然趋势。

2) 智能加支撑系统

对于多数 RPM 工艺来说，加支撑是必需的工艺环节，支撑的合理设计与施加，不仅可以控制原型的收缩和变形，从而保证被加工件的质量；同时也可以改善工艺过程，稳定造型的质量状况。支撑的种类、结构、尺寸、位置等会随着零件的不同而不同，需要精心设计，合理布局。目前国外已有一些利用人机交互施加支撑的商业化软件，但功能上还不够强大。可以预料，下一阶段的发展将会沿着精确计算和智能方法相结合的方向，产生更好的智能化的加支撑系统。

3) 智能选择系统

对 RPM 制作的原型一般都有一定的功能要求，例如用于力学分析和功能试验等。这就对原型件的强度、精度、表面粗糙度等提出不同的要求。考虑到未来 RPM 技术和服务的日益广泛，地区性乃至全国性的 RPM 网络将会形成。由于不同的地区可能会拥有不同的 RPM 系统和设备，全国性的 RPM 系统资料库将会建立起来。一旦客户有所需求，智能选择系统就可以综合考虑各项需求指标，选择最适合客户要求的成本低、周期短、材料适宜的 RPM 系统。

2. 面向制造的实用化

RPM 技术作为一种新型的制造技术，其实用化是未来发展的一个重要方向。当前以及今后若干年内存在的主要问题是提高精度、降低成本，更好地适应工业界的要求。因此，可以预见，RPM 技术在实用化道路上将会沿着以下方向发展。

(1) 采用新的工艺方法以及采用更精确的控制系统，功能更强且友好的软件系统来解决精度(尺寸、形状和表面粗糙度)、速度及成本之间的矛盾。例如，对于微型机械的制造来说，可以采用晶粒、分子或原子级的堆积方式，提高加工的精度；从离散方法考虑将采用不等厚分层，从曲面模型考虑采用直接截面分层、曲边界描述等更精确、简洁的数学描述，以提高造型精度。

(2) 与传统制造工艺相结合，形成快速的产品开发/制造系统。利用 RPM 技术生产出的原型件在物理性能上，暂时难以达到工程上的使用要求，这就要求 RPM 技术必须与系统的制造工艺相结合，基于 RPM 技术的金属模具制造系统将会出现。

(3) 离散/堆积成形是一种形状自由的成形方法，但原型件的性能不能完全达到机械零件的要求。所以，以材料科学、高分子化学等为基础，研究开发性能相当甚至超过金属材料的复合材料、陶瓷材料，与医学、生物学结合开发具有活性的材料，用 RPM 技术制造人体内脏器官或四肢和用于医疗诊断和辅助外科等，都将是未来的发展方向。

3. 面向市场的桌面化

(l) RPM 技术的另一个发展方向就是桌面化制造系统的出现。随着信息技术的发展，基于 RPM 技术的桌面制造系统，将成为研究人员日常的办公用具，与打印机、绘图仪一样作为计算机外设出现在办公室里。同时，随着通信技术和多媒体技术的发展，人类的信息交换也将沿着数据、文字、图形图像、声音、三维实物的方向发展。作为与科学计算可视化、虚拟现实以及三维 FAX 相匹配的新兴技术，RPM 技术提供了一种可量度可触摸的手段，是工程师和供应商与用户之间的新媒体。正如美国通用汽车公司的总裁所称：他希望为公司每位工程师的计算机房配备一台 RPM 设备。

(2) 对不断增长的市场需求，RPM 桌面系统也会像绘图机、打印机一样形成一种产业，国内外都会如此。为了实现这一目标，就要求 RPM 技术的初投资和运行成本降低到一般的计算机外设水平上。例如，IBM 公司开发 RPS 系统就是向这一方向努力的例子。当然，要实现办公室环境下的桌面制造，还必须达到造型过程中无毒害物排放、造型材料可以重复利用，以及耗能要低的"绿色制造"水平。

(3) 形成通过信息高速公路互连的快速原型信息网络。没有完善的产品开发能力的公司可以直接从网络上得到产品的 CAD 模型，利用自己的 RPM 技术和设备迅速制造出原型。没有RPM 设备的公司也可以从网络上将自己的设计结果传送到其他公司或 RPM 服务中心制造原型，从而实现远程制造。可以预料，一旦全球制造系统信息网建成，RPM 技术将提供速度最快、柔性最高、接口最简单的制造工具，将产生巨大的社会和经济效益。

5.4.7 柔性制造系统

一、概述

柔性制造系统(Flexible Manufacturing System，FMS)具有生产柔性和工艺柔性，能够实现多品种、中小批量产品的自动化生产。FMS 不仅仅是技术上的突破，也是推动商业发展的有效手段。它缩短了周期，降低了库存量，加快了对市场变化的反应，精简了人员，提高了加工可行性，使企业最终取得了利润率的提高。

1. FMS 的产生

通常使用普通加工设备进行多品种小批量生产时，在零件的整个生产过程中，坯料花在制品的运输、存放时间约占生产过程时间的 95%，花在机床上的时间仅为 5%，而这 5% 中真正进行切削加工时间只占 30%，其他 70% 时间用于零件的定位、装夹、换刀、测量、机床的调整和维修以及清铁屑、待料等。数控机床只是减少了机床上的非切削时间和工序间加工设备更换时用于零件搬运、存放等时间。因此，为了进一步提高劳动生产率，缩短零件生产周期，充分提高机床利用率，必须在中小批量生产领域里进一步提高自动化程度，即在上述各个环节尽量实现自动化。如工件输送和搬运自动化、工件装卸自动化、仓库的工件存取自动化、机床上刀具寿命管理自动化和刀具磨损的自动检测与自动补偿、刀具输送和交换自动化、刀具破损的自动检测与自动换刀、工件精度自动测量、自动清除切屑、机床运行状态和加工状态的自动监视和故障的自动诊断等。根据这些生产要求，一种新的制造系统柔性制造系统出现并迅速发展起来。

FMS 自 20 世纪 60 年代问世以来，就显示出了强大的生命力。它克服了传统的刚性自动线只适用于大量生产的局限性，表现出了对多品种、中小批量生产制造自动化的适应能力。现在世界上已有大量的 FMS 系统在运行。国际上以柔性生产方式生产的产品产值，已占制造总产值的 75% 以上，其中在美国 78%，日本占 80%，且有不断增长的趋势。

2. FMS 的概念及主要特点

FMS 目前尚无统一定义。作者较为赞成"柔性制造技术是一个能迅速响应市场需求而相应调整生产品种的制造技术。柔性制造系统是由若干台数控设备、物料运储装置和计算机控制系统组成的，并能根据制造任务和生产品种变化而迅速进行高速的自动化制造系统"的观点。由于 FMS 是一项工程应用技术，它的内部组成根据使用目的而异，客观上也难以有一个统一的模式。直观地看，可以说 FMS 的基本组成与特征是：

(1) 系统由计算机控制和管理。

(2) 系统采用了 NC 控制为主的多台加工设备和其他生产设备。

(3) 系统中的加工设备和生产设备通过物料输送装置连接。

FMS 有两个主要特点，即柔性和自动化。FMS 与传统的单一品种自动生产线(相对而言，可称为为刚性自动生产线，如由机械式、液压式自动机床或组合机床等构成的自动生产线)的不同之处主要在于它具有柔性，有关专家认为，一个理想的 FMS 应具备 8 种柔性：

(1) 设备柔性是指系统中的加工设备具有适应加工对象变化的能力。其衡量指标是当加工对象的类、族、品种变化时，加工设备所需刀、夹、辅具的准备和更换时间；硬、软件的交换与调整时间；加工程序的准备与调校时间等。

(2) 工艺柔性是指系统能以多种方法加工某一族工件的能力。工艺柔性也称加工柔性或混流柔性，其衡量指标是系统不采用成批生产方式而同时加工的工件品种数。

(3) 产品柔性是指系统能够迅速地转换到生产一族新产品的能力，产品柔性也称反应柔性。衡量产品柔性的指标，是系统从加工一族工件转向加工另一族工件时所需的时间。

(4) 工序柔性是指系统改变每种工件加工工序先后顺序的能力。其衡量指标是系统以实时方式进行工艺决策和现场调度的水平。

(5) 运行柔性是指系统处理其局部故障，并维持继续生产原定工件族的能力。其衡量指标是系统发生故障时生产率的下降程度或处理故障所需的时间。

(6) 批量柔性是指系统在成本核算上能适应不同批量的能力，其衡量指标是系统保持经济效益的最小运行批量。

(7) 扩展柔性是指系统能根据生产需要方便地模块化组建和扩展的能力。其衡量指标是系统可扩展的规模大小和难易程度。

(8) 生产柔性是指系统适应生产对象变换的范围和综合能力。其衡量指标是前述 7 项柔性的总和。

3. FMS 的效益

采用 FMS，从坯料进入车间到加工成成品零件的全生产过程中，由于各个环节自动化的实现，以及按生产需要，由计算机编排最佳零件加工进度计划产生最佳物流和信息流，使 FMS 具有下列显著的优点：

(1) 提高劳动生产率；

(2) 缩短生产周期；

(3) 提高产品质量；

(4) 充分提高机床利用率；

(5) 较大地减少操作人员；

(6) 较大地降低成本；

(7) 减少在制品数量和库存容量。

二、FMS 的一般组成

FMS 主要由加工系统(数控加工设备,一般是加工中心),物料系统(工件和刀具的运输和存储)以及计算机控制系统(中央计算机及其网络)组成。

1. 加工系统

加工系统通常由若干台加工零件的 CNC 机床或 CNC 板材加工设备组成。待加工的工件类别将决定 FMS 所采用的设备形式。加工系统的主要类型有:

(1) 以加工箱体类零件为主的 FMS,这类 FMS 配备有数控加工中心(有时也有 CNC 铣床)。

(2) 以加工回转体类零件为主的 FMS,这类 FMS 多数配备有 CNC 车削中心和 CNC 车床(有时也有 CNC 磨床)。

(3) 适于混合零件加工的 FMS,即能够加工箱体类零件和回转体零件的 FMS。它们既配备有 CNC 加工中心,又配备有 CNC 车削中心或 CNC 车床。

(4) 用于专门零件加工的 FMS,如加工齿轮等零件的 FMS,它除配备有 CNC 车床外还需配备 CNC 齿轮加工机床。

柔性制造系统的加工能力,由它所拥有的加工设备的性能所决定。而 FMS 加工中心所需的功率、加工尺寸范围和精度都由待加工的零件族的精度决定。从物料输送和系统的连接方便性考虑,FMS 最好采用具有托盘装置的机床。同时,机床刀具库的容量也应能够满足加工的需要。从控制角度看,机床与外部环境的通信能力,即信息交换的种类、数量以及通信接口支持的网络标准也是机床的重要特性之一。

2. 物料系统

在 FMS 中,需要经常将工件装夹在托板(有的称随行夹具)上进行输送和搬动,通过物料输送系统可以实现工件在机床之间、加工单元之间、自动仓库与机床或加工单元之间以及托板存放站与机床之间的输送和搬运。在有些 FMS 中,自动搬运系统也负责刀具和夹具运输。FMS 中的物料输送系统与传统的自动线或流水线不同,FMS 的工件输送系统可以不按固定节拍强迫运送工件。工件的传输也没有固定的顺序,甚至是几种零件混杂在一起输送的,FMS 的工件输送系统一般都处于可以随机调度的工作状态,而且都设置储料库以调节各工位上加工时间的差异。FMS 物料系统主要完成两种不同的工作:

1) 工件的输送

工件输送包括两部分:一是零件毛坯、原材料、工具和配套件等由外界搬运进系统,以及将加工好的成品及换下的工具从系统中搬走;二是零件、工具和配套件等在系统内部的搬运。在一般情况下,前者需要人工干预,即工件送入系统和夹具上装夹工件都是人工操作,而后者可以在计算机的统一管理和控制下自动完成。工件输送系统所用的运输工具为运输小车、辊式运送带、传输带和搬运机器人等。

2) 工件的存储

工件的存储包括物品在仓库中的保管和生产过程中制品的临时性停放。这就要求 FMS 的物料系统中,设置适当的中央料库和托盘库以及各种形式的缓冲储区,以保证系统的柔性。

在 FMS 中,中央料库和托盘库往往采用自动化立体仓库。在制造自动化系统中,以自动化立体仓库为中心组成的一个毛坯、半成品、配套件或成品的自动存储、自动检索系统是物料系统的核心之一。它由库房、堆垛起重机、控制计算机、状态检测器、条形码扫描器等设备组成,是一个计算机统一控制进行作业和管理的仓库系统。在该系统中,堆垛起重机将根据主计算机的控制指令动作，主计算机与各物料搬运装置的计算机联机并负责进行数据处理和物料管理工作。自动化立体仓库不仅因为对占地的立体使用，解决了地皮不足的难题，而且由于实现了出库作业的自动化和迅速处理存储信息的能力，克服了人手缺乏、库存管理复杂的困难。

3. 计算机控制系统

计算机控制系统，通过主控计算机或分级式计算机系统来实现制造自动化系统的主要控制功能。根据 FMS 的规模大小，系统的复杂程度将有所不同，通常大多采用 3 级分布式计算机控制系统。第三级为设备层控制系统，主要是对机床和工件装卸机器人的控制，包括对各种加工作业的控制和监测；第二级是工作站层控制系统，它包括对整个运转的管理、零件运动的控制、零件程序的分配以及第三级生产数据的收集；第一级为单元级控制系统，主要编制日程进度计划，把生产所需的信息如加工零件的种类和数量、每批生产的期限、刀夹具种类和数量等送到第二级系统管理计算机。

三、柔性制造系统的应用

1. 实施 FMS 的过程中应注意的问题

1) 实施 FMS 的基本原则

(1) 应与企业的经营计划和发展方向挂钩，做到目标明确、资金落实。

(2) 具体地、仔细地分析企业的技术力量和需求，做到技术落实。

(3) 分析引进设备后对生产管理方面的影响，做到组织落实。

(4) 制定与设备引进相关的人才培训计划，做到人员落实。

2) 加工对象的选择与分析

实施 FMS 时首先应选择适当的加工对象，决定加工内容、工件种类、工件形状、工件材料、工件批量与批量的变化幅度、生产量与生产量的变化幅度。选择 FMS 的加工对象时应考虑如下因素：

(1) 多品种、中小批量、形状类似的工件(降低成本)。

(2) 总附加价值高的工件(提高质量、缩短交货期、有可观的利润)。

(3) 被切削性好、切屑处理容易、加工任务稳定的工件(易于无人值守自动加工)。

(4) 加工部位的形状和切削条件稳定的工件(易于数控加工)。

(5) 加工工序可大幅度集约的工件(缩短产品开发、研制周期，适合数控加工)。

3) 实施方法

实施方法可采用外购、用户与制造厂家共同研制开发，用户自选开发三种方式。不管采用哪一种方式，应首先考虑用户现有设备、固有技术和特长的应用与发展。

4) 设备投资费用的试算

FMS 投资费较高，这对很多企业都是一个不小的负担，引进是否适当，将很大程度左右企业的效益。为此，在技术上选用适合于用户的最佳系统的同时，还须在经济上对系统设备投资进行核算，筛选出对企业经营最合适的系统。

5) 系统的扩展性

由于有许多不可预测的因素，如生产计划的变动、加工对象种类的增加等，实施时应充分考虑可扩展性。

6) 自动化程度

考虑加工工件的种类、数量、加工内容等技术方面的问题和在保证经济效益的前提下，判断哪些作业使用人工，哪些作业实现自动化，然后选用相应的数控机床、输送装置、装卸装置、缓冲装置、存储装置、计算机、网络数据库等系统构成要素和系统构成方案。

7) 明确系统技术要求

总结和整理项(1)~(6)各阶段得出的结论，明确技术要求，并让系统设计、制造厂提交相应的技术文本，如"FMS 技术规格书"、"启动化系统技术规格说明书"、"搬运系统技术规格说明书"、"加工中心验收明细表"、"软件功能及使用说明书"等。

四、柔性制造系统的发展趋势

通过几十年的努力和实践，FMS 技术已臻完善，并进入了实用化阶段，形成了高科技产业。随着科学技术的飞跃进步以及生产组织与管理方式的不断更换，FMS 作为一种生产手段也将不断适应新的需求，不断引入新的技术，不断向更高层次发展。FMS 的主要发展趋势有：

1. 向小型化、单元化方向发展

早期的 FMS 强调规模，但由此产生了成本高、技术难度大、系统复杂、可靠性低、不利于迅速推广的弱点。自 20 世纪 90 年代开始，为了让更多的中小企业采用柔性制造技术，FMS 由大型复杂系统，向经济、可靠、易管理、灵活性好的小型化、单元化，即向 FMC 或 FMM 方向发展。FMC、FMM 出现得到了用户的广泛认可，据预测，这一趋势仍将继续保持。

2. 模块化、集成化方向发展

为有利于 FMS 的制造厂家组织生产、降低成本，也有利于用户按需、分期、有选择性地购置系统中的设备，并逐步扩展和集成为功能强大的系统，FMS 的软、硬件都向模块化方向发展。以模块化结构(比如将 FMC、FMM 作为 FMS 加工系统的基本模块)集成 FMS，再以 FMS 作为制造自动化基本模块集成 CIMS 是一种基本趋势。

3. 各项技术性能与系统性能不断提高

例如采用各种新技术，提高机床的加工精度、加工效率；综合利用先进的检测手段、网络、数据库和人工智能技术，提高 FMS 各单元及系统的自我诊断、自我排错、自我修复、自我积累、自我学习能力。如提高机床监控功能，使之具有对温度变化、振动、刀具磨破损、工件形状和表面质量的自反馈、自补偿、自适应控制能力，采用先进的控制方法和计算机平台技术，实现 FMS 的自协调、自重组和预报警功能等。

4. 重视人的因素

完善适应先进制造系统的组织管理体系，将人与 FMS 以及非 FMS 生产设备集成为企业综合生产系统，实现人—技术—组织的兼容和人机一体化。

5. 应用范围逐步扩大

金属切削 FMS 的适应的范围和品种正在逐步扩大，如向适合于单件生产的 FMS 扩展和向适合于大批量生产的 FMS(即 FML)扩展。另一方面，FMS 由最初的金属切削加工向金属热加工、装配等整个机械制造范围发展，并迅速向电子、食品、药品、化工等各行业渗透。

5.4.8 智能制造

一、智能制造的发展轨迹

智能制造渊于人工智能的研究。一般认为智能是知识和智力的总和，前者是智能的基础，后者是指获取和运用知识求解的能力。人工智能就是运用人工方法在计算机上实现的智能。美国逻辑家布尔(G.Bole)创立的基本布尔代数和用符号语言描述的思维活动的基本推理法则，

麦克库洛(W.Meculloth)和匹茨(W.Pitts)的神经网络模型，为 1956 年提出人工智能概念奠定了基础。20 世纪 70 年代，该学科在机器学习、定理证明、模式识别、问题求解、专家系统和智能语言等方面，取得了长足的进展。20 世纪 80 年代以来，人工智能的研究，从一般思维规律的探讨，发展到以知识为中心的研究方向，各式各样不同功能不同类型的专家系统纷纷应运而生，出现了"知识工程"新理念，并开始用于制造系统中。

近半个世纪特别是近 20 年来，随着产品性能的完善化及其结构的复杂化、精细化，以及功能的多样化，促使产品所包含的设计信息量和工艺信息量猛增，随之生产线和生产设备内部的信息流量增加，制造过程和管理工作的信息量也必须剧增，因而促使制造技术发展的热点与前沿，转向了提高制造系统对于爆炸性增长的制造信息处理的能力、效率及规模上。目前，先进的制造设备离开了信息的输入就无法运转，柔性制造系统一旦被切断信息来源就会立刻停止工作。制造系统正在由原先的能量驱动型转变为信息驱动型，这就要求制造系统不但要具备柔性，而且还要表现出智能，否则是难以处理如此大量而又复杂的信息工作量的。其次，瞬息万变的市场需求和激烈竞争的复杂环境，也要求制造系统表现出更高的灵活、敏捷和智能。所以，智能制造越来越受到高度重视。

纵览全球，虽然总体而言智能制造尚处于概念和试验阶段，但各国政府均将此列入国家发展计划，大力推动实施。

1992 年美国执行新技术政策，包括信息技术和新的制造工艺，智能制造技术自在其中，美国政府希望借助此举改造传统工业并启动新产业。

加拿大制定的 1994 年—1998 年发展战略计划，认为未来知识密集型产业是驱动全球经和加拿大经济发展的基础，认为发展和应用智能系统至关重要，并将具体研究项目选择为智能计算机、人机界面、机械传感器、机器人控制、新装置、动态环境下系统集成。

日本 1989 年提出智能制造系统，且于 1994 年启动了先进制造国际合作项目，包括了公司集成和全球制造、制造知识体系、分布智能系统控制、快速产品实现的分布智能系统技术等。

欧洲联盟的信息技术相关研究有 ESPRIT 项目，该项目大力资助有市场潜力的信息技术。1994 年又启动了新的 R&D 项目，选择了 39 项核心技术，其中三项(信息技术、分子生物学和先进制造技术)中均突出了智能制造的位置。

我国 20 世纪 80 年代末也将"智能模拟"列入国家科技发展规划的主要课题，已在专家系统、模式识别、机器人、汉语机器理解方面取得了一批成果。最近，国家科技部正式提出了"工业智能工程"，作为技术创新计划中创新能力建设的重要组成部分，智能制造将是该项工程中的重要内容。

由此可见，智能制造正在世界范围内兴起，它是制造技术发展，特别是制造信息技术发展的必然，是自动化和集成技术向纵深发展的结果。

二、人工智能与专家系统

1. 人工智能及其研究的内容

人工智能(Artifical Intelligence，AI)是一门 20 世纪 50 年代中期诞生的研究如何构造智能机器，使它能模拟、延伸、扩展人类智能，实现某些脑力劳动自动化的新兴学科。人工智能开拓了计算机应用技术，是研究新一代计算机的前沿，是探索人脑奥秘的重要科学途径。

其研究的范畴不只局限于计算机科学知识，而且涉及心理学、认识科学、思维科学、信息科学、系统科学等多种学科的综合科学。人工智能技术与原子能技术、空间技术被称为 20 世纪三大尖端科技。

人工智能是一门研究内容和应用领域广泛的学科，而且在不同的发展阶段中，研究的侧重面也有区别，随着新的应用领域的开拓，不断增添和补充新的内容。人工智能的研究对象是智能机器、机器感知、机器行为。

2. 专家系统及其特征

专家系统(Expert System，ES)是人工智能科学从一般思维的探索走向专门知识的应用，从理论研究走向实际应用的标志。它推动了人工智能学科的发展，专家系统在许多领域越来越广泛地得到利用，显示出无限的生命力。专家系统是一种复杂的计算机程序系统。它运用知识和推理来解决只有专家才能解决的复杂问题。这种问题求解的计算机程序不同于传统的问题求解程序，它处理源于现实世界的需要由具有专门领域知识和丰富的解决问题的经验的专家来分析判断、求解的复杂问题。它把领域专家的知识和推理的思路采用适当的表达形式用计算机来求解。使其工作绩效相当该领域人类专家的工作水平。

专家系统的特征表现在以下几方面：

(1) 具有专门领域知识。它具有使用特定领域知识，包括理论知识和丰富的实践经验，能达到专家的高效、快速及灵活地运用知识求解领域范围内的问题的水平。

(2) 具有符号处理和有效地推理的能力。它利用符号来表示问题的概念，并在求解问题的过程中，运用各种不同的策略和启发式方法来处理这些表达知识的符号，按一定规则进行逻辑推理或不精确推理等，以得到问题的解答。

(3) 具有一定的复杂度及难度。它是运用复杂的规则知识来解决现实中具有一定难度和复杂度，需要专家才能解决的问题。一般这类问题的结构不良，没有成熟、固定的计算模型和解决算法，而往往要得助于专家的丰富的经验性知识和求解的技巧。而这些知识大多是不精确、不完全且边界模糊的。

(4) 具有灵活性。大多数专家系统中都采用知识库与推理机相分离的构造原则，彼此互相独立。使得知识的更新和扩充比较灵活方便，不会因变动局部而影响全局。系统运行时，推理机可根据具体问题的不同特点，选取不同的知识构成求解序列，具有较强的适应性。

(5) 具有透明性。它不仅对用户的问题做出解答，而且能够对答案的推理(求解)过程做出解释，必要时提供答案的可信度估计。

(6) 具有交互性。它是一个交互式系统。一方面需要与领域专家或知识工程师(开发者)对话获取知识；另一方面需要与作用它的用户对话索取证据或回答用户提出的问题。

三、智能制造释义初探

智能制造包含智能制造技术和智能制造系统，因本章不涉及智能制造技术本身，侧重于论述制造模式，故仅讨论智能制造系统。

智能制造系统(Intelligent Manufacturing System，IMS)是一种由智能机器人和人类专家共同组成的人机一体化系统。它突出了在制造诸环节中，以一种调度柔性与集成的方式，借助计算机模拟的人类专家的智能活动，进行分析、判断、推理、构思和决策，取代或延伸制造环境中人的部分脑力劳动，同时，收集、存储、完善、共享、继承和发展人类专家的制造智能。由于这种制造模式，突出了知识在制造活动中的价值地位，而知识经济又是继工业经济后的主体经济形式，所以智能制造就成为影响未来经济发展过程的制造业的重要生产模式。

智能制造系统是智能技术集成应用的环境，也是智能制造模式展现的载体。

一般而言，制造系统在概念上认为是一个复杂的相互关联的子系统的整体集成，从制造系统的功能角度，可将智能制造系统细分为设计、计划、生产和系统活动四个子系统。在设计子系统中，智能制造突出了产品的概念设计过程中消费需求的影响；功能设计关注了产品可制造性、可装配性和可维护及保障性。另外，模拟测试也广泛应用智能技术。在计划子系统中，数据库结构将从简单信息型发展到知识密集型。在排序和制造资源计划管理中，模糊推理等多类的专家系统将集成应用；智能制造的生产系统将是自治或半自治系统。在监测生产过程、生产状态获取和故障诊断、检验装配中，将广泛应用智能技术；从系统活动角神经网络技术在系统控制中已开始应用，同时应用分布技术和多元代理技术、全能技术，采用开放式系统结构，使系统活动并行，解决系统集成。

由此可见，IMS 理念建立在自组织、分布自治和社会生态学机理上，目的是通过设备柔性和计算机人工智能控制，自动地完成设计、加工、控制管理过程，旨在解决适应高度化环境的制造的有效性。

四、智能制造系统的特征

和传统的制造相比，智能制造系统具有以下特征：

1. 自律能力

即搜索与理解环境信息和自身的信息，并进行分析判断和规划自身行为的能力。具有自律能力的设备称为"智能机器"。智能机器在一定程度上表现出独立性、自主性和个性，甚至相互间还能协调运作与竞争。强有力的知识库和基于知识的模型是自律能力的基础。

2. 人机一体化

IMS 不单纯是"人工智能"系统，而且是人机一体化智能系统，是一种混合智能。基于人工智能的智能机器只能进行机械式的推理、预测、判断，它只能具有逻辑思维(专家系统)，最多做到形象思维(神经网络)，完全做不到灵感(顿悟)思维，只有人类专家才真正同时具备以上三种思维能力。因此，想以人工智能全面取代制造过程中人类专家的智能，独立分析、判断、决策等任务是不现实的。人机一体化，一方面突出人在制造系统中的核心地位，同时在智能机器的配合下，更好地发挥出人的潜能，使人机之间表现出一种平等共事，相互"理解"、相互协作的关系，使两者在不同层次上各显其能，相辅相成。

因此，在智能制造系统中，高素质、高智能的人将发挥更好的作用，机器智能和人的智能将真正地集成在一起，相互配合，相得益彰。

3. 虚拟实现(Virtual Reality)技术

这是实现虚拟制造的支持技术，也是实现高水平人机一体化的关键技术之一。虚拟实现技术是以计算机为基础，融信号处理、动画技术、智能推理、预测、仿真和多媒体技术为一体；借助各种音像和传感装置，虚拟展现现实生活中的各种过程、物件等，因而，也能拟实制造过程和未来的产品，从感官和视觉上使人获得完全如同真实的感受。但其特点是可以按照人们的意志任意变化，这种人机结合的新一代智能界面，是智能制造的一个显著特征。

4. 自组织与超柔性

智能制造系统中的各组成单元能够依据工作任务的需要，自行组织一种最佳结构，其柔性不仅表现在运行方式上，而且表现在结构形式上，所以称这类柔性为超柔性，如同一群人类专家组成的群体，具有生物特征。

5. 学习能力与自我维护能力

智能制造系统能够在实践中不断地充实知识库，具有自学习功能。在运行过程中能自行故障诊断，并具备自行对故障排除、自行维护的能力。这种特征使智能制造系统能够自我优化，并适应各种复杂的环境。

综上所述，可以看出智能制造作为一种模式，它是集自动化、柔性化、集成化和智能优于一身，并不断向纵深发展的高技术含量和高技术水平的先进制造系统，需要投入巨大的科研力量去突破一个个技术难点。目前，研究的重点涉足四个层次，即虚拟企业、分布式智能系统、并行工程和代理结构。但同时也应看到，这是一个人机一体化智能系统，只要不单纯去追求人工智能，努力追求人的智能和机器智能的有效结合，这样的系统就有可能实现。当然，这种实现是一个从初级到高级的发展过程。最后，需强调指出，随着知识经济莅临，知识将作为主要的经济禀赋，智能产品价值日益攀升，智能制造模式将会成为下一代重要的生产模式。

5.4.9　绿色制造

资源、环境和人口三大问题对人类社会生存与发展至关重要。由于环境问题的日益恶化，迫使人们对环境问题的研究越来越重视。制造业是制造人类财富的支柱产业，同时又是环境污染的主要源头之一。绿色设计与绿色制造就是为消除和避免制造业经济恶化发展的后果，寻求新的发展战略而提出的新概念。有关绿色设计的有关内容在第三章中已有所介绍，本节将扼要介绍绿色制造的有关内容。

一、绿色制造的概念及特点

1. 绿色制造的概念

迄今为止，人们对制造的理解和看法尚有许多不同的观点，因而对绿色制造更各有所云。不管怎样去理解、去认识，但其实质是相同的，即绿色制造具有节能、降耗、少环境污染和无环境污染的特征，是在传统制造的基础上发展起来的。

绿色制造(Green Manufacturing，GM)，也称为环境意识制造(Environmentally Conscious Manufacturing，ECM)，是高效、清洁制造方法的开发及应用，以达到绿色设计目标的要求。这些目标包括提高各种资源的转换效率、减少所产生的污染物类型及数量、材料的有效利用等。

产品生产作为物质转化的过程，其输入端是资源的开采和利用，输出端是产品和废料，而产品在使用后最终也变成废料，废弃于环境之中。因此，制造过程是一个复杂的输入输出系统。输入生产系统的资源和能源，一部分转化为产品，而另一部分则转化为废弃物，排入环境造成了污染和危害。要提高加工系统的效益(高的经济效益和良好的社会效益)，系统在输出满足要求的产品的同时，应具有较少的输入和较高的输出，尽量减少废弃物，即要让系统达到有效利用输入，且具有优化输出的效果。

由上述定义可得出绿色制造所涉及的问题有三部分：一是制造问题，存在于产品生命周期全过程；二是环境保护问题；三是资源优化利用问题。

2. 绿色制造的特点

(1) 具有系统性。绿色制造系统与传统的制造系统相比，其本质特征在于绿色制造系统除保证一般的制造系统功能外，还要保证环境污染力最小。

(2) 突出预防性。绿色制造是对产品和生产过程进行综合预防污染的战略，强调以预防为主，通过污染资源削减和保证环境安全的回收利用，使废弃物最小化或消失于生产过程中。

(3) 保持适合性。绿色制造必须结合企业产品的特点和工艺要求，使绿色制造目标符合企业生产经营发展的需要，又不损害生态环境和保护自然资源的潜力。

(4) 符合经济性。通过绿色制造，可节省原材料和能源的消耗，降低废弃物处理处置费用，降低生产成本，增强市场竞争力。在国际上绿色产品已获得越来越广泛的市场，生产绿色产品或环境标志产品必然使企业在国际市场上具有更大的竞争力。

(5) 注意有效性和动态性。绿色制造实行对产品及生产过程的连续控制，使污染物产生最少化或消失于生产过程之中，综合利用再生资源和能源材料的循环利用技术，有效地防止污染再产生。

随着相关科学技术的发展，绿色制造的目标、内容会产生相应的变化和提高，也会不断地走向完善。绿色制造必须与市场需求、经济发展的动态相适应。

二、绿色制造的意义

在确保产品满足人类物质文化需要的前提下，通过降低资源和能源消耗，减少乃至消除废物的产生，使企业生产过程以及与之相关的产品消费过程无损于生态环境，是绿色制造的核心和重点所在。

1. 绿色制造开创了防治环境污染的新阶段

20 世纪 50 年代，制造业广泛采用"末端治理(End of Pipe)"技术治理环境污染，与较早采用的"稀释排放"相比，末端治理是一大进步，不仅有助于消除污染事件，也在一定程度上减缓了生产活动对环境污染、对生态破坏的势头。末端治理在治理环境污染过程中功不可没，但是随时间的推移，特别是工业化进程的加快，污染物急剧增加，末端治理也很快显示出其局限性。首先，处理设施投资大、运行费用高，使企业生产成本上升、经济效益下降；其次，末端治理有时不是彻底的治理，而是污染物转移，所以不能根除污染；第三，末端治理未涉及资源的有效利用，不能制止自然资源的浪费。从 20 世纪 50 年代到 70 年代，尽管人类为治理环境污染付出了巨大的代价，但全球性的环境污染问题依然日趋严重。

相对于末端治理而言，绿色制造扬弃了末端治理的弊端，力求把废物消灭在生产之前，使人类步入全面预防污染的新阶段，所以，绿色制造是一种既治标又治本的方法。

2. 进一步解放社会生产力

绿色制造不单是一种防治污染的手段，更是一种全新的、系统的生产模式。它克服了传统模式的缺陷，是社会生产力的又一次解放。

人类传统的生产和消费模式是为了获取产品和使用价值，需要"两头在外"，一头是从环境中取其可用资源，另一头是向环境回弃无用的废物。正是这"一取"、"一弃"使当今世界面临严重的环境问题。而绿色制造是源于传统，却高于传统的制造模式，明确提出：一要把资源、能源消耗降到最低；二要使废弃物减到最少，甚至为零。换句话说，就是最合理地利用自然资源，最充分地发挥人的主观能动性，最大限度地提高人类运用工具改造自然的能力。

3. 促进企业深化改革，由粗放型向集约型转化

企业的形态和运行机制在很大程度上是由企业的全部工艺过程所决定的，而企业的工艺过程又受制于企业的目标。绿色制造为企业提出了全新的目标，即最大限度地减少废弃物并最终实现无废生产。要迈向这一目标，企业必须合理定位产品，优化生产过程，革新生产工艺，精打细算，实现节能、降耗、减亏，不断强化管理，提高人员素质，保持机构精干，在企业内外发挥优势互补，形成社会化运行网络，最大限度地创造经济、社会效益等，这实际

上就是深化改革、朝集约型转化的具体内容。

4. 排除环境污染困扰，实现可持续发展

当今世界面临严重的环境问题，这些问题不仅阻碍社会的持续发展，而且日益危及人类的生存。广泛开展绿色制造，以大面积、大批量减少资源消耗和废弃物产生，重新整治、恢复受损环境，使人类排除当今世界资源危机和环境污染的困扰，走上持续发展之路。

三、绿色制造系统

绿色制造系统可以概括为三个内容、三条途径和两个目标。

1. 绿色制造的三个内容

绿色制造的内容包括三个部分，即用绿色材料、绿色能源，经过绿色的生产过程(绿色设计、绿色工艺技术、绿色生产设备、绿色包装、绿色管理等)，生产出绿色产品。

1) 绿色能源

绿色能源是指在产品生命周期全过程中尽量节约能源，使其得到最大限度的利用。节约能源就是使制造较以前显著地节省能量，能高效地利用能源，或者是以安全、可靠和取之不尽的能源为基础，如太阳能、风能、生物质能、地热能、海洋能、氢能等。

2) 绿色生产过程

绿色生产过程是指将绿色产品的构思转化为最终产品的所有过程的总和。它以产品的物质转化过程为主线，同时融入物流畅通和有效的管理手段，主要包括绿色设计与绿色材料、绿色工艺技术、绿色生产设备、绿色包装、绿色营销、绿色管理等。

3) 绿色产品

绿色产品可以简言之为：采用绿色材料，通过绿色设计、绿色制造、绿色包装而生产的一种节能、降耗、减污的环境友好型产品；应符合人机工程学原理，得到相应的绿色标志认可。

实行绿色标志，为公众参与环境保护提供了一个良好的方式，扩大了环境保护在公众中的影响，拉近了环境与人们日常生活之间的距离，无形中提高了环境保护在人们心目中的地位，增强了公众的环境保护意识。

实行绿色标志有利于参与世界经济大循环，增强本国产品在国际市场上的竞争力，也可以根据国际惯例，限制别国不符合本国环境保护要求的商品进入国内市场，从而保护本国利益。

2. 绿色制造的三条途径

(1) 转变观念，树立良好的环境保护意识，并在具体行动上通过立法、宣传教育来实现。

(2) 针对具体产品的环境问题，从技术方面入手，为绿色制造的实施提供经济可行的方法，如绿色设计方法与工具、绿色制造工艺技术、绿色制造工艺设备与装备、建立产品绿色程度评价机制等。

(3) 在采用绿色制造技术的前提下，应加强企业内部及与外界的协调，提高企业全体员工的素质与绿色观念，创造良好的绿色文化氛围，利用市场机制和法律手段，促进绿色技术、绿色产品的发展和延伸。

3. 绿色制造的二个目标

绿色制造的两个目标是：资源综合利用和环境保护。

这两个目标的实现是在产品的设计和制造过程中，始终按照绿色制造的三个内容要求。设计产品及其制造系统和制造环境，对绿色制造的两个过程进行全过程最优控制，合理配置

资源，最大限度地发挥制造系统的效用，利用不同技术途径，最终实现节约资源能源和环境保护的绿色制造目标要求。

四、绿色制造的国内外发展趋势

发展生产和保护环境的对立只是发展中的一个特定过程，解决环境污染问题依然要依靠技术方法，绿色设计与绿色制造就是利用技术方法解决环境污染问题的一个重要手段。因此，绿色设计与绿色制造的研究已受到各国政府、研究机构、生产企业的日益重视，并成为实现可持续发展的最佳途径和先进制造技术领域的研究热点之一。特别在美国、西欧、日本等一些国家，研究更是十分活跃。

美国国际贸易及工业部工业科学技术代理处机械工程实验室的 Inoue 和 Sato 对工业产品环境问题进行了研究，并在实验室开始着手"生态工厂技术"的协作项目。该项目的主要范围包括产品技术、生产技术、拆卸技术及回收技术，并且已确定了每一范围的具体研究对象。1996 年，美国制造工程师学会 (SME) 发表了关于绿色制造的专门蓝皮书《Green Manufacturing》，提出绿色设计与绿色制造的概念，并对其内涵和作用等问题进行了较系统的介绍。最近 SME 又在国际互联网上发表了"绿色制造的发展趋势"的网上主题报告。美国 Berkeley 加州大学不仅设立了关于环境意识设计和制造的研究机构，而且还在国际互联网上建立了可系统查询的绿色设计与制造专门网页 Greenmfg。

日本通产省从 1992 年开始也实施了一项"生态工厂"的 10 年计划，预算投入 100～150 亿日元，对生产系统工厂和恢复系统工厂进行研究。通产省还与日本家电制造商联合，决定投资 50 亿日元研究开发家电处理集成系统。丰田公司于 1995 年 10 月宣布了一份汽车拆卸回收工艺，并详细简述了汽车拆卸程序。

香港生产力促进局则打出了"绿色生产力"的口号，正在积极推行 ISO14000 国际环境管理认证体系、绿色产品标志及绿色奖励计划，培训清洁生产人才等目标的实施。

此外，德国、加拿大、英国等在拆卸技术及方法、回收工艺及方法等方面也展开了大量的研究。

绿色产品将成为世界主要商品市场的主导产品，而绿色的设计与制造也将成为工业生产行为的规范。可以预言，今后不实行绿色设计与绿色制造，产品进入国际市场的资格将被取消。

我国制定的《中国 21 世纪议程》作为可持续发展核心内容之一，并提出要发展绿色产品，推广应用清洁生产技术，即实现产品生命周期全过程的"绿色化"。在生产过程中追求"绿色"是持续发展的需要，也是高质量生产的需要。我国在绿色设计与绿色制造方面的研究还处于起步阶段，与国际发展水平尚有一段距离。因此，开展绿色设计与绿色制造的研究与应用已成为迫在眉睫的任务。

5.5　工业机器人

5.5.1　概述

1　工业机器人的概念

机器人(Robot)一词来源于捷克作家卡雷尔·查培克(Karel Capek)于 1920 年编写的《罗莎姆的万能机器人》剧本中主人公的名字(Robota)，他是一个具有人的外表、特征和功能，并为人服务的机器人。捷克词汇 Robota 意为"苦力"、"劳役"等，英语 Robot 一词即由此衍生而来。

机器人学是近 20 年才发展起来的一门交叉性科学，涉及机械学、电子学、计算机科学、控制技术、传感器技术、仿生学、人工智能等学科领域。由于科学技术的不断发展，机器人内涵的不断丰富以及人们认知存在的差异，目前，还无法对机器人作出一个完全准确的、统一的定义。

可以这样说：机器人是一个在三维空间具有较多自由度的，并能实现诸多拟人动作和功能的机器。而工业机器人则是在工业生产中应用的机器人，是一种可重复编程的、多功能的、多自由度的自动控制操作机。其中，操作机是指机器人赖以完成作业的机械实体，是具有和人手臂相似的动作功能，可在空间抓放物体或进行其他操作的机械装置。因此，工业机器人可以理解为：是一种模拟人手臂、手腕和手功能的机电一体化装置，它可把任一物体或工具按空间位姿的时变要求进行移动，从而完成某一工业生产的作业要求。

2. 工业机器人的基本组成和结构特点

现代工业机器人一般由机械系统、控制系统、驱动系统、智能系统四大部分组成，如图 5-14 所示。

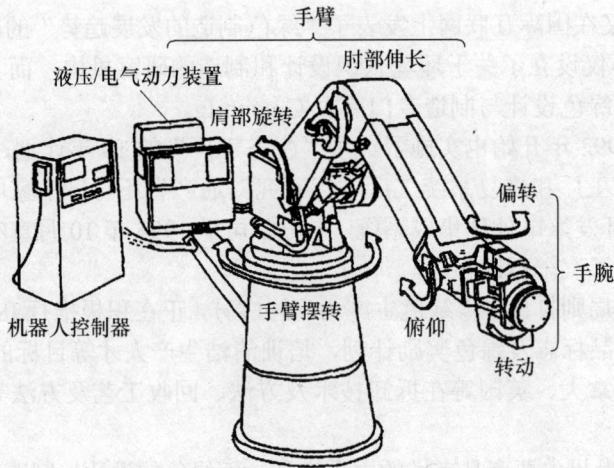

图 5-14　工业机器人的组成

机械系统是工业机器人的执行机构(即操作机)，一般由手部、腕部、臂部、腰部和基座组成。手部又称为末端执行器，是工业机器人对目标直接进行操作的部分，如各种夹持器，有人也把焊接机器人的焊枪和喷漆机器人的油漆喷头等划归机器人的手部；腕是臂和手的连接部分，主要功能是改变手的姿态；臂部用以连接腰部和腕部；腰是连接臂和基座的部件，通常可以回转。臂和腰的共同作用使得机器人的腕部可以作空间运动。基座是整个机器人的支撑部分，有固定式和移动式两种。

控制系统实现对操作机的控制，一般由控制计算机和伺服控制器组成。前者发出指令协调各关节驱动器之间的运动，后者控制各关节驱动，使各个杆件按一定的速度、加速度和位置要求进行运动。

驱动系统包括驱动器和传动机构，常和执行机构联成一体，驱动臂杆完成指定的运动。常用的驱动器有电动机、液压和气动装置等，目前使用最多的是交流伺服电动机。传动机构常用的有谐波减速器、RV 减速器、丝杠、链、带以及其他各种齿轮轮系。

智能系统是机器人的感受系统，由感知和决策两部分组成。前者主要靠硬件(如各类传感器)实现，后者则主要靠软件(如专家系统)实现。智能系统是目前机器人学中不够完善但发展很快的子系统，和其他机器设计相比，工业机器人在结构上有很多独特之处，主要可归纳为以下几点：

(1) 工业机器人操作机可以简化成各连杆首尾相接，末端开放的一个开式连杆系(也可能存在部分闭链结构)，连杆末端一般无法加以支撑，因而操作机的结构刚度差。

(2) 在组成操作机的开式连杆系中，每根连杆都具有独立的驱动器，因而属于主动连杆系。不同连杆之间的运动没有依从关系，操作机的运动更为灵活，但控制起来也更复杂。

(3) 连杆驱动转矩在运动过程中的变化规律比较复杂，连杆的驱动属于伺服控制型，对机械传动系统的刚度、间隙和运动精度都有较高的要求。

(4) 连杆的受力状态、刚度条件和动态性能都随位姿的改变而变化，因此容易发生振动或其它不稳定现象。

3. 工业机器人的分类

目前，还没有统一的工业机器人分类标准，根据不同的要求可进行不同的分类。

(1) 按结构形式分类。可分为直角坐标型、圆柱坐标型、球坐标型、关节型机器，如图5-15 所示。

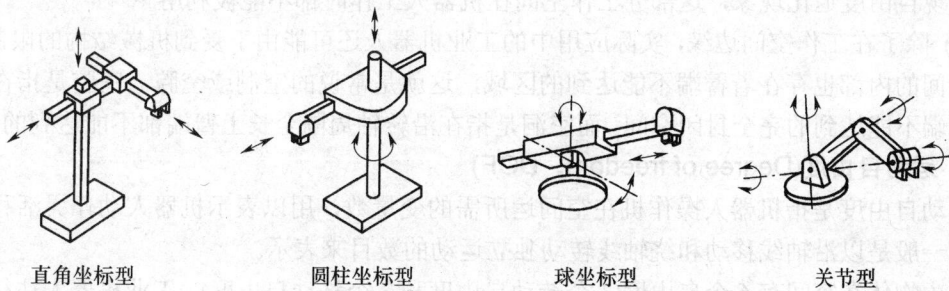

直角坐标型　　　　　圆柱坐标型　　　　　球坐标型　　　　　关节型

图 5-15　机器人基本结构形式

直角坐标型机器人的主机架由三个互相的平移轴举行，其前三个关节为移动关节(PPP)；圆柱坐标型机器人是通过两个移动、一个转动关节(PPR)来实现手部的空间位置变化；球坐标型机器人利用两个转动、一个移动关节(RRP)来改变手部的空间位置，一般由回转基座、俯仰铰链和伸缩臂组成；关节型机器人模拟人的上臂，其前节是转动关节(RRR)，由大小两臂、立柱等构成，大臂和小臂之间由铰链连接形成肘关节，大臂和立柱连接形成肩关节，可实现三个方向的旋转运动。目前，关节型机器人是最通用的一类机器人。

(2) 按驱动方式分类　可分为电力驱动、液压驱动、气压驱动以及复合式驱动机器人。电力驱动是目前工业机器人中应用最为广泛的一种驱动方式。

(3) 按控制类型分类　可分为伺服控制、非伺服控制机器人。其中，伺服控制机器人又可分为点位伺服控制和连续轨迹伺服控制两种。

(4) 按自由度数目分类　可分为无冗余度机器人和有冗余度机器人。无冗余度机器人是指包括具有 2 个、3 个或多个(4～6)自由度的机器人。有冗余度机器人(或称冗余度机器人)是指独立自由度数目不少于 7 个的机器人。

此外，还可按基座形式分为固定式和移动式机器人；按操作机运动链型式分为开链式、闭链式和局部闭链式机器人；按应用机能分为顺序型、示教再现型、数值控制型、智能型机器人；按用途分为焊接机器人、搬运机器人、喷涂机器人、装配机器人以及其他用途的机器人等。

4. 工业机器人的基本参数和性能指标

表示机器人特性的基本参数和性能指标主要有工作空间、自由度、有效负载、运动精度、运动特性、动态特性等。

1) 工作空间(Work space)

工作空间是指机器人臂杆的特定部位在一定条件下所能到达空间的位置集合。工作空间的性状和大小反映了机器人工作能力的大小。理解机器人的工作空间时，要注意以下几点：

(1) 通常工业机器人说明书中表示的工作空间指的是手腕上机械接口坐标系的原点在空间能达到的范围，也即手腕端部法兰的中心点在空间所能到达的范围，而不是末端执行器端点所能达到的范围。因此，在设计和选用时，要注意安装末端执行器后，机器人实际所能达到的工作空间。

(2) 机器人说明书上提供的工作空间往往要小于运动学意义上的最大空间。这是因为在可达空间中，手臂位姿不同时有效负载、允许达到的最大速度和最大加速度都不一样，在臂杆最大位置允许的极限值通常要比其他位置的小些。此外，在机器人的最大可达空间边界上可能存在自由度退化的问题，此时的位姿称为奇异位形，而且在奇异位形周围相当大的范围内都会出现自由度退化现象，这部分工作空间在机器人工作时都不能被利用。

(3) 除了在工作空间边缘，实际应用中的工业机器人还可能由于受到机械结构的限制，在工作空间的内部也存在着臂端不能达到的区域，这就是常说的空洞或空腔。空腔是指在作空间内臂端不能达到的完全封闭空间。而空洞是指在沿转轴周围全长上臂端都不能达到的空间。

2) 运动自由度(Degree of freedom，DOF)

运动自由度是指机器人操作机在空间运所需的变量数，用以表示机器人动作灵活程度的参数，一般是以沿轴线移动和绕轴线转动独立运动的数目来表示。

自由物体在空间有 6 个自由度(3 个转动自由度和 3 个移动自由度)。工业机器人往往是一个开式连杆系，每个关节运动副只有一个自由度，因此通常机器人的自由度数目就等于其关节数。机器人的自由度数目越多，功能就越强。目前工业机器人通常具有 4~6 个自由度。当机器人的关节数(自由度)增加到对末端执行器的定向和定位不再起作用时，便出现了冗余自由度。冗余度的出现增加了机器人工作的灵活型，但也使控制变得更加复杂。

工业机器人在运动方式上，总可以分为直线运动(简记为 P)和旋转运动(简记为 R)两种，应用简记符号 P 和 R 可以表示操作机运动自由度的特点，如 RPRR 表示机器人操作机具有 4 个自由度，从基座开始到臂端，关节运动的方式依次为旋转--直线--旋转--旋转。此外，工业机器人的运动自由度还有运动范围的限制。

3) 有效负载(Payload)

有效负载是指机器人操作机在工作时臂端可能搬运的物体重量或所能承受的力或力矩，用以表示操作机的负荷能力。

机器人在不同位姿时，允许的最大可搬运质量是不同的，因此机器人的额定可搬运质量是指其臂杆在工作空间中任意位姿时腕关节端部都能搬运的最大质量。

4) 运动精度(Accuracy)

机器人机械系统的精度主要涉及位姿精度、重复位姿精度、轨迹精度、重复轨迹精度等。

位姿精度是指指令位姿和从同一方向接近该指令位姿时各实到位姿中心之间的偏差。重复位姿精度是指对同一指令位姿从同一方向重复响应 n 次后实到位姿的不一致程度。

轨迹精度是指机器人机械接口从同一方向 n 次跟随指令轨迹的接近程度。轨迹重复精度是指对一给定轨迹在同一方向跟随 n 次后实到轨迹之间的不一致程度。

5) 运动特性(Speed)

速度和加速度是表明机器人运动特性的主要指标。在机器人说明书中，通常提供了主要运动自由度的最大稳定速度，但在实际应用中单纯考虑最大稳定速度是不够的，还应注意其最大允许加速度。最大加速度则要受到驱动功率和系统刚度的限制。

6) 动态特性

结构动态参数主要包括质量、惯性矩、刚度、阻尼系数、固有频率和振动模态。

设计时应该尽量减小质量和惯量。对于机器人的刚度，若刚度差，机器人的位姿精度和系统固有频率将下降，从而导致系统动态不稳定；但对于某些作业(如装配操作)，适当地增加柔顺性是有利的，最理想的情况是希望机器人臂杆的刚度可调。增加系统的阻尼对于缩短振荡的衰减时间、提高系统的动态稳定性是有利的。提高系统的固有频率，避开工作频率范围，也有利于提高系统的稳定性。

5.5.2　工业机器人的感觉技术

人类具有 5 种感觉能力，即视觉、听觉、触觉、嗅觉和味觉，甚至还可用六感去认识环境。工业机器人要能在变化的工作环境中完成作业任务，也必须具备类似人类对环境的感觉功能，而机器人是通过传感器来得到这些感觉信息的。

机器人感觉技术可分为内部状态感觉和外部状态感觉两大类。机器人对本身状态(如位姿、速度和加速度)的检测称为内部状态感觉；机器人对工作环境的感觉称为外部状态的感觉。机器人目前还只有一部分感觉技术(视觉、触觉和听觉)，且还只能单独用其感觉处理信息。本节仅介绍工业机器人外部环境感觉中用得最多的视觉和触觉传感器。

1. 视觉传感器

视觉一般是利用光(也可采用可见光以外的红外线等)的非接触方式来识别物体。常见的视觉传感器包括 PSD 传感器、CCD 图像传感器、全方位视觉传感器等。

(1) PSD 传感器。PSD(Position sensitive device)传感器是光束照射到一维的线和二维的平面时，检测光照射位置的传感器。

(2) CCD 图像传感器。CCD 是电荷耦合器件(Charge Coupled Device)的简称，是一种通过势阱进行存储、传输电荷的光电转换元件。

(3) 全方位视觉传感器。图 5-16 所示为一种全方位的视觉传感器。为了用单镜头拍摄到全方位的环境信息，采用反射镜反射全方位环境，然后输入到摄像机。反射镜是双曲面形状，能把脚下和两侧的信息清晰地输入。

图 5-16　全方位视觉传感器

此外，还有形状传感器和光切断传感器等。

2. 触觉传感器

目前的触觉传感器主要有接触觉、接近觉、压觉、滑觉和力觉传感器 4 种。

(1) 接触觉传感器。接触觉传感器是利用接触产生的柔量(位移等的响应)来识别物体。机械式的接触觉传感器有微动开关、限位开关和猫须传感器等。图 5-17 所示为一种猫须传感器，其控制杆是用猫须一样的柔软物质做成的，是一种即使轻轻碰一下也能动作的开关。

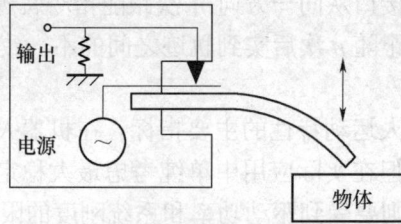

图 5-17　猫须传感器

(2) 压觉传感器。机器人的压觉传感器就是装在手爪面上，可以在把持物体时检测到物体同手爪间产生的压力和力及其分布情况的传感器。压觉传感器有压电式和机械式等。机械式如使用弹簧等，使用最多的是压电式传感器。图 5-18 所示为一种导电橡胶制成的压觉传感器，它在阵列式触点上附有一层导电橡胶，并在基板上装有集成电路，压力的变化使各接触点间的电阻发生变化，信号经集成电路处理后送出。

(3) 滑觉传感器。滑觉传感器用来检测垂直加压方向的力和位移，主要有滚轮式和球式，物体在传感器表面上滑动时，和滚轮或球相接触，把滑动变成转动。还有一种通过振动检测滑觉的传感器。图 5-19 所示为一种振动式滑觉传感器。传感器的球面有黑白相间的图形，黑色为导电部分，白色为绝缘部分，两个电极和球面接触。若一个电极和球面绝缘部分接触，另一个也一定和导电部分接触。球表面导电部分的分布图形能保证所有的电气通路，根据电极间导通状态的变化，就可以检测球的转动，即检测滑觉。传感器表面触针能和物体接触，物体滑动时，触针与物体接触而产生振动，这个振动由压电传感器或磁场线圈结构的微小位移计检测。

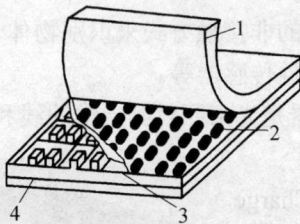

图 5-18　分布式压觉传感器

1—导电橡胶；2—接点；

3—集成电路；4—硅基片。

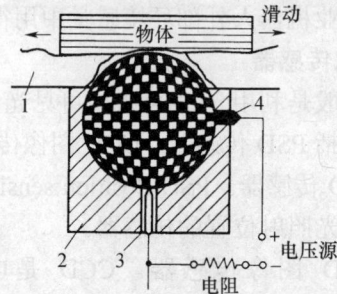

图 5-19　振动式滑觉传感器

1—柔软表层；2—绝缘体；

3、4—接点。

(4) 力觉传感器。工业机器人中应用的力觉传感器主要使用的是压电晶体和电阻丝应变片等力敏感元件。图 5-20 所示为一种六轴力觉传感器，图中的两个法兰 A 和 B 传递负载，承受负载的结构体 K(传感器部件)具有足够的强度，将 A 和 B 连接起来，结构体 K 上贴有多个应变检测元件 S_1，根据应变片检测元件 S_1 输出信号，计算出作用于传感器基准点 O 的各个负载分量 F_1。

(5) 接近觉传感器。探测非常近(几毫米～十几厘米)的物体存在的传感器称为接近觉传感器，它能检测出物体的距离、相对倾角或对象表面的性质。接近觉传感器有电磁式、光电式、静电容式、气压式、超声波式和红外线式等多种。图 5-21 所示为一种电磁式接近觉传感器。

其工作原理是，在一个线圈中通入高频电流，会产生磁场。这个磁场接近金属物时，会在金属物中产生感应电流，也就是涡流。涡流随对象物体表面和线圈距离大小而变化，这个变化反过来又影响线圈内磁场强度。磁场强度可用另一组线圈检测出来，也可以根据励磁线圈本身电感的变化或激励电流的变化来检测。

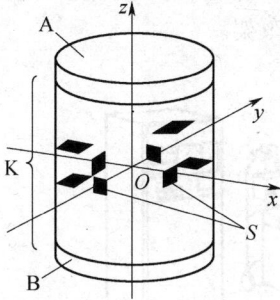

图 5-20　六轴力觉传感器　　　　图 5-21　电磁式接近觉传感器

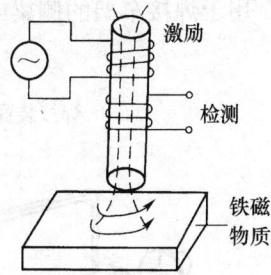

5.5.3　工业机器人在现代制造业中的应用

自 20 世纪 60 年代初第一代机器人在美国问世以来，工业机器人的研制和应用有了飞速的发展。工业机器人在机械制造业中，尤其在焊接、装配、装卸、搬运等领域，得到了广泛的应用，对促进机械制造业的自动化和柔性化发展发挥了巨大的作用。

1. 焊接机器人

1) 点焊机器人

点焊机器人广泛应用于焊接薄板材料。装配每台汽车车体一般大约需要完成 3000～4000个焊点，其中 60% 是由点焊机器人完成的。在有些大批量汽车生产线上，服役的点焊机器人数量甚至高达 150 多台。

图 5-22 所示为点焊机器人总图，它是一种用于地面安装的工业机器人。

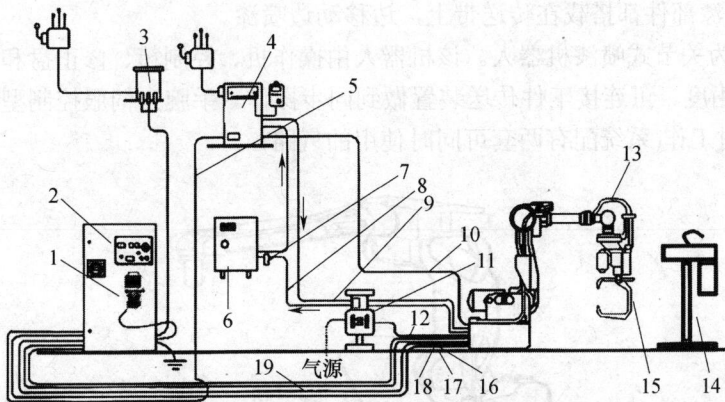

图 5-22　点焊机器人系统构成

1—示教盒；2—控制柜；3—变压器；4—点焊控制箱；5—点焊指令电缆；6—水冷机；

7—冷却水流量开关；8—焊钳回水管；9—焊钳水冷管；10—焊钳供电电缆；11—气/水管路组合体；

12—焊钳进气管；13—手首部集合电缆；14—电极修磨机；15—伺服/气动点焊钳；

16—控制电缆 1BC；17—供电电缆 3BC；18—供电电缆 2BC；19—焊钳(气动/伺服)控制电缆 S1。

2) 弧焊机器人

弧焊机器人应用于焊接金属连续结合的焊缝工艺，绝大多数可以完成自动送丝、熔极和气体保护下进行焊接工作。弧焊机器人的应用范围很广，除汽车行业外，在通用金属结构等许多行业中都有应用。

图 5-23 所示为日本汽车工业使用的一种曲柄式弧焊机器人，其驱动方式采用交、直流伺服电动机系统，用于焊接车架的侧梁或双轮机动管结构车架。

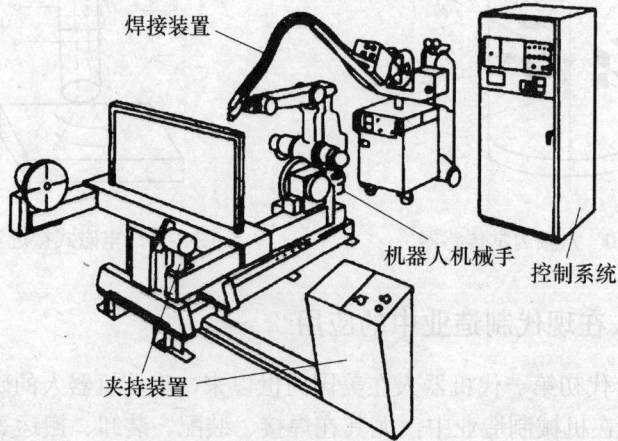

图 5-23 弧焊机器人

2. 喷漆机器人

喷漆机器人广泛应用于汽车车体、家电产品和各种塑料制品的喷漆作业。如我国针对汽车生产线就引进了近百台喷漆机器人。喷漆机器人在使用环境和动作要求上有如下特点：

(1) 工作环境包含易爆的喷漆剂蒸汽；

(2) 沿轨迹高速运动，途经各点均为作业点；

(3) 多数被喷漆部件都搭载在传送带上，边移动边喷漆。

图 5-24 所示为关节式喷漆机器人。该机器人由操作机、控制箱、修正盘和液压源 4 部分组成；有 6 个自由度，可连接工件传送装置做到同步操作。手腕为伺服控制型。末端接口可安装两个喷枪同时工作(系统配有两套可同时使用的气路)。

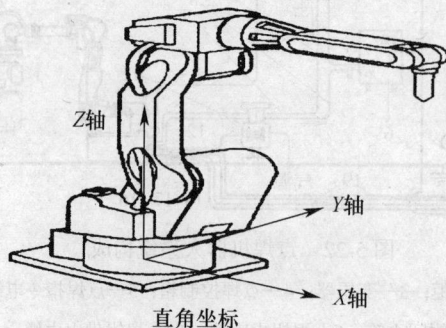

图 5-24 机器人基本组成及关节轴回转角度

3. 装配机器人

采用工业机器人进行自动装配，是近十几年来才发展起来的一项新技术。从目前的情况看，整个机械制造过程中自动化程度最低的就是装配。

图 5-25 所示是日本九洲工业大学研制的专用装配机器人 KAM。该机器人是一个圆柱坐标型的、可实现三轴数控的微机控制工业机器人。该机器人可以作上下(z)、臂的前后伸缩(r)和装置的回转(θ)运动，其 z、r、θ 方向可实现三轴联动控制。z 轴和 r 轴的传动是通过步进电动机带动滚珠螺母，使滚珠丝杠沿着轴向往复移动；θ 轴是通过步进电动机经蜗轮蜗杆传动后，使之实现左旋或右旋回转运动；手爪的开闭是用电磁阀控制压缩空气来实现的；z 方向采用了间隙和摩擦阻力很小的直线圆导轨。该机器人控制系统采用了开环控制系统，结构比较简单。

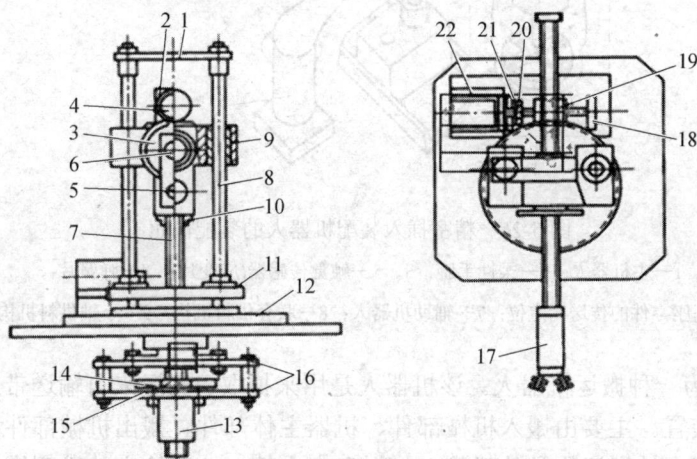

图 5-25　KAM 装配机器人机械结构图

1—z 方向导轨挡板；2—r 方向电动机安装台；3—减速齿轮；4—方向直联齿轮；

5—r 方向导轨；6—r 方向滚珠丝杠；7—z 方向滚珠丝杠；8—z 方向导轨；9—传动箱；

10—z 方向丝杠支座；11—蜗轮；12—装配底板；13—支座；14—z 方向进给齿轮；

15—z 方向直联齿轮；16—z 轴进给支板；17—爪部；18—轴承座；19—蜗杆；

20—中间齿轮；21—θ 方向直联齿轮；22—θ 方向电动机安装台。

带有力反馈机构的精密装配作业机器人的装配作业如图 5-26 所示。该机器人将三个零件基座、连接套和小轴组装起来，其视觉系统为电视摄像机。主、辅机器人各抓取所需组装的零件，两者互相配合，使零件尽量接近，而主机器人向孔的中心方向移动。由于手腕柔性，所抓取的小轴会产生稍微的倾斜；当小轴端部到达孔的位置附近时，由于弹簧力的作用，轴端会落入孔内。柔性机构在 z 方向的位移变化可以检测，使主机器人控制位置获得探索阶段已完成的信息。进入插入阶段，由触觉传感器检测轴线对中心线的倾斜方向；一边轴的姿态进行修正，一边进行插入，完成装配作业。

4. 搬运机器人

随着计算机集成制造技术、物流技术、自动仓储技术的发展，搬运机器人在现代制造业中的应用也越来越广泛。机器人可用于零件的加工过程中，物料、工辅量具的装卸和储运，可用来将零件从一个输送装置送到另一个输送装置，或从一台机床上将加工完的零件取下再安装到另一台机床上去。

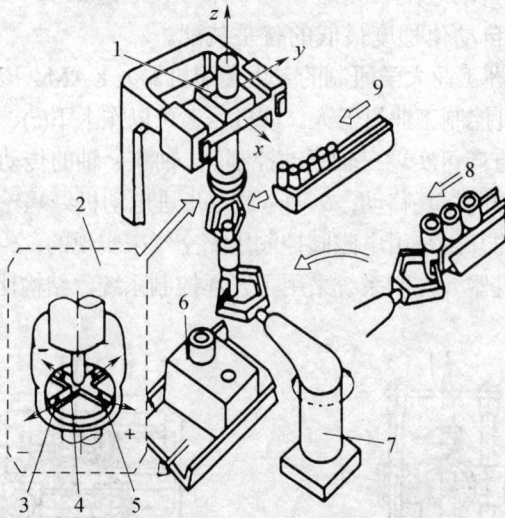

图 5-26　精密插入装配机器人的装配作业

1—主机器人；2—柔性手腕；3、5—触觉传感器(应变片)；4—弹簧片；

6—基座零件的传送、定位；7—辅助机器人；8—联套供料机构；9—小轴供料机构。

图 5-27 所示为一种搬运机器人。该机器人是用来抓取、搬运来自输送带或输送机上流动的物品的自动化装置。主要由搬入机械部件、机器主体部件、搬出机械部件和系统控制等基本部分组成。可根据被搬运物品的形状、材料和大小等，按照给定的堆列模式，自动地完成物品的堆列和搬运操作。

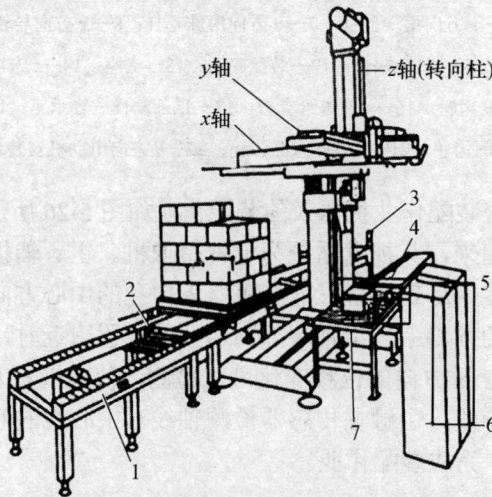

图 5-27　搬运机器人 500 型的构成

1—卸载输送机；2—极式输送机；3—极式分配器；

4—横进给式输送机；5—操作台；6—控制台；7—多工位式输送机。

5.5.4　工业机器人技术的发展趋势

工业机器人技术是一门涉及机械学、电子学、计算机科学、控制技术、传感器技术、仿人工智能甚至生命科学等学科领域的交叉性科学，机器人技术的发展依赖于这些相关学科技术的发展和进步。归纳起来，工业机器人技术的发展趋势有以下几个方面。

1. 机器人的智能化

智能化是工业机器人一个重要的发展方向，如图 5-28 所示为日本智能型对话机器人。目前，机器人的智能化研究可以分为两个层次，一是利用模糊控制、神经元网络控制等智能控制策略，利用被控对象对模型依赖性不强来解决机器人的复杂控制问题，或者在此基础上增加轨迹或动作规划等内容，这是智能最低层次；二是使机器人具有与人类类似的逻辑推理和问题求解能力，面对非结构性环境能够自主寻求解决方案并加以执行，这是更高层次的智能化，使机器人能够具有复杂的问题求解能力，以便模拟人的思维方式，目前还很难有所突破。智能技术领域有很多热点，如虚拟现实、智能材料(如形状记忆合金)、人工神经网络、专家系统、多传感器集成和信息融合技术等。

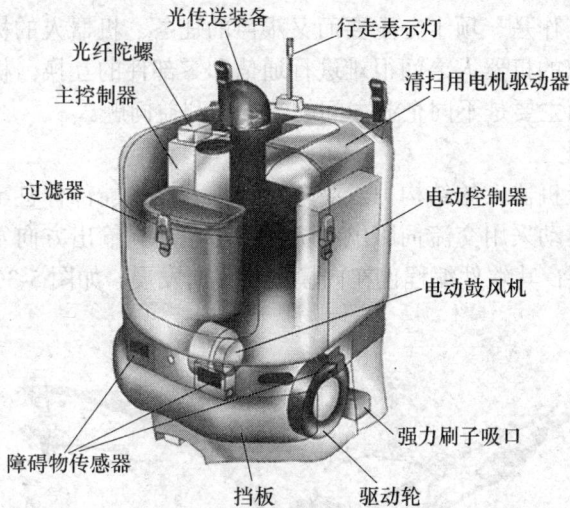

图 5-28　日本智能型对话机器人

2. 机器人的多机协调化

由于生产规模不断扩大，对机器人的多机协调作业要求越来越迫切。在很多大型生产线上，往往要求很多机器人共同完成一个生产过程，因而每个机器人的控制就不单纯是自身的控制问题，需要多机协调动作，如图 5-29 所示为美国用于火星探测的机器人。此外，随着 CAD/CAM/CAPP 等技术的发展，更多地把设计、工艺规划、生产制造、零部件储存和配送等有机地结合起来，在柔性制造、计算机集成制造等现代加工制造系统中，机器人已经不再是一个个独立的作业机械，而是成为了其中的重要组成部分，这些都要求多个机器人之间、机器人和生产系统之间必须协调作业。多机协调也可以认为是智能化的一个分支。

图 5-29 美国火星探测机器人

3. 机器人的标准化

机器人的标准化工作是一项十分重要而又艰巨的任务。机器人的标准化有利于制造业的发展，但目前不同厂家的机器人之间很难进行通信和零部件的互换。机器人的标准化问题不是技术层面的问题，而主要是不同企业之间的认同和利益问题。

4. 机器人的模块化

智能机器人和高级机器人的结构力求简单紧凑，其高性能部件甚至全部机构的设计已向模块化方向发展。其驱动采用交流伺服电动机，向小型和高输出方向发展；其控制装置向小型化和智能化方向发展；其软件编程也在向模块化方向发展，如图 5-30 所示为由多模块组成的智能机器人。

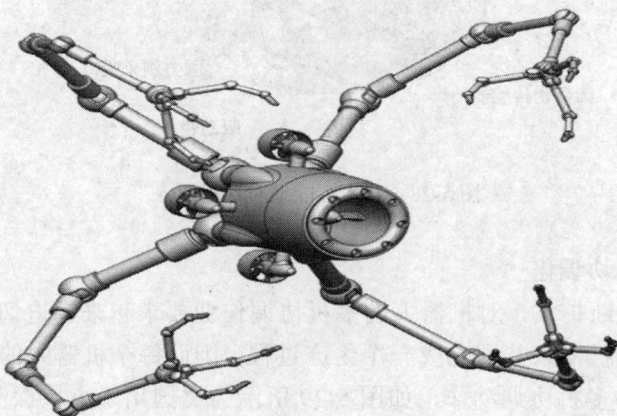

图 5-30 由多模块组成的智能机器人

5. 机器人的微型化

微型机器人是 21 世纪的尖端技术之一。目前已经开发出手指大小的微型移动机器人，预计将生产出毫米级大小的微型移动机器人和直径为几百微米甚至更小(纳米级)的医疗和军事机器人，如图 5-31 所示为美国"水下龙虾"微型机器人。微型驱动器、微型传感器等是开发微型机器人的基础和关键技术，它们将对精密机械加工、现代光学仪器、超大规模集成电路、现代生物工程、遗传工程和医学工程等产生重要影响。介于大中型机器人和微型机器人之间的小型机器人也是机器人发展的一个趋势。

图 5-31　美国"水下龙虾"微型机器人

第6章　现代机械工程教育

机械工程是一门古老的学科，它将人们从繁重的体力劳动中解放出来，千百年来，人类自从用机械代替简单的工具，使手和足的"延长"在更大程度上得到了发展的同时，为了使头脑的功能得以延伸，也做了大量的探讨，产生了控制理论、计算机科学、人工智能和信息科学，随着科学技术的不断发展，对机械制造技术与科学的发展，对机械理论的发展，都提出了更加苛刻的要求。机械的应用不断进入过去从未达到过的领域。人类正在进入太空：高真空、强辐射、大温差、长寿命等要求；微观世界：纳米尺寸、分子模拟；深水：6000m 水深或更深；生命科学：基因观察、处理或移植等等，这就要求人类去迎接更大的需求挑战，发展新技术，实现更多创造和突破。

过去的机械性能以出厂时的检测合格为目标，而现在则需要控制机械的整个寿命周期中性能的变化和衰退。现在机械普及到个人、家庭生活的每一个角落，而不是过去仅局限于专门技术的工厂里。这对机械是一场意义深远的革命性的变化。因为对于家庭和个人用户，机械通常是没有备份的，因而零故障停机是当然的目标。所以，少维修、免维修、预测维修和自维修等等都成了重要命题。人类沿袭了几千年的工匠们的手工维修技艺正在走向维修科学。

以上这些均表明机械工程的发展正进入到一个崭新的阶段，为适应变化和发展需求，对从事机械工程的人提出了不断学习、不断更新知识的要求，需要更多的有志于从事机械工程的各种各样的人才。

本章着重讨论机械制造业人才的教育与培训。

提高我国制造业的竞争力，旨在增强国家的经济实力，但是，正如 1992 年美国国家关键技术委员会在总结报告中指出的那样："技术本身是不能保证国家的繁荣和安全的。技术能对美国未来的国家利益做出重要贡献，但只有我们学会更有效地利用技术时才能如此。"因此，发展我国机械工程的关键是人才的培养，不仅应使培养出来的人才能有效地适应和利用制造业，而且能推动我国制造业的不断发展壮大。

人是机械工程发展的基本要素，只有正确认识这种需求，才可能培养出适应发展的人才队伍。从人力资源开发的角度来看，教育和培训体系是培养适应机械工程发展的人才队伍的根本途径。一方面需通过各种培训(在职培训、继续教育)，在短期培养出能充分发挥先进制造技术价值的技术工人、工程技术人员及管理人员；另一方面更应从长远观点改革现有的高等教育体系，以使培养出来的技术人才能面对日益激烈的竞争挑战，为机械工程的发展奠定坚实的基础。

6.1　机械工程人才的需求分析

6.1.1　现代制造环境下的人的工作变化

(1) 工作性质从体力的(Physical)操作劳动向知识(Knowledgeable)的信息处理即脑力劳动转化。先进制造技术设备(如数技机床、机器人、CAD 等)的应用大大减轻了人的体力劳动,使人从体力劳动中解放出来而过渡到以从事信息处理为主的脑力劳动,如数控编程、系统设计之类的工作上。产品的"蓝领"与"白领"之间的界限将被淡化,人的工作角色也将向知识工作者(Knowledge Worker)转变,这些都是先进制造技术中知识量剧增的结果。

(2) 工作范围变宽,工作分类减少。传统的职能制按照专业分工的原则,把工作细化肢解成细小的工作。建立在"流程"(作业或业务)基础之上的小组的工作方式、并行工程,淡化了专业间的界限,如机械、电工、电子之间的差别将削弱,人员的工作涉及不同的专业,需要有多方面的技能。因此,许多工作岗位消失,但同时又创造出许多新的工作岗位,如信息分析员、程序设计员、系统工程师、计算机维护人员等。

(3) 工作方式已不同,工作的效率大大提高。传统的工作方式和技能建立在以个人分工为基本单位的个人独立操作之上,以串行为主;而在先进制造技术环境下,则是建立在团队集体之上,以并行为主。人员需要了解生产的整个过程,用全局的观点去理解和执行工作。借助信息技术支持的 CAD/CAM 使技术人员的设计工作监视更短、效率更高;通信和网络技术使组织成员间的交流更方便、更直接;决策支持技术使管理人员更方便地获得所需的信息,缩短了决策周期,提高了决策质量。

(4) 工作的价值取向发生根本性的变化。在制造系统内部,传统的生产制造是由确定性技术实现的,它追求"效率"的目标;在先进制造系统中,生产制造是由复杂性的先进制造技术实现的,追求"可靠性"的目标,需要工作人员具有更高的责任心。在制造系统外部,先进制造技术以作业流程为核心,打破了传统的纵向劳动分工和横向职能分工的运作体系,使每个员工和每个部门要按照市场的变化和顾客的需要来安排自己的工作,更加重视员工的"顾客导向"能力,而非"产品导向"能力。

(5) 现代制造环境下的工作设计依据。现代社会技术系统的设计原则,强调在劳动中促进人类个性的发展,以人为本,并通过外在和内在的因素来激发工作人员的劳动效率。传统的工作设计原则是劳动效率最高,即单位时间内的产出最大。新的工作设计则强调从以技术为中心过渡到以人为中心,力求营造一个符合劳动者心理和生理需要的环境,为参与生产的人提供发展才能的机会。

6.1.2 现代制造对人的素质和技能的需求

以知识经济为基础的信息时代的来临,其技术、组织与传统的技术、组织本质发生了变化。这些对人员的工作产生了极大的影响,使得发展先进制造技术对人才的需求将不再限制在某一专业、某一学科,要求培养出更有市场头脑,能了解不同国家经济文化背景,通晓本专业知识与技能及相关技术领域的实际知识,有组织、管理和交往能力的人才,并且需要人文与社会、经济、管理的素质比以往任何时候都要高,这种对人的需求总的趋势体现在:"白领"和"蓝领"的划分趋于模糊,并将融为一类——知识型劳动者;未来每个人都追求自我完善和自我实现,使得适应机械工程发展所需的人才是复合型人才。其意义是:具有系统的思维方式,具有富于创新的精神和不断学习的愿望,具有坚实的基础、广博的学识、合理的知识结构;掌握多种技术性能力(如机械、电子、计算机方面的能力)和非技术性能力(如经济分析、人际交往,特别是集体协作的能力)。

复合型人才作为一个模糊的概念,反映了处于不同层次的有不同品格、知识和能力的人复合而成为不同程度的复合型人才,具体来讲是:

(1) 高层管理人员。这种人才的复合表现在非技术性能力的比重应大大高于技术性能力,是企业家甚至是教育家。他们要具有"大系统"的观念,能敏锐地意识到技术的作用和前景,跨越时空以创新的意识和精神去创造变化(而非仅适应变化),组织和建立共同的远景。对他们的洞察力、预见力、概念化、沟通协调、影响等能力的要求比以往任何时候都多,并使他们在这些意识技能的基础上化为一种"Orientation",即成为个性化的一部分。

(2) 中层管理人员。相对高层管理人员而言,中层管理人员素质技能的复合对技术性能力要求更强。先进制造技术的应用压缩了管理层次,中层管理人员将减少,但不会消失。而管理幅度的加宽,对他们的素质、技能要求更高,主要体现在对组织中的例外问题的处理上,如环境的变化需要改革一些规章制度时。革新精神、创造性成为他们更重要的管理技能。同时由于与操作层的接触增加,需要他们要有足够的技术能力、更宽的知识面,如熟悉生产技术,掌握市场、库存和会计知识,并了解心理学、工效学尤其是认知工效学。

(3) 技术人员。技术人员素质技能的复合对技术性能要求加宽,进行跨学科、跨专业(既要懂机又要懂电,既要懂设计又要熟悉工艺)的培养,对非技术性能力大大加强,尤其是创造能力、团队精神、协作能力、跨文化交流能力的培养,还需大力对他们的经济(成本)意识、质量意识、社会意识、创新意识、战略意识等加以塑造。总之,技术人才的创造意识、创造能力是重中之重,他们的发展趋向既是技术"杂家"中的专家又是制造战略家。

(4) 一般工人。从简单的操作转变成对整个生产过程的监控,从体力劳动变成脑力劳动,对工人的基础文化素质有更高的要求,需要有更多的知识和技能才能理解生产系统的运作,激发其敬业精神和责任感。因此,他们也是一种复合型人才,不仅要知道操作(甚至是计算机数控编程),而且还能维修、解决现场的突发问题,多种技能的培养使得他们在技能需求不断变化的劳动力市场上有更大的灵活性。

6.2　中国机械工程的教育与培训

机械工程所需的人才是具有创造性、多技能的各种复合型人才,从近期来看,要通过技术培训体系对技术人员进行继续教育和在职培训;从长期来看,要通过各种教育(高等工程教育、职业教育)培养未来先进制造技术发展所需的各类人才。因而需要建立全面的教育体系(全日制和成人教育,含继续教育),树立终身教育和跨学科教育的观念,培养具有学科综合性思维、系统思维和工程实践性的复合人才,如工业工程人才和机电一体化人才。并且依托大学及研究条件较好的企业,合作建立全国或地区人才培训中心,对在岗工程技术人员和管理人员进行全面系统的综合格训(包含继续教育),使之能适应面临的技术进步与组织创新培育全新的制造观念。同时由政府出面协调学术界、企业界和高等院校,充分发挥各方优势,使教育培训、研究开发和推广应用有机地衔接开展,先进制造技术应用才有可能取得长足的进展。下面仅对技术人员的教育培训提出对策。

6.2.1　中国机械工程教育简况

机械工程教育的发展经历了一个不断改革、调整、提高的过程。在发展国民经济第一个五年计划期间，国家为满足建设需要，在高等学校中增设了许多机械工程方面的专业和专业点，新办了大批中专和技工学校，扩大了招生量。到 1954 年，高等学校中机械专业的在校生达到 20788 人。在发展数量的同时，教育质量也不断提高。1958 年，机械工程教育在数量上又有很大的增长，在校学生人数达到 65733 人。1961 年前后，随着国民经济的调整、巩固、充实、提高，机械工程教育事业又进行了调整，并得到了积极稳步的发展。到 1965 年，全国高等学校中机械工程专业的在校生已达到 88593 人。在"文化大革命"时期教育事业遭到破坏，高等学校取消招生考试，改为推荐入学，质量下降，数量锐减。1976 年全国高等学校机械工程专业在校生降为 53099 人，仅为 1965 年的 59.9%。1977 年恢复了高等院校统一考试招生制度。

1978 年以后，教育成为四化建设的战略重点之一。机械工程教育加快了发展速度，高等教育方面采取了多层次、多规格、多种形式办学的方法，充分发挥办学的潜力。高等院校通过举办分校、夜大学、函授大学、电视大学、大专班、干部专修班等，成倍地扩大招生人数。迄今为止，全国机械工程教育已形成了以本科教育为主，高等职业、中等专业、技工等为辅的基本教育和培养高层次机械工程人才的硕士、博士研究生教育的完整体系，基本满足了我国社会主义经济建设对机械工程人才的需求。国家还派出了许多工程机械专业学生去国外进行学习，有许多学生已经学成回国，成了机械工业发展的骨干力量。

6.2.2　教育和培训的战略性

教育和培训应放在应用和发展先进制造技术的整个战略体系中考虑，教育和培训本身应具有战略性，而不仅仅是一种补充措施。在应用先进制造技术一开始，就把教育和培训置于战略性位置，而不是到了开始实施先进制造技术的时候才考虑它。这是由适应先进制造技术发展的教育培训独有的特点决定的。这些特点主要有：

(1) 教育和培训具有手段与目的的两重性。一方面提高人的素质可以促进先进制造技术系统的运作和获得更好的绩效。另一方面，人的素质的全面提高本身就是先进制造技术应用发展的目标。培训不仅仅是为了及时弥补技术的不足，还应该把它当作人自身发展的需要。

(2) 教育和培训的终身性。这既是先进制造技术不断发展的客观需要，也是人要不断进化、追求自我完善的需要。先进制造技术的发展导致了科技人员的知识老化，产生了继续教育的需求。科技人员通过继续教育的学习和培训，在一定时期内，满足了需求，从而促进了先进制造技术的不断发展。而先进制造技术发展应用又必然产生新一轮教育培训的需求。因此，导致一个"需求——学习——老化——需求"的循环过程。

(3) 教育和培训的全面性。先进制造技术的发展特点是高度综合，不断融合各种知识，朝着高新技术的方向发展。为此，科技人员要适应先进制造技术的发展需要，就必须具备广博的综合知识和精深的专业知识，这就决定了对教育和培训需求的全面性和整体性。也就是说，一方面要给科技人员不断补充专业方面的新知识、新理论、新工艺，而另一方面还要不断补充一定数量的综合性知识，如管理、经济、社会人文知识等。更重要的是，注重技术人员能力的提高，尤其是创造力。

有专家预测，21 世纪教育将以最大可能的手段来发现、探讨、发挥人的潜能，除了传统的知识技术的教育外，将更加重视培养创造性、开拓性的智力与方法，提出取消"知识仓库型"、"知识灌输型"的继续教育，代之以"智力连续开发型"、"业务能力开发型"的继续教育。

(4) 教育和培训的层次性。先进制造技术的发展是有层次的，我国应用先进制造技术不可能一开始就不顾国情盲目效仿国外，应用最新最尖端的制造技术，而应是从现实情况出发，比如根据市场环境的需要有重点有选择地应用其中的一些先进制造技术，并依据所应用的技术决定教育培训的内容、方式等等。另外，不同层次的科技人员会有不同层次的教育培训需求，不同地区的经济发展水平也相应产生不同层次的需求。

6.2.3　继续教育培训体系

继续教育培训体系应把人才的培养、使用放在一起，实行全方位的人力资源管理，因而要形成一整套体系如图 6-1 所示，包括教育培训体系的软件、硬件建设，人才市场的建设和人才的激励等等。

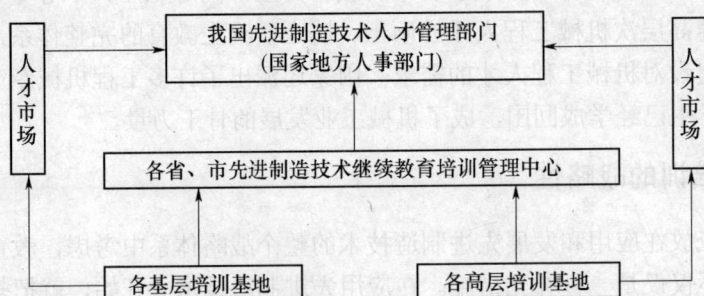

图 6-1　先进制造技术教育培训体系

6.3　机械类专业本科生培养

6.3.1　我国大学分类

人才培养和科学研究是大学的主要职责。在为社会培养高级专门人才方面大学是不可替代的，而在产出高水平科技成果方面大学也是难以替代的。

我国现有 1000 多所普通高等学校。按学校较强的学科门类，可将大学分为综合、工科、农业、林业、医药、师范、语言、财经、政法、体育、艺术、民族等 12 类。另外，按大学的科研规模的大小，大学可分为四种类型，它们分别是：

研究型大学：学术水平最高、科研成果最多，以研究生培养为主的大学。

研究教学型大学：学术水平和科研成果仅次于研究型大学，研究生和本科生培养并重的大学。

教学研究型大学：教学为主、科研为辅，教学科研协调发展的大学。

教学型大学：本科教学为主的大学。

研究型大学是我国科研实力最强的大学。

"211 工程"是 20 世纪 90 年代中期，国家为了提高高等教育水平，加快经济建设，促进科学技术和文化发展，增强综合国力和国际竞争能力，实现高层次人才培养，基本立足于国内而进行的战略部署。"211 工程"的计划目标是在"九五"期间，重点建设 100 所左右的高等学校以及一批重点学科。在此基础上再经过若干年的努力，使一部分重点高等学校和一部分重点学科，接近或达到国际同类学校或学科的先进水平，大部分学校的办学条件得到明显改善。自国家推行"211 工程"以来，重点大学的概念逐渐让位于"211 工程"大学的概念。

6.3.2 机械类本科专业的培养目标、要求和主要课程

高等学校专业目录是高等教育工作的一项基本文件。它规定专业划分、名称及所属门类，反映培养人才的业务规格和工作方向，是设置、调整专业，实施人才培养，安排招生和指导就业，进行教育统计、信息处理和人才需求预测等工作的重要依据。

按 1998 年教育部颁布的《普通高等学校本科专业目录》，我国大学的本科学科分为门(也称门类)、类(也称二级类)、专业三级。学科门共 11 个，其中理科(也称自然科学)4 个：理学、工学、农学、医学；文科(也称社会科学)7 个：哲学、经济学、法学、教育学、文学、历史学、管理学。11 个学科门下设 71 个学科类。

工学门类中包括地矿类、材料类、机械类、仪器仪表类、能源动力类、电气信息类、土建类、水利类、测绘类、环境与安全类、化工与制药类、交通运输类、海洋工程类、轻工纺织食品类、航空航天类、武器类、工程力学类、生物工程类、农业工程类、林业工程类、公安技术类共 21 个学科类。

按教育部本科专业目录，机械类之下共设有机械设计制造及其自动化、材料成形及控制工程、过程装备与控制工程和工业设计 4 个本科专业和机械工程与自动化 1 个引导性专业。

由教育部高校学生司正式发布的各专业的培养目标和主要课程分别是：

1. 机械设计制造及其自动化(专业代码：080301)

培养目标：掌握机械设计制造基础知识与应用能力，能在工业生产第一线从事机械制造领域内的设计制造、科技开发、应用研究、运行管理和经营销售等方面工作的高级工程技术人才。

培养要求：本专业学生主要学习机械设计与制造的基础理论，学习微电子技术、计算机技术和信息处理技术的基本知识，受到现代机械工程师的基本训练，具有进行机械产品设计、制造及设备控制、生产组织管理的基本能力。

毕业生应获得的知识和能力：

(1) 具有较扎实的自然科学基础，较好的人文、艺术和社会科学基础及正确运用本国语言、文字的表达能力。

(2) 较系统地掌握本专业领域宽广的技术理论基础知识，主要包括力学、机械学、电工与电子技术、机械工程材料、机械设计工程学、机械制造基础、自动化基础、市场经济及企业管理等基础知识。

(3) 具有本专业必需的制图、计算、实验、测试、文献检索和基本工艺操作等基本技能及较强的计算机和外语应用能力。

(4) 具有本专业领域内某个专业方向所必要的专业知识，了解其科学前沿及发展趋势。

(5) 具有初步的科学研究、科技开发及组织管理能力。

(6) 具有较强的自学能力和创新意识。

主干学科：力学、机械工程。

主要课程：工程力学、机械设计基础、电工与电子技术、微型计算机原理及应用、机械工程材料、制造技术基础。

主要实践性教学环节：包括军训、金工、电工、电子实习、认识实习、生产实习、社会实践、课程设计、毕业设计(论文)等，一般应安排40周以上。

主要专业实验：现代制造技术综合实验、测试与信息处理实验。

修业年限：四年。

授予学位：工学学士。

2. 材料成形及控制工程(专业代码：080302)

培养目标：掌握机械热加工基础知识与应用能力，能在工业生产第一线从事热加工领域内的设计制造、试验研究、运行管理和经营销售等方面工作的高级工程技术人才。

培养要求：本专业学生主要学习材料科学及各类热加工工艺的基础理论与技术和有关设备的设计方法，受到现代机械工程师的基本训练，具有从事各类热加工工艺及设备设计、生产组织管理的基本能力。

毕业生应获得的知识和能力：

(1) 具有较扎实的自然科学基础，较好的人文、艺术和社会科学基础及正确运用本国语言、文字的表达能力。

(2) 较系统地掌握本专业领域宽广的技术理论基础知识，主要包括力学、机械学、电工与电子技术、热加工工艺基础、自动化基础、市场经济及企业管理等基础知识。

(3) 具有本专业必需的制图、计算、测试、文献检索和基本工艺操作等基本技能及较强的计算机和外语应用能力。

(4) 具有本专业领域内某个专业方向所必需的专业知识，了解科学前沿及发展趋势。

(5) 具有较强的自学能力、创新意识和较高的综合素质。

主干学科：机械工程、材料科学与工程。

主要课程：工程力学、机械原理及机械零件、电工与电子技术、微型计算机原理及应用、热加工工艺基础、热加工工艺设备及设计、检测技术及控制工程、CAD/CAM 基础。

主要实践性教学环节：包括军训、金工、电工、电子实习、认识实习、生产实习、社会实践、课程设计、毕业设计(论文)等，一般应安排40周以上。

主要专业实验：塑性成形工艺过程综合实验、铸造工艺过程综合实验、焊接工艺过程综合实验、材料性能及检验、CAD 上机实验。

修业年限：四年。

授予学位：工学学士。

3. 工业设计(专业代码：080303)

培养目标：掌握工业设计的基础理论、知识与应用能力，能在企业事业单位、专业设计部门、科研单位从事工业产品造型设计、视觉传达设计、环境设计和教学、科研工作的应用型高级专门人才。

培养要求：本专业学生主要学习工业设计的基础理论与知识，具有应用造型设计原理和法则处理各种产品的造型与色彩，形式与外观，结构与功能，结构与材料，外形与工艺，产品与人、产品与环境、市场的关系，并将这些关系统一表现在产品的造型设计上的基本能力。

毕业生应获得的知识和能力：

(1) 具有较扎实的自然科学基础，较好的人文、艺术和社会科学基础及正确运用本国语言、文字的表达能力。

(2) 较系统地掌握本专业领域宽广的技术理论基础知识，主要包括工业设计工程基础、设计表现基础、设计基础、设计理论、人机工程、设计材料及加工、计算机辅助设计、市场经济及企业管理等基础知识。

(3) 具有新产品的研究与开发的初步能力，有较强的表现技能、动手能力、美的鉴赏与创造能力以及较强的计算机和外语应用能力。

(4) 具有较强的自学能力和较高的综合素质。

主干学科：机械工程、艺术学。

主要课程：力学、电工学、机械设计基础、工业美术、造型设计基础、工程材料、人机工程学、心理学、计算机辅助设计、视觉传达设计、环境设计。

主要实践性教学环节：包括军训、金工、电工、电子实习、认识实习、生产实习、社会实践、课程设计、毕业设计(论文)等，一般应安排 40 周以上。

修业年限：四年。

授予学位：工学或文学学士。

4. 过程装备与控制工程(专业代码：080304)

培养目标：掌握化学工程、机械工程、控制工程和管理工程等方面的知识，能在化工、石油、能源、轻工、环保、医药、食品、机械及劳动安全等部门从事工程设计、技术开发、生产技术、经营管理以及工程科学研究等方面工作的高级工程技术人才。

培养要求：本专业学生主要学习化学、物理、物理化学、化工计算、工程热力学、化工原理、流体力学、粉体力学、工程力学、机械设计及计算机控制技术方面的基本理论和基本知识，受到工程设计、测控技能和工程科学研究的基本训练，掌握对化工单元设备及成套装备的优化设计、创新改造和新型化工装置技术开发研究的基本能力。

毕业生应获得的知识和能力：

(1) 掌握化学工程、动力工程及工程热物理、机械工程、控制工程等学科的基本理论、基本知识。

(2) 掌握化工单元设备和成套装备的设计方法与控制技术。

(3) 具有对新装备、新技术进行开发研究与创新设计以及对化工装置项目进行成本评估与投资决策的初步能力。

(4) 熟悉国家关于化工装置设计、开发、研究、环境保护和安全防灾等方面的方针、政策和法规。

(5) 了解化工装备与控制工程的理论前沿，了解新装置、新技术、新工艺的发展动态。

(6) 掌握文献检索、资料查询的基本方法，具有一定的科学研究和实际工作能力。

(7) 具有创新意识和独立获取知识的能力。

主干学科：化学工程与技术、动力工程及工程热物理。

主要课程：化学、物理、物理化学、化工计算、化工原理、工程热力学、流体力学、粉体力学、工程力学、机械设计、计算机应用技术、计算机控制技术、化工装置设计、控制管理技术等。

主要实践性教学环节：包括金工实习、认识实习、生产实习，机械设计课程设计、化工工艺及设备课程设计、毕业设计(论文)等，一般安排 35～45 周。

主要专业实验：流体力学实验、热力学实验、粉体力学实验、设备强度实验、微机测量与控制实验、化工装置实验等。

修业年限：四年。

授予学位：工学学士。

5. 机械工程及自动化(工科引导性专业)(专业代码：080305Y)

培养目标：具备机械设计、制造、自动化基础知识与应用能力，能在工业生产第一线从事机械工程及自动化领域内的设计制造、科技开发、应用研究、运行管理和经营销售等方面工作的高级技术人才。

通过四年的系统学习和训练，毕业生应获得以下几方面的知识和能力：

(1) 具有扎实的自然学科基础，较好的人文、艺术和社会科学基础及良好的文字表达能力。

(2) 较系统地掌握本专业领域宽广的技术理论基础知识。

(3) 具有本专业必需的制图、计算、测试、文献检索等基本技能及较强的计算机和外语应用能力。

(4) 具有本专业领域内某专业方向所必需的专业知识，了解其科学前沿及发展趋势。

(5) 具有较强的自学能力、创新意识和较强的综合素质。

(6) 具有较强的组织、管理能力和敏锐的市场意识。

主要课程：工程力学、机械设计基础、工程热力学、现代控制理论、材料加工工艺与设备、测试技术、计算机系列课程、经营与管理、电工与电子技术基础理论课程等。

6. 工业工程(专业代码：080305)

培养目标：具备现代工业工程和系统管理等方面的知识、素质和能力，能在工商企业从事生产、经营、服务等管理系统的规划、设计、评价和创新工作的高级专门人才。

主干学科：管理学、机械工程(或电子科学与技术等)。

主要课程：电工技术基础、机械设计(或电子、冶金等某一类工程设计)基础、运筹学、系统工程导论、管理学、市场营销学、会计学与财务管理、管理信息系统等。

6.3.3　机械类主要课程安排

机械类专业大学本科学生的培养主要由课程授课和工程实践环节完成。全部课程授课的学时数约为 2500 学时，工程实践环节则约为 1500 学时。

1. 课程体系

机械类专业的课程体系由基础教育系列、专业教育系列和工程教育系列三大系列构成。基础教育系列课程包括数学与自然科学课程群、工程技术基础课程群、人文社会科学课程群三部分，约占总学时的 70%；专业教育系列包括专业平台课程群，约占总学时的 25%；工程教育系列包括专题选修课程群，约占总学时的 5%。

基础教育系列课程服务于专业教育，为后续课作准备。同时通过基础课程学习，还能培养学生掌握自然科学、工程技术和人文社会科学的基本理论和实验研究方法，掌握科学技术方法论，培养学生自己获得知识的能力和将知识变为解决问题的能力。

专业教育系列课程反映学科专业的共性知识基础，是大学专业培养的核心，是学生毕业后进入某一具体工作和职业角色的知识平台。课程之间既相对独立，又互相联系，能构成专业知识体系框架。通过专业平台课学习，学生能够奠定良好的专业理论和知识基础，并能培养学生的专业素质、创新能力以及分析和解决工程技术问题的能力。一些学校又称专业教育系列课程为专业核心课程，并分设计与制造、信息与控制两大系列。

工程教育系列课程不具有专业或"专业模块"的含义。工程教育系列课程和毕业设计相配合，是一个进行工程意识和工程能力训练的考察环节，是模拟择业进入职业角色的具体实践过程。

2. 课程安排

(1) 机械设计制造及自动化专业的课程安排如下。

① 数学与自然科学课程群主要包括：高等数学、大学物理、大学物理实验、概率论与数理统计、线性代数等课程。

② 工程技术基础课程群主要包括：画法几何与机械制图、工程材料、机械制造基础、理论力学、材料力学、机械原理、机械设计、微机原理、数据库基础、C 语言及程序设计等课程。

③ 人文社会科学课程群主要包括：马克思主义哲学原理、马克思主义政治经济学、毛泽东思想概论、邓小平理论概论、思想道德修养、英语、专业英语、体育、管理基础、法律基础、机械工程概论、军事理论等课程。

④ 专业平台课程群主要包括：电工学与电子学、热力学、传感器与测试技术、现代机械设计理论及应用、机电一体化导论、互换性原理与技术测量、机械工程控制基础、机械制造工程学、液压传动等课程。

⑤ 专题选修课程群分专题设置。

机械制造及自动化专题主要包括：机械制造装备及自动化、现代制造技术导论、工业机器人、数控技术、机床电气控制、精密与超精密加工、特种加工、切削原理及过程控制、磨削机理、质量管理等课程。

机械设计及理论专题主要包括：弹性力学及有限元、机械优化设计、机械可靠性设计、机械 CAD 开发及应用、结构分析与设计等。

车辆工程专题主要包括：汽车构造、汽车理论、汽车设计、汽车电子技术、车辆人机工程学、内燃机工作原理与设计等课程。

机械电子工程专题包括：机器人学导论、物流系统自动化、计算机控制技术、微机接口技术、人工智能与故障诊断、电力拖动与控制等课程。

液压气动控制工程专题包括：现代控制理论、流体传动与控制、气动技术、液压伺服系统、液压系统微机控制等课程。

⑥ 另外还设置若干任选的课程，如：现代化学导论、现代生物学导论、计算机仿真、网络化设计与制造、纳米技术、机械振动、三维造型技术、快速原型制造、激光技术与应用等，根据各校条件和特色有较大不同。

(2) 材料成形与控制工程专业的基础教育系列课程与上述基本相同。其专业平台课程如下：材料成形自动控制基础、材料成形机械设备、材料成形过程计算机模拟、金属学及热处理、金属凝固理论、材料成形过程自动化、材料成形工艺学、材料成形力学、材料成形金属学等。

(3) 机械类专业的工程实践环节主要包括实验、上机、金工实习、课程设计(机械制图课程、机械原理课程、机械设计课程)、生产实习、毕业实习和毕业设计(论文)。到工厂实习是工科大学学生的重要工程实践环节。通过工厂实习，深化学生在课堂上、书本上学到的知识，了解现代大工业生产的环境、工艺、装备、管理和技术操作，培养观察事物、分析问题、解决问题的能力，树立工程意识。毕业设计(论文)则是综合运用大学四年学习的知识，解决一个具体工程技术问题的演练和实践。通过这一过程，使学生掌握分析、解决工程技术问题的方法和步骤，进一步培养学生的独立工作能力、团队精神和合作能力、创造性、严谨细致的工作作风和良好的工程素质。

6.4　机械类专业的人才择业

教育部高校学生司发布的2002年机械类本科学生就业情况如表6-1、表6-2所示。

表6-1　按就业去向的就业率情况　　　　　　　　　　　　　　　　　(%)

专　业	就业率	华北	东北	华东	中南	西南	西北	考研	出国
机械设计制造及自动化	92.01	11.26	5.62	30.19	20.14	5.23	3.46	14.68	1.43
材料成形及控制工程	93.10	7.42	5.29	29.02	21.51	6.48	3.80	18.46	1.12
工业设计	83.70	7.53	8.50	28.31	13.66	5.94	1.98	16.05	1.73
过程装备与控制工程	91.96	12.46	4.98	20.76	22.97	6.23	2.63	21.96	2.97

表6-2　按就业单位性质的就业率情况　　　　　　　　　　　　　　　　　(%)

专　业	就业率	机关	科研高校	其他事业	企业	部队	考研	出国
机械设计制造及自动化	91.99	1.24	9.17	2.17	59.76	3.54	14.68	1.43
材料成形及控制工程	93.11	0.41	5.58	1.02	62.77	3.75	18.46	1.12
工业设计	83.70	0.49	7.90	2.22	53.58	1.73	16.05	1.73
过程装备与控制工程	94.96	0.74	6.23	0.75	61.27	1.04	21.96	2.97

6.5　面向21世纪的机械工程教育

机械工程是一门历史悠久、应用广泛、影响深远的重要科学，在科学和技术发展史上，从人类有史以来，就成为生产活动中最受关注的科学。第一次工业革命、第二次工业革命乃至当前的信息革命，无不直接或间接地同机械工程的发展有密切关系。现代科技的发展和相关科学的交叉、渗透、融合，极大地充实和丰富了机械工程科学的基础，拓宽和发展了研究领域，因此机械工程各个学科和专业对相关人才的培养提出了新的更高的要求，与过去相比有如下新的特点。

1. 更加突出环境与背景的作用

美国制造业面临市场竞争的挑战，为找回失去的竞争优势，提出"回归工程实践"的口号。针对第二次世界大战后较多强调加强基础科学的情况，他们对工程教育和教学内容体系提出新的要求，呼吁"大工程条件下的工程"，即包括设计、制造、工程管理、市场、环境等方面的"工程"，要求人才在保持较宽学科基础的前提下，具有较强的工程设计训练，掌握设计和开发有竞争力产品集成知识的系统方法，并具有开发市场的能力。因此，要求学生必须考虑背景的影响，这种影响应该体现在工程结果的计算和设计中。这种背景包括企业的和组织的背景，引入包括顾客的愿望，包括社会的、政治的、经济的、文化的因素。

2. 更加突出能力的培养与训练

主要体现在思维方式、实践能力、创新能力、学习能力和群体协作能力等方面，这也是现代机械工程对工程教育在能力方面提出的根本要求。

现代机械工程的系统性大大加强，要求工程技术人员具有整合的系统思维能力。现代机械制造业向技术密集型和知识密集型产业转变，未来的产品是基于信息和知识的产品，尤其是基于新知识的产品，需要工程技术人员具有更强的创新能力。未来的机械设计制造技术将进一步向系统化、自动化、集成化、智能化、全球化、生态化发展，面对迅速变化的世界，工程技术人员的知识越广博，理解力和创造力越强，经验越丰富，就越有能力应对未来。

3. 更加重视工程的伦理教育

可持续发展工程教育是美国工程师协会联合会于 1994 年 8 月发表的一份政策声明的主题。其意义是站在工程的立场，在加速人类工业文明繁荣昌盛的同时，正视世界人口剧增、粮食短缺、资源枯竭、能源缺乏、污染加剧、生态失衡等问题，致力于开发旨在资源节约化、能源与生产过程清洁化、废物再生化、环境无害化、农业生态化、社会公平协调等的可持续发展理论和技术，从工程伦理角度协调全社会创造新的价值观念、行为方式和工业规范。在工程教育方面则是造就新一代具有环境文明意识，并拥有相应科技知识的现代工程技术人员。

4. 更加关注技术与管理科学的结合

现代制造的各种先进生产模式都是与现代工业工程的发展分不开的。现代制造系统为了满足多品种小批量、快速响应市场变化的需求，要求人们必须对制造过程中的技术、人/组织、管理集成考虑，必须用系统的观点和工业工程的方法进行处理，更加强调人的作用。在工程教育中，进一步加强管理理念和管理技术的内容，特别是面向全球化、知识化的新一代管理思想的教育，包括多种文化环境的兼容性和适应性。

整个工程教育的核心要围绕着创新型人才来开展。机械工程学科创新型人才的需求模型如图 6-2 所示，这个基本需求可以简单概括为一个主体(创新型人才)、三大支撑(知识、力、素质)和十项指标。

机械工程创新人才教育以培养学生的全面素质为目标，以人文素质为核心，包括科学素质、专业基础、专业方向和社会应用，如图 6-3 所示。

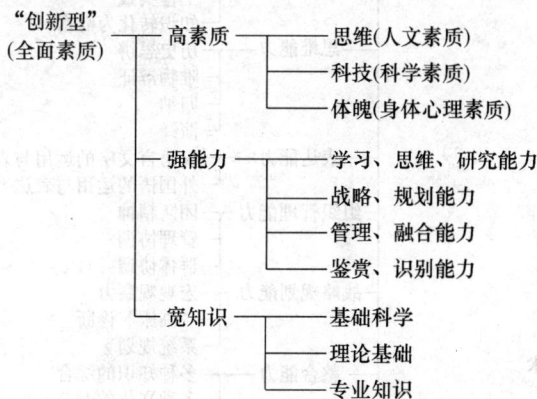

图 6-2 创新型人才的需求模型　　　　图 6-3 机械工程创新人才功能模型

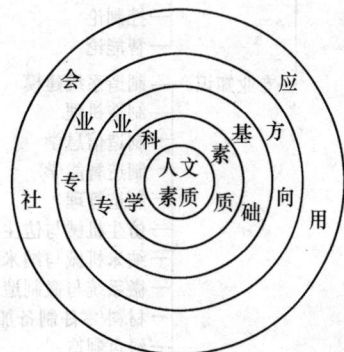

未来学生的综合素质分为三大素质，即人文素质、科学素质和身体心理素质。创新型人才的素质结构模型如图 6-4 所示。

```
综合素质 ── 人文素质 ──── 思想政治
                        伦理道德
                        哲学与社会
                        历史与文化
                        文学与艺术
                        经济与法律

         科学素质 ──── 科学基础 ──── 科学进展(及前沿)
                               制造科学总论
                               制造科学新理论
                               信息论
                   专业理论 ──── 控制理论
                               人工智能
                               仿生学
                   专业知识 ──── 设计理论与方法
                               性能分析与实验研究
                               制造系统(设备)设计方法与运行技术
                               检测控制及机电一体化技术
                               移动机械理论、设计与实验方法

         身体心理素质 ──────── 体育学
                               心理学
```

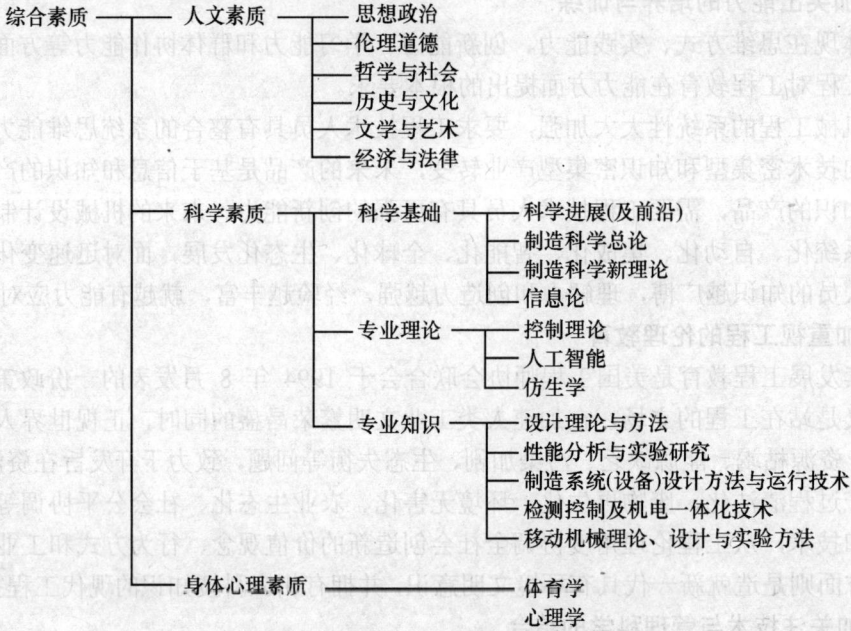

图 6-4　创新型人才的素质结构模型

对于机械工程创新人才的知识结构要求如图 6-5 所示。

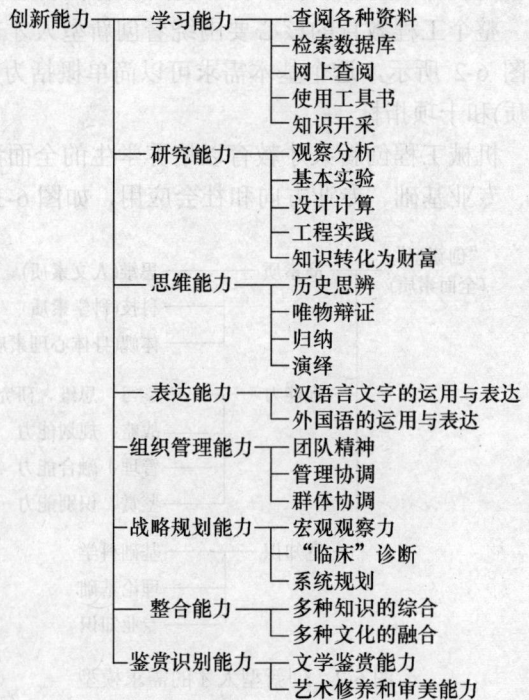

创新人才能力结构如图 6-6 所示。

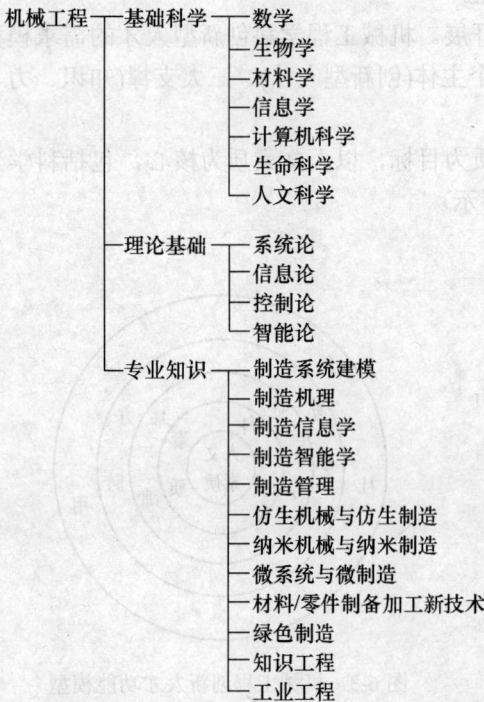

```
机械工程 ── 基础科学 ── 数学            创新能力 ── 学习能力 ── 查阅各种资料
                    生物学                            检索数据库
                    材料学                            网上查阅
                    信息学                            使用工具书
                    计算机科学                         知识开采
                    生命科学                研究能力 ── 观察分析
                    人文科学                            基本实验
                                                     设计计算
         理论基础 ── 系统论                            工程实践
                    信息论                            知识转化为财富
                    控制论                思维能力 ── 历史思辨
                    智能论                            唯物辩证
                                                     归纳
         专业知识 ── 制造系统建模                       演绎
                    制造机理            表达能力 ── 汉语言文字的运用与表达
                    制造信息学                         外国语的运用与表达
                    制造智能学            组织管理能力 ─ 团队精神
                    制造管理                           管理协调
                    仿生机械与仿生制造                   群体协调
                    纳米机械与纳米制造      战略规划能力 ─ 宏观观察力
                    微系统与微制造                      "临床"诊断
                    材料/零件制备加工新技术                系统规划
                    绿色制造              整合能力 ── 多种知识的综合
                    知识工程                           多种文化的融合
                    工业工程              鉴赏识别能力 ─ 文学鉴赏能力
                                                     艺术修养和审美能力
```

图 6-5　创新人才的知识结构 　　　　　　　　　图 6-6　创新人才能力机构

上述人才的需要，推动了工程教育不断调整与改革。主要体现在如下几个方面：

1. 工程教育、科学研究和工业生产这三大社会活动出现了向"一体化"回归的趋势

现代生产中，科技转化为生产力的周期缩短，生产技术更新速度加快，增强了生产对于科技和教育的依赖，使工程教育和科学研究将不再是外在于生产的社会活动，而成为扩大了的生产过程的必要环节。这要求工程院校除了承担培养人才和发展科技的任务外，还应介入新产业和新产品的开发，向企业提供各种技术教育；大力发展各种开放式的教育、科研、生产联合体和合作教育；建立一支既懂教育、科研又懂工业生产的教师队伍。

2. 工程技术综合应用的趋势及对策

21 世纪中，生产和生活的自动化、信息化和智能化将达到更高的水平。人类将在更大的程度上不直接面对机器操作，而是借助摇控系统、自动化系统、专家系统和各种各样的智能机械(包括机器人)，去驾驭各种能量交换过程和机械加工过程。许多产品的生产过程将是机械、电子、光学、流体等的结合，一切可能的技术，物理的、化学的、生物的，都必将综合应用到生产过程中来，从而要求大大拓宽工程教育的专业面，拓宽学生的技术基础，发展通用的综合技术教育。相应地，要求建立纵横交叉的学科结构；不仅有按学科分级的学科体系，而且有按工程对象跨学科综合的学科体系，后者应跟随工程对象的变化，有重组的灵活性。

3. 工程教育的社会化趋势及对策

随着时间的推移，人类社会正在离开原始自然，步入技术构成越来越高的社会。在新的世纪中，工程作为一种分析和处理问题的方法(如模型法、模拟法、定量分析法、实验法、设计法等)，将进一步由物质生产领域普及到社会生活的各个领域，如环境工程、教育工程、社会工程等。处在这样一种背景下的理工科大学，不仅是人才和科技成果的提供者，新产业的"孵化器"，还将是新社会生活的塑造者；处在这样一种背景下的工程技术人才，将越来越多地参与政府和社会的决策，成为国家和地区发展的智囊。相应地，工程教育的培养目标，将由单纯的技术工作者变为"技术人文主义者"。他们有足够的人文科学和社会科学的素养，有把工程问题置于整个社会系统中进行经济的、政治的、法律的、生态环境的、心理的以至伦理的综合分析与处理的能力。相应地，越来越多的理工科高校将在文理渗透中，走上向综合性大学发展的道路。

4. 工程教育的终身化趋势及对策

生活条件的改善和医疗技术的进步，使人的寿命和就业期限不断延长。另一方面，科学技术的发展使工程技术人员在他们的就业期内面对次数越来越多的产品更新换代。因此，到了 21 世纪，在职工程技术人员的继续教育在规模上将接近甚至超过学龄期的工程教育，从而出现两种工程教育体系并存的局面。在这种情况下，学龄期工程教育的内容将趋向基础化，着眼于给学生以自我更新知识、适应生产技术和生活方式变化的基础。工科大学的毕业生是"素材"而不是"成才"。教师队伍知识的不断更新是发展工程教育的前提。这一目标也需通过有组织的继续教育来实现，而不能仅仅凭借教师个人的自学和科研。学龄教育向终身化教育的发展，使 21 世纪的社会成为名副其实的"学习的社会"。

5. 工程技术中计算机应用的普及及对策

动力机械(热机、电机)的出现，实现了体力过程的客体化，使人类进入了工业社会。智能机械(电子计算机)的问世，实现了思维过程的客体化，使人类逐渐向信息社会过渡。在新的世纪里，信息的储存和处理，一切可以用程序化的思维操作，都将由人脑转交给电脑"代劳"。在这种情况下，工程师的工作方式发生了革命性的变化。工程教育应该培养"双脑思维"的工程师，能够在"人脑"和"电脑"的配合下，高效率地进行工程的决策、设计、试验、施工和管理，做出前人难以想象的成就。人类的知识总量正以指数级增长，21世纪这100年中人类社会的变化将超过以往几个世纪的变化，正如牛顿未能预见登月、达尔文未能预见基因工程一样，我们也不可能对100年后的事情作出清晰的勾画。

　　面对21世纪的挑战，美国工程与技术认证委员会制定了对工程教育培养专业人才的11条评估新标准：①有应用数学、科学与工程等知识的能力；②有进行设计、实验分析与数据处理的能力；③有根据需要去设计一个部件、一个系统或一个过程的能力；④有多种训练的综合能力；⑤有验证、指导及解决工程问题的能力；⑥有对职业道德及社会责任的了解；⑦有效地表达与交流的能力；⑧懂得工程问题对全球环境和社会的影响；⑨终生学习的能力；⑩具有有关当今时代问题的知识；⑪有应用各种技术和现代工程工具去解决实际问题的能力。这11条标准可认为是一名合格的现代工程师应具备的能力和素质。可以看到，在重视加强数学和科学基础的前提下，当前更强调的侧重点是：工程实践能力；表达交流沟通能力与团队合作精神；终生学习能力；职业道德及社会责任；社会人文和经济管理、环境保护等知识。

　　所以，21世纪的工科大学生，要在掌握坚实的数理科学基础、重视工程科学知识的同时，注意工程实践训练；既注重专业知识和社会人文、经济、环保等方面知识的学习，又注重综合素质与能力的培养。

　　学习要适应不同的学习方法。数理基础课程的教学模式强调的是垂直思考、抽象学习、简化分解和个人独自工作。对于面向工程实际和现代工程师培养的教学环节，要学会横向思考，学会联系实际地学习，学会对各部分内容进行综合，学会处理好一些不确定性因素，学会团队合作工作的配合等，要能"主动学习"、合作学习和小组工作，从中学习相关知识和培养综合能力。注意培养自己的创新精神、实践能力、自学能力、交流沟通与表达能力、团队合作精神等。

　　国内许多学校都在做21世纪工程教育的尝试，已取得许多经验。

　　新世纪呼唤创新教育，机械工程教育如何应对时代挑战，将是教育工作者的新课题。

参 考 文 献

[1] 刘永贤．蔡光起机械工程概论 [M].北京：机械工业出版社，2009.

[2] 宗培言，丛东华.机械工程概论 [M].北京：机械工业出版社，2001.

[3] 张春林，焦永和.机械工程概论 [M].北京：北京理工大学出版社，2003.

[4] 周济，查建中，肖人彬，等.智能设计 [M].北京：高等教育出版社，1998.

[5] 张世谋，李迎，孙宇，等.现代制造引论 [M].北京：科学出版社，2003.

[6] 路甫祥.工程设计的发展趋势和未来 [J].机械工程学报，1997，33(1)：1-8.

[7] 乌兰木其，邓家提.现代产品设计方法及其演进 [J].机械工程学报，2000，36(5)：1-5.

[8] 熊有伦，尹周平.面向产品快速开发的几何推理和虚拟原型 [J].中国机械工程，2002，13(4)：328-332.

[9] 钟廷修.快速响应工程和快速产品设计的策略 [J].机械设计与研究，1999，15(1)：9-12.

[10] 乔进友，金忠孝，钟廷修.支持快速变型设计的PDM系统研究 [J].机械设计与研究，1999，(2)：21-23.

[11] 赵继云，钟廷修.CBD系统应用于产品变型设计的关键技术研究 [J].机械设计与研究，1999，(2)：36-38.

[12] 曾庆良，熊光楞，范文慧，等.并行工程环境的面向成本的设计 [J].机械工程学报，2001,37(7)：1-4.

[13] 赵亮，冯培恩，潘双夏.面向产品设计的成本工程系统方法与技术的研究 [J].计算机辅助设计与图形学学报，2001，13(3)：213-217.

[14] 施普尔，克劳舍.虚拟产品开发技术 [M]，宁汝新，译.北京：机械工业出版社，2000.

[15] 刘宏增，黄靖远.虚拟设计 [M].北京：机械工业出版社，1999.

[16] 阎楚良，杨方飞.机械数字化设计新技术 [M].北京：机械工业出版社，2007.

[17] 闻邦椿，张国忠，柳洪义.面向产品广义质量的综合设计理论与方法 [M].北京：科学出版社，2007.

[18] 曲继方，安子军，曲志刚.机构创新原理 [M].北京：科学出版社，2006.

[19] 刘永贤，等.计算机辅助设计 [M].沈阳：东北大学出版社，2002.

[20] 钟廷修.快速响应工程及其实现 [J].机电一体化，1999，(5)：17-21.

[21] 雷源忠，等.机械工程科学前沿与优化领域的初步构想 [J].中国机械工程，2000，11(1-2)：18-20.

[22] 熊有伦，等.新一代制造系统理论及建模 [J].中国机械工程.2000，11(1-2)：49-52.

[23] 盛晓敏，邓朝阵.先进制造技术 [M].北京：机械工业出版社，2000.

[24] 张伯鹏.机械制造及其自动化 [M].北京：人民交通出版社，2003.

[25] 王润孝.先进制造技术导论 [M].北京：科学出版社，2004.

[26] 周祖德，陈幼平，等.现代机械制造系统的监控与故障诊断 [M].武汉：华中理工大学出版社，1998.

[27] 孙大涌.先进制造技术 [M].北京：机械工业出版社，2000.

[28] 强锡富.传感器 [M].2版.北京：机械工业出版社，1993.

[29] 袁哲俊，王先透.精密和超精密加工技术 [M].北京：机械工业出版社，1999.

[30] 张发启.现代测试技术及应用 [M].西安：西安电子科技大学出版社，2005.

[31] 淮良贵，纪明刚.机械设计 [M].6版.北京：高等教育出版社，1996.

[32] 蔡光起.机械制造技术基础 [M].沈阳：东北大学出版社，2002.

[33] 王启义，刘永贤.计算机辅助机械设计 [M].沈阳：东北大学出版社，1996.

[34] 杨后川，梁伟.机床数控技术及应用 [M].北京：北京大学出版社，2005.

[35] 陈强，等.机械系统的微机控制 [M].北京：清华大学出版社，1998.

[36] 王爱玲，等·现代数控原理及控制系统 [M].北京：国防工业出版社，2002.

[37] 周万珍，高鸿斌.PLC分析与设计应用 [M].北京：电子工业出版社，2004.

[38] 汪晓光，孙晓碘.可编程控制器原理及应用：上册 [M].北京：机械工业出版社，2002.

[39] 刘祖京.实用接口技术 [M].北京：北京工业大学出版社，1999.

[40] 屯肖夫HK.制造业传感器 [M].北京：化学工业出版社，2005.

[41] 白恩远，等.现代数控机床伺服及检测技术 [M].北京：国防工业出版社，2002.

[42] 凌澄.PC总线工业控制系统精粹 [M].北京：清华大学出版社，1998.

[43] 孙廷才，等.工业控制计算机组成原理 [M].北京：清华大学出版社，2001.

[44] 李宏胜.数控原理与系统 [M].北京：机械工业出版社，1997.

[45] 季维发，等.机电一体化技术 [M].赵文珍，译.北京：电子工业出版社，1995.

[46] 林其骏.微机控制机械系统设计 [M].上海：上海科学技术出版社，1991.

[47] 高森年.机电一体化 [M].北京：科学出版社，2001.

[48] 陈曾汉.工业PC及测控系统 [M].北京：机械工业出版社，2004.

[49] 李恩光.机电伺服控制技术 [M].上海：东华大学出版社，2003.

[50] 钟约先，林亨.机械系统的计算机控制 [M].北京：清华大学出版社，2001.

[51] 林宋，田建君.现代数控机床 [M].北京：化学工业出版社，2003.

[52] 刘延林.柔性制造自动化概论 [M].武汉：华中科技大学出版社，2003.

[53] 张培忠.柔性制造系统 [M].北京：机械工业出版社，1997.

[54] 徐杜，蒋永平，张宪民.柔性制造系统原理与实践 [M].北京：机械工业出版社，2001.

[55] 袁国定，朱洪海.机械制造技术基础 [M].南京：东南大学出版社，2000.

[56] 袁绩乾，李文贵.机械制造技术基础 [M].北京：机械工业出版社，2003.

[57] John A Schey.制造方法基础与提高 [M].王贵明，等译.北京：机械工业出版社，2004.

[58] 张树军.机械制造基础与实践 [M].沈阳：东北大学出版社，2006.

[59] 杨昂岳，等，机械制造工程学 [M].湖南：国防科技大学出版社，2004.

[60] 王丽英.机械制造技术 [M].北京：中国计量出版社，2003.

[61] 王隆太.先进制造技术 [M].北京：机械工业出版社，2003.

[62] 武书连.调大学选专业：高考志愿填报指南 [M]，北京：中国统计出版社，2003.

[63] 国务院学位委员会办公室.中国学位授予单位名册 [M] 2001年版.中国科学技术出版社，2001.

[64] 戴龙基，蔡蓉华.中文核心期刊要目总览 [M] 2004创年版.北京：北京大学出版社，2004.

[65] 张晋衡.中国大学指南 [M].北京：中国统计出版社，2005.

[66] 壬启义，刘永贤.CAD/CAM 系统集成技术 [M].沈阳：东北大学出版社，2003.

[67] 李伟主编，先进制造技术，机械工业出版社，2005.7.

[68] 高桂天，孙广平.机械工程概论，国防工业出版社，2006.8.

[69] 中国科学技术协会主编/2006—2007机械工程学科发展报告；中国机械工程学会编著.北京：中国科学技术出版社，2007.3.